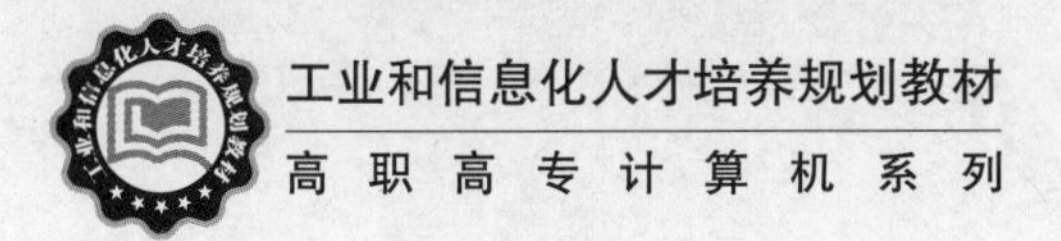

3ds Max 2013 室内效果图制作实例教程（第3版）

◎ 孙杰 主编
◎ 高璐 朱新琰 李继俊 副主编

人民邮电出版社
北京

图书在版编目（CIP）数据

3ds Max 2013室内效果图制作实例教程 / 孙杰 主编. -- 3版. -- 北京 : 人民邮电出版社, 2014.11(2016.1 重印)
工业和信息化人才培养规划教材. 高职高专计算机系列
ISBN 978-7-115-36679-5

Ⅰ. ①3… Ⅱ. ①孙… Ⅲ. ①室内装饰设计－计算机辅助设计－三维动画软件－高等职业教育－教材 Ⅳ. ①TU238-39

中国版本图书馆CIP数据核字(2014)第213982号

内 容 提 要

本书全面系统地介绍了3ds Max 2013的基本操作方法和动画制作技巧，包括基本知识和基本操作、创建几何体、二维图形的创建、三维模型的创建、复合对象的创建、高级建模、材质和纹理贴图、灯光和摄像机及环境特效的使用、渲染与特效和综合设计实训等。

本书内容的讲解均以课堂案例为主线。通过各案例的实际操作，学生可以快速熟悉软件功能和动画制作思路。书中的软件功能解析部分使学生能够深入学习软件功能；课堂练习和课后习题可以拓展学生的实际应用能力，提高学生的软件使用技巧。

本书可作为高等职业院校数字媒体艺术类专业3ds Max课程的教材，也可作为相关人员的参考用书。

◆ 主　　编　孙　杰
　副 主 编　高　璐　朱新琰　李继俊
　责任编辑　范博涛
　责任印制　焦志炜
◆ 人民邮电出版社出版发行　　北京市丰台区成寿寺路11号
　邮编　100164　　电子邮件　315@ptpress.com.cn
　网址　http://www.ptpress.com.cn
　北京昌平百善印刷厂印刷
◆ 开本：787×1092　1/16
　印张：16　　　　　　　　2014年11月第3版
　字数：394千字　　　　　　2016年1月北京第2次印刷

定价：42.00元（附光盘）

读者服务热线：(010)81055256　印装质量热线：(010)81055316
反盗版热线：(010)81055315
广告经营许可证：京崇工商广字第0021号

前　言　PREFACE

3ds Max 2013 是由 Autodesk 公司开发的三维制作软件。它功能强大、易学易用，深受国内外建筑工程设计和动画制作人员的喜爱，已经成为这些领域最流行的软件之一。目前，我国很多高等职业院校的数字媒体艺术专业，都将 3ds Max 作为一门重要的专业课程。为了帮助教师全面、系统地讲授这门课程，使学生能够熟练地使用 3ds Max 来进行动画设计，我们几位长期在院校从事 3ds Max 教学的教师和专业动画设计公司经验丰富的设计师合作，共同编写了本书。

我们对本书的编写体系做了精心的设计，按照“课堂案例—软件功能解析—课堂练习—课后习题”这一思路进行编排，力求通过课堂案例演练使学生快速掌握软件功能和动画设计思路；通过软件功能解析，使学生深入学习软件功能和制作特色；通过课堂练习和课后习题，拓展学生的实际应用能力。在内容编写方面，我们力求细致全面、重点突出；在文字叙述方面，我们注意言简意赅、通俗易懂；在案例选取方面，我们强调案例的针对性和实用性。

本书配套光盘中包含了书中所有案例的素材及效果文件。另外，为方便教师教学，本书配备了详尽的课堂练习和课后习题的操作步骤、PPT 课件以及教学大纲等丰富的教学资源，任课教师可登录人民邮电出版社教学服务与资源网（www.ptpedu.com.cn）免费下载使用。本书的参考学时为 41 学时，其中实训环节为 13 学时，各章的参考学时可以参见下面的学时分配表。

章	课程内容	学时分配	
		讲　授	实　训
第 1 章	基本知识和基本操作	2	
第 2 章	创建几何体	3	2
第 3 章	二维图形的创建	3	1
第 4 章	三维模型的创建	4	1
第 5 章	复合对象的创建	2	1
第 6 章	高级建模	2	1
第 7 章	材质和纹理贴图	3	2
第 8 章	灯光和摄影机及环境特效的使用	3	2
第 9 章	渲染与特效	2	1
第 10 章	综合设计实训	4	2
学时总计		28	13

本书由河南职业技术学院孙杰主编，哈尔滨华夏计算机职业技术学院高璐、广西北海职业学院朱新琰、潍坊工商职业学院李继俊任副主编，其中孙杰编写了第 1、2、3 章；高璐编写了第 4、5 章；朱新琰编写了第 6、7 章；李继俊编写了第 8、9、10 章。参与本书编写工作的还有周志平、葛润平、张旭、吕娜、孟娜、张敏娜、张丽丽、邓雯、薛正鹏、王攀、陶玉、陈东生、周亚宁、程磊和房婷婷等。

由于编者水平有限，书中难免存在错误和不妥之处，敬请广大读者批评指正。

编　者

2014 年 5 月

3ds Max 教学辅助资源及配套教辅

素材类型	名称或数量	素材类型	名称或数量
教学大纲	1 套	课堂实例	28 个
电子教案	10 单元	课后实例	20 个
PPT 课件	10 个	课后答案	20 个
第 2 章 创建几何体	角几的制作	第 6 章 高级建模	窗帘的制作
	木茶几的制作		液晶显示器的制作
	烛台的制作		双人床罩的制作
	筒灯的制作	第 7 章 材质和纹理贴图	金属和木纹材质的设置
	沙发凳的制作		镜面材质的设置
	单人沙发的制作		金属材质的设置
	现代壁灯的制作		瓷器材质的设置
第 3 章 二维图形的创建	吧椅的制作	第 8 章 灯光和摄影机及环境特效的使用	室内场景布光
	铁艺相框的制作		全局光照明效果
	网漏的制作		体积光效果
	玻璃桌的制作		客房灯光的创建
	淋水架的制作		卡通猫的灯光效果
第 4 章 三维模型的创建	花瓶的制作	第 9 章 渲染与特效	蜡烛火苗效果的制作
	墙壁储物架的制作		亮度对比度调整
	小清新吊灯的制作		色彩平衡
	苹果的制作	第 10 章 综合设计实训	制作床头柜模型
	储物架的制作		简欧吊灯模型
	办公椅的制作		欧式装饰烛台
第 5 章 复合对象的创建	笛子的制作		壁挂电视机
	装饰骰子的制作		会议室效果图
	桌布的制作		马桶的制作
	菜篮的制作		蜡烛的制作
	时尚凳的制作		长方体晶格装饰
	咖啡杯的制作		枕头的制作

目　录　CONTENTS

第 1 章　基本知识和基本操作　1

第 2 章　创建几何体　26

第6章 高级建模 133

第7章 材质和纹理贴图 173

第8章 灯光和摄影机及环境特效的使用 199

第9章 渲染与特效 225

第10章 综合设计实训 238

PART 1

第1章 基本知识和基本操作

本章介绍

本章将简要介绍 3ds Max 2013 的基本概况，以及该软件在建筑设计中的概况，同时还将介绍 3ds Max 2013 最基本的操作方法。读者通过本章的学习，将会初步认识和了解这款三维创作工具。

学习目标

- 了解 3ds Max 2013 的操作界面
- 熟练掌握物体的选择方式
- 熟练掌握物体的变换
- 熟练掌握物体的复制

技能目标

- 通过实例应用，了解 3ds Max 的操作界面
- 能够运用所学的知识更快地选择、变换和复制物体

1.1 3ds Max 室内设计概述

室内设计是技术与艺术的完美结合。设计师不仅要掌握娴熟的制作技术，更要具备艺术设计的头脑。通过计算机将头脑中的设计理念以效果图的形式展现出来，进而实施，使其变为现实。3ds Max 2013 是使设计理念转化为效果图的最好工具。下面先概括性地介绍如何使用 3ds Max 2013 进行室内设计。

1.1.1 室内设计

人的一生，绝大部分时间是在室内渡过的。因此，人们设计创造的室内环境，必然会直接关系到室内生活、生产活动的质量，关系到人们的安全、健康、效率和舒适等。

室内设计根据建筑物的使用性质、所处环境和相应标准，运用物质技术手段和建筑设计原理，创造功能合理、舒适优美、满足人们物质和精神生活需要的室内环境，不同的环境给人以不同的感觉。这一空间环境既具有使用价值，满足相应的功能要求，同时也反映了历史文脉、建筑风格、环境气氛等精神因素，明确地把“创造满足人们物质和精神生活需要的室内环境”作为室内设计的目的。现代室内设计是综合的室内环境设计，它包括视觉环境和工程技术方面的问题，也包括声、光、热等物理环境以及氛围、意境等心理环境和文化内涵等内容。

1.1.2 室内建模的注意事项

模型是室内效果图的基础，准确、精简的建筑模型是效果图制作成功最根本的保障，3ds Max 2013 以其强大的功能、简便的操作而成为室内设计师建模的首选。要真正进行室内建模，有几点要注意的事项。

- 建筑单位必须统一。制作建筑效果图，最重要的一点就是必须使用统一的建筑单位。

  3ds Max 2013 具有强大的三维造型功能，但它的绘图标准是“看起来是正确的即可”，而对于设计师而言，往往需要精确定位。因此，一般在 AutoCAD 中建立模型，再通过文件转换进入 3ds Max 2013。用 AutoCAD 制作的建筑施工图都是以毫米为单位的，本书中制作的模型也是使用毫米为单位的。

3ds Max 2013 中的单位是可以选择的。在设置单位时，并非必须使用毫米为单位，因为输入的数值都是通过实际尺寸换算为毫米的。也就是说，用户如果使用其他单位进行建模也是可以的，但应该根据实际物体的尺寸进行单位的换算，这样才能保证制作出的模型和场景不会发生比例失调的问题，也不会给后期建模过程中导入模型带来不便。

所以，进行模型制作时一定要按实际尺寸换算单位进行建模。对于所有制作的模型和场景，也应该保证使用相同的单位。

- 模型的制作方法。通过几何体的搭建或命令的编辑，可以制作出各种模型。

3ds Max 2013 的功能非常强大，制作同一个模型可以使用不同的方法，所以不限于书中介绍的模型的制作方法，灵活运用修改命令进行编辑，就能通过不同的方法制作出模型。

- 灯光的使用。使用 3ds Max 2013 建模，灯光和摄像机是两个重要的工具，尤其是灯光的设置。在场景中进行灯光的设置不是一次就能完成的，需要耐心调整，才能得到好的效果。由于室内场景中的光线照射非常复杂，所以要在室内场景中模拟出真实的光照效果，在设置灯光时就需要考虑到场景的实际结构和复杂程度。

三角形照明是最基本的照明方式，它使用 3 个光源：主光源最亮，用来照亮大部分场景，通常会投射阴影；背光用于将场景中物品的背面照亮，可以展现场景的深度，一般位于对象的后上方，光照强度一般要小于主光源；辅助光源用于照亮主光源没有照射到的黑色区域，控制场景中的明暗对比度，亮的辅助光源能平均光照，暗的辅助光源能增加对比度。

对于较大的场景，一般会被分成几个区域，要分别对这几个区域进行曝光。

如果渲染出图后灯光效果还是不满意，可以使用 Photoshop 软件进行修饰。

- 摄像机的使用。3ds Max 2013 中的摄像机与现实生活中的摄像机一样，也有焦距和视野等参数。同时，它还拥有超越真实摄像机的能力，更换镜头、无级变焦都能在瞬间完成。自由摄像机还可以绑定在运动的物体上来制作动画。

在建模时，可以根据摄像机视图的显示创建场景中能够被看到的物体，这种做法可以不必将所有物体全部创建，从而降低场景的复杂度。例如，一个场景的可见面在摄像机视图中不可能全部被显示出来，这样在建模时只需创建可见面，而最终效果是不变的。

摄像机创建完成后，需要对摄像机的视角和位置进行调节，48mm 是标准人眼的焦距。使用短焦距能模拟出鱼眼镜头的夸张效果，而使用长焦距则用于观察较远的景色，保证物体不变形。摄像机的位置也很重要，镜头的高度一般为正常人的身高，即 1.7m，这时的视角最真实。对于较高的建筑，可以将目标点抬高，用来模拟仰视的效果。

- 材质和纹理贴图的编辑。材质是表现模型质感的重要因素之一。创建模型后，必须为模型赋予相应的材质，才能表现出具有真实质感的效果。对于有些材质，需要配合灯光和环境使用，才能表现出效果，如建筑效果图中的玻璃质感和不锈钢质感等，都具有反射性，如果没有灯光和环境的配合，效果是不真实的。

1.2 3ds Max 2013 的操作界面

运行 3ds Max 界面环境首先映入眼帘的就是视图和面板，这两个板块为 3ds Max 中重要的操作界面，可配合一些其他工具来制作模型。

1.2.1 3ds Max 2013 系统界面简介

运行 3ds Max 2013，进入操作界面。3ds Max 2013 的界面很友善，具有标准 Windows 风格，界面布局合理，并允许用户根据个人习惯改变界面的布局。下面先来介绍 3ds Max 2013 操作界面的组成。

3ds Max 2013 操作界面主要由如图 1-1 所示几个区域组成。

1.2.2 标题栏和菜单栏

在标题栏中包括（应用程序按钮）、视口布局选项卡预设（快速访问工具栏）、（信息中心）及菜单。

1. 应用程序按钮

单击应用程序按钮时显示的应用程序菜单提供了文件管理命令，该按钮与以前版本中的“文件”菜单相同。

2. 快速访问工具栏 视口布局选项卡预设

快速访问工具栏提供一些最常用的文件管理命令，如（新建场景）、（打开文件）、（保存文件）以及（撤销场景操作）和（重做场景操作）命令。

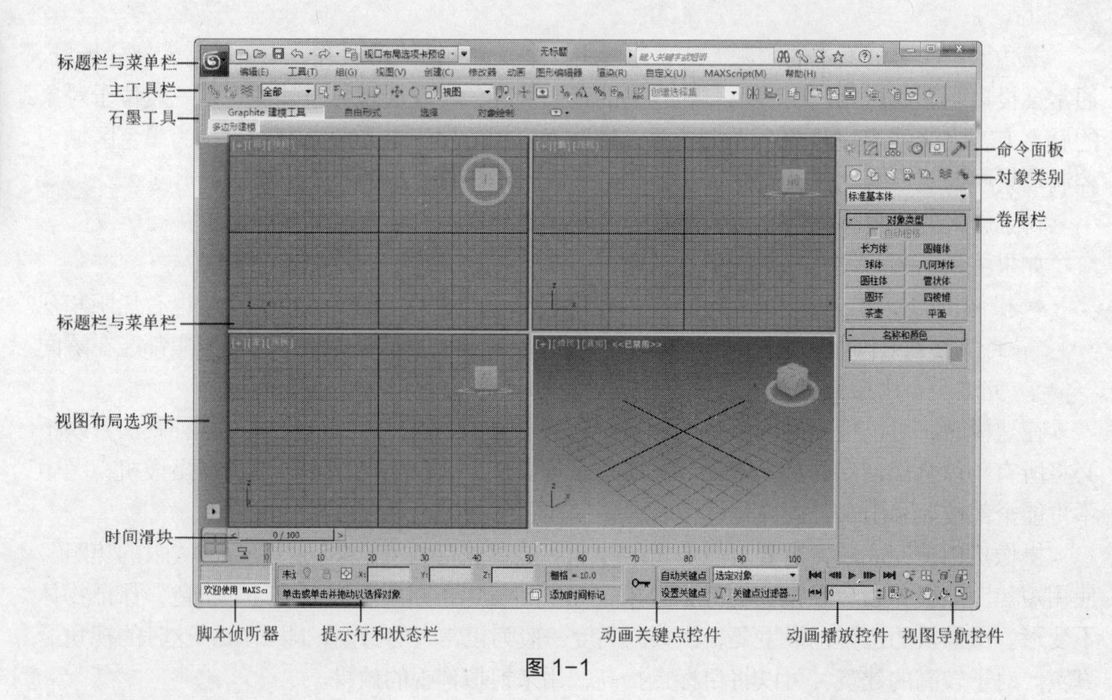

图 1-1

3．信息中心

信息中心位于标题的右侧，通过信息中心可访问有关 3ds Max 和其他 Autodesk 产品的信息。将鼠标放到信息中心的工具按钮上会出现按钮功能提示。

4．菜单栏

菜单栏位于主窗口的标题栏下面，如图 1-2 所示。每个菜单的标题表明该菜单上命令的用途。单击菜单名时，菜单名下面列出了很多命令。

编辑(E)　工具(T)　组(G)　视图(V)　创建(C)　修改器　动画　图形编辑器　渲染(R)　自定义(U)　MAXScript(M)　帮助(H)

图 1-2

- “编辑”菜单。该菜单用于文件的编辑，包括撤销、保存场景、复制和删除等命令。
- “工具”菜单。该菜单中提供了各种常用工具，这些工具由于在建模时经常用到，所以在工具栏中设置了相应的快捷按钮。
- “组”菜单。该菜单包含一些将多个对象编辑成组或者将组分解成独立对象的命令。编辑组是在场景中组织对象的常用方法。
- “视图”菜单。该菜单包含视图最新导航控制命令的撤销和重复、网格控制选项等命令，并允许显示适用于特定命令的一些功能，如视图的配置、单位的设置和设置背景图案等。
- “创建”菜单。该菜单中包括创建的所有命令，这些命令能在命令面板中直接找到。
- “修改器”菜单。该菜单包含创建角色、销毁角色、上锁、解锁、插入角色、骨骼工具以及蒙皮等命令。
- “动画”菜单。该菜单包含设置反向运动学求解方案、设置动画约束和动画控制器，给对象的参数之间增加配线参数以及动画预览等命令。
- “图形编辑器”菜单。该菜单是场景元素间关系的图形化视图，包括曲线编辑器、摄影表编辑器、图解视图和 Particle 粒子视图、运动混合器等。

- "渲染"菜单。该菜单是 3ds Max 2013 的重要菜单，包括渲染、环境设置和效果设定等命令。模型建立后，材质/贴图、灯光、摄像这些特殊效果在视图区域是看不到的，只有经过渲染后，才能在渲染窗口中观察效果。
- "自定义"菜单。该菜单允许用户根据个人习惯创建自己的工具和工具面板，设置习惯的快捷键，使操作更具个性化。
- "MAXScript"菜单。该菜单是 3ds Max 2013 支持的一个称之为脚本的程序设计语言。用户可以书写一些脚本语言的短程序以控制动画的制作。"MAXScript"菜单中包括创建、测试和运行脚本等命令。使用该脚本语言，可以通过编写脚本来实现对 3ds Max 2013 的控制，同时还可以与外部的文本文件和表格文件等链接起来。
- "帮助"菜单。该菜单提供了对用户的帮助功能，包括提供脚本参考、用户指南、快捷键、第三方插件和新产品等信息。

1.2.3 主工具栏

通过工具栏可以快速访问 3ds Max 中很多常见任务的工具和对话框，如图 1-3 所示。

图 1-3

- （选择并链接）：可以通过将两个对象链接作为子和父，定义它们之间的层次关系。子级将继承应用于父级的变换（移动、旋转和缩放），但是子级的变换对父级没有影响。
- （断开当前选择链接）：可移除两个对象之间的层次关系。
- （绑定到空间扭曲）：可以把当前选择附加到空间扭曲。
- 选择过滤器列表：使用选择过滤器列表，如图 1-4 所示，可以限制由选择工具选择的对象的特定类型和组合。例如，如果选择"摄影机"选项，则使用选择工具只能选择摄影机。

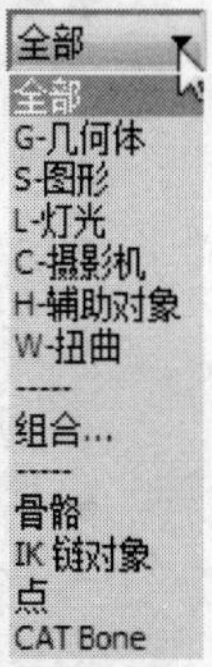

图 1-4

- （选择对象）：选择对象可使用户选择对象或子对象，以便进行操作。
- （按名称选择）：可以使用选择对象对话框从当前场景中的所有对象列表中选择对象。
- （矩形选择区域）：在视口中以矩形框选区域。弹出按钮提供了（圆形选择区域）、（围栏选择区域）、（套索选择区域）和（绘制选择区域）供选择。
- （窗口/交叉）：在按区域选择时，窗口/交叉选择切换可以在窗口和交叉模式之间进行切换。在窗口模式中，只能选择所选内容内的对象或子对象。在交叉模式中，可以选择区域内的所有对象或子对象，以及与区域边界相交的任何对象或子对象。
- （选择并移动）：要移动单个对象，则无须先选择该按钮。当该按钮处于活动状态时，单击对象进行选择，并拖动鼠标以移动该对象即可。
- （选择并旋转）：当该按钮处于激活状态时，单击对象进行选择，并拖动鼠标以旋转该对象。
- （选择并均匀缩放）：使用该按钮，可以沿所有 3 个轴以相同量缩放对象，同时保持对象的原始比例；（选择并非均匀缩放）按钮可以根据活动轴约束以非均匀方式缩放对象；（选择并挤压）按钮可以根据活动轴约束来缩放对象。
- （使用轴点中心）：该按钮提供了对用于确定缩放和旋转操作几何中心的 3 种方

法的访问。（使用轴点中心）按钮中可以围绕其各自的轴点旋转或缩放一个或多个对象。（使用选择中心）按钮可以围绕其共同的几何中心旋转或缩放一个或多个对象。如果变换多个对象，该软件会计算所有对象的平均几何中心，并将此几何中心用作变换中心。（使用变换坐标中心）按钮可以围绕当前坐标系的中心旋转或缩放一个或多个对象。

- （选择并操纵）：使用该按钮可以通过在视口中拖动“操纵器”，编辑某些对象、修改器和控制器的参数。
- （键盘快捷键覆盖切换）：使用该按钮可以在只使用主用户界面快捷键和同时使用主快捷键和组（如编辑/可编辑网格、轨迹视图和 NURBS 等）快捷键之间进行切换。可以在自定义用户界面对话框中自定义键盘快捷键。
- （捕捉开关）：（3D 捕捉）是默认设置。光标直接捕捉到 3D 空间中的任何几何体。3D 捕捉用于创建和移动所有尺寸的几何体，而不考虑构造平面；（2D 捕捉）光标仅捕捉到活动构建栅格，包括该栅格平面上的任何几何体，将忽略 Z 轴或垂直尺寸；（2.5D 捕捉）光标仅捕捉活动栅格上对象投影的顶点或边缘。
- （角度捕捉切换）：角度捕捉切换确定多数功能的增量旋转。默认设置为以 5° 增量进行旋转。
- （百分比捕捉切换）：该按钮通过使用百分比捕捉切换指定的百分比增加对象的缩放。
- （微调器捕捉切换）：使用该按钮可设置 3ds Max 中所有微调器的单个单击增加或减少值。
- Create Selection Set（编辑命名选择集）：Create Selection Set（编辑命名选择集）显示编辑命名选择对话框，可用于管理子对象的命名选择集。
- （镜像）：单击该按钮将弹出“镜像”对话框，使用该对话框可以在镜像一个或多个对象的方向时，移动这些对象。Mirror（镜像）对话框还可以用于围绕当前坐标系中心镜像当前选择。使用“镜像”对话框可以同时创建克隆对象。
- （对齐）：（对齐）弹出按钮提供了用于对齐对象的 6 种不同工具的访问。在对齐弹出按钮中单击（对齐）按钮，然后选择对象，将弹出“对齐”对话框，使用该对话框可将当前选择与目标选择对齐，目标对象的名称将显示在“对齐”对话框的标题栏中。执行子对象对齐时，“对齐”对话框的标题栏会显示为对齐子对象当前选择。使用“快速对齐”按钮可将当前选择的位置与目标对象的位置立即对齐；使用（法线对齐）按钮弹出对话框，基于每个对象上面或选择的法线方向将两个对象对齐；使用（放置高光）按钮，可将灯光或对象对齐到另一对象，以便可以精确定位其高光或反射；使用（对齐摄影机）按钮，可以将摄影机与选定的面法线对齐；（对齐到视图）按钮可用于显示对齐到视图对话框，使用户可以将对象或子对象选择的局部轴与当前视口对齐。
- （层管理器）：主工具栏上的（层管理器）按钮是可以创建和删除层的无模式对话框，也可以查看和编辑场景中所有层的设置以及与其相关联的对象。使用此对话框，可以指定光能传递解决方案中的名称、可见性、渲染性、颜色以及对象和层的包含。
- （石墨建模工具）：单击该按钮，可以打开或关闭石墨建模工具。“石墨建模工具”代表一种用于编辑网格和多边形对象的新范例。它具有基于上下文的自定义界面，该界面提供了完全特定于建模任务的所有工具（且仅提供此类工具），且仅在用户需要相关参数时才提供对应的访问权限，从而最大限度地减少屏幕上的杂乱现象出现。

- （曲线编辑器（打开））：轨迹视图 – 曲线编辑器是一种轨迹视图模式，用于以图表上的功能曲线来表示运动。利用它，用户可以查看运动的插值和软件在关键帧之间创建的对象变换。使用曲线上找到的关键点的切线控制柄，可以轻松查看和控制场景中各个对象的运动和动画效果。
- （图解视图（打开））：图解视图是基于节点的场景图，通过它可以访问对象属性、材质、控制器、修改器、层次和不可见场景关系，如关联参数和实例。
- （材质编辑器）：材质编辑器提供创建和编辑对象材质以及贴图的功能。
- （渲染设置）：渲染场景对话框具有多个面板，面板的数量和名称因活动渲染器而异。
- （渲染帧窗口）：会显示渲染输出。
- （快速渲染）：该按钮可以使用当前产品级渲染设置来渲染场景，而无须显示“渲染场景”对话框。

1.2.4 工作视图

工作区中共有 4 个视图。在 3ds Max 2013 中，视图（也叫视口）显示区位于窗口的中间，占据了大部分的窗口界面，是 3ds Max 2013 的主要工作区。通过视图，可以从任何不同的角度来观看所建立的场景。在默认状态下，系统在 4 个视窗中分别显示了“顶”视图、“前”视图、“左”视图和“透视”视图 4 个视图（又称场景）。其中，“顶”视图、“前”视图和“左”视图相当于物体在相应方向的平面投影，或沿 X、Y、Z 轴所看到的场景，而“透视”视图则是从某个角度所看到的场景，如图 1–5 所示。因此，“顶”视图、“前”视图等又被称为正交视图。在正交视图中，系统仅显示物体的平面投影形状，而在“透视”视图中，系统不仅显示物体的立体形状，而且显示了物体的颜色，所以，正交视图通常用于物体的创建和编辑，而“透视”视图则用于观察效果。

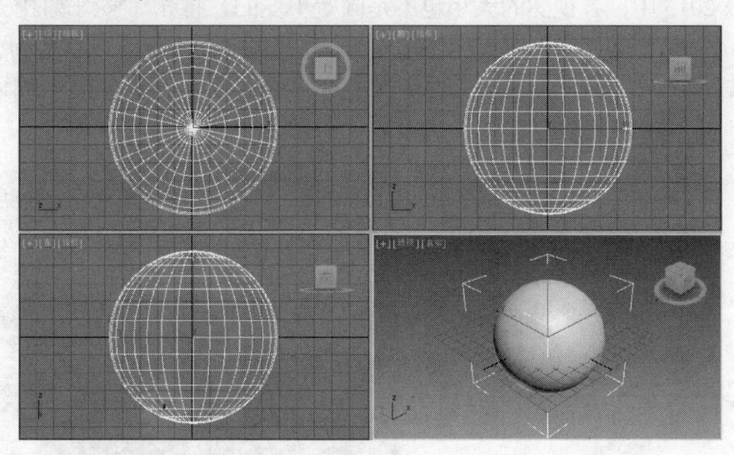

图 1–5

三色世界空间三轴架显示在每个视口的左下角。世界空间 3 个轴的颜色分别为 X 轴为红色，Y 轴为绿色，Z 轴为蓝色。轴使用同样颜色的标签。三轴架通常指世界空间，而无论当前是什么参考坐标系。

ViewCube 3D 导航控件提供了视图当前方向的视觉反馈，让用户可以调整视图方向，以及在标准视图与等距视图间进行切换。

ViewCube 显示时，默认情况下会显示在活动视口的右上角，如果处于非活动状态，则会叠加在场景之上。它不会显示在摄影机、灯光、图形视口或者其他类型的视图中。当 ViewCube 处于非活动状态时，其主要功能是根据模型的北向显示场景方向。

当用户将光标置于 ViewCube 上方时，它将变成活动状态。使用鼠标左键，用户可以切换到一种可用的预设视图中、旋转当前视图或者更换到模型的“主栅格”视图中。右击可以打开具有其他选项的上下文菜单。

4 个视图的类型是可以改变的，激活视图后，按下相应的快捷键，就可以实现视图之间的切换。快捷键对应的中英文名称如表 1-1 所示。

表 1-1

快 捷 键	英 文 名 称	中 文 名 称
T	Top	顶视图
B	Bottom	底视图
L	Left	左视图
R	Right	右视图
U	Use	用户视图
F	Front	前视图
P	Perspective	透视图
C	Camera	摄影机视图

切换视图还可以用另一种方法。在每个视图的视图类型上单击鼠标左键，弹出快捷菜单，如图 1-6 所示，在弹出的菜单中选择要切换的视图类型即可。

在 3ds Max 2013 中，各视图的大小也不是固定不变的，将光标移到视图分界处，鼠标光标变为十字形状✥，按住鼠标左键不放并拖曳光标，如图 1-7 所示，就可以调整各视图的大小。如果想恢复均匀分布的状态，可以在视图的分界线处单击鼠标右键，在弹出的菜单中选择“重置布局”命令，即可复位视图，如图 1-8 所示。

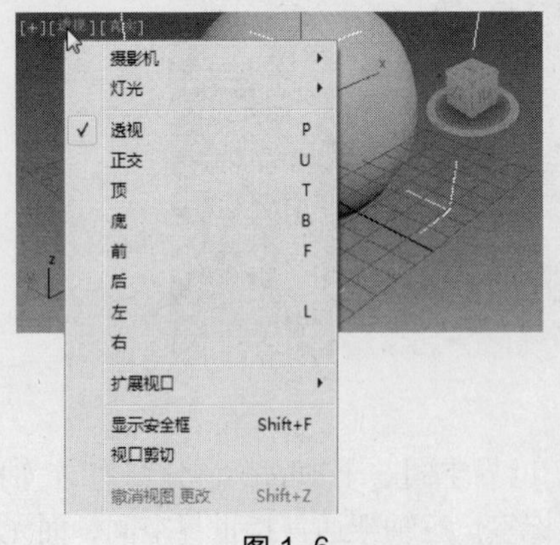

图 1-6

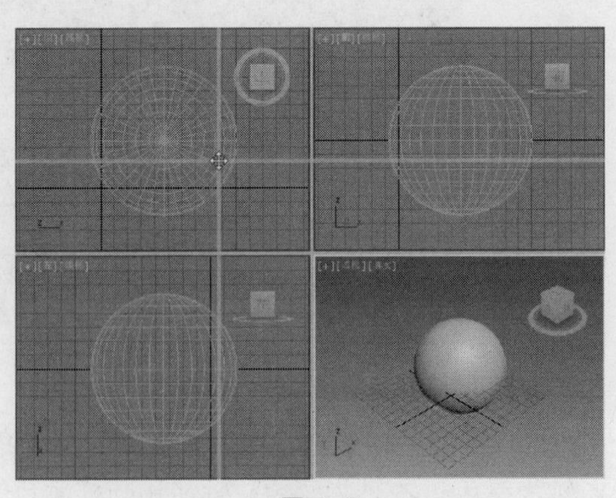

图 1-7

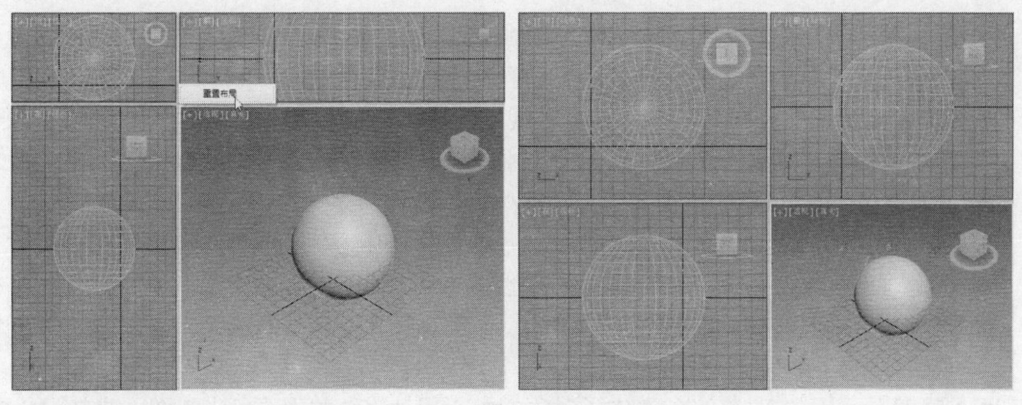

图 1-8

1.2.5　状态栏和提示行

状态行和提示行位于视图区的下部偏左，状态行显示了所选对象的数目、对象的锁定、当前鼠标的坐标位置以及当前使用的栅格距等。提示行显示了当前使用工具的提示文字，如图 1-9 所示。

在锁定按钮的右侧是坐标数值显示区，如图 1-10 所示。

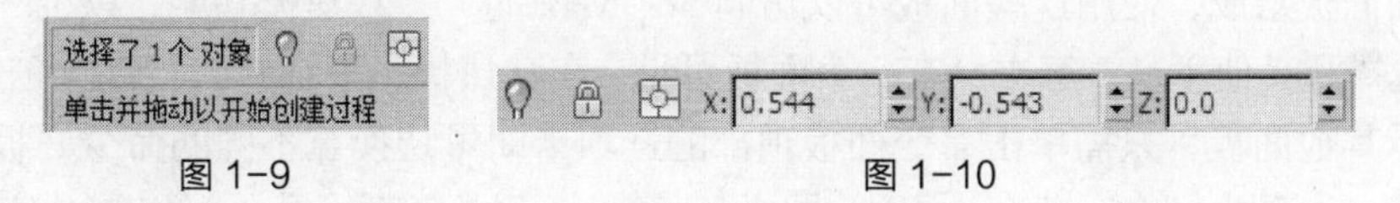

图 1-9　　图 1-10

1.2.6　动画控制区

动画控制区位于屏幕的下方，包括动画控制区、时间滑块和轨迹条，主要用于在制作动画时，进行动画的记录、动画帧的选择、动画的播放以及动画时间的控制等。图 1-11 所示为动画控制区。

图 1-11

1.2.7　视图控制区

视图调节工具位于 3ds Max 2013 界面的右下角，图 1-12 所示为标准的 3ds Max 2013 视图调节工具，根据当前激活视图的类型，视图调节工具会略有不同。当选择一个视图调节工具时，该按钮呈黄色显示，表示对当前激活视图窗口来说该按钮是激活的，在激活窗口中右击可关闭该按钮。

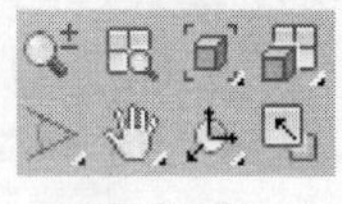

图 1-12

- （缩放）：单击该按钮，在任意视图中按住鼠标左键不放，上下拖动鼠标，可以拉近或推远场景。
- （缩放所有视图）：用法与（缩放）按钮基本相同，只不过该按钮影响的是当前所有可见视图。
- （最大化显示选定对象）：将选定对象或对象集在活动透视或正交视口中居中显示。当要浏览的小对象在复杂场景中丢失时，该控件非常有用。
- （最大化显示）：将所有可见的对象在活动透视或正交视口中居中显示。当在单个视口中查看场景的每个对象时，这个控件非常有用。
- （所有视图最大化显示）：将所有可见对象在所有视口中居中显示。当希望在每个可用视口的场景中看到各个对象时，该控件非常有用。

- （所有视图最大化显示选定对象）：将选定对象或对象集在所有视口中居中显示。当要浏览的对象在复杂场景中丢失时，该控件非常有用。
- （缩放区域）：使用该按钮可放大在视口内拖动的矩形区域。仅当活动视口是正交、透视或用户三向投影视图时，该控件才可用。该控件不可用于摄影机视口。
- （平移视图）：在任意视图中拖动鼠标，可以移动视图窗口。
- （选定的环绕）：将当前选择的中心用作旋转的中心。当视图围绕其中心旋转时，选定对象将保持在视口中的同一位置上。
- （环绕）：将视图中心用作旋转中心。如果对象靠近视口的边缘，它们可能会旋出视图范围。
- （环绕子对象）：将当前选定子对象的中心用做旋转的中心。当视图围绕其中心旋转时，当前选择将保持在视口中的同一位置上。
- （最大化视口切换）：单击该按钮，当前视图将全屏显示，便于对场景进行精细编辑操作。再次单击该按钮，可恢复原来的状态，其快捷键为 Alt+W 组合键。

1.2.8 命令面板

命令面板是 3ds Max 的核心部分，默认状态下位于整个窗口界面的右侧。命令面板由 6 个用户界面面板组成，使用这些面板可以访问 3ds Max 的大多数建模功能，以及一些动画功能、显示选择和其他工具。每次只有一个面板可见，在默认状态下打开的是（创建）面板。

要显示其他面板，只需单击命令面板顶部的选项卡即可切换至不同的命令面板，从左至右依次为（创建）、（修改）、（层级）、（运动）、（显示）和（实用程序），如图 1-13 所示。

面板上标有+（加号）或-（减号）按钮的即是卷展栏。卷展栏的标题左侧带有+（加号）表示卷展栏卷起，有-（减号）表示卷展栏展开，通过单击+（加号）或-（减号）可以在卷起和展开卷展栏之间切换。

（创建）：3ds Max 最常用到的面板之一，利用（创建）面板可以创建各种模型对象，它是命令级数最多的面板。3ds Max 2013 中有 7 种创建对象可供选择：（几何体）、（图形）、（灯光）、（摄像机）、（辅助对象）、（空间扭曲）和（系统）。

（创建）面板中的 7 个按钮代表了 7 种可创建的对象，介绍如下。

- （几何体）：可以创建标准几何体、扩展几何体、合成造型、粒子系统和动力学物体等。
- （图形）：可以创建二维图形，可沿某个路径放样生成三维造型。
- （灯光）：创建泛光灯、聚光灯和平行灯等各种灯，模拟现实中各种灯光的效果。
- （摄影机）：创建目标摄影机或自由摄影机。
- （辅助对象）：创建起辅助作用的特殊物体。
- （空间扭曲）物体：创建空间扭曲以模拟风、引力等特殊效果。
- （系统）：可以生成骨骼等特殊物体。

单击其中的一个按钮，可以显示相应的子面板。在可创建对象按钮的下方是创建的模型分类下拉列表框标准基本体，单击右侧的（下拉箭头），可从弹出的下拉列表中选择要创建的模型类别。

（修改）面板用于在一个物体创建完成后，如果要对其进行修改，即可单击（修改）按钮，打开修改面板，如图 1–13 所示。（修改）面板可以修改对象的参数、应用编辑修改器以及访问编辑修改器堆栈。通过该面板，用户可以实现模型的各种变形效果，如拉伸、变曲和扭转等。

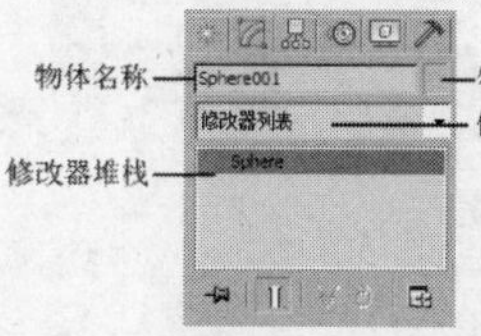

物体名称
物体颜色
修改器列表
修改器堆栈

图 1–13

通过（层级）面板可以访问用来调整对象间层次链接的工具。通过将一个对象与另一个对象相链接，可以创建父子关系。应用到父对象的变换同时将传递给子对象。通过将多个对象同时链接到父对象和子对象，可以创建复杂的层次。

（运动）面板提供用于调整选定对象运动的工具。例如，可以使用（运动）面板上的工具调整关键点时间及其缓入和缓出。（运动）面板还提供了轨迹视图的替代选项，用来指定动画控制器。

在命令面板中单击（显示）按钮，即可打开（显示）面板。（显示）面板主要用于设置显示和隐藏，冻结和解冻场景中的对象，还可以改变对象的显示特性，加速视图显示，简化建模步骤。

使用（实用程序）面板可以访问各种工具程序。3ds Max 工具作为插件提供，一些工具由第三方开发商提供，因此，3ds Max 的设置可能包含在此处未加以说明的工具。

1.3 3ds Max 2013 的坐标系统

使用参考坐标系列表，可以指定变换（移动、旋转和缩放）所用的坐标系。选项包括“视图”、“屏幕”、“世界”、“父对象”、“局部”、“万向”、“栅格”、“工作”和“拾取”，如图 1–14 所示。

坐标系统介绍如下。

- 视图：在默认的“视图”坐标系中，所有正交视口中的 *X 轴*、*Y 轴* 和 *Z* 轴都相同。使用该坐标系移动对象时，会相对于视口空间移动对象，如图 1–15 所示的 4 个视图中的视图坐标。

  X 轴始终朝右。

  Y 轴始终朝上。

  Z 轴始终垂直于屏幕指向用户。

图 1–14

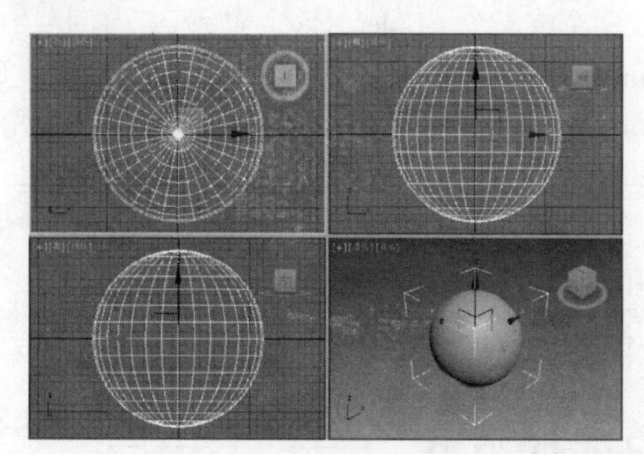

图 1–15

- 屏幕：将活动视口屏幕用作坐标系，图 1–16 和图 1–17 所示分别为激活了旋转视图后的“透视”图和“顶”视图的坐标效果。该模式下的坐标系始终相对于观察点。

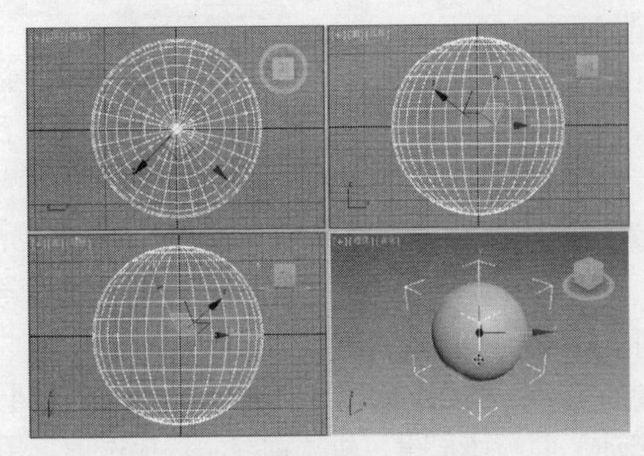

图 1-16

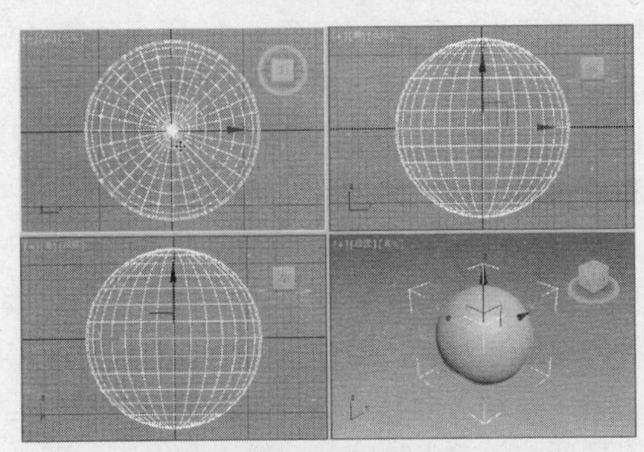

图 1-17

X 轴为水平方向，正向朝右。

Y 轴为垂直方向，正向朝上。

Z 轴为深度方向，正向指向用户。

因为“屏幕”模式取决于其方向的活动视口，所以非活动视口中的三轴架上的 *X*、*Y* 和 *Z* 标签显示当前活动视口的方向。激活该三轴架所在的视口时，三轴架上的标签会发生变化。

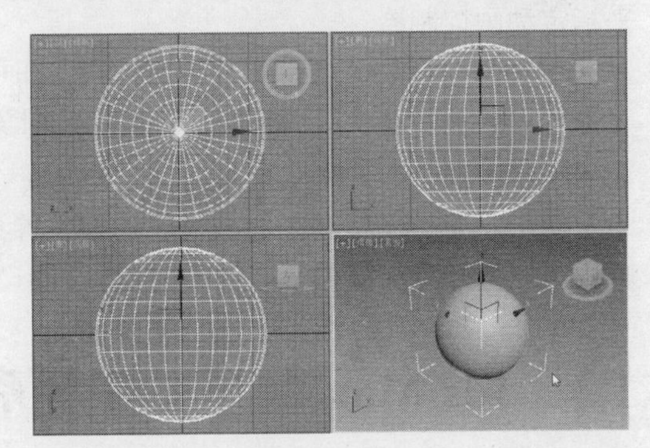

图 1-18

- 世界：使用世界坐标系，如图 1-18 所示。从正面看：

  X 轴正向朝右；

  Z 轴正向朝上；

  Y 轴正向指向背离用户的方向。

- 父对象：使用选定对象的父对象的坐标系。如果对象未链接至特定对象，则其为世界坐标系的子对象，其父坐标系与世界坐标系相同。
- 局部：使用选定对象的坐标系。对象的局部坐标系由其轴点支撑。使用“层次”命令面板上的选项，可以相对于对象调整局部坐标系的位置和方向。
- 万向：万向坐标系与 Euler XYZ 旋转控制器一同使用。它与“局部”类似，但其 3 个旋转轴之间不一定互相成直角。使用“局部”和“父对象”坐标系围绕一个轴旋转时，会更改两个或三个“Euler XYZ”轨迹。“万向”坐标系可避免这个问题，围绕一个轴的“Euler XYZ”旋转仅更改该轴的轨迹，这使得功能曲线编辑更为便捷。此外，利用“万向”坐标的绝对变换输入会将相同的 Euler 角度值用作动画轨迹（按照坐标系要求，与相对于“世界”或“父对象”坐标系的 Euler 角度相对应）。
- 工作：使用“工作”轴启用时，即为默认的坐标系（每个视图左下角的坐标系）。
- 栅格：使用活动栅格的坐标系。
- 拾取：使用场景中另一个对象的坐标系。

1.4 物体的选择方式

3ds Max 中选择模型的方法很多，其中包括直接选择、通过对话框选择以及区域选择等。

1.4.1 使用选择工具

选择物体的基本方法包括使用（选择对象）直接选择和使用选择（按名称），单击（按名称选择）按钮后弹出“从场景选择”对话框，如图 1-19 所示。

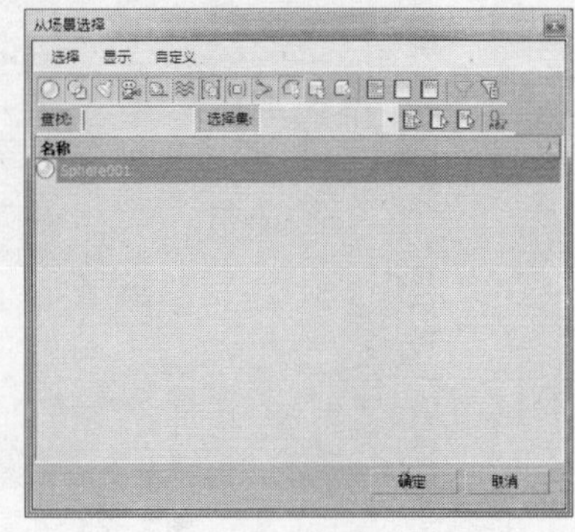

图 1-19

在该对话框中按住 Ctrl 键选择多个对象，按住 Shift 键单击可选择连续范围。在对话框的右侧可以设置对象以什么形式进行排序，也可以指定显示在对象列表中的列出类型，包括几何体、图形、灯光、摄影机、辅助对象、空间扭曲、组/集合、外部参考和骨骼类型，这些均在工具栏中以按钮形式显示，弹起工具栏中的按钮类型，在列表中将隐藏该类型。

1.4.2 使用区域选择

区域选择指选择工具配合工具栏中的选区工具（矩形选择区域）、（圆形选择区域）、（围栏选择区域）、（套索选择区域）和（绘制选择区域）使用。

使用（矩形选择区域）在视口中拖动，然后释放鼠标。单击的第 1 个位置是矩形的一个角，释放鼠标的位置是相对的角，如图 1-20 所示。

使用（圆形选择区域）在视口中拖动，然后释放鼠标。首先单击的位置是圆形的圆心，释放鼠标的位置定义了圆的半径，如图 1-21 所示。

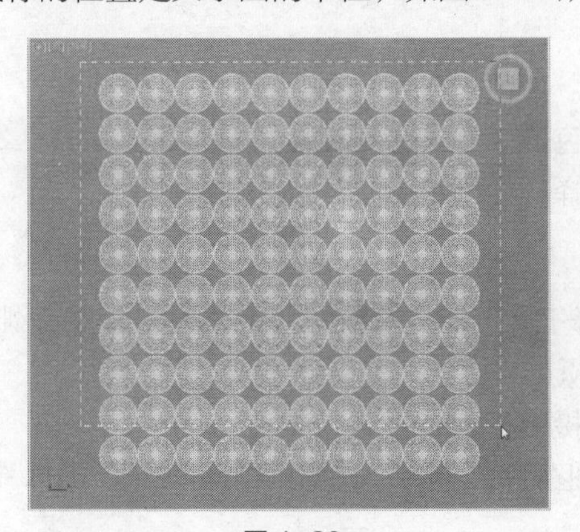

图 1-20

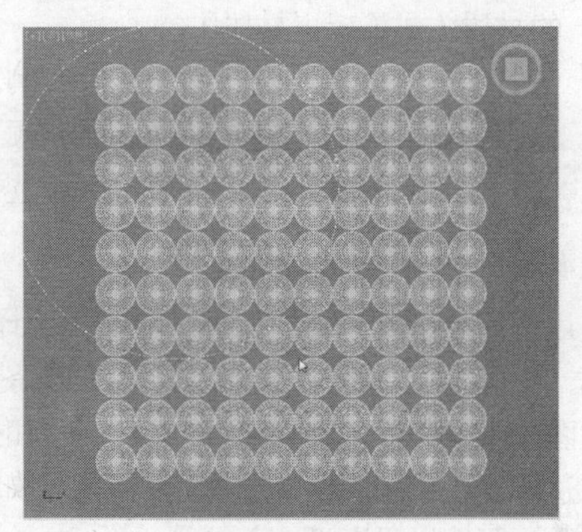

图 1-21

使用（围栏选择区域）拖动绘制多边形，创建多边形选择区，如图 1-22 所示。

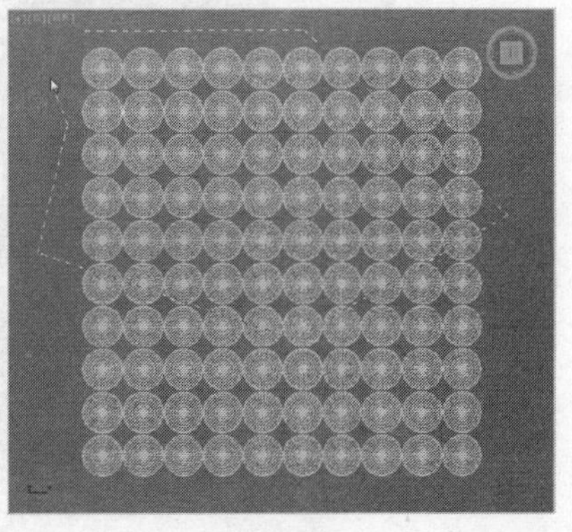

图 1-22

使用（套索选择区域）围绕应该选择的对象拖动鼠标以绘制图形，然后释放鼠标按钮。要取消该选择，在释放鼠标前右击即可，如图 1-23 所示。

使用（绘制选择区域）将鼠标拖至对象之上，然后释放鼠标。在进行拖放时，鼠标周围将会出现一个以画刷大小为半径的圆圈。根据绘制创建选区，如图 1-24 所示。

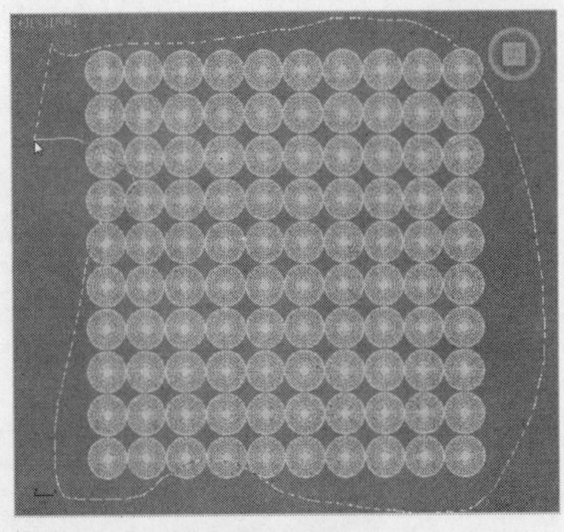

图 1-23

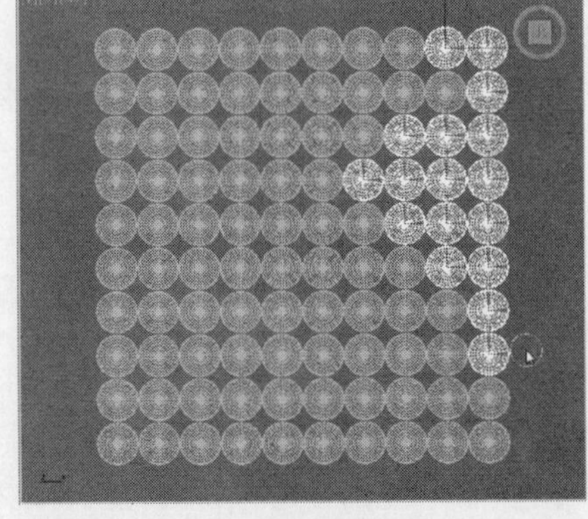

图 1-24

1.4.3 使用编辑菜单选择

在菜单栏中单击“编辑”菜单，在弹出的下拉菜单中选择相应的命令，如图 1-25 所示。

“编辑”菜单中的各个命令介绍如下。

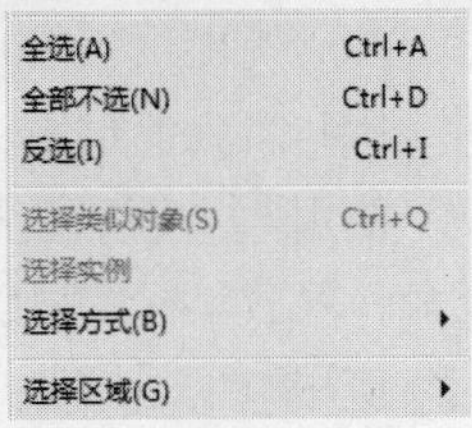

- 全选：选择场景中的全部对象。
- 全部不选：取消所有选择。
- 反选：此命令可反选当前选择集。
- 选择类似对象：自动选择与当前选择类似对象的所有项。通常，这意味着这些对象必须位于同一层中，并且应用了相同的材质（或不应用材质）。
- 选择实例：选择选定对象的所有实例。
- 选择方式：从中定义以名称、层和颜色选择方式选择对象。
- 选择区域：这里参考上一节中区域选择的介绍。

全选(A) Ctrl+A
全部不选(N) Ctrl+D
反选(I) Ctrl+I
选择类似对象(S) Ctrl+Q
选择实例
选择方式(B)
选择区域(G)

图 1-25

1.4.4 使用过滤器选择

使用选择过滤器列表框，可以限制由选择工具选择的对象的特定类型和组合。例如，如果选择“摄影机”，则使用选择工具只能选择摄影机。

如图 1-26 所示场景中创建的有几何体和摄影机。

在过滤器下拉列表框中选择“几何体”，如图 1-27 所示，在场景中即使按 Ctrl+A 组合键，全选对象也不选择摄影机。

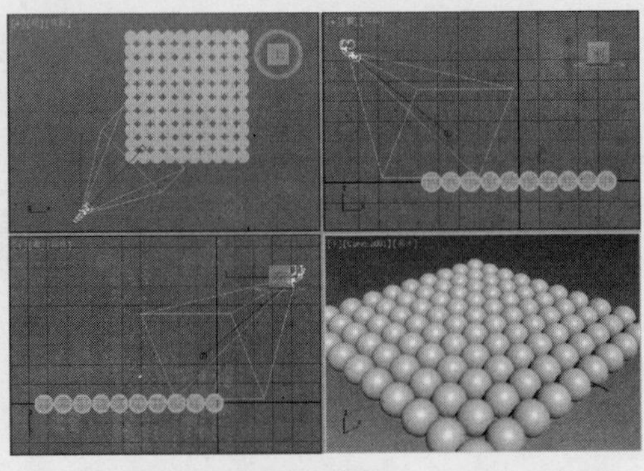

图 1-26

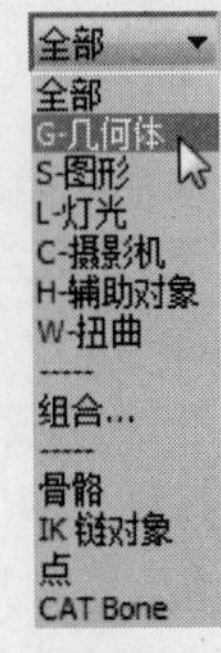

图 1-27

1.5 对象的群组

群组对象可将两个或多个对象组合为一个组对象，并为组对象命名，然后就可以像处理任何其他对象一样对它们进行处理。

1.5.1 组的创建与分离

要创建组，首先在场景中选择需要成组的对象，在菜单栏中选择“组>成组”命令，在弹出的对话框中设置组的名称，如图 1-28 所示。将模型成组后可以对组进行编辑，如果想单独地调整组中的一个模型，在菜单栏中选择“组>打开”命令，如图 1-29 所示，单独地设置一个模型的参数，调整模型参数后选择“组>关闭”命令。

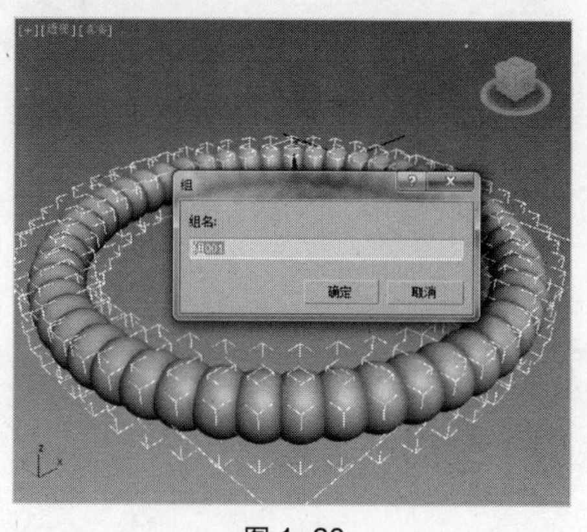

图 1-28

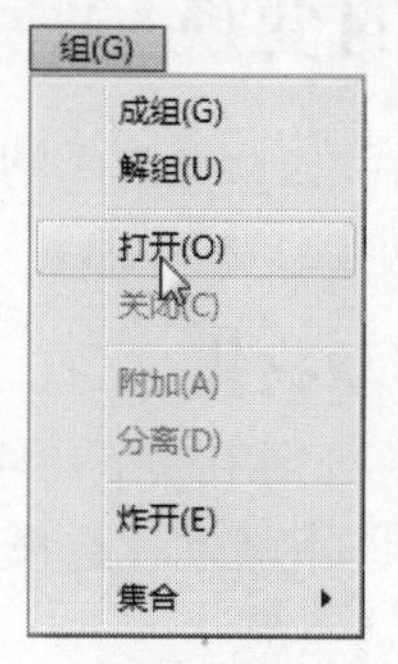

图 1-29

“组”菜单中的各选项命令功能介绍如下。

- 成组：该命令可将对象或组的选择集组成为一个组。
- 解组：该命令可将当前组分离为其组件对象或组。
- 打开：使用该命令可以暂时对组进行解组，并访问组内的对象。可以在组内独立于组的剩余部分变换和修改对象，然后使用“关闭”命令还原原始组。
- 附加：该命令可使选定对象成为现有组的一部分。
- 分离：该（或在场景资源管理器中，排除于组之外）命令可从对象的组中分离选定对象。
- 炸开：该命令可以解组组中的所有对象，而不论嵌套组的数量如何，这与“解组”不同，后者只解组一个层级。有一点同“解组”命令一样，即所有炸开的实体都保留在当前选择集中。
- 集合：该命令将对象选择集、集合或组合并至单个集合，并将光源辅助对象添加为头对象。集合对象后，可以将其视为场景中的单个对象；可以单击组中任一对象来选择整个集合；可将集合作为单个对象进行变换，也可同对待单个对象那样为其应用修改器。

1.5.2 组的编辑与修改

组的编辑与修改主要是指可以为对象“附加”、“分离”、“打开”和使用一些变换工具。图 1-30 所示为成组后的对象，使用缩放工具，可以对组进行缩放，如图 1-31 所示。

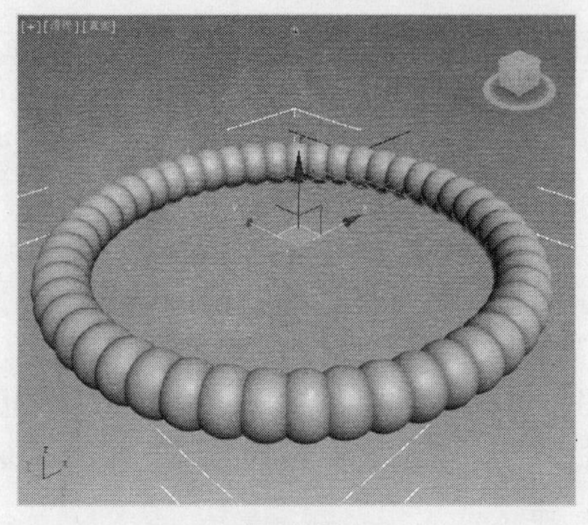

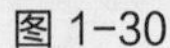

图 1-30

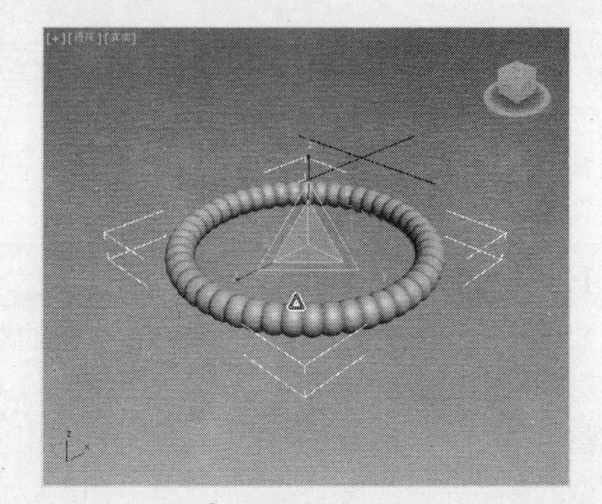

图 1-31

1.6 物体的变换

物体的变换包括对物体的移动、旋转和缩放，这 3 项操作几乎在每一次建模中都会用到，是建模操作的基础。

1.6.1 移动物体

启用“移动”工具有以下几种方法。

- 单击工具栏中的 （选择并移动）按钮。
- 按 W 键。
- 选择物体后单击鼠标右键，在弹出的菜单中选择“移动”命令。

使用“移动”命令的操作方法如下。

选择物体并启用移动工具，当鼠标光标移动到物体坐标轴上时（如 X 轴），光标会变成 形状，并且坐标轴（X 轴）会变成亮黄色，表示可以移动，如图 1-32 所示。此时按住鼠标左键不放并拖曳光标，物体就会跟随光标一起移动。

利用移动工具可以使物体沿两个轴向同时移动，观察物体的坐标轴，会发现每两个坐标轴之间都有共同区域，当鼠标光标移动到此处区域时，该区域会变黄，如图 1-33 所示。按住鼠标左键不放并拖曳光标，物体就会跟随光标一起沿两个轴向移动。

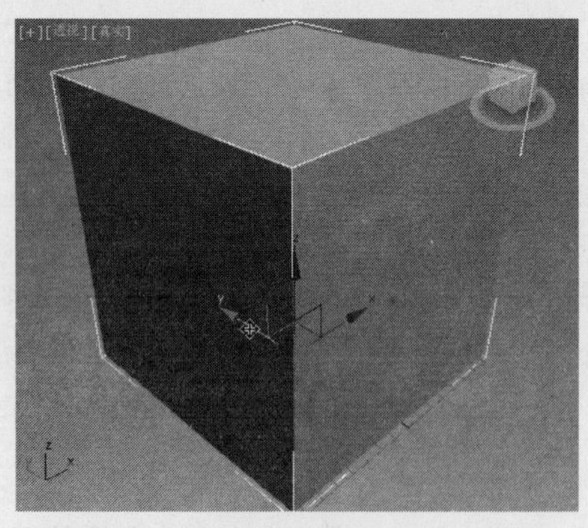

图 1-32

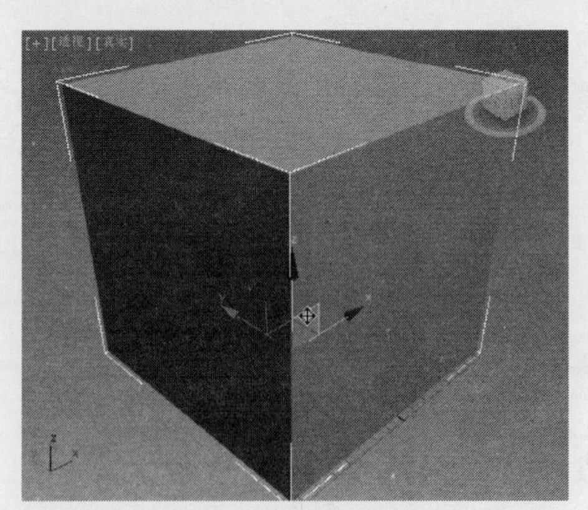

图 1-33

1.6.2 旋转物体

启用“旋转”命令有以下几种方法。

- 单击工具栏中的用（选择并旋转）按钮。
- 按E键。
- 选择物体后单击鼠标右键，在弹出的菜单中选择“旋转”命令。

使用“旋转”命令的操作方法如下。

选择物体并启用旋转工具，当鼠标光标移动到物体的旋转轴上时，光标会变为形状，旋转轴的颜色会变成亮黄色，如图1-34所示。按住鼠标左键不放并拖曳光标，物体会随光标的移动而旋转。旋转物体只用于单方向旋转。

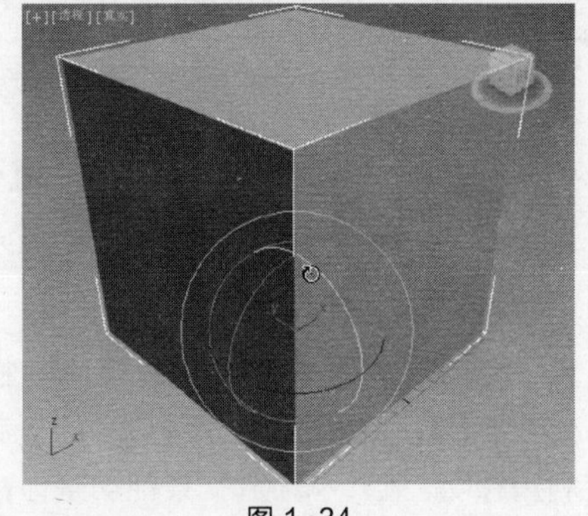

图1-34

旋转工具可以通过旋转来改变物体在视图中的方向。熟悉各旋转轴的方向很重要。

1.6.3 缩放物体

启用“缩放”命令有以下几种方法。

- 单击工具栏中的（选择并均匀缩放）按钮。
- 按R键。
- 选择物体后单击鼠标右键，在弹出的菜单中选择“缩放”命令。

3ds Max 2013提供了3种方式对物体进行缩放，即（选择并均匀缩放）、（选择并非均匀缩放）和（选择并挤压）。在系统默认设置下，工具栏中显示的是（选择并均匀缩放）按钮，选择并非均匀缩放按钮和选择并挤压按钮是隐藏按钮。

- （选择并均匀缩放）：只改变物体的体积，不改变形状，因此坐标轴向对它不起作用。
- （选择并非均匀缩放）：对物体在指定的轴向上进行二维缩放（不等比例缩放），物体的体积和形状都发生变化。
- （选择并挤压）：在指定的轴向上使物体发生缩放变形，物体体积保持不变，但形状会发生改变。

选择物体并启用缩放工具，当光标移动到缩放轴上时，光标会变成形状，按住鼠标左键不放并拖曳光标，即可对物体进行缩放。缩放工具可以同时在两个或3个轴向上进行缩放，方法和移动工具相似，如图1-35所示。

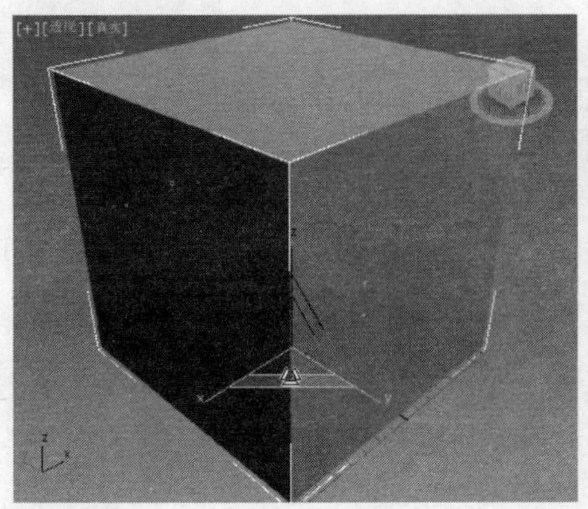

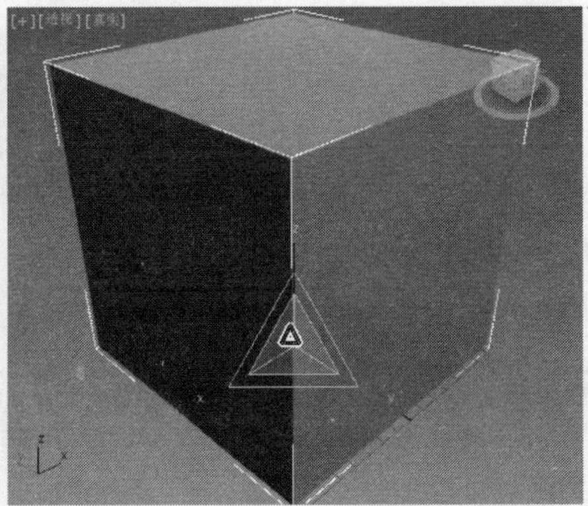

图1-35

1.7 物体的复制

有时在建模中要创建很多形状、性质相同的几何体，如果分别进行创建会浪费很多时间，这时就要使用复制命令来完成这项工作。

1.7.1 直接复制物体

在场景中选择需要复制的模型，按 Ctrl+V 组合键，可以直接复制模型。变换工具是使用最多的复制方法，按住 Shift 键的同时利用移动、旋转和缩放工具拖动鼠标，即可将物体进行变换复制，释放鼠标，弹出“克隆选项”对话框，复制的类型有 3 种，即常规复制、关联复制和参考复制，图 1–36 所示为按 Ctrl+V 组合键弹出的对话框。

图 1–36

复制分为 3 种方式：复制、实例和参考，这 3 种方式主要根据复制后原物体与复制物体的相互关系来分类。

- 复制：复制后原物体与复制物体之间没有任何关系，是完全独立的物体。相互间没有任何影响。
- 实例：复制后原物体与复制物体相互关联，对任何一个物体的参数修改都会影响到复制的其他物体。
- 参考：复制后原物体与复制物体有一种参考关系，对原物体进行参数修改，复制物体会受同样的影响，但对复制物体进行修改不会影响原物体。

1.7.2 利用镜像复制物体

当建模中需要创建两个对称的物体时，如果使用直接复制，物体间的距离很难控制，而且要使两物体相互对称直接复制是办不到的，镜像就能很简单地解决这个问题。

选择物体后，单击 （镜像）工具按钮，弹出“镜像：世界坐标”对话框，如图 1–37 所示。

- 镜像轴：用于设置镜像的轴向，系统提供了 6 种镜像轴向。
  - ◆ 偏移：用于设置镜像物体和原始物体轴心点之间的距离。
- 克隆当前选择：用于确定镜像物体的复制类型。
  - ◆ 不克隆：表示仅把原始物体镜像到新位置而不复制对象。
  - ◆ 复制：把选定物体镜像复制到指定位置。
  - ◆ 实例：把选定物体关联镜像复制到指定位置。
  - ◆ 参考：把选定物体参考镜像复制到指定位置。

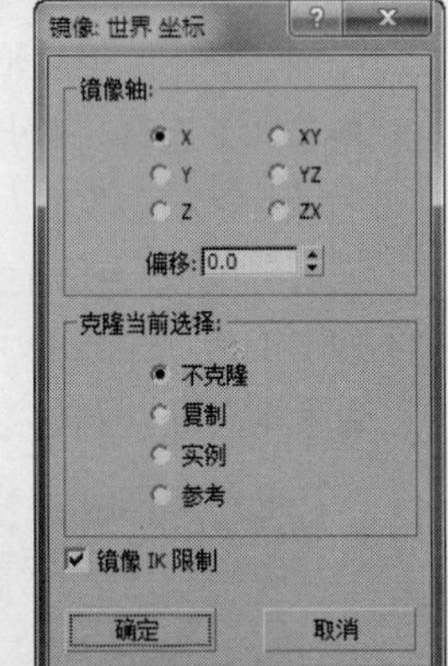

图 1–37

使用镜像复制应该熟悉轴向的设置，选择物体后单击镜像工具，可以依次选择镜像轴，观察镜像复制物体的轴向，视图中的复制物体是随镜像对话框中镜像轴的改变实时显示的，选择合适的轴向后单击“确定”按钮即可，单击“取消”按钮则取消镜像。

1.7.3 利用间距复制物体

利用间距复制物体是一种快速而且比较随意的物体复制方法，它可以指定一个路径，使复制物体排列在指定的路径上，操作步骤如下。

（1）在视图中创建一个球体和圆，如图 1-38 所示。

（2）单击球体将其选中，选择“工具 > 对齐 > 间隔工具”命令，如图 1-39 所示，弹出“间隔工具”对话框。

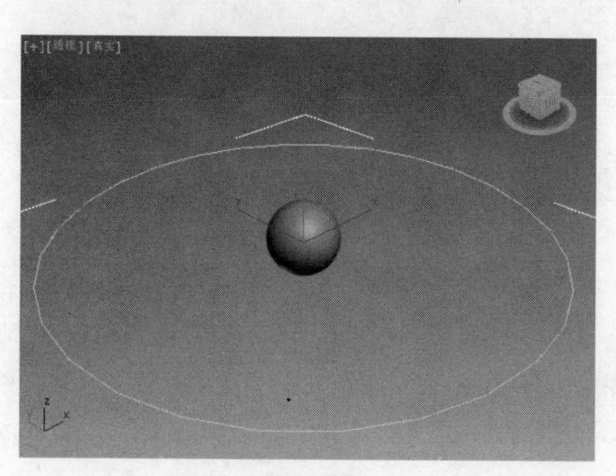

图 1-38

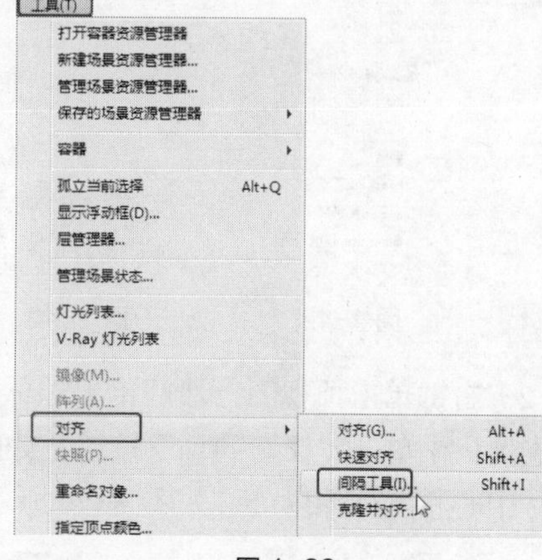

图 1-39

（3）在“间隔工具”对话框中单击“拾取路径”按钮，然后在视图中单击圆，在“计数”数值框中设置复制的数量，设置结束后“拾取路径”按钮会变为“Circle001”，表示拾取的是图形圆，如图 1-40 所示。

（4）设置“计数”参数，单击“应用”按钮，复制完成，如图 1-41 所示。

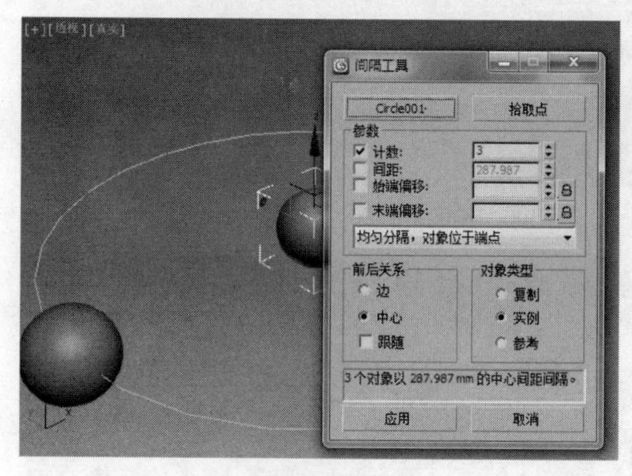

图 1-40

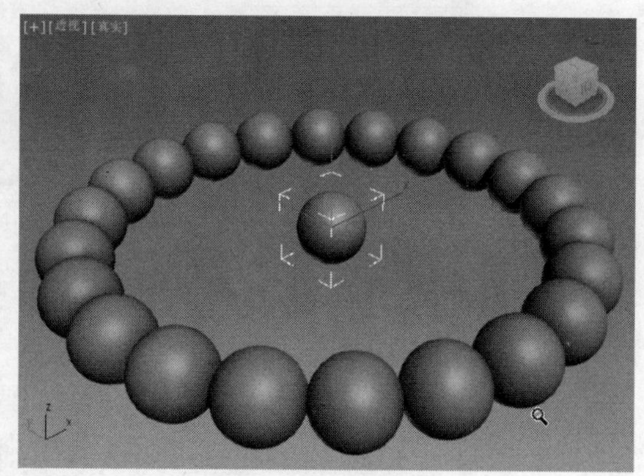

图 1-41

1.7.4 利用阵列复制物体

有时需要创建出多个相同的几何体，而且这些几何体要按照一定的规律进行排列，这时就要用到（阵列）工具。

1．选择阵列工具

阵列工具位于浮动工具栏中。在工具栏的空白处单击鼠标右键，在弹出的菜单中选择“附加”命令，如图 1-42 所示，弹出“附加”浮动工具栏，单击（阵列）按钮即可选择，如图 1-43 所示。

下面通过一个例子来介绍阵列复制，操作步骤如下。

（1）在视图中创建一个球体，效果如图 1-44 所示。

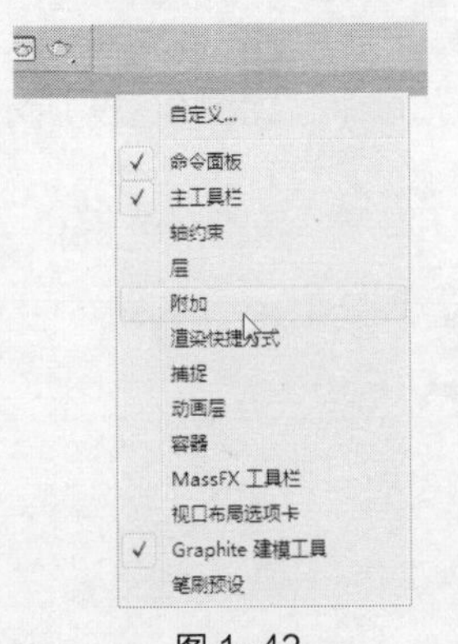

图 1-42

图 1-43

图 1-44

（2）右键单击顶视图，然后单击球体将其选中，切换到 （层次）命令面板，在“调整轴”卷展栏中单击“仅影响轴”按钮，如图 1-45 所示，使用 （选择并移动）工具将球体的坐标中心移到球体以外，如图 1-46 所示，调整轴的位置后，关闭“仅影响轴”按钮。

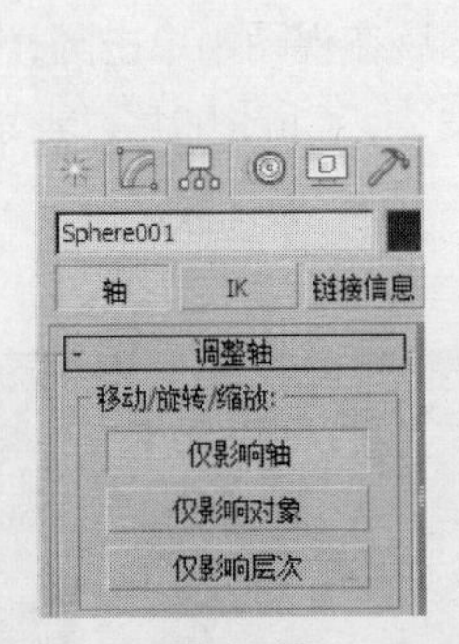

图 1-45

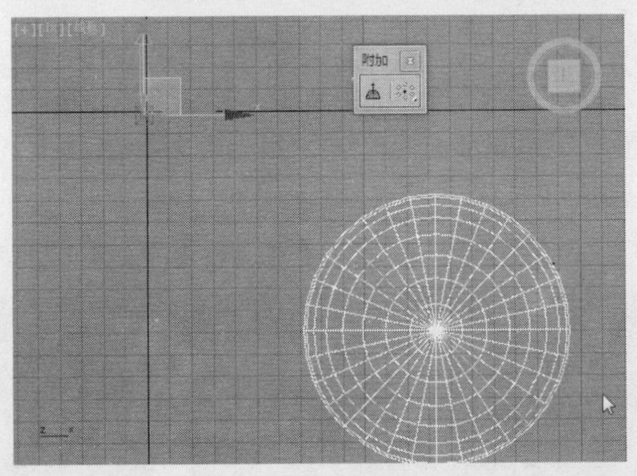

图 1-46

仅影响轴：只对被选择对象的轴心点进行修改，这时使用移动和旋转工具能够改变对象轴心点的位置和方向。

（3）在浮动工具栏中单击按钮 （阵列），弹出“阵列”对话框，如图 1-47 所示。

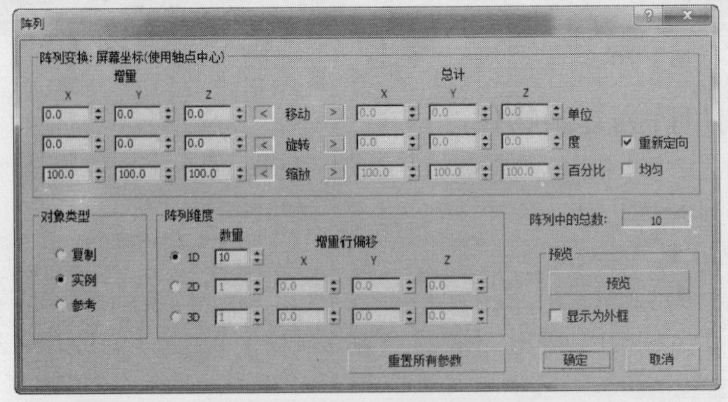

图 1-47

（4）在阵列命令面板中设置参数，然后单击“确定”按钮，可以阵列出有规律的物体，如表 1-2 所示。

表 1-2

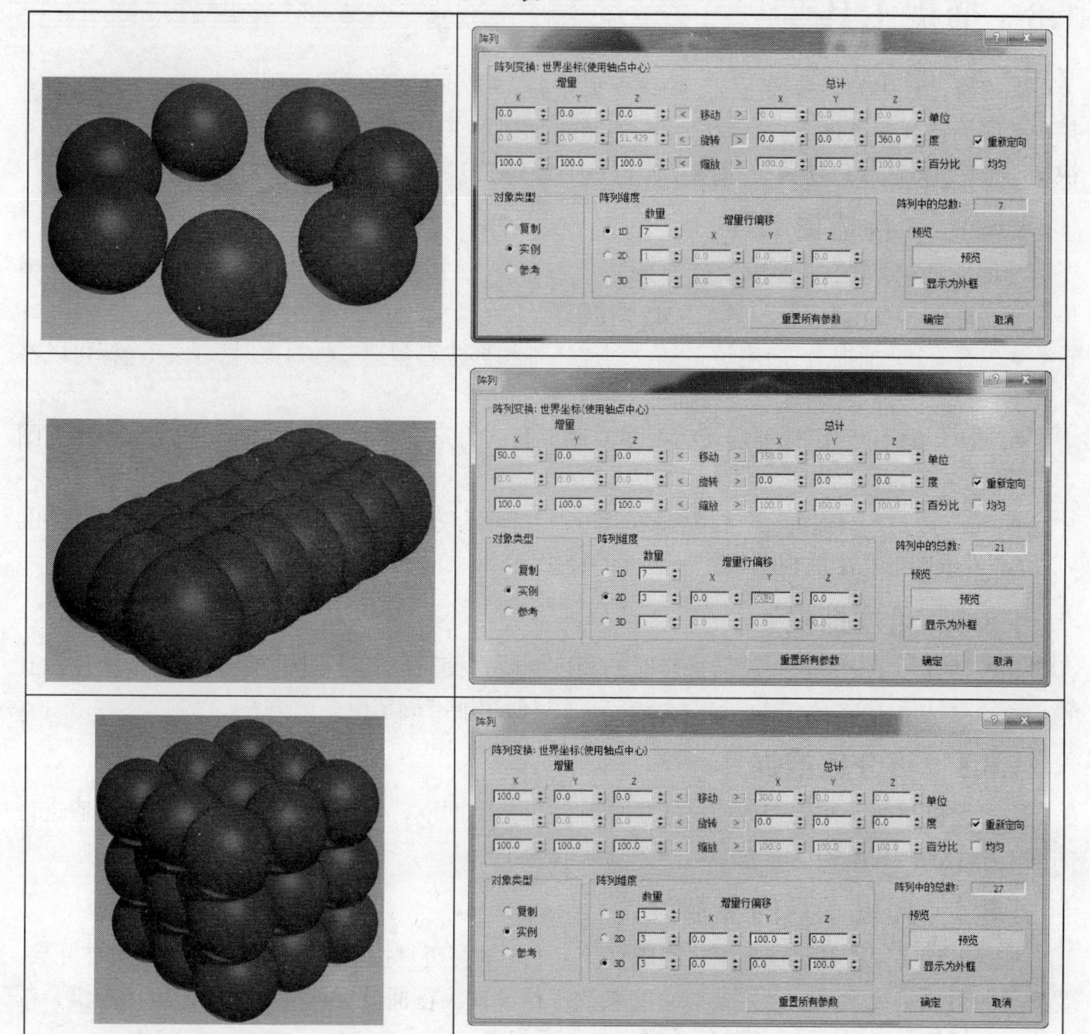

2．阵列工具的参数

阵列命令面板包括阵列变换、对象类型和阵列维度等选项组。

- "阵列变换"选项组用于指定如何应用 3 种方式来进行阵列复制。
  - ◆ 增量：分别用于设置 *X*、*Y*、*Z* 3 个轴向上的阵列物体之间距离大小、旋转角度、缩放程度的增量。
  - ◆ 总计：分别用于设置 *X*、*Y*、*Z* 3 个轴向上的阵列物体自身距离大小、旋转角度、缩放程度的增量。
- "对象类型"选项组用于确定复制的方式。
- "阵列维度"选项组用于确定阵列变换的维数。
  - ◆ 1D、2D、3D：根据阵列变换选项组的参数设置创建一维阵列、二维阵列、三维阵列。
  - ◆ 阵列中的总数：表示阵列复制物体的总数。
  - ◆ 重置所有参数：该按钮能把所有参数恢复到默认设置。

1.8 捕捉工具

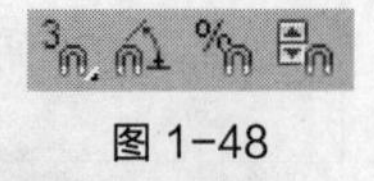
图 1-48

在建模过程中为了精确定位，使建模更精准，经常会用到捕捉控制器。捕捉控制器由 4 个捕捉工具组成，分别为（捕捉开关）、（角度捕捉切换）、（百分比捕捉切换）和（微调器捕捉切换），如图 1-48 所示。

1.8.1 3 种捕捉工具

捕捉工具有 3 种，系统默认设置为（3D 捕捉），在（3D 捕捉）按钮中还有另两种弹出按钮，即（2D 捕捉）和（2.5D 捕捉）。

- （3D 捕捉）：启用该工具，创建二维图形或者创建三维对象时，鼠标光标可以在三维空间的任何地方进行捕捉。
- （2D 捕捉）：只捕捉激活视图构建平面上的元素，*Z* 轴向被忽略，通常用于平面图形的捕捉。
- （2.5D 捕捉）：二维捕捉和三维捕捉的结合方式。2.5D 捕捉能捕捉三维空间中的二维图形和激活视图构建平面上的投影点。

1.8.2 角度捕捉

角度捕捉用于捕捉进行旋转操作时的角度间隔，使对象或者视图按固定的增量值进行旋转，系统默认值为 5° 。角度捕捉配合旋转工具使用能准确定位。

1.8.3 百分比捕捉

百分比捕捉用于捕捉缩放或挤压操作时的百分比间隔，使比例缩放按固定的增量值进行缩放，用于准确控制缩放的大小，系统默认值为 10%。

1.8.4 捕捉工具的参数设置

捕捉工具必须在开启状态下才能起作用，单击捕捉工具按钮，按钮变为黄色表示被开启。要想灵活运用捕捉工具，还需要对它的参数进行设置。在捕捉工具按钮上单击鼠标右键，都会弹出“栅格和捕捉设置”窗口，如图 1-49 所示。

“捕捉”选项卡用于调整空间捕捉的捕捉类型。图 1-49 所示为系统默认设置的捕捉类型。栅格点捕捉、端点捕捉和中点捕捉是常用的捕捉类型。

“选项”选项卡用于调整角度捕捉和百分比捕捉的参数，如图 1-50 所示。

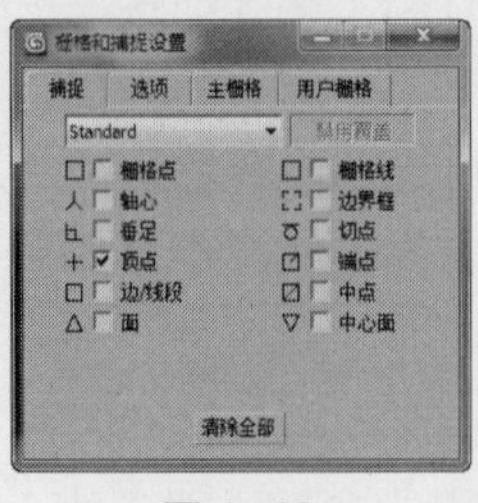

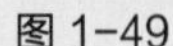
图 1-49

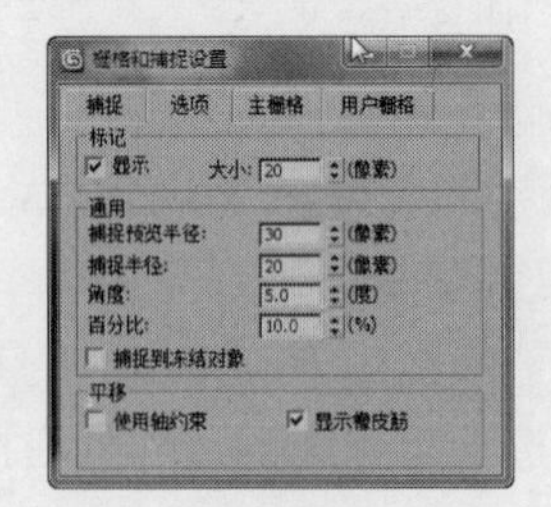

图 1-50

1.9 对齐工具

使用对齐工具可以对物体进行设置、方向和比例的对齐，还可以进行法线对齐、放置高光、对齐摄影机和对齐视图等操作。对齐工具有实时调节及实时显示效果的功能。

使用对齐工具首先要在场景中选择需要对齐的模型，在工具栏中单击（对齐）按钮，在弹出的对话框中设置对齐属性，如图 1–51 所示。

当前激活的是“透视”视图，如果将球体放置到长方体中心可以按照图 1–52 所示进行设置。

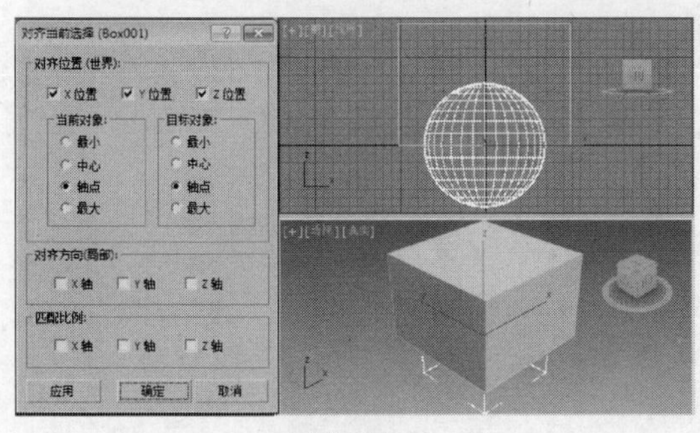

图 1–51

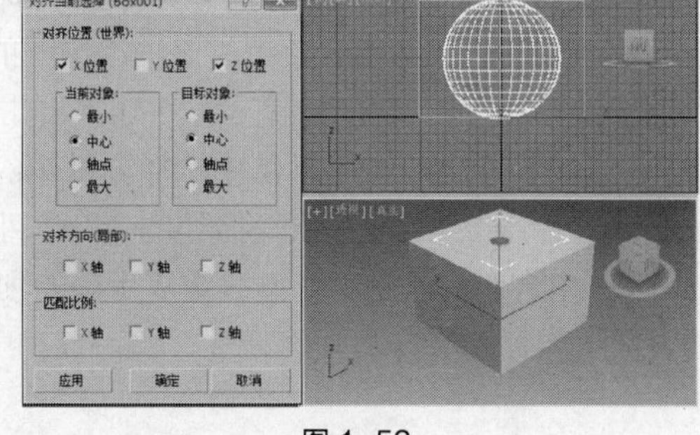

图 1–52

“对齐当前选择”对话框中的各选项命令介绍如下。

- “对齐位置（世界）”选项组。
  - ◆ *X* 位置、*Y* 位置、*Z* 位置：指定要在其中执行对齐操作的一个或多个轴。启用所有 3 个选项可以将当前对象移动到目标对象位置。
  - ◆ 最小：将具有最小 *X*、*Y* 和 *Z* 值的对象边界框上的点与其他对象上选定的点对齐。
  - ◆ 中心：将对象边界框的中心与其他对象上的选定点对齐。
  - ◆ 轴点：将对象的轴点与其他对象上的选定点对齐。
  - ◆ 最大：将具有最大 *X*、*Y* 和 *Z* 值的对象边界框上的点与其他对象上选定的点对齐。
- “对齐方向（局部）”选项组：用于在轴的任意组合上匹配两个对象之间的局部坐标系的方向。
- “匹配比例”选项组：选中“*X* 轴”、“*Y* 轴”和“*Z* 轴”复选框，可匹配两个选定对象之间的缩放轴值。该操作仅对变换输入中显示的缩放值进行匹配。这不一定会导致两个对象的大小相同，如果两个对象先前都未进行缩放，则其大小不会更改。

设置球体到长方体的上方，如图 1–53 所示。完成的效果，如图 1–54 所示。

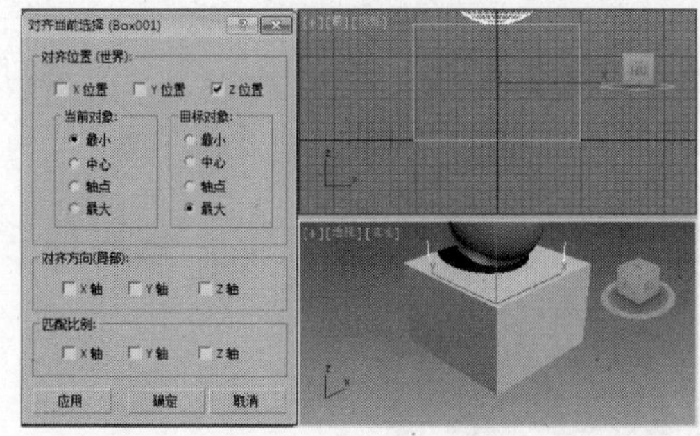

图 1–53

图 1–54

1.10 撤销和重复命令

在建模中，操作步骤非常多，如果当前某一步操作出现错误，重新进行操作是不现实的，3ds Max 2013 中提供了撤销和重复命令，可以使操作回到之前的某一步，这在建模过程中非常有用。这两个命令在快速访问工具栏中都有相应的快捷按钮。

撤销命令：用于撤销最近一次操作的命令，可以连续使用，快捷键为 Ctrl + Z 组合键。在按钮上单击鼠标右键，会显示当前所执行过的一些步骤，可以从中选择要撤销的步骤，如图 1-55 所示。

重复命令：用于恢复撤销的命令，可以连续使用，快捷键为 Ctrl + A 组合键。重复功能也有重复步骤的列表，使用方法与撤销命令相同。

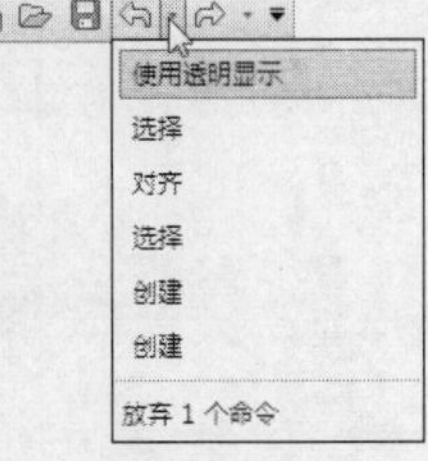

图 1-55

1.11 物体的轴心控制

轴心控制是指控制物体发生变换时的中心，只影响物体的旋转和缩放。物体的轴心控制包括 3 种方式：（使用轴点中心）控制、（使用选择中心）、（使用变换坐标中心）。

1.11.1 使用轴心点控制

使用轴心点控制即把被选择对象自身的轴心点作为旋转、缩放操作的中心。如果选择了多个物体，则以每个物体各自的轴心点进行变换操作。如图 1-56 所示，3 个圆柱体按照自身的坐标中心旋转。

图 1-56

1.11.2 使用选择中心

使用选择中心即把选择对象的公共轴心点作为物体旋转和缩放的中心。如图 1-57 所示，3 个圆柱体围绕一个共同的轴心点旋转。

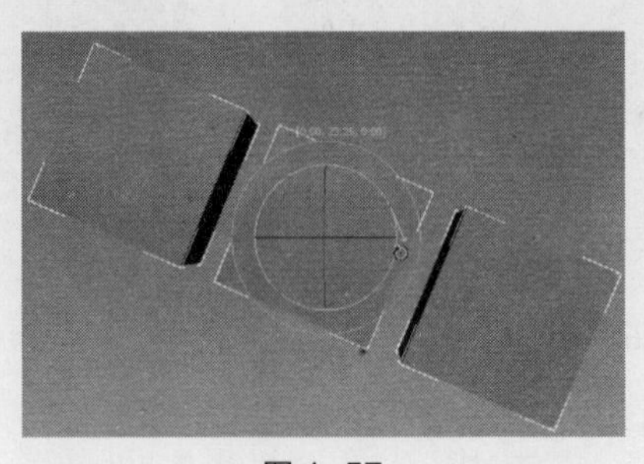

图 1-57

1.11.3 使用变换坐标中心

使用变换坐标中心即把选择的对象所使用当前坐标系的中心点作为被选择物体旋转和缩放的中心。例如，可以通过拾取坐标系统进行拾取，把被拾取物体的坐标中心作为选择物体的旋转和缩放中心。

下面仍通过 3 个立方体进行介绍，操作步骤如下。

（1）用鼠标框选右侧的两个立方体，然后选择坐标系统下拉列表框中的“拾取”选项，如图 1-58 所示。

（2）单击另一个立方体，将两个立方体的坐标中心拾取在一个立方体上。

（3）对这两个立方体进行旋转，会发现这两个立方体的旋转中心是被拾取立方体的坐标中心，如图 1-59 所示。

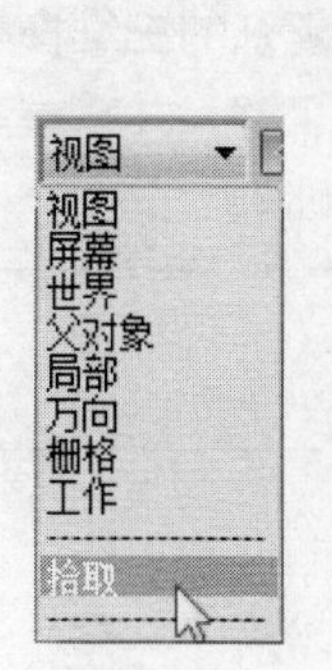

图 1-58

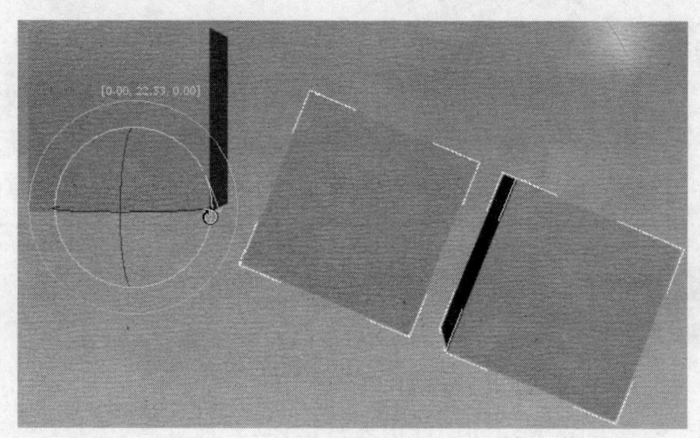

图 1-59

PART 2 第 2 章 创建几何体

本章介绍

在 3ds Max 中要建立场景模型，首先要掌握基本模型的创建，然后通过一些简单模型的拼凑与编辑就可以制作一些比较复杂的三维模型。本章将讲解一些几何体的创建，使用户对基本建模有所了解，并掌握基本的建模方法，为深入学习 3ds Max 2013 打下扎实的基础。

学习目标

- 熟练掌握如何创建标准几何体
- 熟练掌握如何创建扩展几何体
- 使用几何体搭建模型

技能目标

- 掌握制作角几模型的方法和技巧
- 掌握制作木茶几模型的方法和技巧
- 掌握制作烛台模型的方法和技巧
- 掌握制作筒灯模型的方法和技巧
- 掌握制作沙发凳模型的方法和技巧

2.1 创建标准几何体

学习 3ds Max2013 内置的基础模型是制作模型和场景的基础。我们平时见到的规模宏大的建筑浏览动画、室内外宣传效果图等，都是由一些简单的几何体修改后得到的，只需通过对基本模型的节点、线和面的编辑修改，就能制作出想要的模型。认识和学习这些基础模型是以后学习复杂建模的前提和基础。

在 3ds Max 中进行场景建模，首先需要掌握基本模型的创建，通过一些简单模型的拼凑就可以制作一些较复杂的三维模型。

三维模型中最简单的模型是“标准几何体”和“扩展基本体”的创建。在 3ds Max 中用户可以使用单个基本对象对很多现实中的对象建模，还可以将“标准几何体”结合到复杂的对象中，并使用修改器进一步地细化。

2.1.1 课堂案例——角几的制作

【案例学习目标】熟悉长方体的创建、复制模型，并配合移动工具进行位置的调整。

【案例知识要点】创建长方体，对长方体进行复制并修改、使用移动工具移动复制长方体来完成角几的制作，完成的模型效果如图 2-1 所示。

【素材文件位置】CDROM/Map/Cha02/2.1.1 角几。

【模型文件所在位置】CDROM/Scene/Cha02/2.1.1 角几.max。

【参考模型文件所在位置】CDROM/Scene/Cha02/2.1.1 角几场景.max。

（1）首先制作角几面，单击“（创建）>（几何体）>长方体”按钮，在顶视图创建一个长方体，在参数面板中设置长方体的参数，如图 2-2 所示。

图 2-1

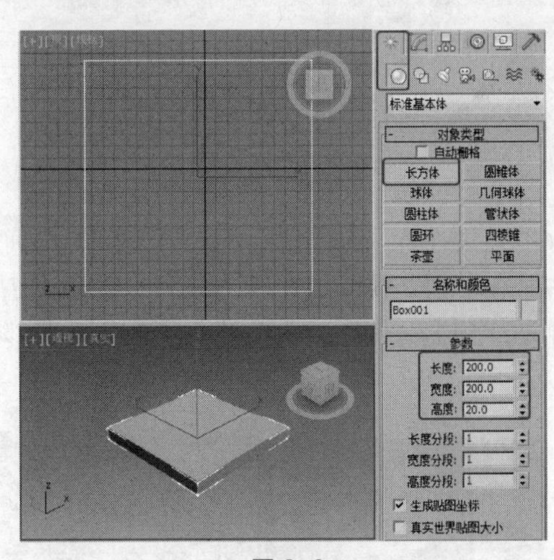

图 2-2

（2）按 Ctrl+V 组合键，在弹出的对话框中选择“复制”选项，单击“确定”按钮，如图 2-3 所示。

（3）选择复制出的 Box002 对象，切换到（修改）命令面板，重新设置其参数，如图 2-4 所示。

图 2-3

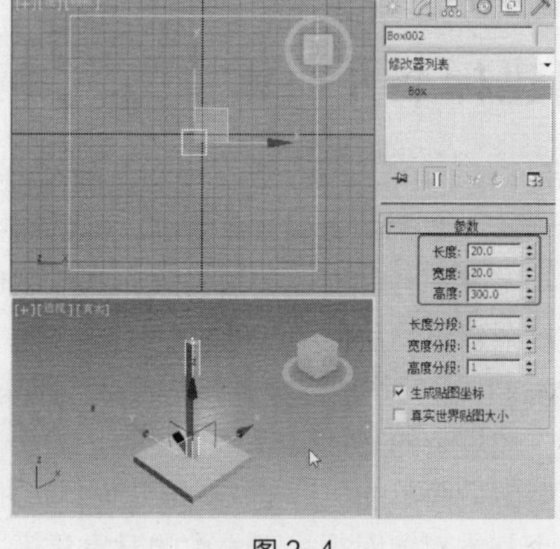

图 2-4

（4）选择“透视”图，在场景中选择 Box002 模型，在工具栏中选择 （对齐）工具，在场景中拾取作为茶几面的模型，弹出如图 2-5 所示对话框，从中设置“*Y* 位置”对齐，单击“应用”按钮。

（5）继续设置“*Z* 位置”的对齐，单击“应用”按钮，如图 2-6 所示。

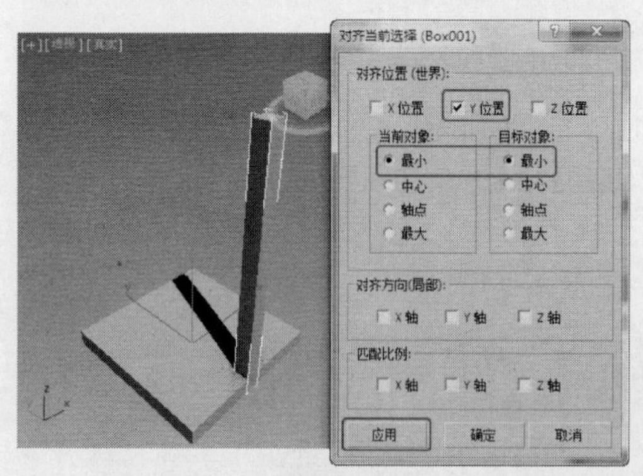

图 2-5

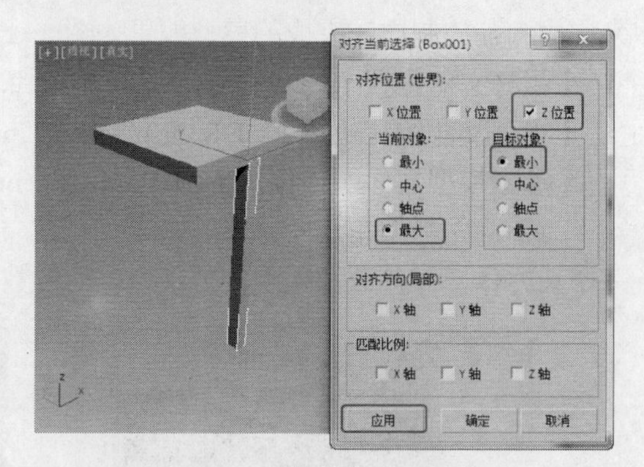

图 2-6

（6）继续设置“*X* 位置”的对齐，单击“确定”按钮，如图 2-7 所示。

（7）在“顶”视图中选择 Box002 对象，使用 （选择并移动）工具，按住 Shift 键，移动复制模型到另一侧角几的角处，在弹出的“克隆选项”对话框中选择“实例选项”，如图 2-8 所示。

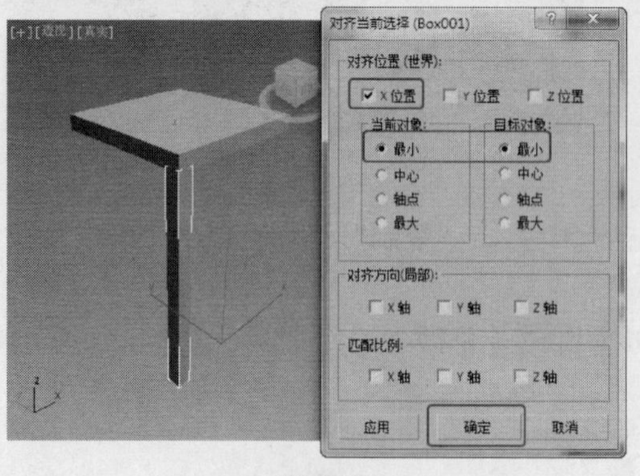

图 2-7

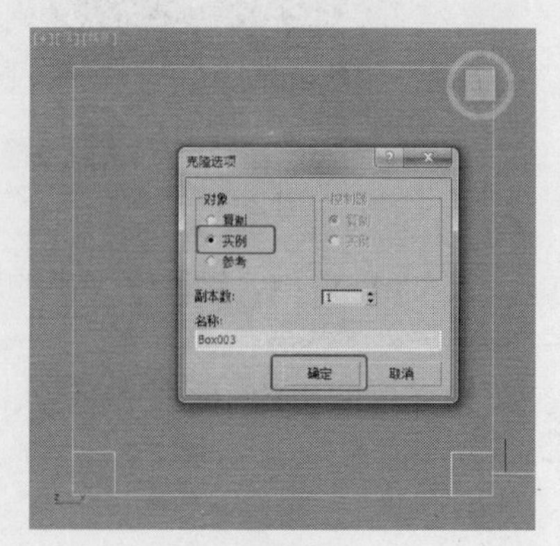

图 2-8

使用同样的方法移动复制两条腿到茶几面的另一侧。

（8）选择茶几面模型，按 Ctrl+V 组合键，在弹出的对话框中选择“复制”选项，单击“确定”按钮，如图 2-9 所示。

（9）复制出模型后修改模型的材质，并调整模型的位置，如图 2-10 所示。

这样，简单的角几模型就制作完成了。

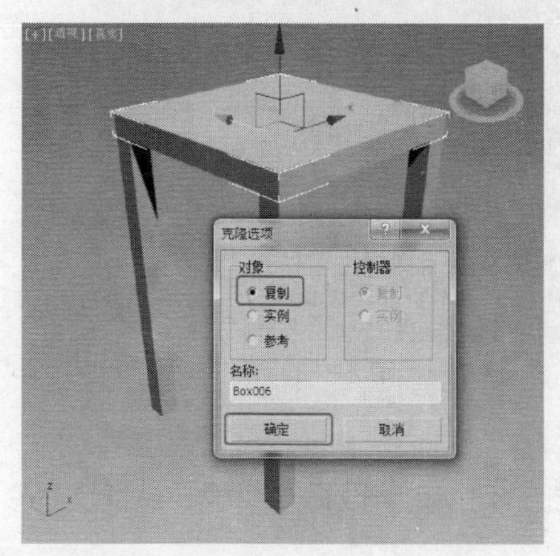

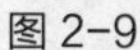

图 2-9

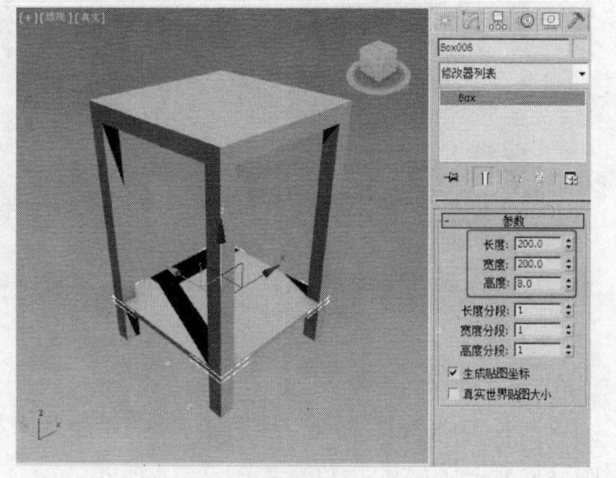

图 2-10

制作模型时，还可以对长方体的位置和参数进行调节或在其他位置增加几何体，使模型更加形象。在以后的章节中会介绍更多的几何体，利用它们可以制作出更复杂、更接近现实的物品。

接下来介绍 3 个重要的功能键，它们对以后建模会有很大的帮助。

- F3 键：用于线框模式和着色高光模式的切换。
- F4 键：用于线框模式的切换。

这两种模式的切换能在建模时把几何体的线框直观地显示出来，提高建模速度。

- Delete 键：用于删除物体。创建或修改后的物体如果发生错误而需要重新创建，则可以对物体进行删除。选择物体后按 Delete 键，物体即被删除。
- Ctrl+Z：撤销场景操作。
- Ctrl+Y：重做场景操作。

2.1.2 长方体

长方体是最基础的标准几何物体，用于制作正六面体或长方体。下面就来介绍长方体的创建方法及其参数的设置和修改。

1. 创建长方体

创建长方体有两种方法：一种是立方体创建方法；另一种是长方体创建方法，如图 2-11 所示。

图 2-11

- 立方体创建方法：以正方体方式创建，操作简单，但只限于创建正方体。
- 长方体创建方法：以长方体方式创建，是系统默认的创建方法，用法比较灵活。

长方体的创建方法比较简单，也比较典型，是学习创建其他几何体的基础。操作步骤如下。

（1）单击“（创建）>（几何体）>长方体”按钮。

（2）移动光标到适当的位置，单击并按住鼠标左键不放拖曳光标，视图中生成一个方形平面，如图 2-12 所示，松开鼠标左键并上下移动光标，方体的高度会跟随光标的移动而增减，在合适的位置单击鼠标左键，长方体创建完成，如图 2-13 所示。

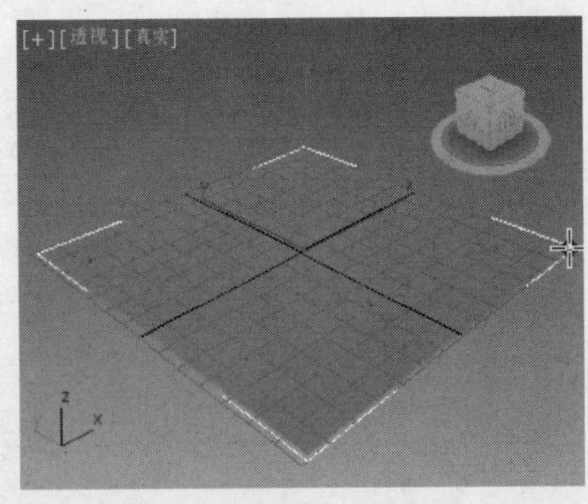

图 2-12

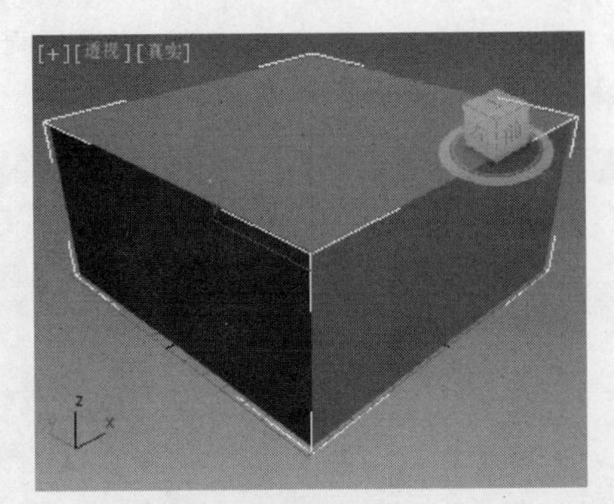

图 2-13

2．长方体的参数

单击长方体将其选中，然后单击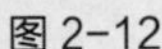（修改）按钮，切换到修改命令面板，在修改命令面板中会显示长方体的参数，如图 2-14 所示。

名称和颜色用于显示长方体的名称和颜色，如图 2-15 所示。在 3ds Max 2013 中创建的所有几何体都有此项参数，用于给物体指定名称和颜色，便于以后选取和修改。单击右边的颜色块，弹出“对象颜色”对话框，如图 2-16 所示。此窗口用于设置几何体的颜色，单击颜色块选择合适的颜色后，单击“确定”按钮完成设置，单击“取消”按钮则取消颜色设置。单击“添加自定义颜色”按钮，可以自定义颜色。

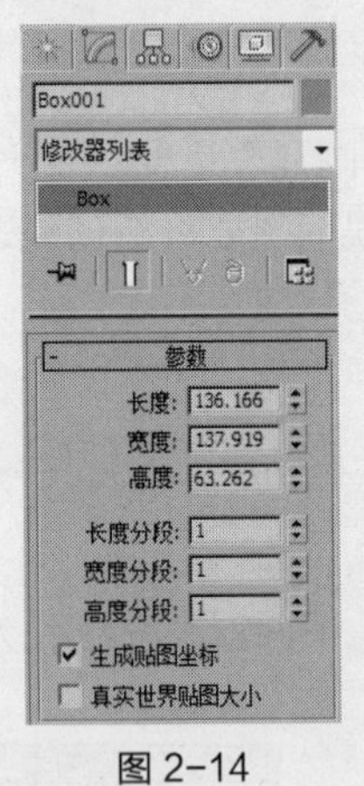

图 2-14

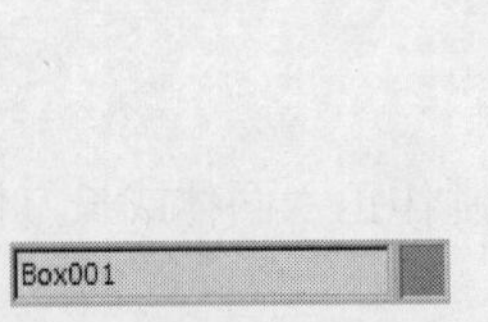

图 2-15

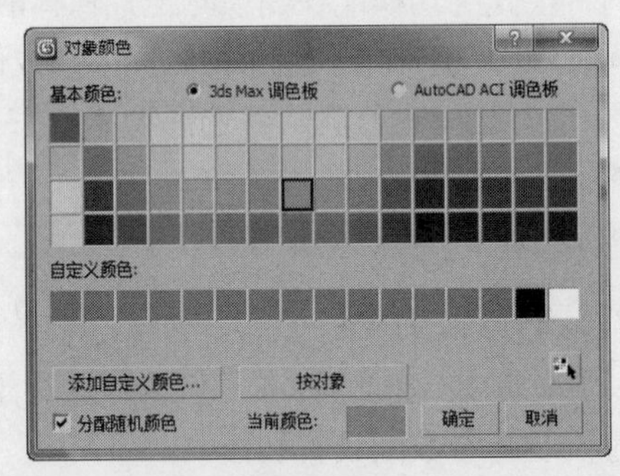

图 2-16

键盘建模方式，如图 2-17 所示。对于简单的基本建模，使用键盘创建方式比较方便，直接在面板中输入几何体的创建参数，然后单击“创建”按钮，视图中会自动生成该几何体。如果创建较为复杂的模型，建议使用手动方式建模。

以上各参数是几何体的公共参数。

基本参数设置卷展栏用于调整物体的体积、形状以及表面的光滑度，如图 2-14 所示。在参数的数值框中可以直接输入数值进行设置，也可以利用数值框旁边的微调器进行调整。

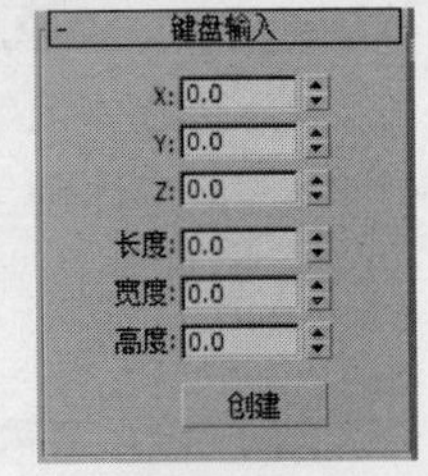

图 2-17

- 长度/宽度/高度：确定长、宽、高 3 边的长度。
- 长度/宽度/高度分段：控制长、宽、高 3 边上的段数，段数越多，表面就越细腻。
- 生成贴图坐标：自动指定贴图坐标。

3．参数的修改

长方体的参数比较简单，修改的参数也比较少，在设置好修改参数后，按 Enter 键确认，即可得到修改后的效果，如表 2-1 所示。

表 2-1

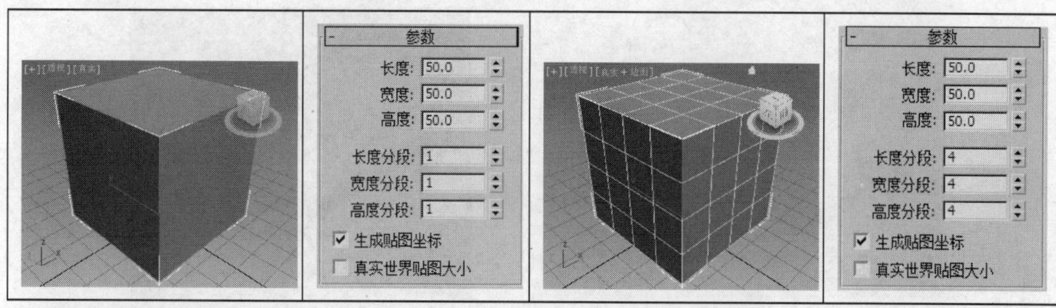

几何体的分段数是控制几何体表面光滑程度的参数，段数越多，表面就越光滑。但要注意的是，并不是段数越多越好，应该在不影响几何体形体的前提下将段数降到最低。在进行复杂建模时，如果物体不必要的段数过多，就会影响建模和后期渲染的速度。

2.1.3　课堂案例——木茶几的制作

【案例学习目标】熟悉长方体的创建，并配合移动、旋转工具进行位置的调整。

【案例知识要点】使用长方体、移动工具完成模型的制作，如图 2-18 所示。

【素材文件位置】CDROM/Map/Cha02/2.1.3 木茶几。

【模型文件所在位置】CDROM/Scene/Cha02/2.1.3 木茶几.max。

【参考模型文件所在位置】CDROM/Scene/Cha02/2.1.3 木茶几场景.max。

（1）单击“（创建）>（几何体）>标准基本体>长方体”按钮，在“顶”视图中创建长方体，在“参数”卷展栏中设置合适的参数，如图 2-19 所示。

图 2-18

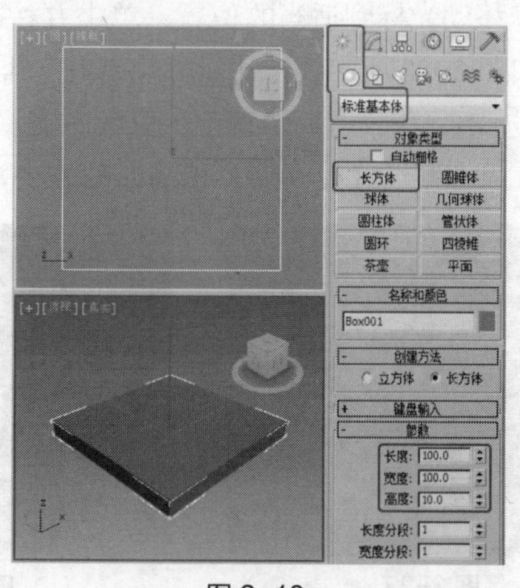

图 2-19

（2）对长方体进行复制作为茶几腿模型，切换到（修改）命令面板，在“参数”卷展栏中修改参数，如图 2-20 所示。

（3）继续复制长方体，并调整长方体的位置，完成木茶几模型，如图 2-21 所示。

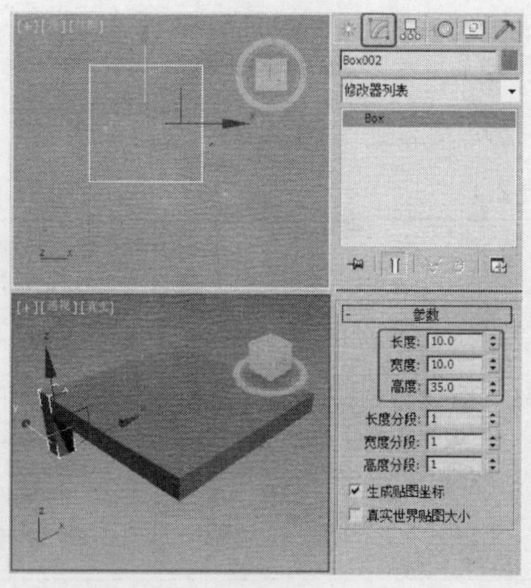

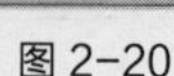
图 2-20

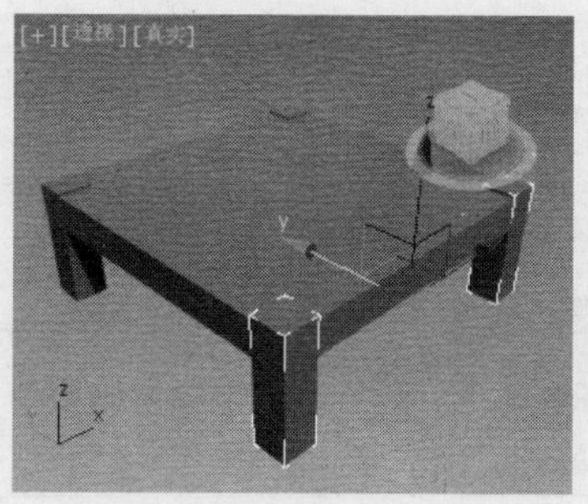

图 2-21

2.1.4 圆锥体

圆锥体用于制作圆锥、圆台、四棱锥和棱台以及它们的局部。下面就来介绍圆锥体的创建方法及其参数的设置和修改。

1．创建圆锥体

创建圆锥体同样有两种方法：一种是边创建方法；另一种是中心创建方法，如图 2-22 所示。

- 边创建方法：以边界为起点创建圆锥体，在视图中以光标所单击的点作为圆锥体底面的边界起点，随着光标的拖曳始终以该点作为圆锥体的边界。

图 2-22

- 中心创建方法：以中心为起点创建圆锥体，系统将采用在视图中第一次单击鼠标的点作为圆锥体底面的中心点，是系统默认的创建方式。

创建圆锥体比创建长方体多一个步骤，具体操作步骤如下。

（1）单击“（创建）>（几何体）>标准基本体>圆锥体”按钮。

（2）移动光标到适当的位置，单击并按住鼠标左键不放拖曳光标，视图中生成一个圆形平面，如图 2-23 所示，松开鼠标左键并上下移动，锥体的高度会跟随光标的移动而增减，如图 2-24 所示，在合适的位置单击鼠标左键。

（3）再次移动光标，调节顶端面的大小，单击鼠标左键完成创建，如图 2-25 所示。

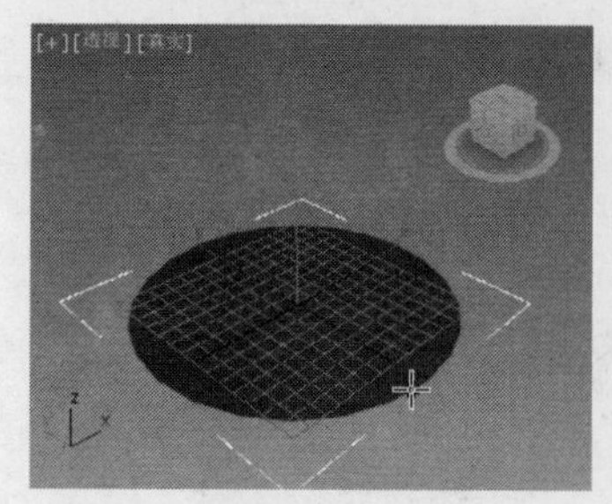

图 2-23

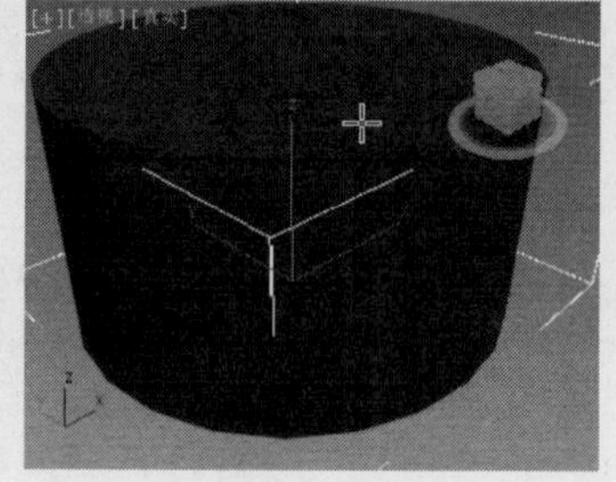

图 2-24

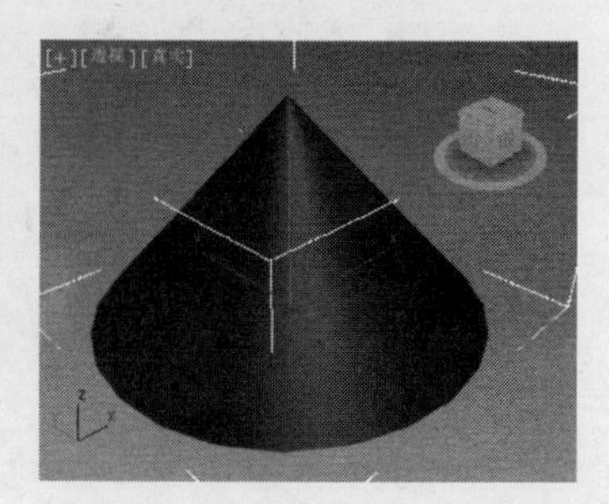

图 2-25

2．圆锥体的参数

单击圆锥体将其选中，然后单击（修改）按钮，参数命令面板中会显示圆锥体的参数，如图 2-26 所示。

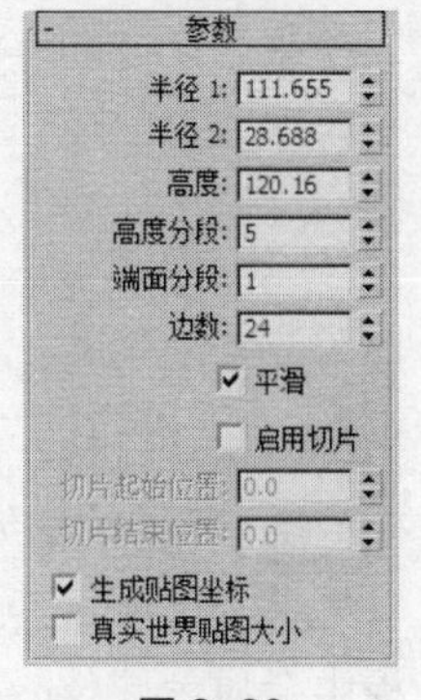

图 2-26

- 半径 1：设置圆锥体底面的半径。
- 半径 2：设置圆锥体顶面的半径（若半径 2 不为 0，则圆锥体变为圆台体）。
- 高度：设置圆锥体的高度。
- 高度分段：设置圆锥体在高度上的段数。
- 端面分段：设置圆锥体在两端平面、上底面和下底面沿半径方向上的段数。
- 边数：设置圆锥体端面圆周上的片段划分数。值越高，圆锥体越光滑。对棱锥来说，边数决定它属于几棱锥。
- 平滑：表示是否进行表面光滑处理。开启时，产生圆锥、圆台，关闭时，产生四棱锥、棱台。
- 启用切片：表示是否进行局部切片处理。
- 切片起始位置：确定切除部分的起始幅度。
- 切片结束位置：确定切除部分的结束幅度。

3．参数的修改

圆锥体的参数大部分和长方体相同。值得注意的是，两半径都不为 0 时，圆锥体会变为圆台。开启光滑选项可以使几何体表面光滑，这也和几何体的段数有关。减少段数会使几何体形状发生很大变化。设置好修改参数后，按 Enter 键确认，即可得到修改后的效果，如表 2-2 所示。

表 2-2

	参数 半径 1: 111.655 半径 2: 0.0 高度: 117.768 高度分段: 5 端面分段: 1 边数: 24 ☑ 平滑 ☐ 启用切片 切片起始位置: 0.0 切片结束位置: 0.0 ☑ 生成贴图坐标 ☐ 真实世界贴图大小		参数 半径 1: 111.655 半径 2: 0.0 高度: 117.768 高度分段: 5 端面分段: 1 边数: 10 ☐ 平滑 ☐ 启用切片 切片起始位置: 0.0 切片结束位置: 0.0 ☑ 生成贴图坐标 ☐ 真实世界贴图大小
	参数 半径 1: 111.655 半径 2: 42.62 高度: 117.768 高度分段: 5 端面分段: 1 边数: 10 ☐ 平滑 ☐ 启用切片 切片起始位置: 0.0 切片结束位置: 0.0 ☑ 生成贴图坐标 ☐ 真实世界贴图大小		参数 半径 1: 111.655 半径 2: 42.62 高度: 117.768 高度分段: 5 端面分段: 1 边数: 10 ☐ 平滑 ☑ 启用切片 切片起始位置: 254.0 切片结束位置: 0.0 ☑ 生成贴图坐标 ☐ 真实世界贴图大小

2.1.5　球体

球体可以制作面状或光滑的球体，也可以制作局部球体。下面介绍球体的创建方法及其参数的设置和修改。

1．创建球体

创建球体的方法也有两种，与锥体相同，这里就不再介绍了。

球体的创建非常简单，具体操作步骤如下。

（1）单击“（创建）>（几何体）>标准基本体>球体”按钮。

（2）移动光标到适当的位置，单击并按住鼠标左键不放拖曳光标，在视图中生成一个球体，移动光标可以调整球体的大小，在适当位置松开鼠标左键，球体创建完成，如图 2-27 所示。

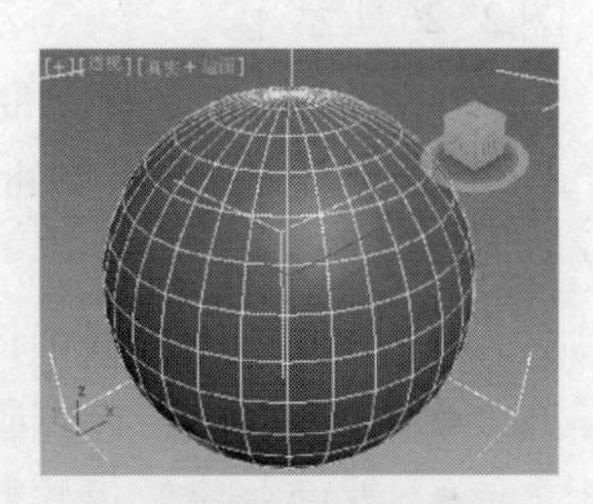

图 2-27

2．球体的参数

单击球体将其选中，然后单击（修改）按钮，“修改”命令面板中会显示球体的参数，如图 2-28 所示。

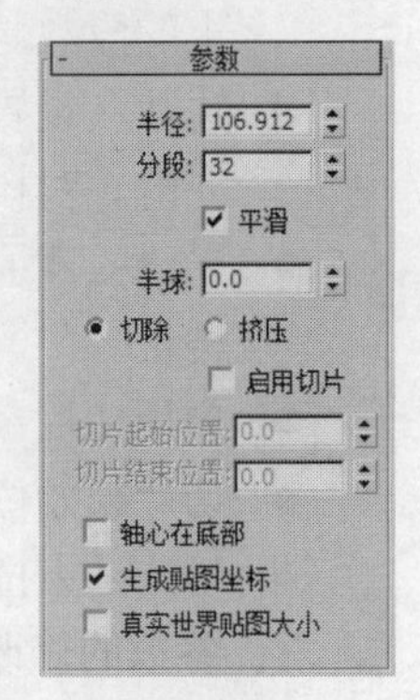

图 2-28

- 半径：设置球体的半径大小。
- 分段：设置表面的段数，值越高，表面越光滑，造型也越复杂。
- 平滑：是否对球体表面进行自动光滑处理（系统默认是开启的）。
- 半球：用于创建半球或球体的一部分。其取值范围为 0～1。默认为 0.0，表示建立完整的球体，增加数值，球体被逐渐减去；值为 0.5 时，制作出半球体；值为 1.0 时，球体全部消失。
- 切除/挤压：在进行半球系数调整时发挥作用。用于确定球体被切除后，原来的网格划分也随之切除或者仍保留但被挤入剩余的球体中。

其他参数请参见前面章节的参数说明。

3．参数的修改

设置好修改参数后，按 Enter 键，即可得到修改后的效果。球体的参数修改如表 2-3 所示。

表 2-3

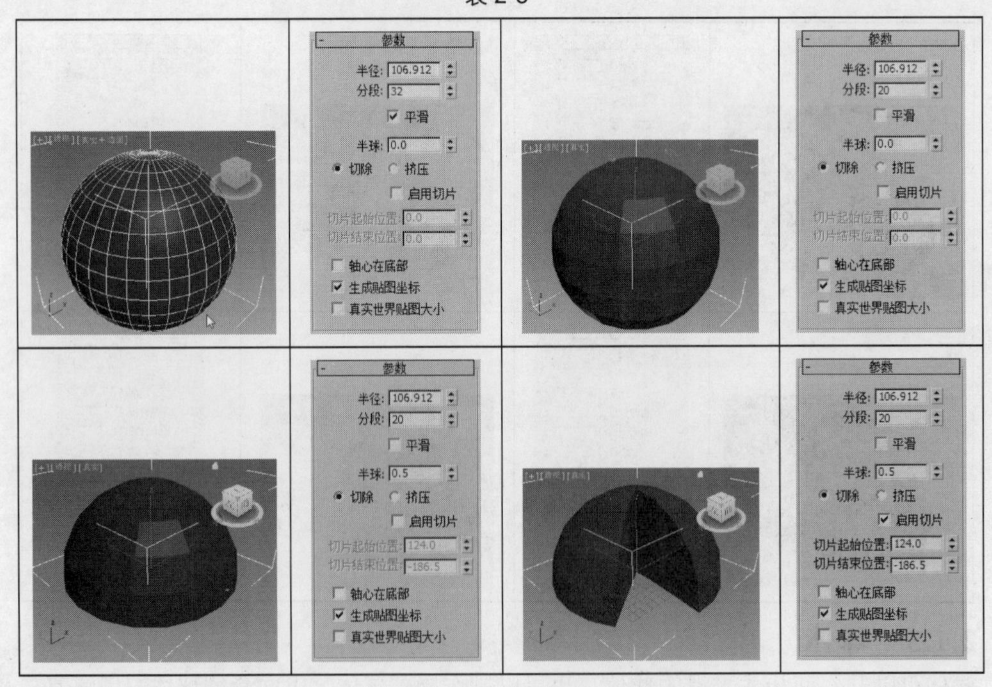

2.1.6 课堂案例——烛台的制作

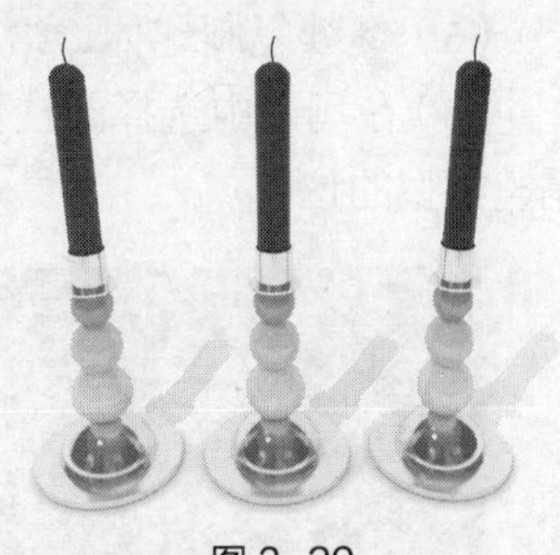

图 2-29

【案例学习目标】通过几何体的组合来制作模型。

【案例知识要点】使用“圆柱体、球体、管状体”工具来完成烛台的制作，完成的模型效果如图 2-29 所示。

【素材文件位置】CDROM/Map/Cha02/2.1.6 烛台。

【模型文件所在位置】CDROM/Scene/Cha02/2.1.6 烛台.max。

【参考模型文件所在位置】CDROM/Scene/Cha02/2.1.6 烛台场景.max。

（1）单击“（创建）>（几何体）>标准基本体>圆柱体”按钮，在“顶”视图中创建圆柱体，设置合适的参数，如图 2-30 所示。

（2）单击“（创建）>（几何体）>标准基本体>球体”按钮，在“顶”视图中创建半球，设置合适的参数，如图 2-31 所示。

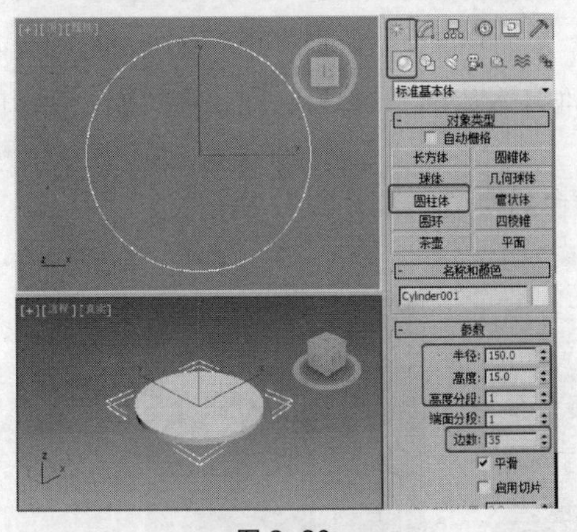

图 2-30

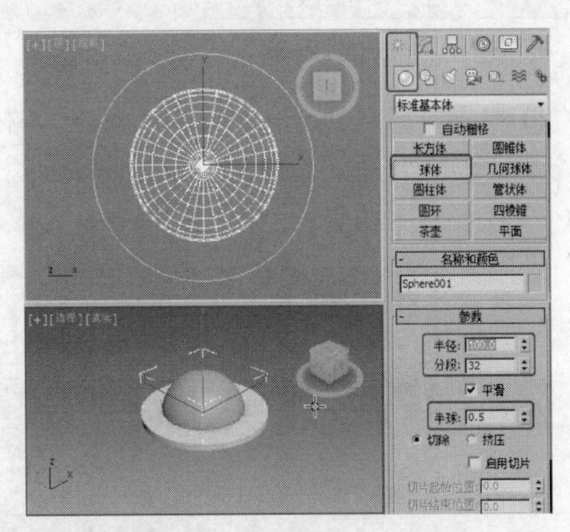

图 2-31

（3）调整半球的位置，按 Ctrl+V 组合键，复制模型，并修改球体的参数，调整球体的参数，如图 2-32 所示。

（4）接着使用移动复制法，复制球体，给球体设置合适的参数，如图 2-33 所示，调整模型的位置。

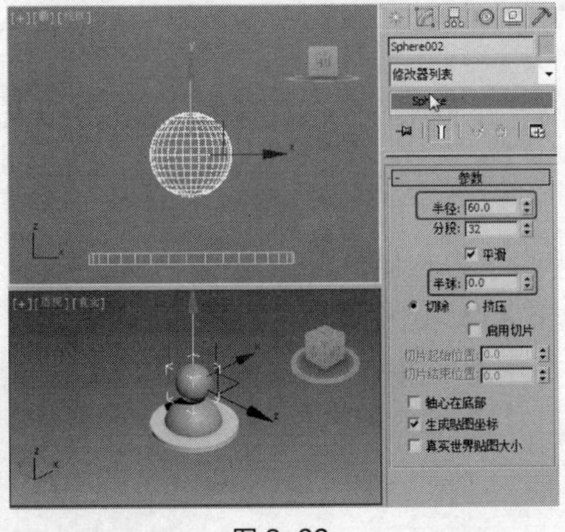

图 2-32

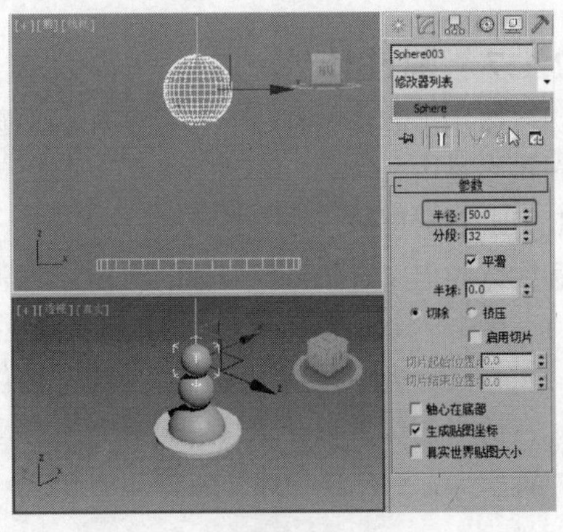

图 2-33

（5）继续复制球体，给球体设置合适的参数，并调整模型的位置，如图 2-34 所示。

（6）在场景中选择圆柱体，移动复制圆柱体，给圆柱体设置合适的参数，如图 2-35 所示，调整模型的位置。

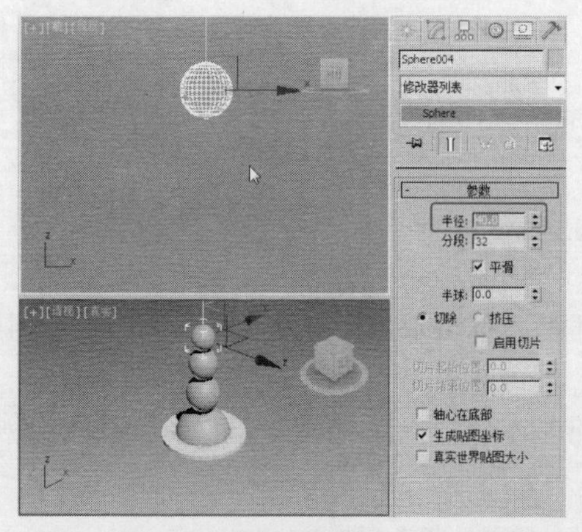

图 2-34

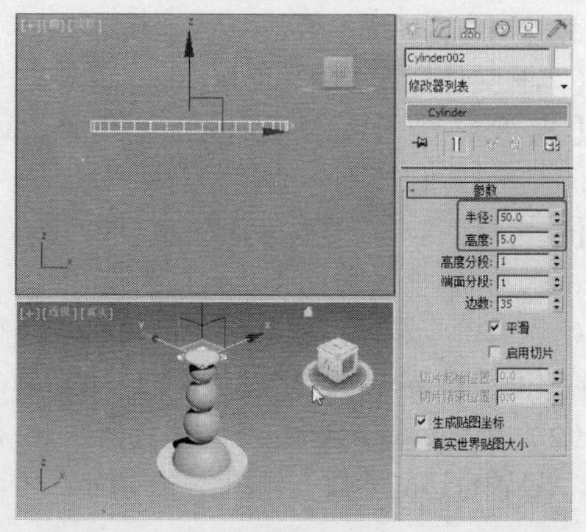

图 2-35

（7）单击“（创建）>（几何体）>标准基本体>管状体”按钮，在“顶”视图中创建管状体，设置合适的参数，如图 2-36 所示。

（8）在场景中调整各个模型的位置，完成烛台的模型，如图 2-37 所示。

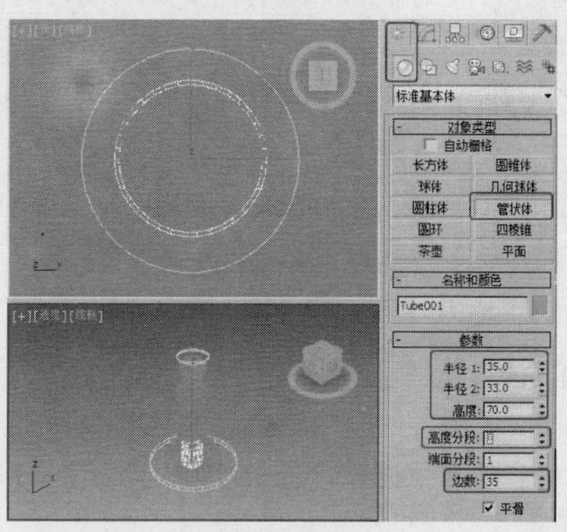

图 2-36

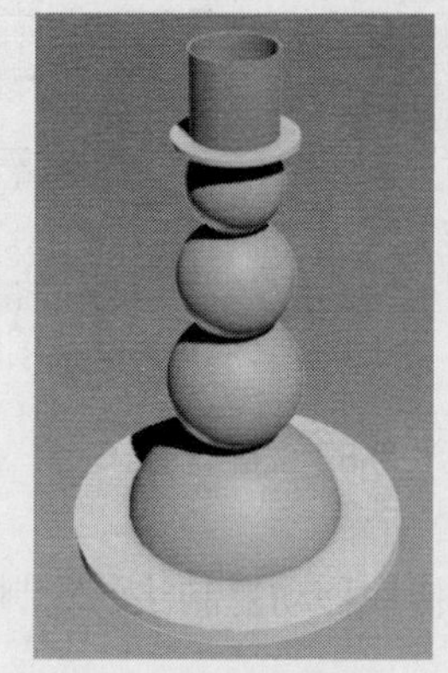
图 2-37

2.1.7 圆柱体

圆柱体用于制作棱柱体、圆柱体和局部圆柱体。下面来介绍圆柱体的创建方法以及参数的设置和修改。

1．创建圆柱体

圆柱体的创建方法与长方体的创建方法基本相同，具体操作步骤如下。

（1）单击“（创建）>（几何体）>标准基本体>圆柱体”按钮。

（2）将鼠标光标移到视图中，单击并按住鼠标左键不放拖曳光标，视图中出现一个圆形平面。在适当的位置松开鼠标左键并上下移动，圆柱体高度会跟随光标的移动而增减，在适当的位置单击，圆柱体创建完成，如图 2-38 所示。

2．圆柱体的参数

单击圆柱体将其选中，然后单击（修改）按钮，修改命令面板中会显示圆柱体的参数，如图 2–39 所示。

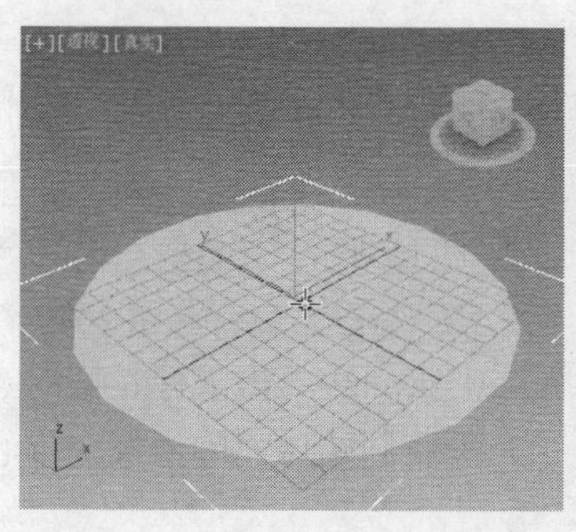
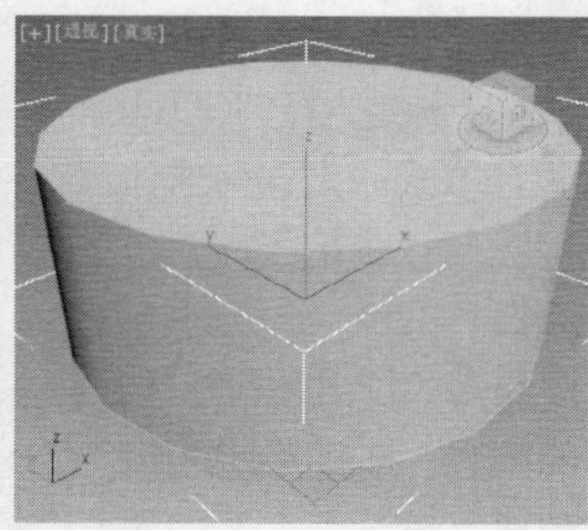

图 2–38

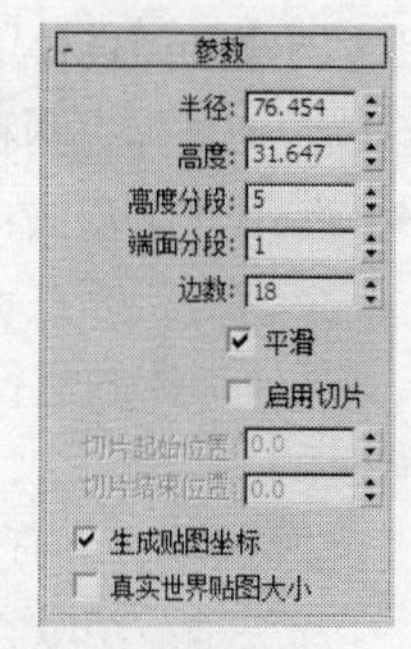

图 2–39

- 半径：设置底面和顶面的半径。
- 高度：确定圆柱体的高度。
- 高度分段：确定圆柱体在高度上的段数。如果要弯曲柱体，高度段数可以产生光滑的弯曲效果。
- 端面分段：确定在圆柱体两个端面上沿半径方向的段数。
- 边数：确定圆周上的片段划分数，即棱柱的边数。对于圆柱体，边数越多越光滑。其最小值为 3，此时圆柱体的截面为三角形。

其他参数请参见前面章节的参数说明。

3．参数的修改

圆柱体的参数修改比较简单，在设置好修改参数后，按 Enter 键确认，即可得到修改后的效果。圆柱体的参数修改如表 2–4 所示。

表 2-4

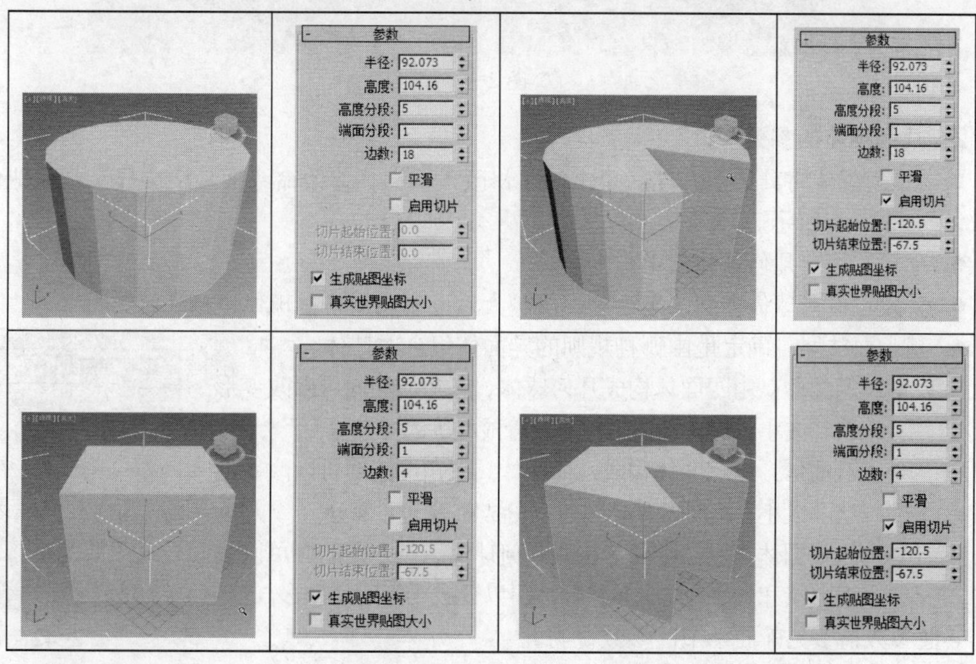

2.1.8 几何球体

几何球体用于建立以三角面相拼接而成的球体或半球体。下面来介绍几何球体的创建方法及其参数的设置和修改。

1．创建几何球体

创建几何球体有两种方法：一种是直径创建方法，另一种是中心创建方法，如图 2-40 所示。

- 直径创建方法：以直径方式拉出几何球体。在视图中以第一次单击鼠标左键的点为起点，把光标的拖曳方向作为所创建几何球体的直径方向。

图 2-40

- 中心创建方法：以中心方式拉出几何球体。将在视图中第一次单击鼠标左键的点作为要创建的几何球体的圆心，拖曳光标的位移大小作为所要创建球体的半径。中心创建方法是系统默认的创建方式。

几何球体的创建方法与球体的创建方法相同，具体操作步骤如下。

（1）单击“（创建）>（几何体）>标准基本体>几何球体”按钮。

（2）将鼠标光标移到视图中，单击并按住鼠标左键不放拖曳光标，视图中生成一个几何球体，移动光标可以调整几何球体的大小，在适当位置松开鼠标左键，几何球体创建完成，如图 2-41 所示。

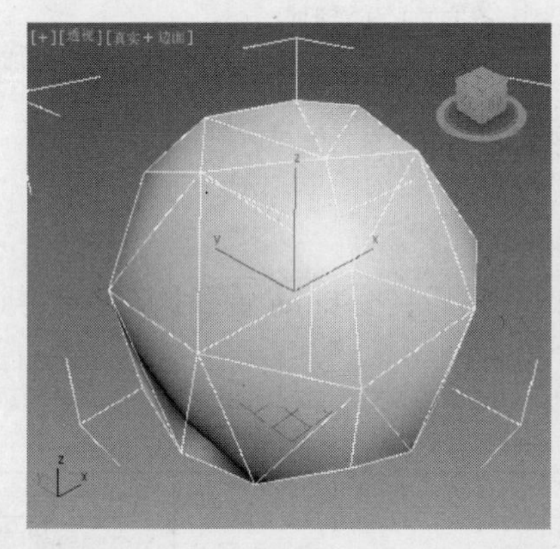
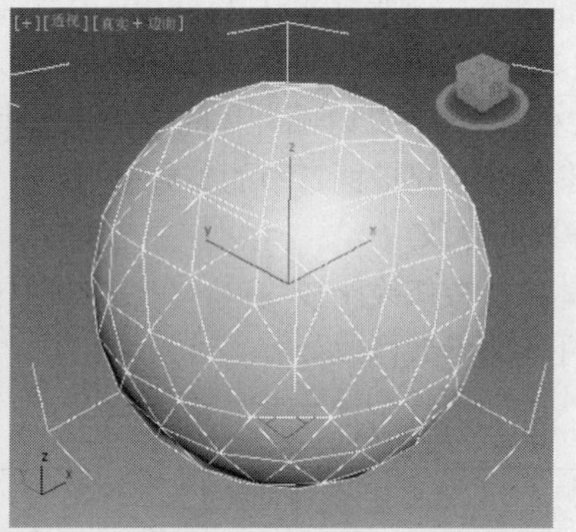

图 2-41

2．几何球体的参数

单击几何球体将其选中，然后单击（修改）按钮，修改命令面板中会显示几何球体的参数，如图 2-42 所示。

- 半径：确定几何球体的半径大小。
- 分段：设置球体表面的复杂度，值越大，三角面越多，球体也越光滑。
- 基点面类型：确定是由哪种规则的异面体组合成球体。
  - ◆ 四面体：由四面体构成几何球体。三角形的面可以改变形状和大小，这种几何球体可以分成相等的 4 部分。
  - ◆ 八面体：由八面体构成几何球体。三角形的面可以改变形状和大小，这种几何球体可以分成相等的 8 部分。
  - ◆ 二十面体：由二十面体构成几何球体。三角形的面可以改变形状和大小，这种几何球体可以分成相等的任意多部分。

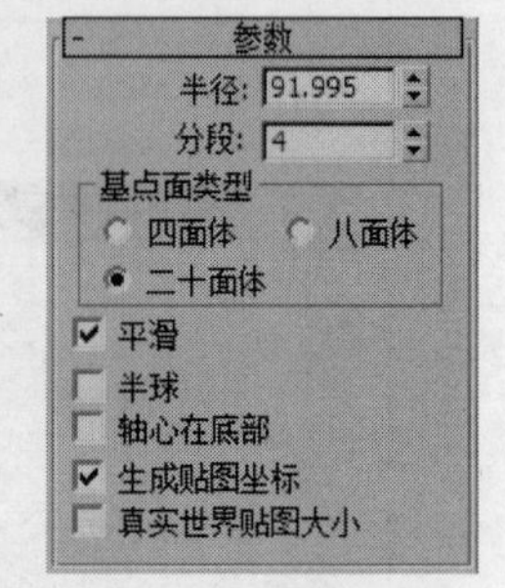

图 2-42

其他参数请参见前面章节的参数说明。

3．参数的修改

几何球体的参数修改比较简单，在设置好修改参数后，按Enter键确认，即可得到修改后的效果。几何球体的参数修改如表2-5所示。

表2-5

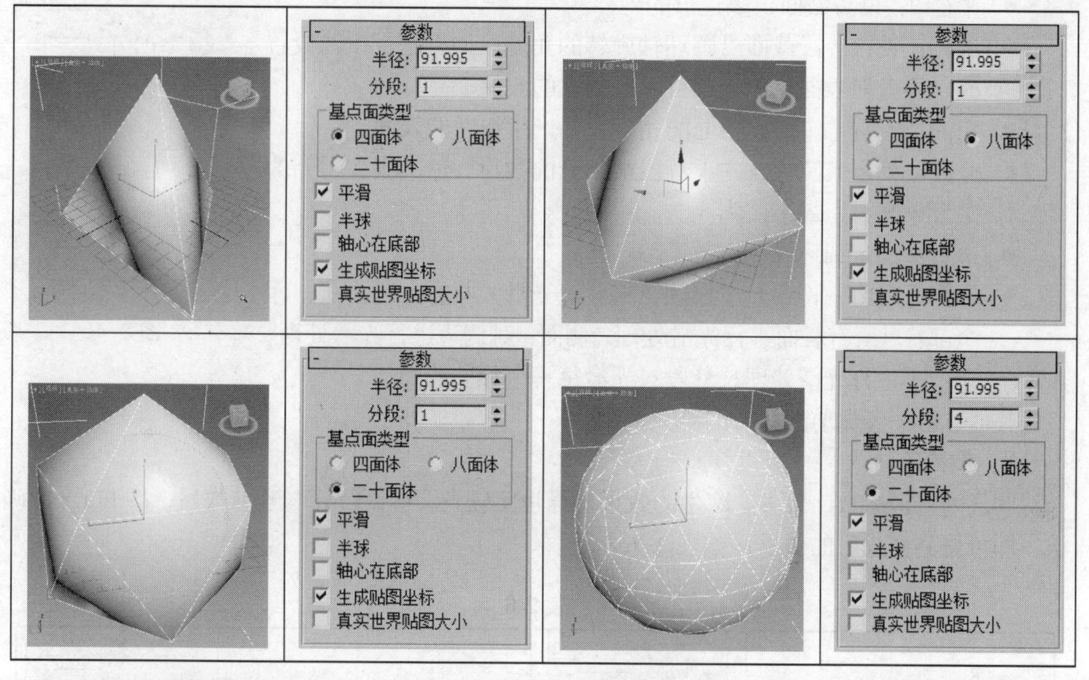

2.1.9　圆环

圆环用于制作立体圆环。下面来介绍圆环的创建方法及其参数的设置和修改。

1．创建圆环

创建圆环的操作步骤如下。

（1）单击“（创建）>（几何体）>标准基本体>圆环”按钮。

（2）将鼠标光标移到视图中，单击并按住鼠标左键不放拖曳光标，在视图中生成一个圆环，如图2-43所示。在适当的位置松开鼠标左键并上下移动光标，调整圆环的粗细，单击鼠标左键，圆环创建完成，如图2-44所示。

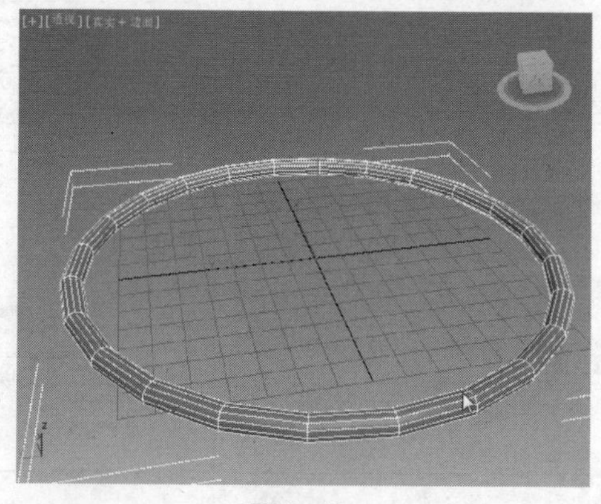

图2-43

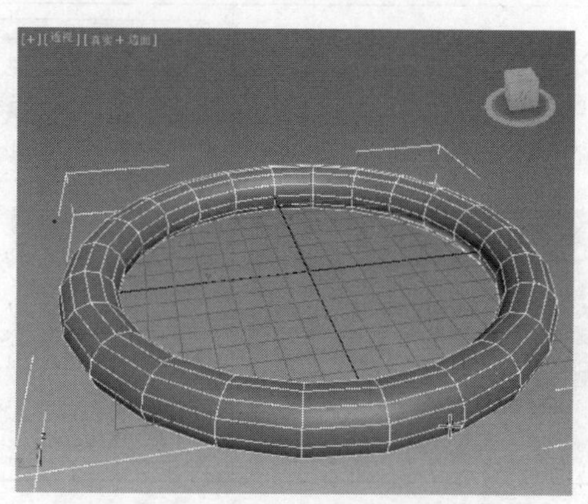

图2-44

2．圆环的参数

单击圆环将其选中，然后单击（修改）按钮，修改命令面板中会显示圆环的参数，如图 2-45 所示。

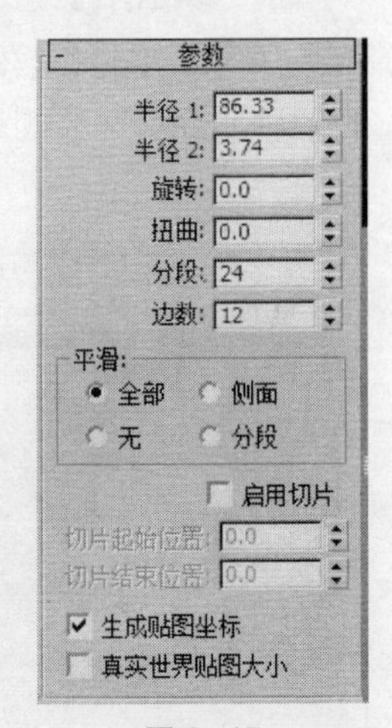

图 2-45

- 半径 1：设置圆环中心与截面正多边形中心的距离。
- 半径 2：设置截面正多边形的内径。
- 旋转：设置片段截面沿圆环轴旋转的角度，如果进行扭曲设置或以不光滑表面着色，则可以看到它的效果。
- 扭曲：设置每个截面扭曲的角度，并产生扭曲的表面。
- 分段：确定沿圆周方向上片段被划分的数目。值越大，得到的圆环越光滑，最小值为 3。
- 边数：确定圆环的侧边数。
- 平滑选项组：设置光滑属性，将棱边光滑，共有 4 种方式，即全部：对所有表面进行光滑处理；侧面：对侧边进行光滑处理；无：不进行光滑处理；分段：光滑每一个独立的面。

其他参数请参见前面章节的参数说明。

3．参数的修改

圆环的可调参数比较多，产生的效果差异也比较大，在设置好修改参数后，按 Enter 键确认，即可得到修改后的效果，如表 2-6 所示。

表 2-6

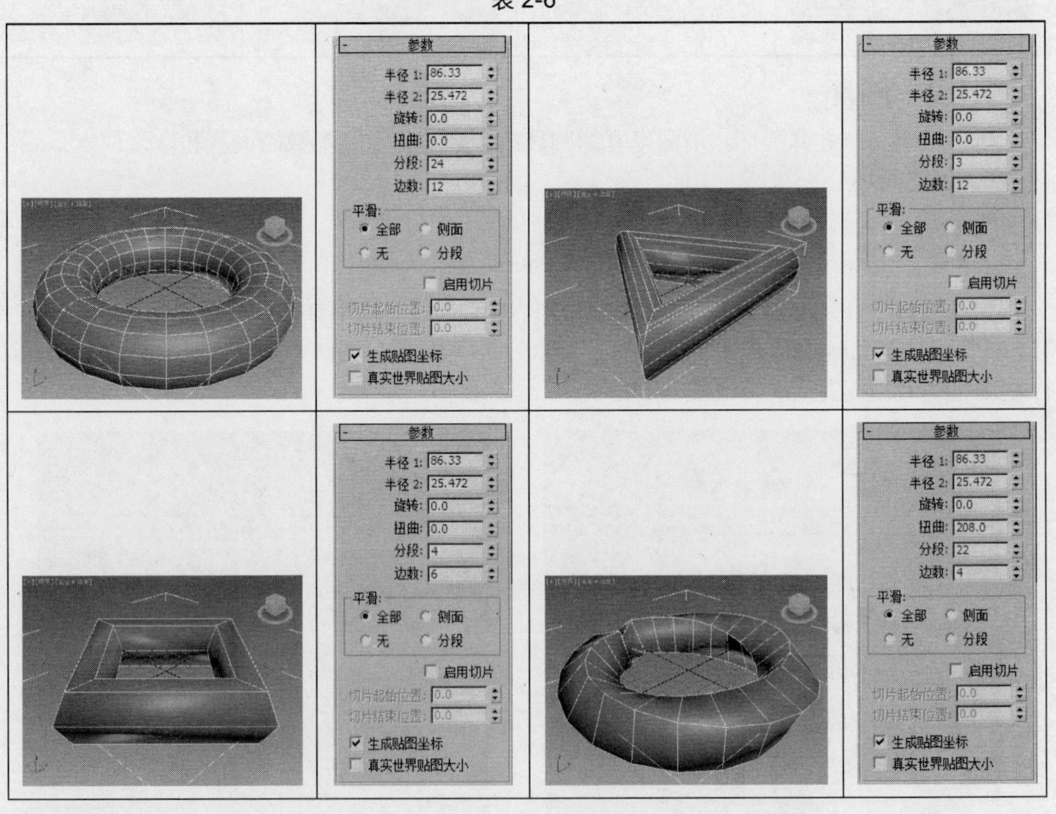

续表

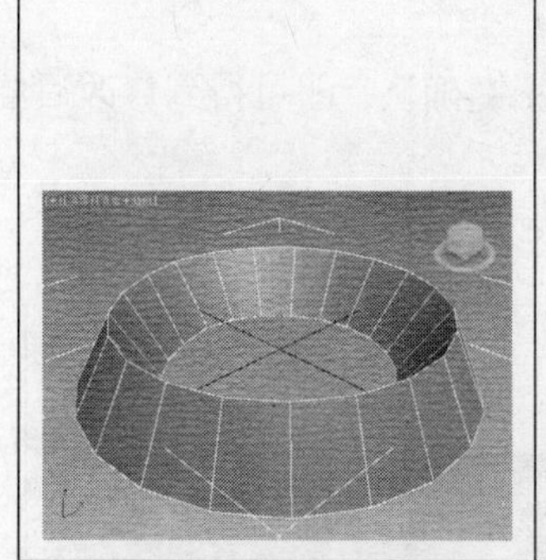

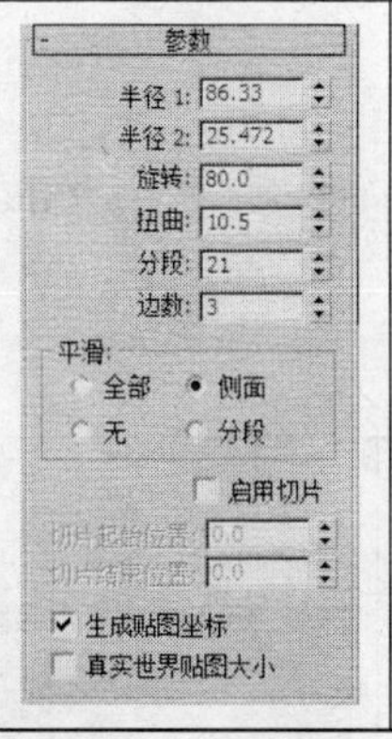

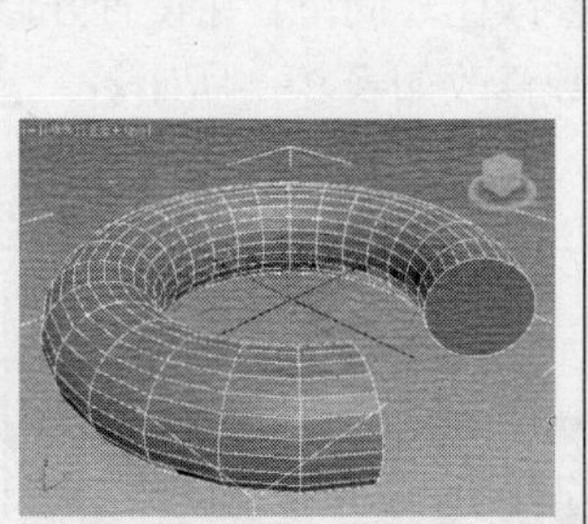

2.1.10 管状体

管状体用于建立各种空心管状体物体，包括管状体、棱管以及局部管状体。下面来介绍管状体的创建方法及其参数的设置和修改。

1．创建管状体

管状体的创建方法与其他几何体不同，操作步骤如下。

（1）单击“（创建）>（几何体）>标准基本体>管状体”按钮。

（2）将鼠标光标移到视图中，单击并按住鼠标左键不放拖曳光标，视图中出现一个圆，在适当的位置松开鼠标左键并上下移动光标，会生成一个圆环形面片，单击鼠标左键然后上下移动光标，管状体的高度会随之增减，在合适的位置单击鼠标左键，管状体创建完成，如图 2-46 所示。

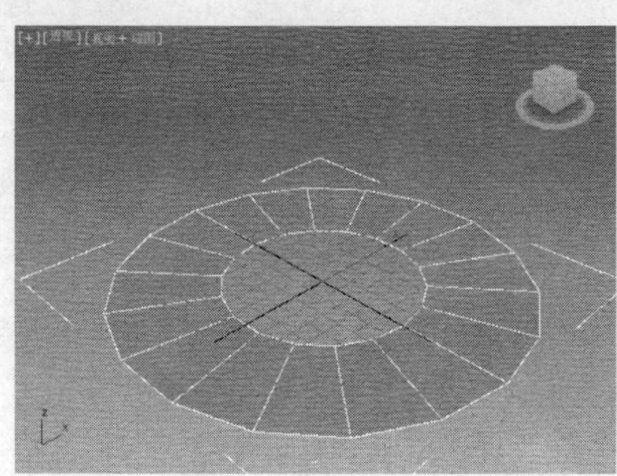

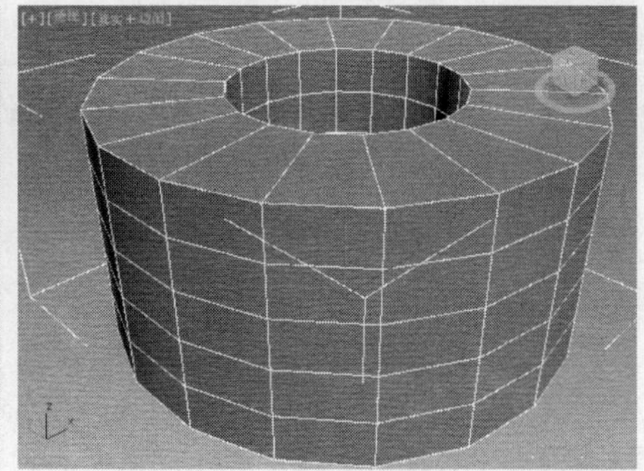

图 2-46

2．管状体的参数

单击管状体将其选中，然后单击（修改）按钮，修改命令面板中会显示管状体的参数，如图 2-47 所示。

- 半径 1：确定管状体的内径大小。
- 半径 2：确定管状体的外径大小。
- 高度：确定管状体的高度。
- 高度分段：确定管状体高度方向的段数。
- 端面分段：确定管状体上下底面的段数。

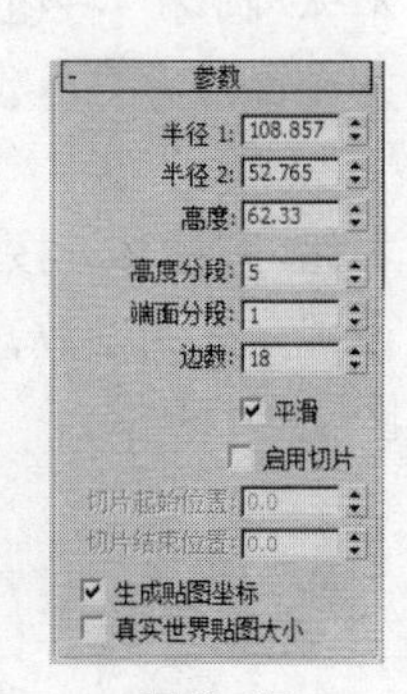

图 2-47

● 边数：设置管状体侧边数的多少。值越大，管状体越光滑。对棱管来说，边数值决定其属于几棱管。

其他参数请参见前面章节的参数说明。

3．参数的修改

管状体的参数修改比较简单，在设置好修改参数后，按 Enter 键确认，即可得到修改后的效果。管状体的参数修改如表 2-7 所示。

表 2-7

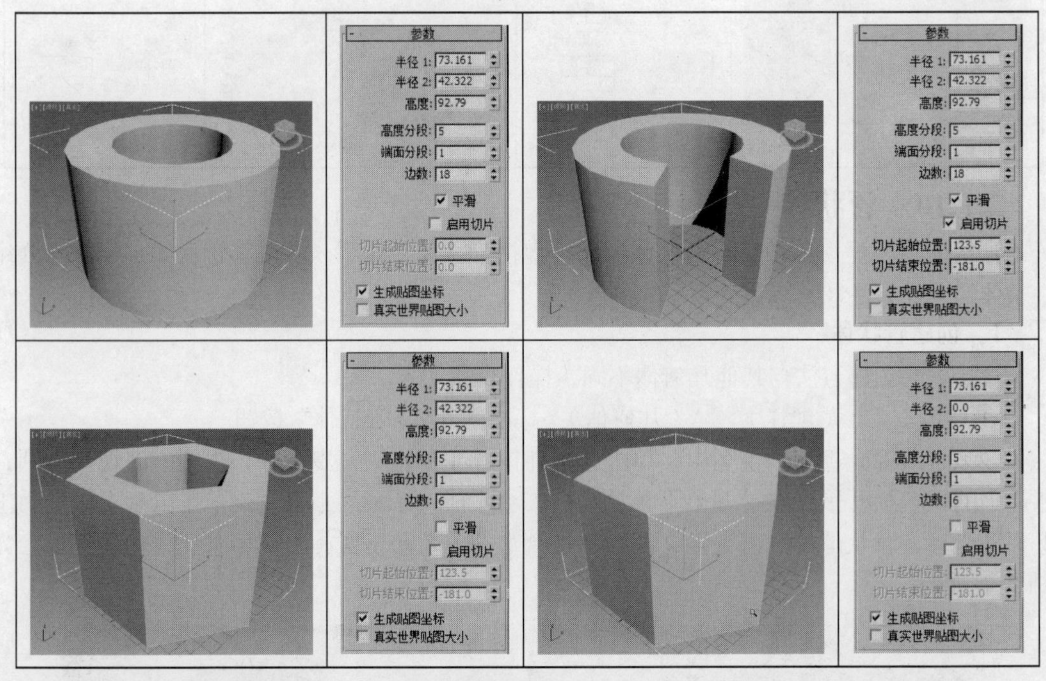

2.1.11 课堂案例——筒灯的制作

【案例学习目标】通过几何体的组合来制作模型。

【案例知识要点】使用“圆环、圆柱体”工具来完成筒灯的制作，完成的模型效果如图 2-48 所示。

【素材文件位置】CDROM/Map/Cha02/2.1.11 筒灯。

【模型文件所在位置】CDROM/Scene/Cha02/2.1.11 筒灯.max。

【参考模型文件所在位置】CDROM/Scene/Cha02/2.1.11 筒灯场景.max。

（1）单击“（创建）>（几何体）>标准基本体>圆环”按钮，在“顶”视图中创建圆环模型，并设置合适的参数，如图 2-49 所示。

（2）单击“（创建）>（几何体）>标准基本体>圆柱体”按钮，在“顶”视图中创建圆柱体，设置合适的参数，并在场景中调整模型的位置，如图 2-50 所示。

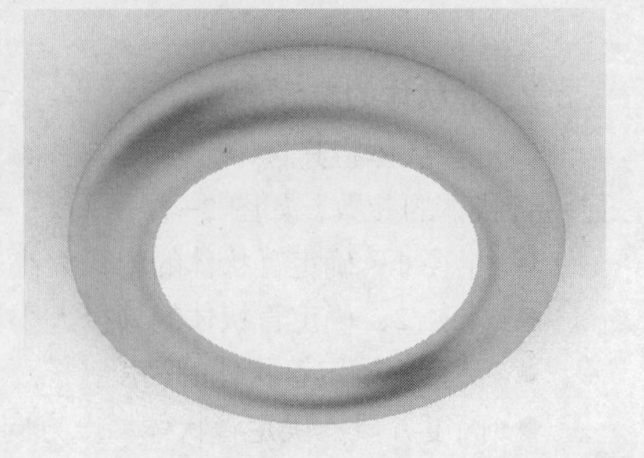

图 2-48

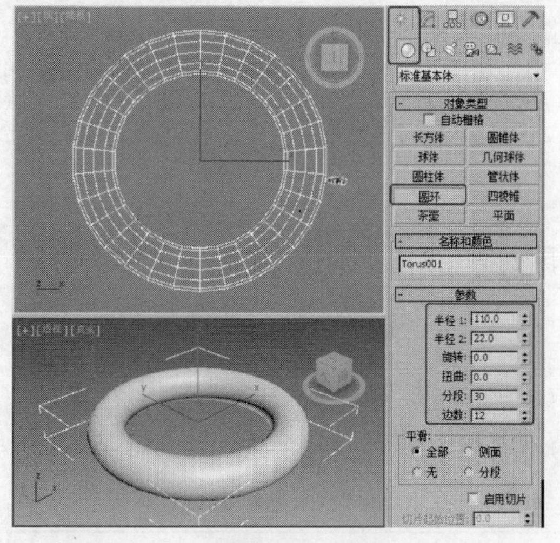

图 2-49

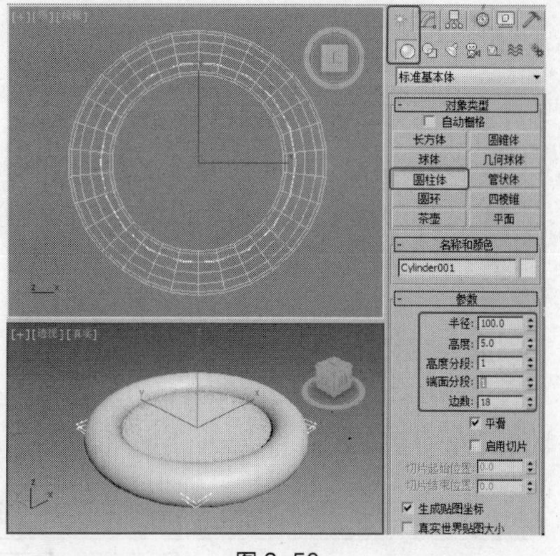

图 2-50

2.1.12　四棱锥

四棱锥用于建立锥体模型，是锥体的一种特殊形式。下面来介绍四棱锥的创建方法及其参数的设置和修改。

1．创建四棱锥

四棱锥的创建方法有两种：一种是基点/顶点创建方法；另一种是中心创建方法，如图 2-51 所示。

图 2-51

- 基点/顶点创建方法：系统把第一次单击鼠标左键时光标所处位置的点作为四棱锥的底面点或顶点，是系统默认的创建方式。
- 中心创建方法：系统把第一次单击鼠标左键时光标所处位置的点作为四棱锥底面的中心点。

四棱锥的创建方法比较简单，和圆柱体的创建方法比较相似，操作步骤如下。

（1）单击“（创建）>（几何体）>标准基本体>四棱锥”按钮。

（2）将鼠标光标移到视图中，单击并按住鼠标左键不放拖曳光标，视图中生成一个正方形平面，在适当的位置松开鼠标左键并上下移动光标，调整四棱锥的高度，然后单击鼠标左键，四棱锥创建完成，如图 2-52 所示。

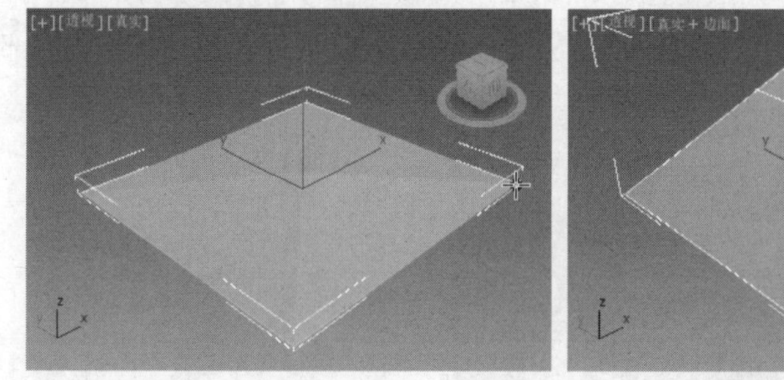

图 2-52

2．四棱锥的参数

单击四棱锥将其选中，然后单击（修改）按钮，在修改命令面板中会显示四棱锥的参数，如图 2-53 所示。四棱锥的参数比较简单，与前面章节讲到的参数大部分都相似。

图 2-53

- 宽度、深度：确定底面矩形的长和宽。
- 高度：确定四棱锥的高。
- 宽度分段：确定沿底面宽度方向的分段数。
- 深度分段：确定沿底面深度方向的分段数。
- 高度分段：确定沿四棱锥高度方向的分段数。

其他参数请参见前面章节的参数说明。

3．参数的修改

四棱锥的参数修改比较简单，在设置好修改参数后，按 Enter 键确认，即可得到修改后的效果。四棱锥的参数修改如表 2-8 所示。

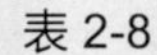
表 2-8

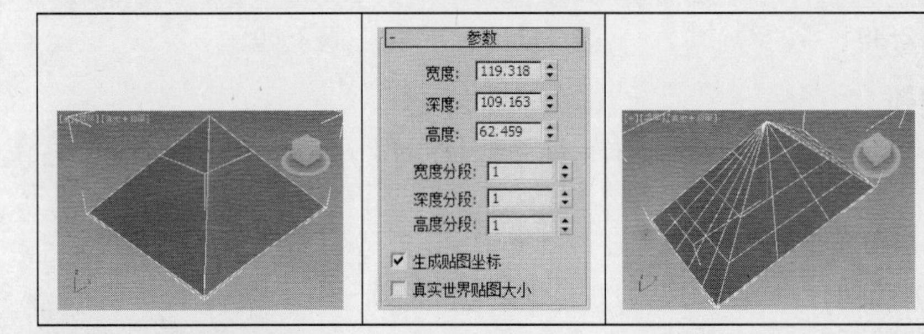

2.1.13　茶壶

茶壶用于建立标准的茶壶造型或者茶壶的一部分。下面来介绍茶壶的创建方法及其参数的设置和修改。

1．创建茶壶

茶壶的创建方法与球体的创建方法相似，步骤如下。

（1）单击“（创建）>（几何体）>标准基本体>茶壶”按钮。

（2）将鼠标光标移到视图中，单击并按住鼠标左键不放拖曳光标，视图中生成一个茶壶，上下移动光标调整茶壶的大小，在适当的位置松开鼠标左键，茶壶创建完成，如图 2-54 所示。

2．茶壶的参数

单击茶壶将其选中，然后单击（修改）按钮，在修改命令面板中会显示茶壶的参数，如图 2-55 所示。茶壶的参数比较简单，利用参数的调整，可以把茶壶拆分成不同的部分。

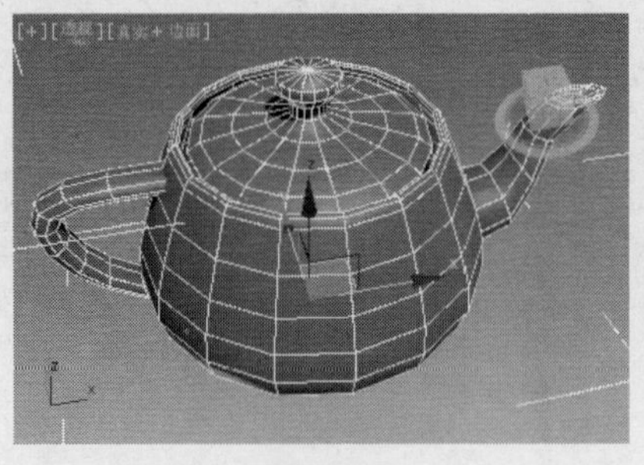
图 2-54

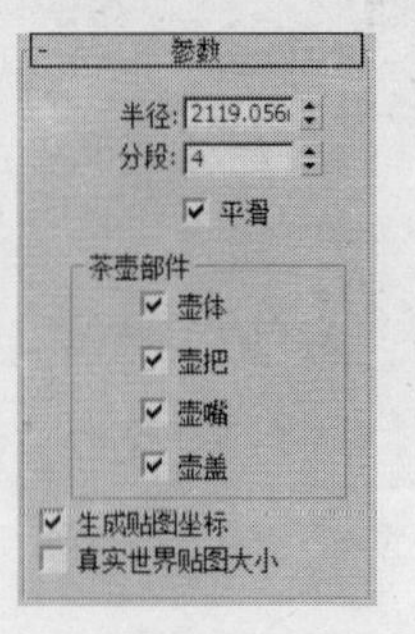

图 2-55

- 半径：确定茶壶的大小。

● 分段：确定茶壶表面的划分精度，值越大，表面越细腻。
● 平滑：是否自动进行表面光滑处理。
● 茶壶部件：设置各部分的取舍，分为壶体、壶把、壶嘴和壶盖 4 部分。

其他参数请参见前面章节的参数说明。

3．参数的修改

茶壶的参数修改比较简单，在设置好修改参数后，按 Enter 键确认，即可得到修改后的效果。茶壶参数的修改如表 2-9 所示。

表 2-9

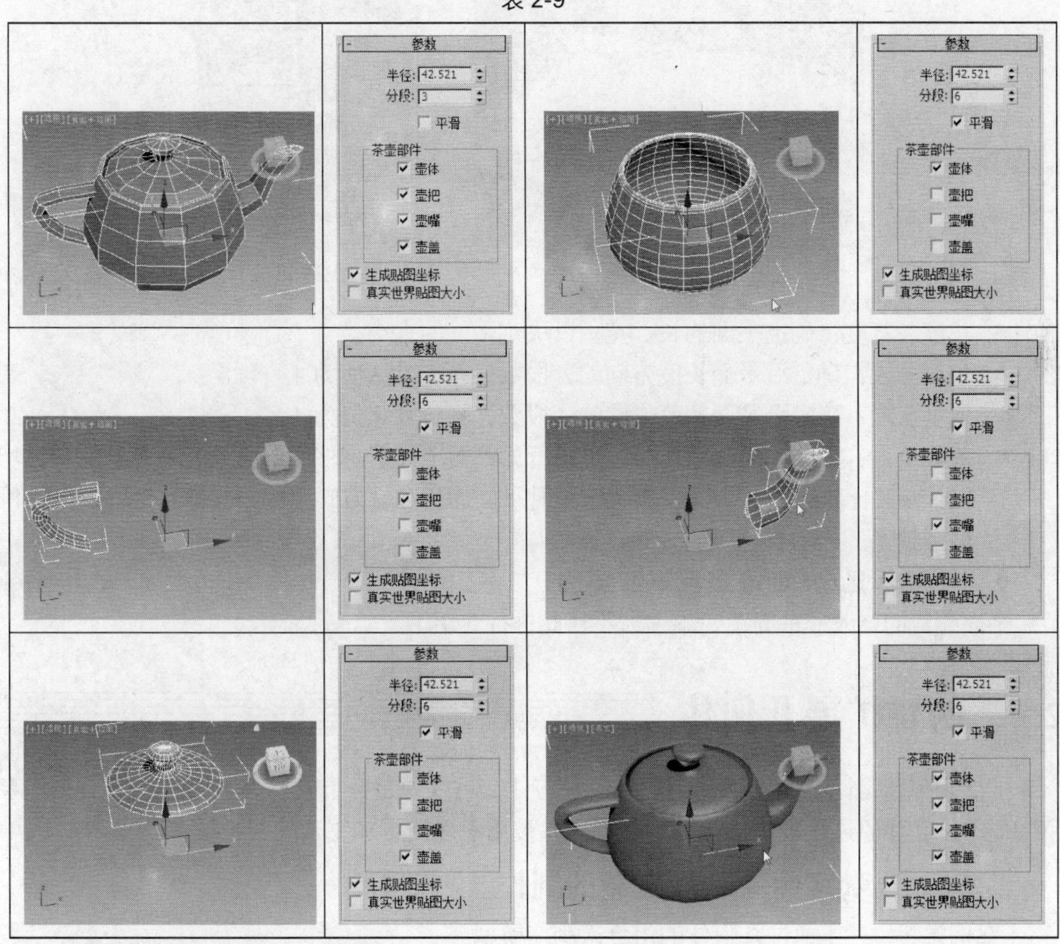

2.1.14 平面

平面用于在场景中直接创建平面对象，可以用于建立地面和场地等，使用起来非常方便。下面来介绍平面的创建方法及其参数设置。

1．创建平面

创建平面有两种方法：一种是矩形创建方法，另一种是正方形创建方法，如图 2-56 所示。

● 矩形创建方法：分别确定两条边的长度，创建长方形平面。
● 正方形创建方法：只需给出一条边的长度，创建正方形平面。

图 2-56

创建平面的方法和创建球体的方法相似，操作步骤如下。

（1）单击“（创建）>（几何体）>标准基本体>平面”按钮。

（2）将鼠标光标移到视图中，单击并按住鼠标左键不放拖曳光标，视图中生成一个平面，调整至适当的大小后松开鼠标左键，平面创建完成，如图 2-57 所示。

2．**平面的参数**

单击平面将其选中，然后单击（修改）按钮，在修改命令面板中会显示平面的参数，如图 2-58 所示。

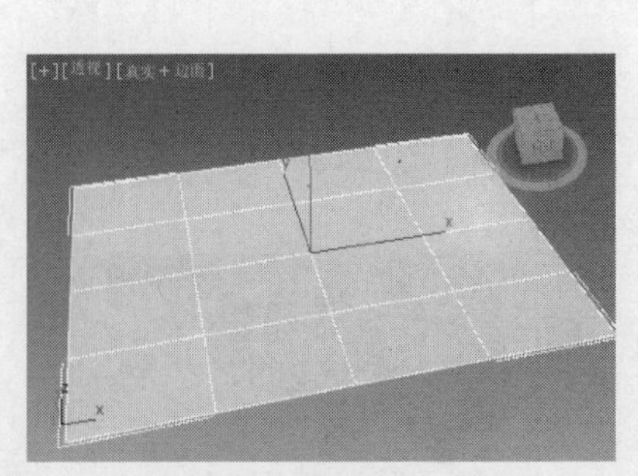
图 2-57

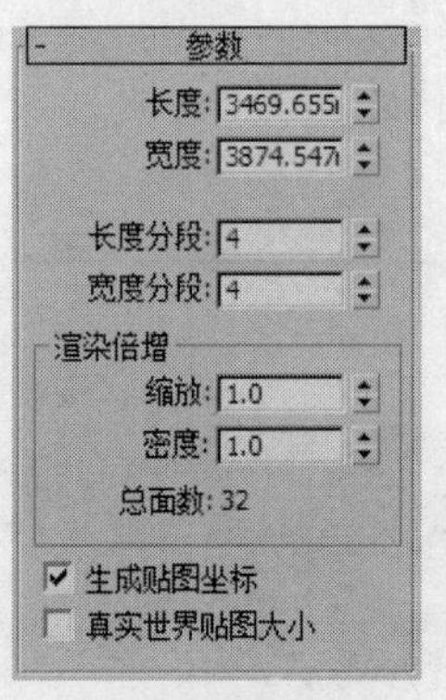

图 2-58

- 长度、宽度：确定平面的长、宽，以决定平面的大小。
- 长度分段：确定沿平面长度方向的分段数，系统默认值为 4。
- 宽度分段：确定沿平面宽度方向的分段数，系统默认值为 4。
- 渲染倍增：只在渲染时起作用，可进行如下两项设置。缩放：渲染时平面的长和宽均以该尺寸比例倍数扩大；密度：渲染时平面的长和宽方向上的分段数均以该密度比例倍数扩大。
- 总面数：显示平面对象全部的面片数。

平面参数的修改非常简单，本书就不在此进行介绍了。

2.2 创建扩展几何体

扩展几何体是比标准几何体更复杂的几何体，可以说是标准几何体的延伸，具有更加丰富的形态，在建模过程中也被频繁地使用，并被用于建造更加复杂的三维模型。

2.2.1 课堂案例——沙发凳的制作

【案例学习目标】通过几何体的组合来制作模型。

【案例知识要点】使用切角长方体和长方体模型的组合来完成沙发凳的制作，如图 2-59 所示。

【素材文件位置】CDROM/Map/Cha02/2.2.1 沙发凳。

【模型文件所在位置】CDROM/Scene/Cha02/2.2.1 沙发凳.max。

【参考模型文件所在位置】CDROM/Scene/Cha02/2.2.1 沙发凳场景.max。

图 2-59

（1）单击“（创建）>（几何体）>扩展基本体>切角长方体”按钮，在“顶”视图中创建切角长方体模型，并设置合适的参数，如图 2-60

所示。

（2）选择模型，按 Ctrl+V 组合键，在弹出的对话框中选择“复制”选项，单击“确定”按钮，如图 2-61 所示。

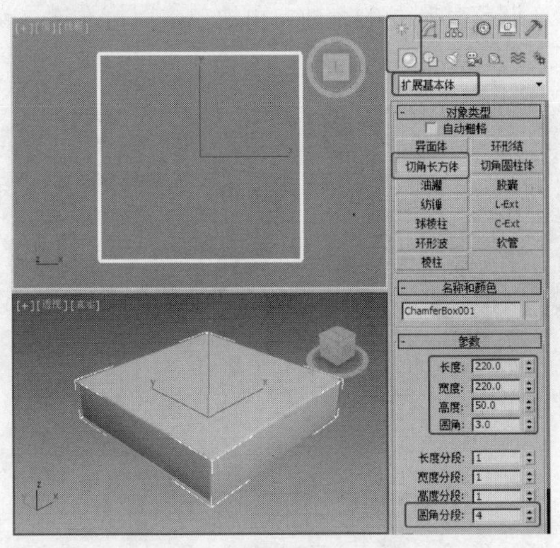

图 2-60

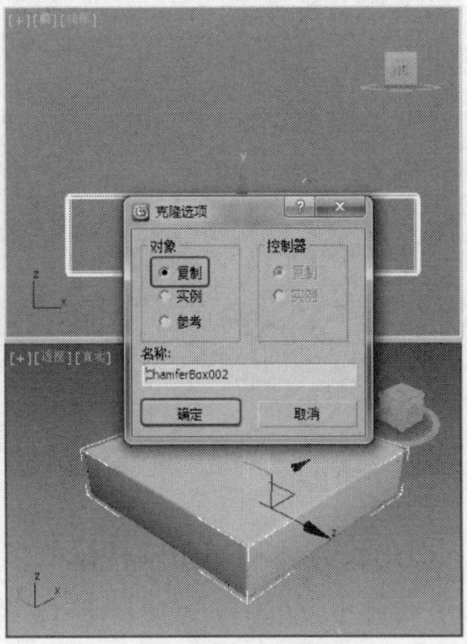

图 2-61

（3）选择复制出的模型，切换到（修改）命令面板，设置合适的参数，如图 2-62 所示。

（4）单击“（创建）>（几何体）>标准基本体>长方体”按钮，在“顶”视图中创建长方体模型，并设置合适的参数，如图 2-63 所示，调整各个模型的位置。

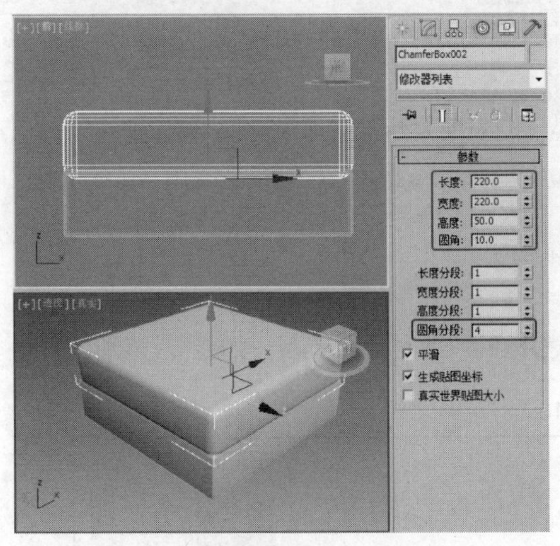

图 2-62

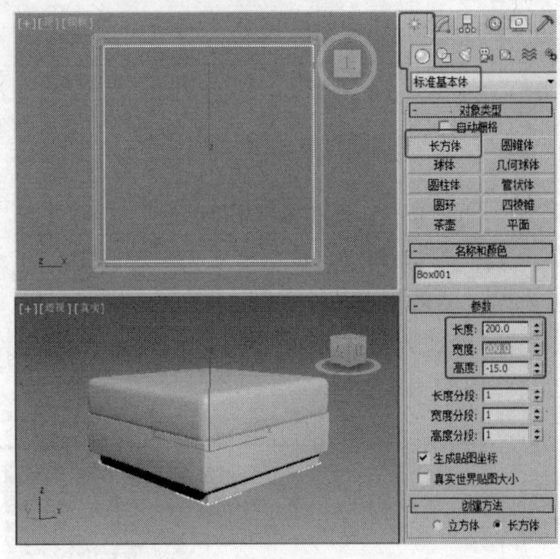

图 2-63

2.2.2 切角长方体和切角圆柱体

切角长方体和切角圆柱体用于直接产生带切角的立方体和圆柱体。下面介绍切角长方体和切角圆柱体的创建方法及其参数的设置和修改。

1．创建切角长方体和切角圆柱体

切角长方体和切角圆柱体的创建方法是相同的，两者都具有圆角的特性，这里以切角长方体为例对创建方法进行介绍，操作步骤如下。

（1）单击“（创建）>（几何体）>扩展基本体>切角长方体”按钮。

（2）将鼠标光标移到视图中，单击并按住鼠标左键不放拖曳光标，视图中生成一个长方形平面，如图 2-64 所示，在适当的位置松开鼠标左键并上下移动光标，调整其高度，如图 2-65 所示，单击鼠标左键后再次上下移动光标，调整其圆角的系数，再次单击鼠标左键，切角长方体创建完成，如图 2-66 所示。

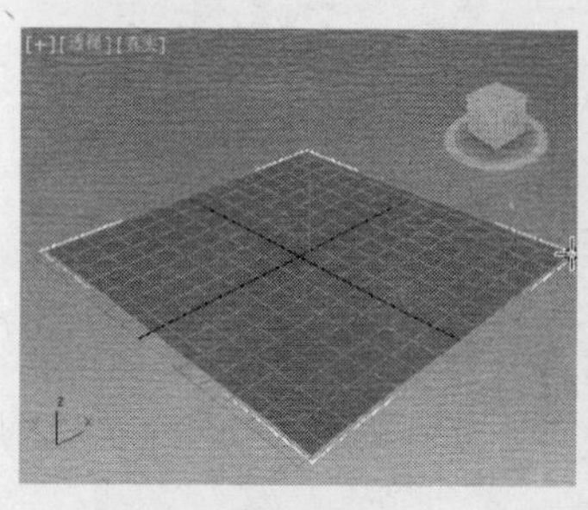

图 2-64

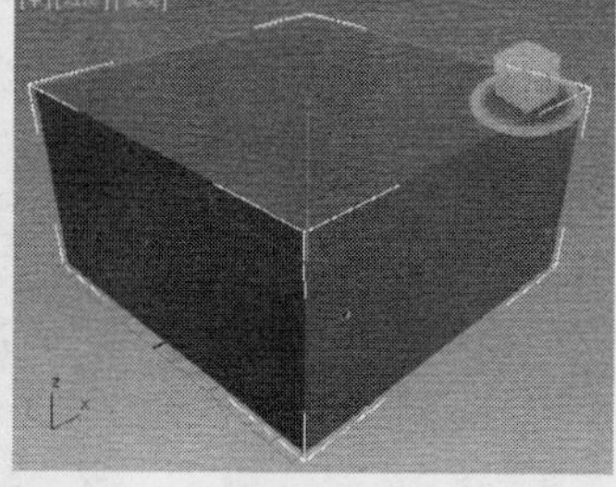

图 2-65

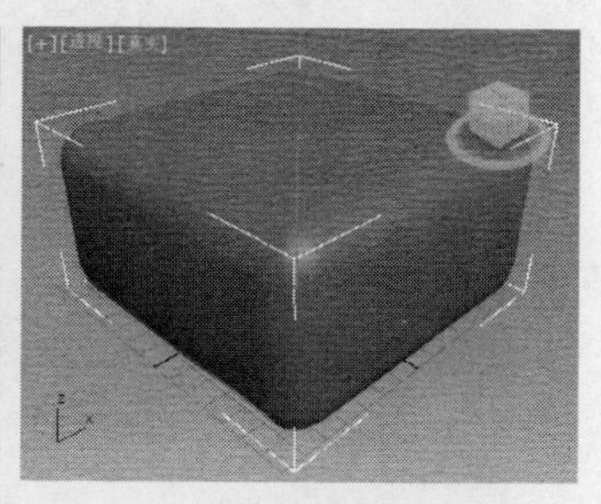

图 2-66

2．切角长方体和切角圆柱体的参数

单击切角长方体或切角圆柱体将其选中，然后单击（修改）按钮，在修改命令面板中会显示切角长方体或切角圆柱体的参数，如图 2-67 所示，切角长方体和切角圆柱体的参数大部分都是相同的。

- 圆角：设置切角长方体（切角圆柱体）的圆角半径，确定圆角的大小。
- 圆角分段：设置圆角的分段数，值越高，圆角越圆滑。

其他参数请参见前面章节的参数说明。

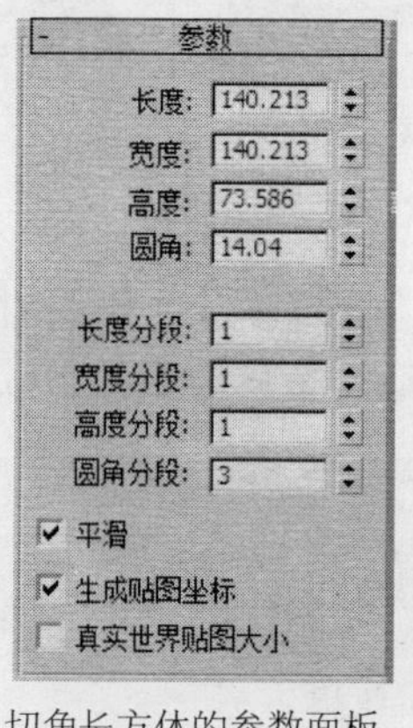

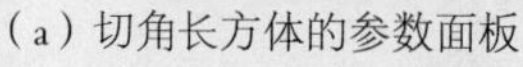

（a）切角长方体的参数面板

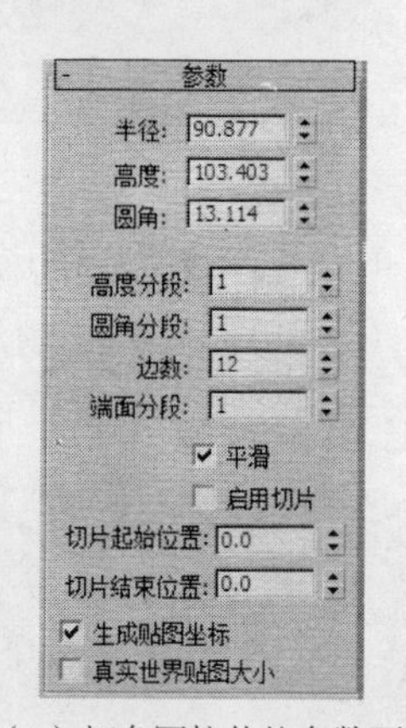

（b）切角圆柱体的参数面板

图 2-67

3．参数的修改

切角长方体和切角圆柱体的参数比较简单，参数的修改也比较直观，如表 2-10 所示。

表 2-10

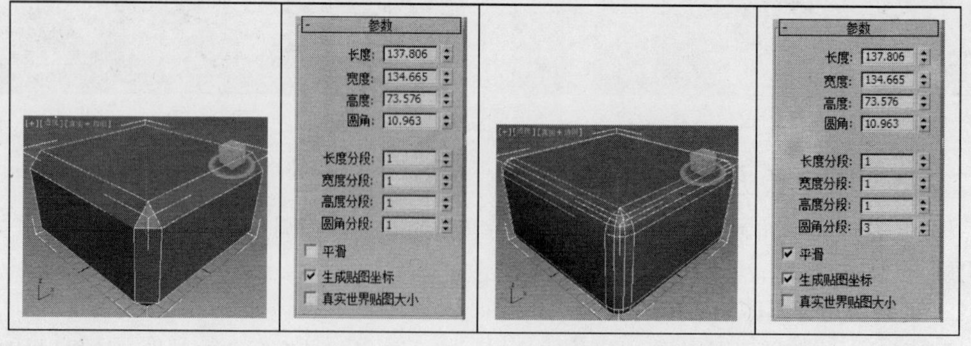

续表

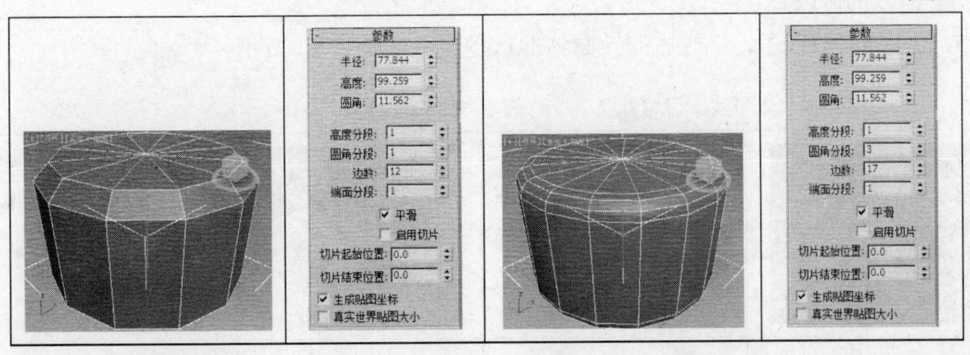

2.2.3 异面体

异面体用于创建各种具备奇特表面的异面体。下面介绍异面体的创建方法及其参数的设置和修改。

1．创建异面体

异面体的创建方法和球体的创建方法相似，操作步骤如下。

（1）单击“（创建）>（几何体）>扩展基本体>异面体”按钮。

（2）将鼠标光标移到视图中，单击并按住鼠标左键不放拖曳光标，视图中生成一个异面体，上下移动光标调整异面体的大小，在适当的位置松开鼠标左键，异面体创建完成，如图 2-68 所示。

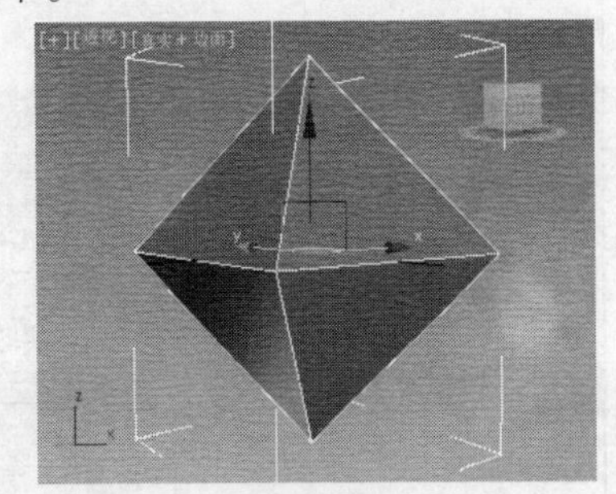

图 2-68

2．异面体的参数

单击异面体将其选中，然后单击（修改）按钮，在修改命令面板中会显示异面体的参数，如图 2-69 所示。

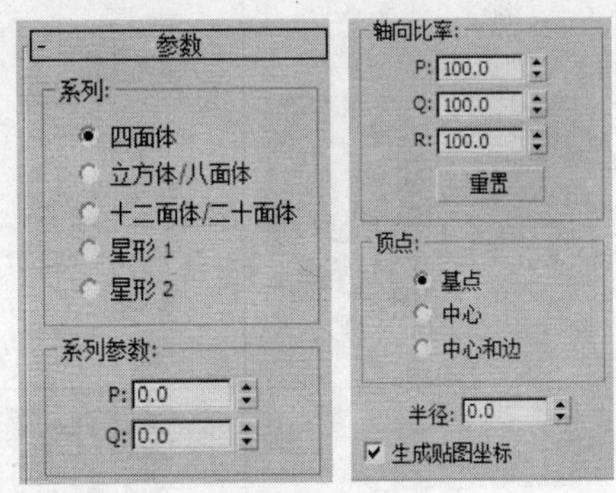

图 2-69

- 系列：该组参数中提供了 5 种基本形体方式供选择，它们都是常见的异面体，见表 2-11。表中从左至右依次为四面体、立方体/八面体、十二面体/二十面体、星形 1、星形 2。其他许多复杂的异面体都可以由它们通过修改参数变形而得到。
- 系列参数：利用 P、Q 选项，可以通过两种途径分别对异面体的顶点和面进行双向调整，从而产生不同的造型。
- 轴向比率：异面体的表面都是由 3 种类型的平面图形拼接而成的，包括三角形、矩形和五边形。这里的 3 个调节器（P、Q、R）是分别调节各自比例的。“重置”按钮可使数值回复到默认值（系统默认值为 100）。
- 基点：用于确定异面体内部顶点的创建方式，作用是决定异面体的内部结构，其中“基点”参数确定使用基点的方式，使用中心或中心和边方式则产生较少的顶点，且得到的异面体也比较简单。
- 半径：用于设置异面体的大小。

其他参数请参见前面章节的参数说明。

3．参数的修改

异面体的参数较多，修改后的异面体形状多变，如表 2-11 所示。

表 2-11

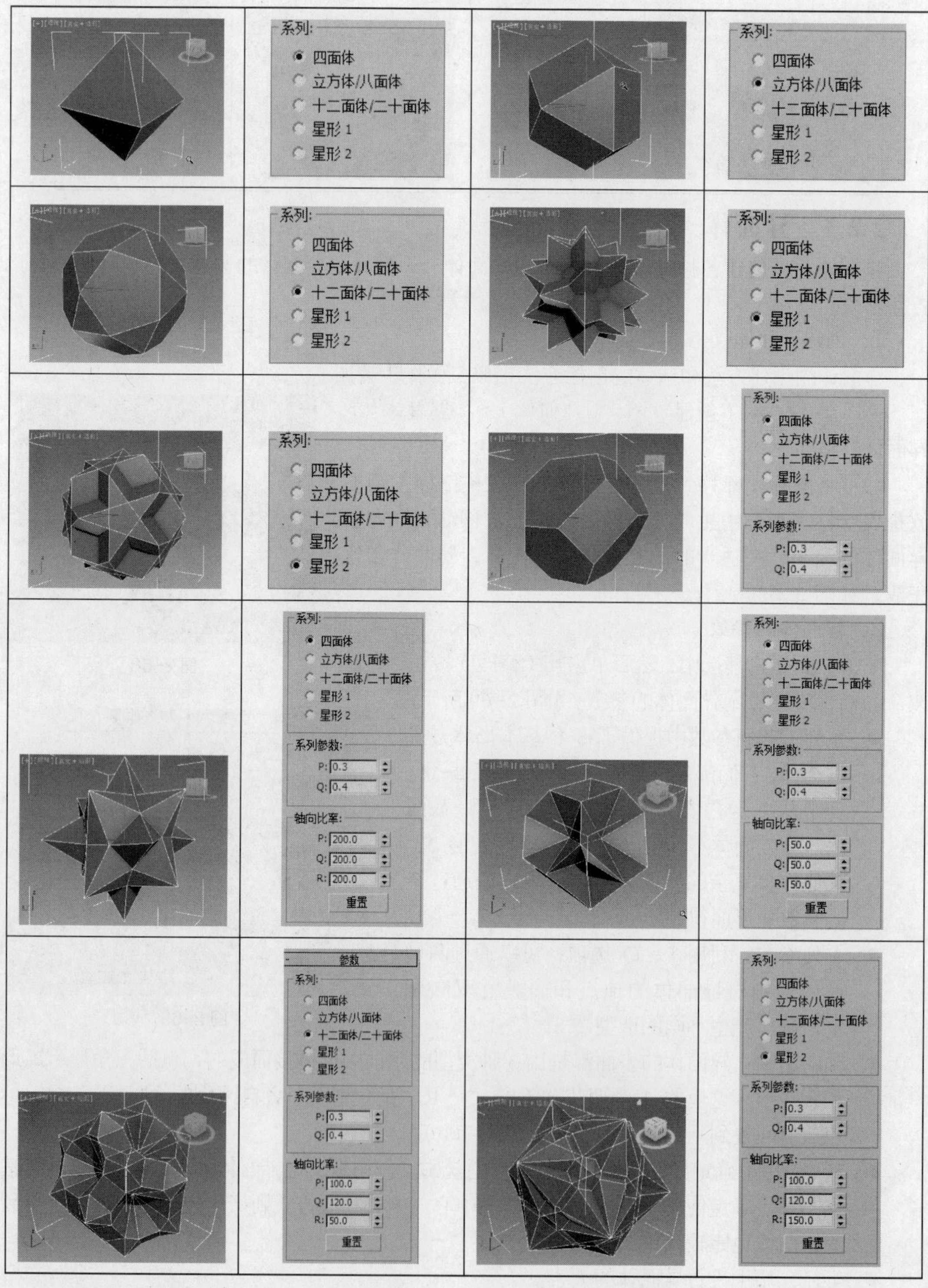

2.2.4 环形结

环形结是扩展几何体中较为复杂的一个几何形体，通过调节它的参数，可以制作出种类繁多的特殊造型。下面介绍环形结的创建方法及其参数的设置和修改。

1. 创建环形结

环形结的创建方法和圆环的创建方法比较相似，操作步骤如下。

（1）单击“（创建）>（几何体）>扩展基本体>环形结”按钮。

（2）将鼠标光标移到视图中，单击并按住鼠标左键不放拖曳光标，视图中生成一个环形结，在适当的位置松开鼠标左键并上下移动光标，调整环形结的粗细，然后单击鼠标左键，环形结创建完成，如图 2-70 所示。

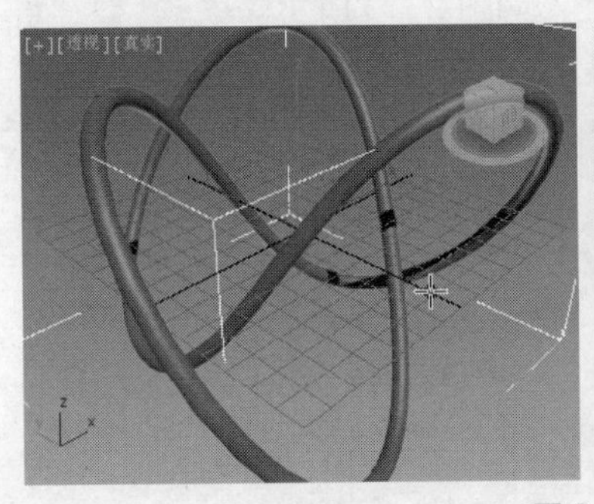
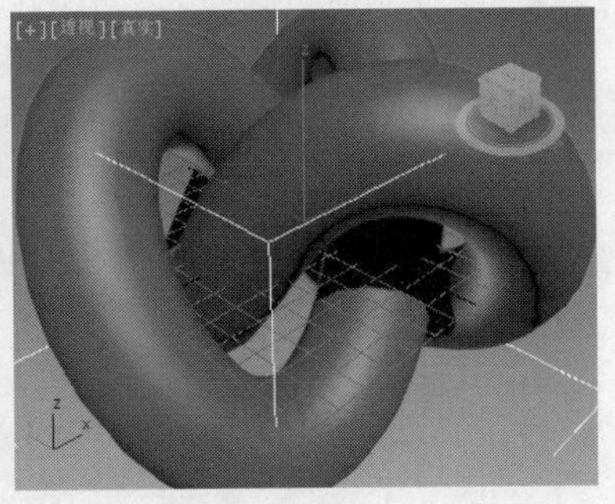

图 2-70

2. 环形结的参数

单击环形结将其选中，然后单击（修改）按钮，在修改命令面板中会显示环形结的参数。环形结与其他几何体相比，参数较多，主要分为基础曲线参数、横截面参数、平滑参数以及贴图坐标参数几大类。

- 基础曲线参数用于控制有关环绕曲线的参数，如图 2-71 所示。
  - ◆ 结、圆：用于设置创建环形结或标准圆环。
  - ◆ 半径：设置曲线半径的大小。
  - ◆ 分段：确定在曲线路径上的分段数。
  - ◆ P、Q：仅对结状方式有效，控制曲线路径蜿蜒缠绕的圈数。其中，P 值控制 Z 轴方向上的缠绕圈数，Q 值控制路径轴上的缠绕圈数。当 P、Q 值相同时，产生标准圆环。
  - ◆ 扭曲数：仅对圆状方式有效，控制在曲线路径上产生的弯曲的数目。
  - ◆ 扭曲高度：仅对圆状方式有效，控制在曲线路径上产生的弯曲的高度。
- 横截面参数用于通过截面图形的参数控制来产生形态各异的造型，如图 2-72 所示。

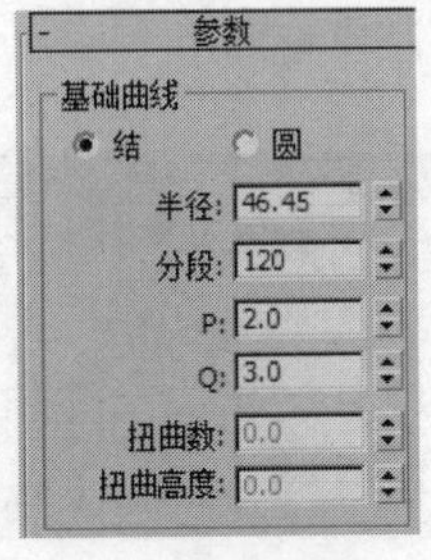

图 2-71

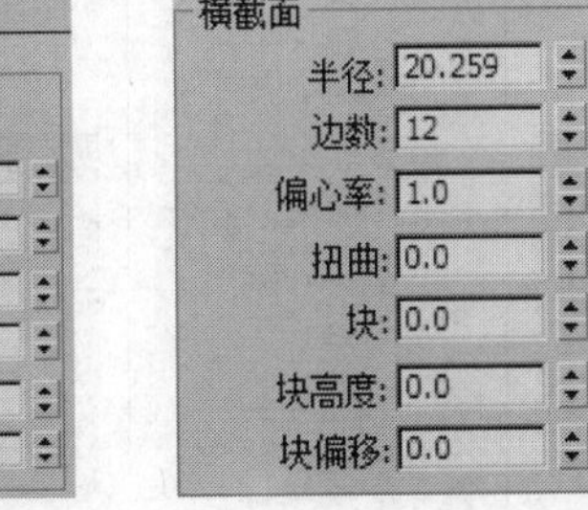

图 2-72

◆ 半径：设置截面图形的半径大小。

◆ 边数：设置截面图形的边数，确定圆滑度。

◆ 偏心率：设置截面压扁的程度，当其值为 1 时截面为圆，其值不为 1 时截面为椭圆。

◆ 扭曲：设置截面围绕曲线路径扭曲循环的次数。

◆ 块：设置在路径上所产生的块状突起的数目。只有当块高度大于 0 时，才能显示出效果。

◆ 块高度：设置块隆起的高度。

◆ 块偏移：在路径上移动块，改变其位置。

● 平滑参数用于控制造型表面的光滑属性，如图 2-73 所示。

◆ 全部：对整个造型进行光滑处理。

◆ 侧面：只对纵向（路径方向）的面进行光滑处理，即只光滑环形结的侧边。

◆ 无：不进行表面光滑处理。

● 贴图坐标参数用于指定环形结的贴图坐标，如图 2-74 所示。

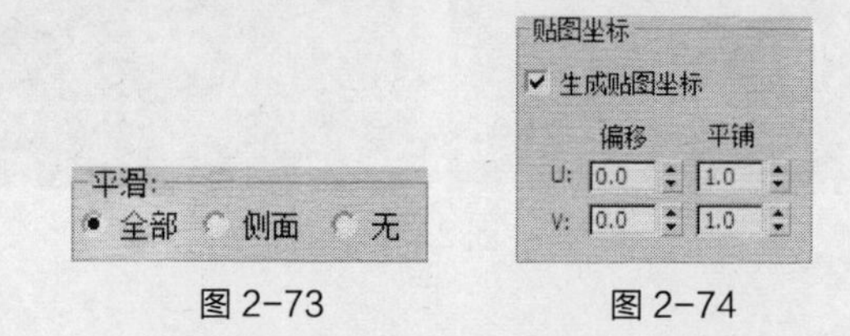

图 2-73　　图 2-74

◆ 生成贴图坐标：根据环形结的曲线路径指定贴图坐标，需要指定贴图在路径上的重复次数和偏移值。

◆ 偏移：设置在 *U*、*V* 方向上贴图的偏移值。

◆ 平铺：设置在 *U*、*V* 方向上贴图的重复次数。

其他参数请参见前面章节的参数说明。

3．参数的修改

环形结的参数比其他几何体的参数复杂，对其修改后能产生很多特殊的形体，如表 2-12 所示。

表 2-12

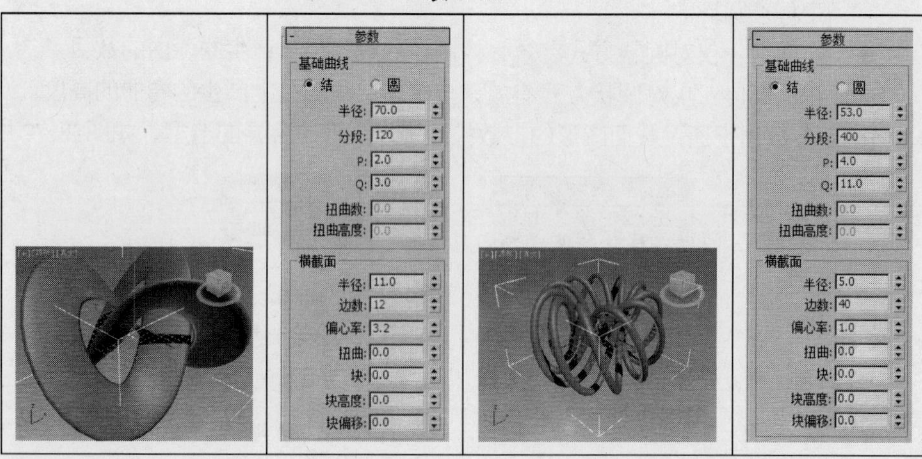

续表

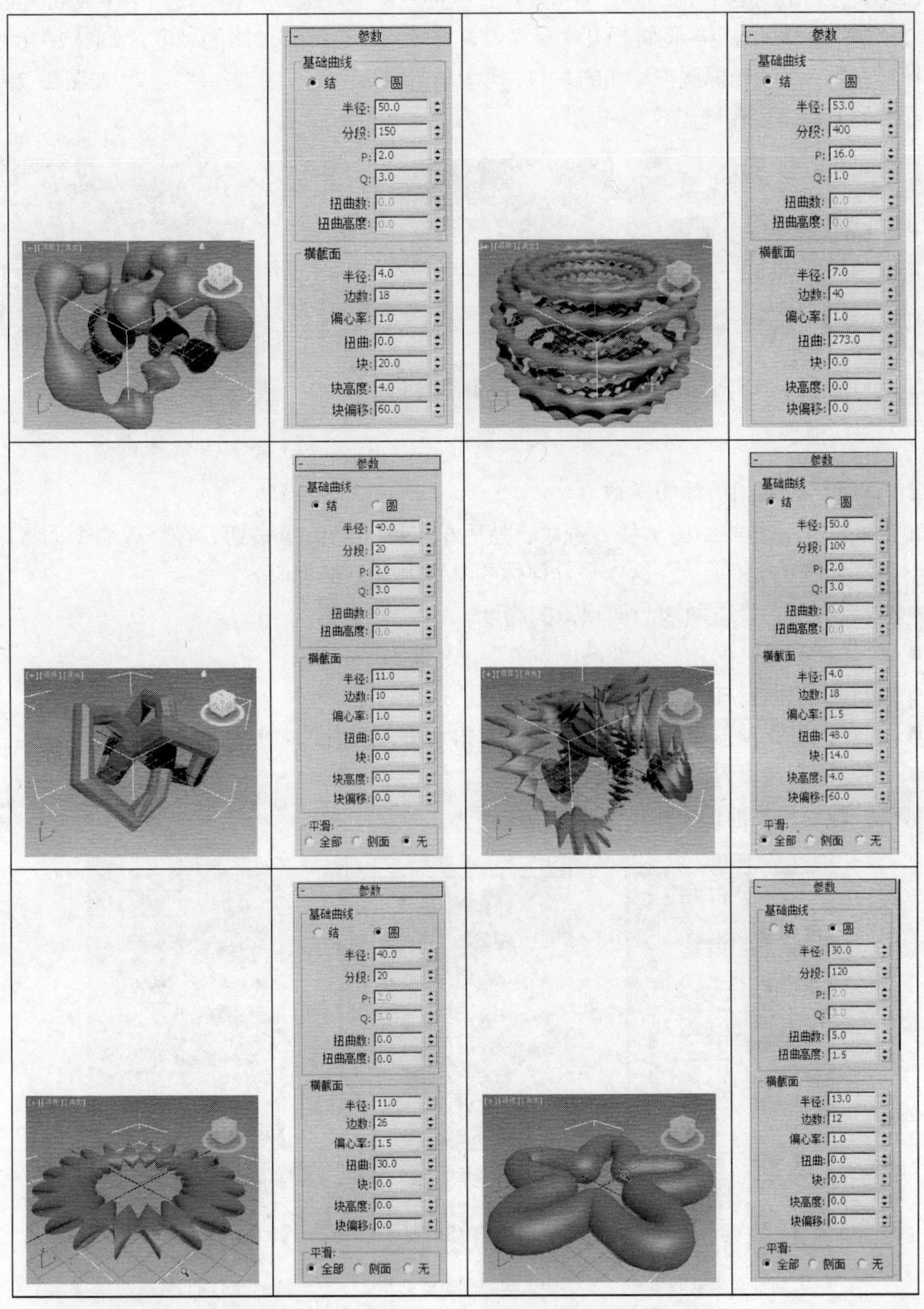

2.2.5 油罐、胶囊和纺锤

油罐、胶囊和纺锤这 3 个几何体都具有圆滑的特性，它们的创建方法和参数也有相似之处。下面介绍油罐、胶囊和纺锤的创建方法及其参数的设置和修改。

1．创建油罐、胶囊和纺锤

油罐、胶囊和纺锤的创建方法相似，这里以油罐为例来介绍这 3 个几何体的创建方法，操作步骤如下。

（1）单击“（创建）>（几何体）>扩展基本体>油罐”按钮。

（2）将鼠标光标移到视图中，单击并按住鼠标左键不放拖曳光标，视图中生成油罐的底部，如图 2-75 所示，在适当的位置松开鼠标左键并移动光标，调整油罐的高度，如图 2-76 所示，单击鼠标左键，移动光标调整切角的系数，再次单击鼠标左键，油罐创建完成，如图 2-77 所示。使用相似的方法可以创建出胶囊和纺锤。

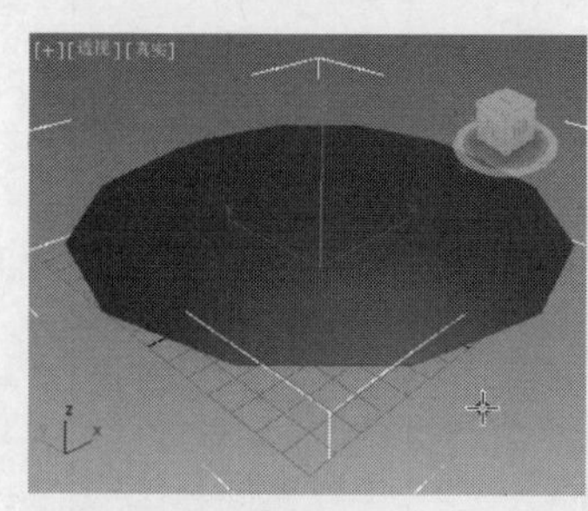
图 2-75

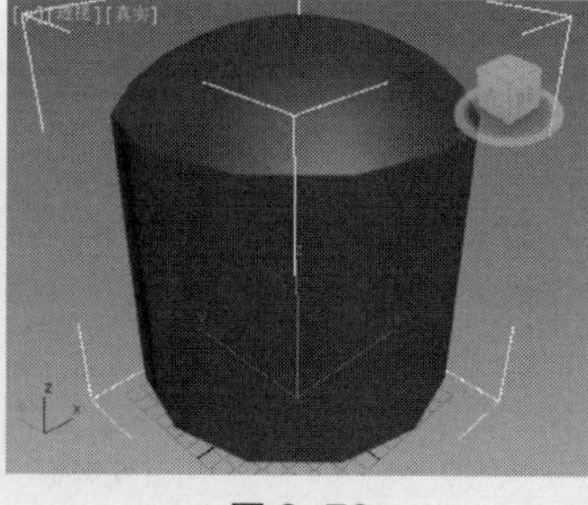
图 2-76

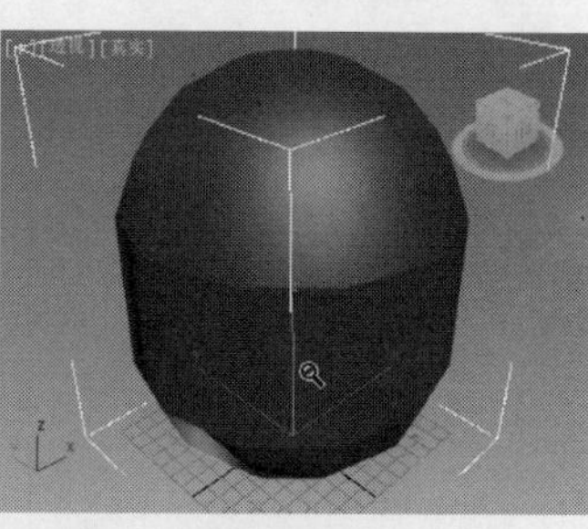
图 2-77

2．油罐、胶囊和纺锤的参数

单击油罐（胶囊或纺锤）将其选中，然后单击（修改）按钮，在修改命令面板中会显示其参数，如图 2-78 所示，这 3 个几何体的参数大部分都相似。

- 封口高度：设置两端凸面顶盖的高度。
- 总体：测量几何体的全部高度。
- 中心：只测量柱体部分的高度，不包括顶盖高度。
- 混合：设置顶盖与柱体边界产生的圆角大小，圆滑顶盖的柱体边缘。
- 高度分段：设置圆锥顶盖的段数。

其他参数请参见前面章节的参数说明。

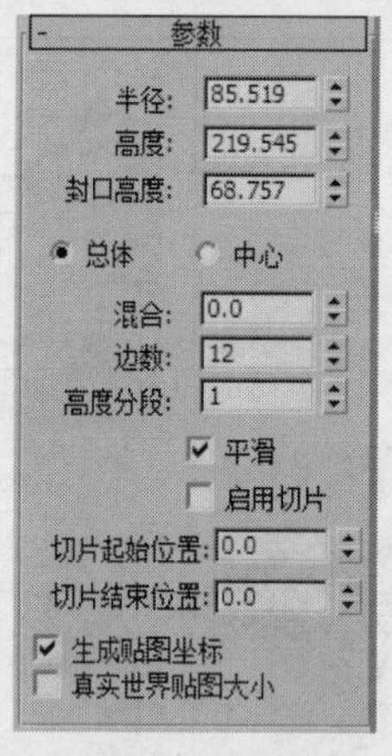

（a）油罐的参数面板

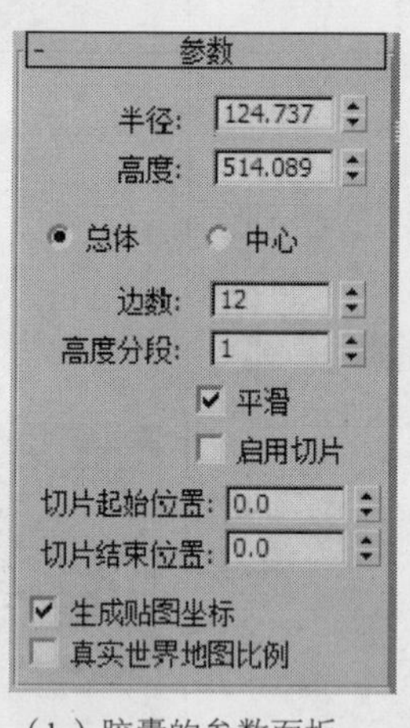

（b）胶囊的参数面板

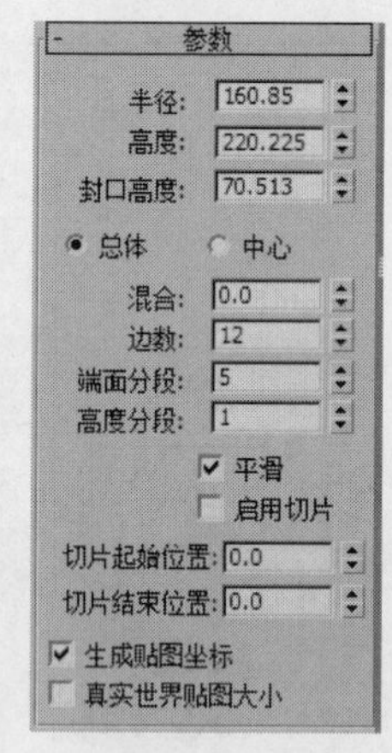

（c）纺锤的参数面板

图 2-78

3．参数的修改

油罐、胶囊和纺锤的参数修改比较简单，如表 2-13 所示。

表 2-13

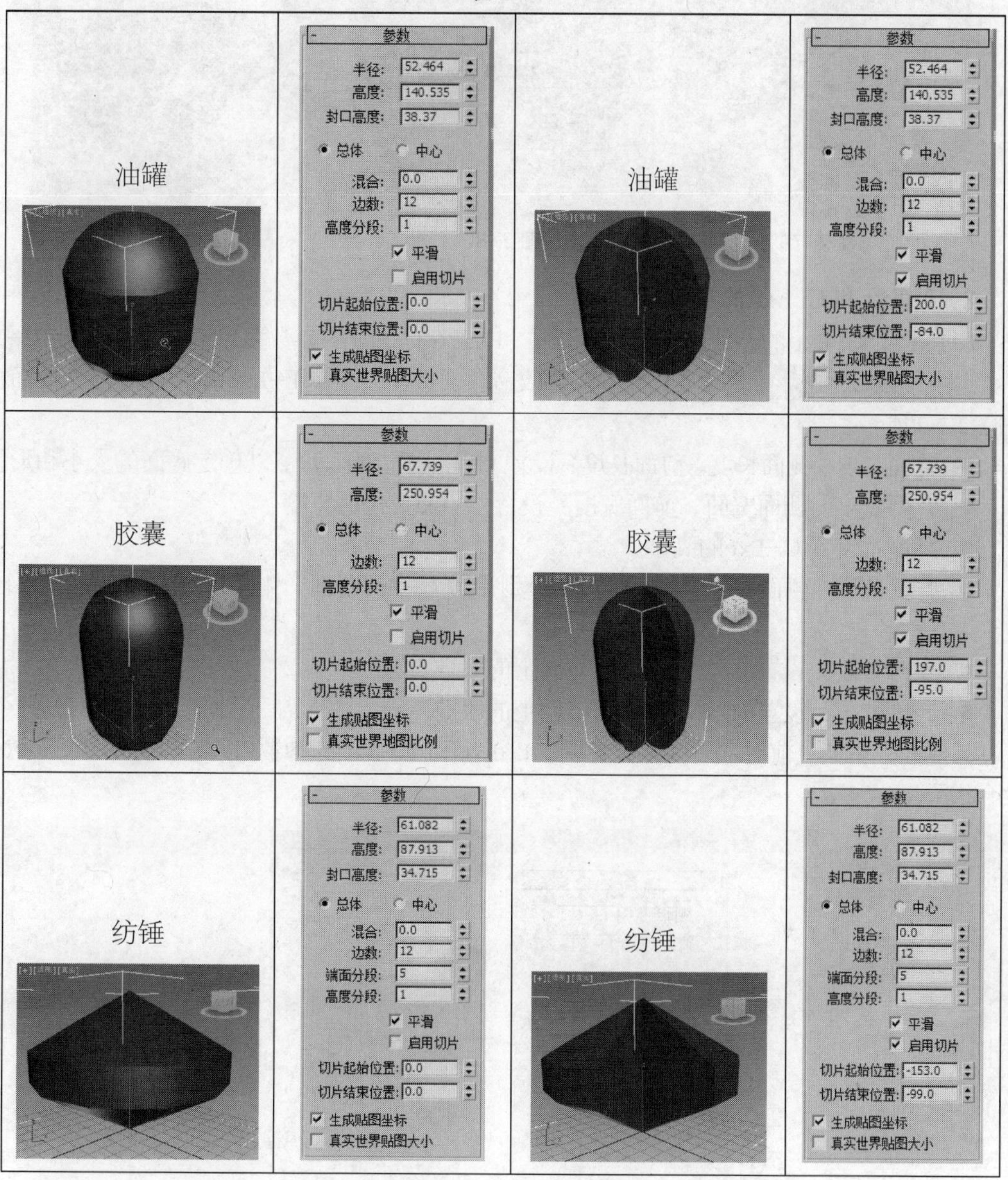

油罐	参数 半径：52.464 高度：140.535 封口高度：38.37 ● 总体 ○ 中心 混合：0.0 边数：12 高度分段：1 ☑ 平滑 ☐ 启用切片 切片起始位置：0.0 切片结束位置：0.0 ☑ 生成贴图坐标 ☐ 真实世界贴图大小	油罐	参数 半径：52.464 高度：140.535 封口高度：38.37 ● 总体 ○ 中心 混合：0.0 边数：12 高度分段：1 ☑ 平滑 ☑ 启用切片 切片起始位置：200.0 切片结束位置：-84.0 ☑ 生成贴图坐标 ☐ 真实世界贴图大小
胶囊	参数 半径：67.739 高度：250.954 ● 总体 ○ 中心 边数：12 高度分段：1 ☑ 平滑 ☐ 启用切片 切片起始位置：0.0 切片结束位置：0.0 ☑ 生成贴图坐标 ☐ 真实世界地图比例	胶囊	参数 半径：67.739 高度：250.954 ● 总体 ○ 中心 边数：12 高度分段：1 ☑ 平滑 ☑ 启用切片 切片起始位置：197.0 切片结束位置：-95.0 ☑ 生成贴图坐标 ☐ 真实世界地图比例
纺锤	参数 半径：61.082 高度：87.913 封口高度：34.715 ● 总体 ○ 中心 混合：0.0 边数：12 端面分段：5 高度分段：1 ☑ 平滑 ☐ 启用切片 切片起始位置：0.0 切片结束位置：0.0 ☑ 生成贴图坐标 ☐ 真实世界贴图大小	纺锤	参数 半径：61.082 高度：87.913 封口高度：34.715 ● 总体 ○ 中心 混合：0.0 边数：12 端面分段：5 高度分段：1 ☑ 平滑 ☑ 启用切片 切片起始位置：-153.0 切片结束位置：-99.0 ☑ 生成贴图坐标 ☐ 真实世界贴图大小

2.2.6 L-Ext 和 C-Ext

L-Ext 和 C-Ext 都主要用于建筑快速建模，结构比较相似。下面来介绍 L-Ext 和 C-Ext 的创建方法及其参数的设置和修改。

1．创建 L-Ext 和 C-Ext

L-Ext 和 C-Ext 的创建方法基本相同，在此以 L-Ext 为例介绍创建方法，操作步骤如下。

（1）单击“（创建）>（几何体）>扩展基本体>L-Ext”按钮。

（2）将鼠标光标移到视图中，单击并按住鼠标左键不放拖曳光标，视图中生成一个 L 形平面，如图 2-79 所示，在适当的位置松开鼠标左键并上下移动光标，调整墙体的高度，如图 2-80 所示，单击鼠标左键，再次移动光标，可以调整墙体的厚度，再次单击鼠标左键，L-Ext 创建完成，如图 2-81 所示。使用相同的方法可以创建出 C-Ext。

图 2-79

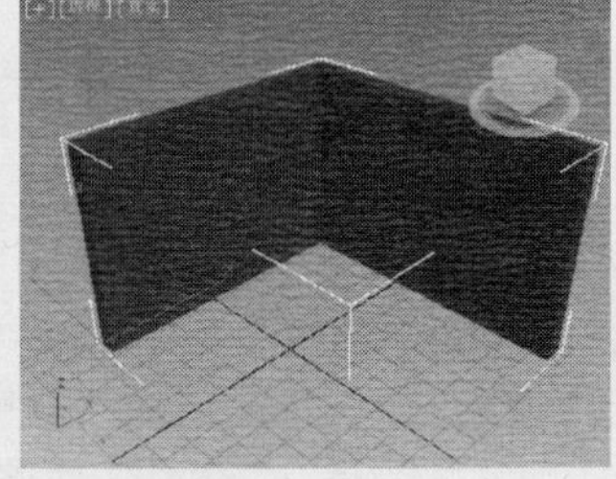
图 2-80

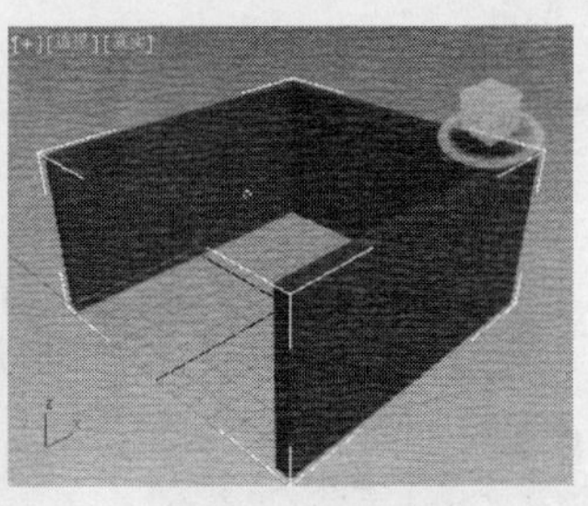
图 2-81

2．L-Ext 和 C-Ext 的参数

L-Ext 和 C-Ext 的参数比较相似，但 C-Ext 比 L-Ext 的参数多，单击 L-Ext 或 C-Ext 将其选中，然后单击（修改）按钮，在修改命令面板中会显示 L-Ext 或 C-Ext 的参数面板，如图 2-82 所示。

- 背面长度、侧面长度、前面长度：设置 C-Ext 3 边的长度，以确定底面的大小和形状。
- 背面宽度、侧面宽面、前面宽度：设置 C-Ext 3 边的宽度。
- 高度：设置 C-Ext 的高度。
- 背面分段、侧面分段、前面分段：分别设置 C-Ext 背面、侧面和前面在长度方向上的段数。
- 宽度分段：设置 C-Ext 在宽度方向上的段数。
- 高度分段：设置 C-Ext 在高度方向上的段数。

其他参数请参见前面章节的参数说明。L-Ext 和 C-Ext 的参数修改比较简单，在此就不做介绍了。

（a）L-Ext 的参数面板

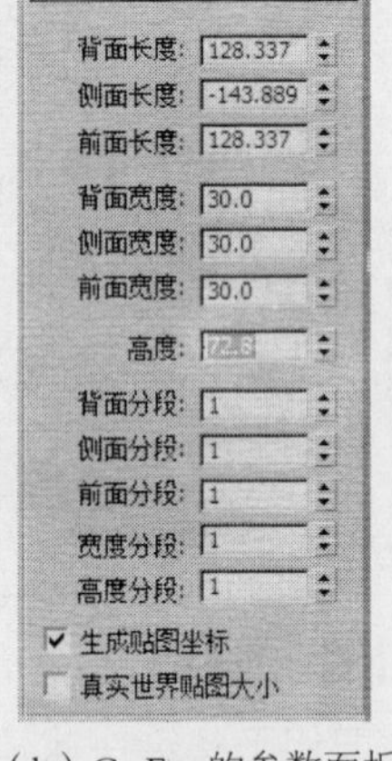

（b）C-Ext 的参数面板

图 2-82

2.2.7 软管

软管是一个柔性几何体，其两端可以连接到两个不同的对象上，并能反映出这些对象的移动。下面来介绍软管的创建方法及其参数的设置和修改。

1．创建软管

软管的创建方法很简单，和方体基本相同，操作步骤如下。

（1）单击“（创建）>（几何体）>扩展基本体>软管”按钮。

（2）将鼠标光标移到视图中，单击并按住鼠标左键不放拖曳光标，视图中生成一个多边形平面，在适当的位置再次单击鼠标左键并上下移动光标，调整软管的高度，单击鼠标左键，软管创建完成，如图2-83所示。

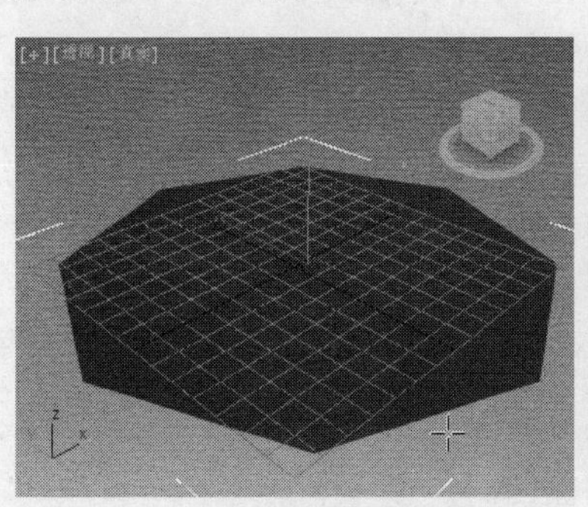
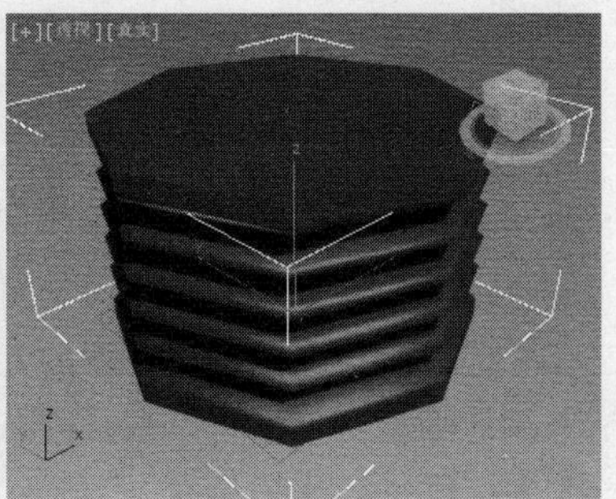

图2-83

2．软管的参数

单击软管将其选中，然后单击（修改）按钮，在修改命令面板中会显示软管的参数。软管的参数众多，主要分为端点方法、绑定对象、自由软管参数、公用软管参数和软管形状5个选项组。

- “端点方法”参数用于选择是创建自由软管，还是创建连接到两个对象上的软管，如图2-84所示。
  - ◆ 自由软管：选择该单选项，则创建不绑定到任何其他物体上的软管，同时激活自由软管参数选项组。
  - ◆ 绑定到对象轴：选择该单选项，则把软管绑定到两个对象上，同时激活绑定对象选项组。
- “绑定对象”组中的参数只有在“端点方法”选项组中选中“绑定到对象轴”选项时才可用，如图2-85所示。可利用它来拾取两个捆绑对象，拾取完成后，软管将自动连接两个物体。
  - ◆ 拾取顶部对象：单击该按钮后，顶部对象呈黄色表示处于激活状态，此时可在场景中单击顶部对象进行拾取。
  - ◆ 拾取底部对象：单击该按钮后，底部对象呈黄色表示处于激活状态，此时可在场景中单击底部对象进行拾取。
  - ◆ 张力：确定延伸到顶（底）部对象的软管曲线在（顶）底部对象附近的张力大小。张力越小，弯曲部分离底（顶）部对象越近，反之，张力越大，弯曲部分离底（顶）部对象越远，其默认值为100。
- “自由软管参数”只有在“端点方法”选项组中选中“自由软管”选项时才可用，如图2-86所示。

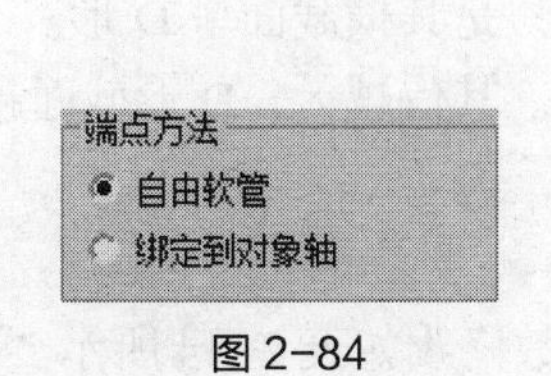

图2-84

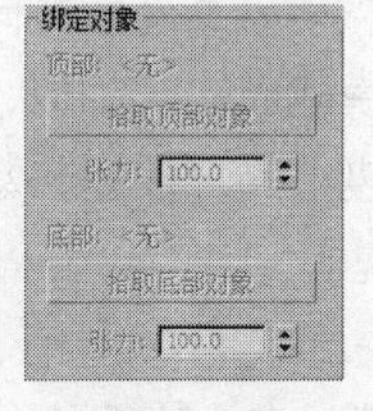

图2-85

图2-86

◆ 高度：用于调节软管的高度。

- “公用软管参数”组用于设置软管的形状和光滑属性等常用参数，如图 2-87 所示。
    - ◆ 分段：设置软管在长度上总的段数。当软管是曲线时，增加其值将光滑软管的外形。
    - ◆ 起始位置：设置从软管的起始点到弯曲开始部位这一部分所占整个软管的百分比。
    - ◆ 结束位置：设置从软管的终止点到弯曲结束部位这一部分所占整个软管的百分比。
    - ◆ 周期数：设置柔体截面中的起伏数目。
    - ◆ 直径：设置皱状部分的直径相对于整个软管直径的百分比大小。
    - ◆ 平滑选项组：用于调整软管的光滑类型。
    - ◆ 全部：平滑整个软管（系统默认设置）。
    - ◆ 侧面：仅平滑软管长度方向上的侧面。
    - ◆ 无：不进行平滑处理。
    - ◆ 分段：仅平滑软管的内部分段。
    - ◆ 可渲染：选中该复选框，将无法渲染软管。
- “软管形状”参数用于设置软管的横截面形状，如图 2-88 所示。

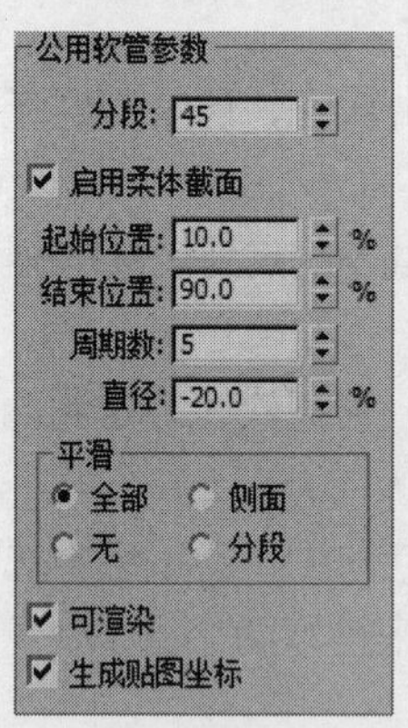

图 2-87

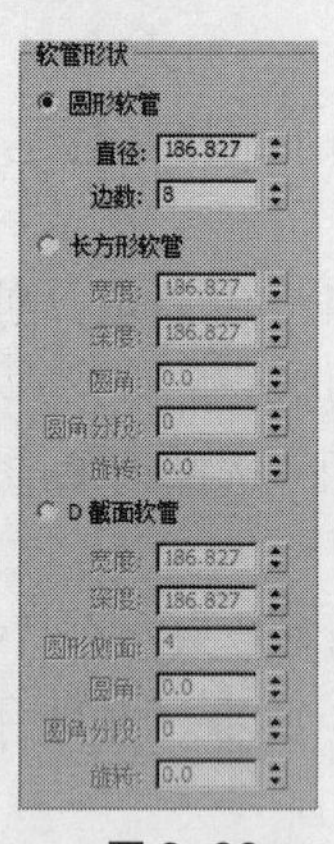

图 2-88

- ◆ 圆形软管：设置圆形横截面。
- ◆ 直径：设置圆形横截面的直径，以确定软管的大小。
- ◆ 边数：设置软管的侧边数。其最小值为 3，此时为三角形横截面。
- ◆ 长方形软管：可以指定不同的宽度和深度，设置长方形横截面。
- ◆ 宽度：设置软管长方形横截面的宽度。
- ◆ 深度：设置软管长方形横截面的深度。
- ◆ 圆角：设置长方形横截面 4 个拐角处的圆角大小。
- ◆ 圆角分段：设置每个长方形横截面拐角处的圆角分段数。
- ◆ 旋转：设置长方形软管绕其自身高度方向上的轴旋转的角度大小。
- ◆ D 截面软管：与长方形横截面软管相似，只是其横截面呈 D 形。
- ◆ 圆形侧面：设置圆形侧边上的片段划分数。其值越大，D 形截面越光滑。

其他参数请参见前面章节的参数说明。

3．参数的修改

软管的参数较多，但修改并不烦琐。自由软管的参数修改如表 2-14 所示。

表 2-14

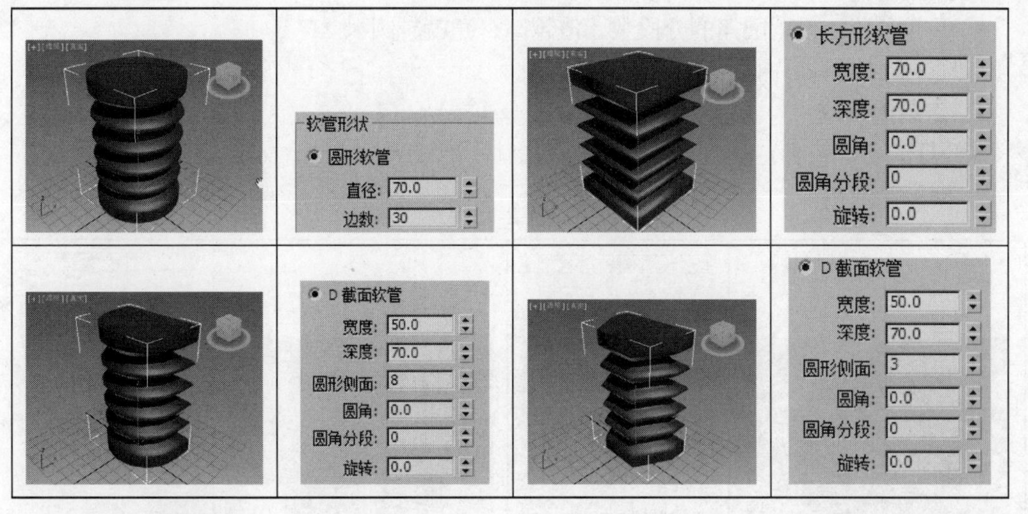

2.2.8 球棱柱

球棱柱用于制作带有导角的柱体，能直接在柱体的边缘上产生光滑的导角，可以说是圆柱体的一种特殊形式。下面来介绍球棱柱的创建方法及其参数的设置和修改。

1. 创建球棱柱

球棱柱可以直接在柱体的边缘产生光滑的导角。创建球棱柱的操作步骤如下。

（1）单击“（创建）>（几何体）>扩展基本体>球棱柱”按钮。

（2）将鼠标光标移到视图中，单击并按住鼠标左键不放拖曳光标，视图中生成一个五边形平面（系统默认设置为五边），如图 2-89 所示，在适当的位置松开鼠标左键并上下移动光标，调整球棱柱到合适的高度，如图 2-90 所示，单击鼠标左键，再次上下移动光标，调整球棱柱边缘的导角，单击鼠标左键，球棱柱创建完成，如图 2-91 所示。

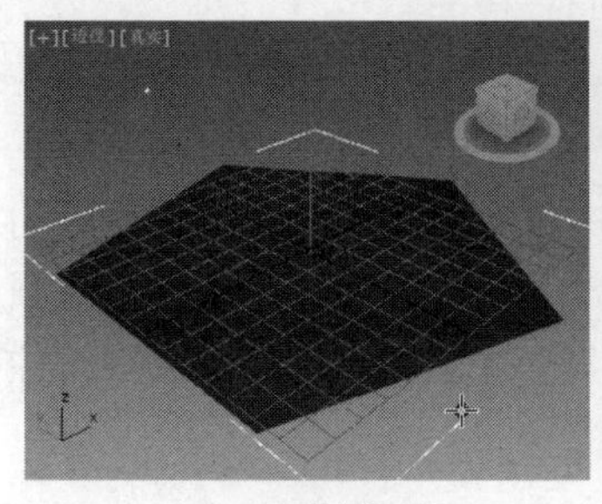

图 2-89

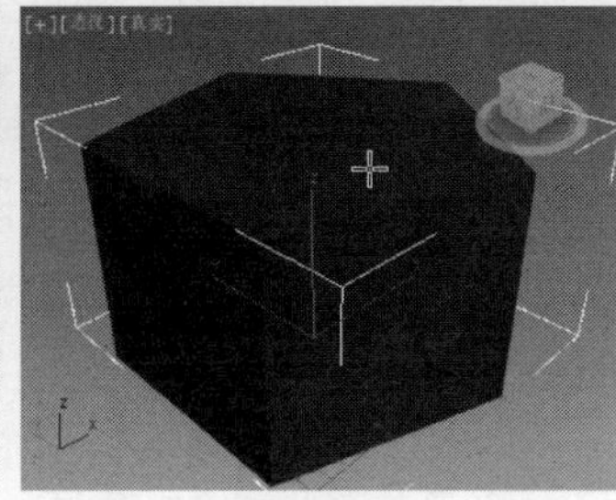

图 2-90

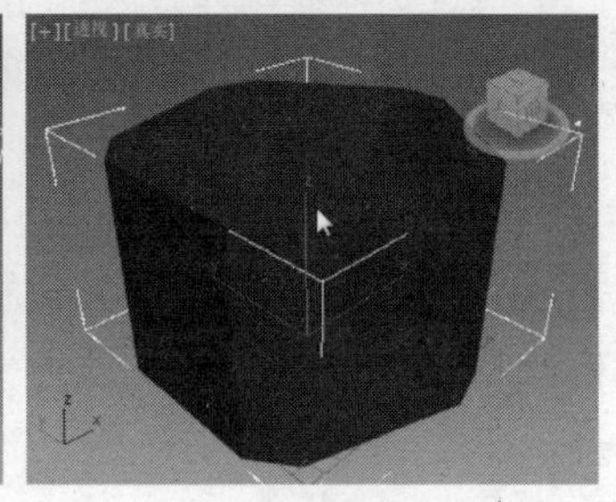

图 2-91

2. 球棱柱的参数

单击球棱柱将其选中，然后单击（修改）按钮，在修改命令面板中会显示球棱柱的参数，如图 2-92 所示。

图 2-92

- 边数：设置球棱柱的侧边数。
- 半径：设置底面圆形的半径。
- 圆角：设置棱上圆角的大小。
- 高度：设置球棱柱的高度。
- 侧面分段：设置球棱柱圆周方向上的分段数。

- 高度分段：设置球棱柱高度上的分段数。
- 圆角分段：设置圆角的分段数，值越高，角就越圆滑。

其他参数请参见前面章节的参数说明。

3．参数的修改

球棱柱的参数较少，参数的修改不会在形体上有较大的变化，如表 2-15 所示。

表 2-15

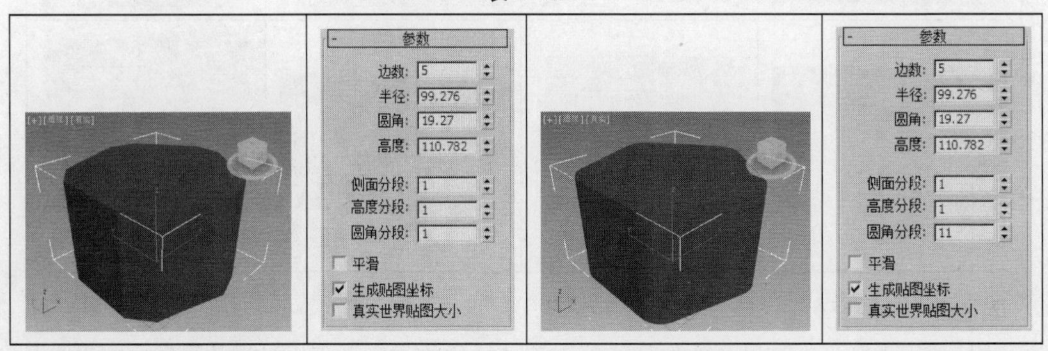

2.2.9　棱柱

棱柱用于制作等腰和不等边的三棱柱体。下面来介绍三棱柱的创建方法及其参数的设置和修改。

1．创建棱柱

棱柱有两种创建方法：一种是二等边创建方法；一种是基点/顶点创建方法，如图 2-93 所示。

创建方法
二等边　基点/顶点

图 2-93

- 二等边创建方法：建立等腰三棱柱，创建时按住 Ctrl 键可以生成底面为等边三角形的三棱柱。
- 基点/顶点创建方法：用于建立底面为非等边三角形的三棱柱。

本书使用系统默认的基点/顶点方式创建，操作步骤如下。

（1）单击“（创建）>（几何体）>扩展基本体>棱柱”按钮。

（2）将鼠标光标移到视图中，单击并按住鼠标左键不放拖曳光标，视图中生成棱柱的底面，这时移动鼠标光标，可以调整底面的大小，松开鼠标左键后移动光标可以调整底面顶点的位置，生成不同形状的底面，如图 2-94 所示，单击鼠标左键，上下移动光标，调整棱柱的高度，在适当的位置再次单击鼠标左键，棱柱创建完成，如图 2-95 所示。

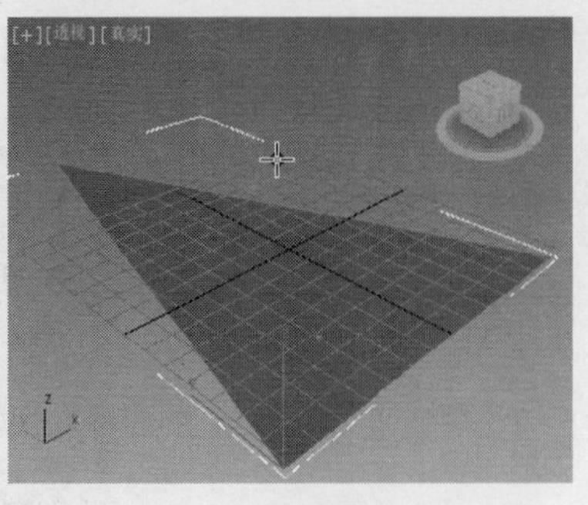

图 2-94

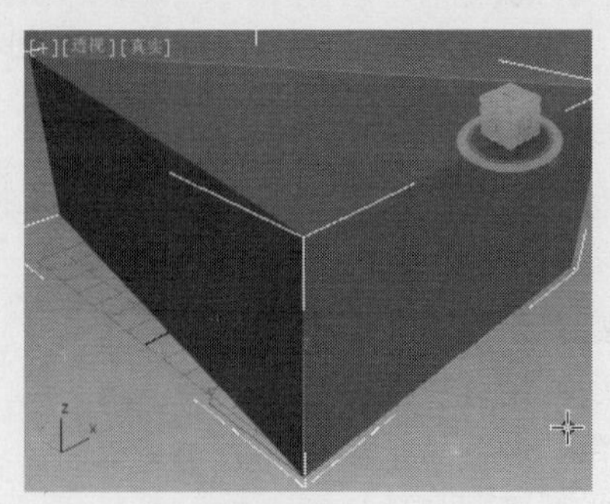

图 2-95

2．棱柱的参数

图 2-96

单击棱柱将其选中，然后单击（修改）按钮，在修改命令面板中会显示棱柱的参数，如图 2-96 所示。

- 侧面 1 长度、侧面 2 长度、侧面 3 长度：分别设置棱柱底面三角形 3 边的长度，确定三角形的形状。
- 高度：设置三棱柱的高度。
- 侧面 1 分段、侧面 2 分段、侧面 3 分段：分别设置棱柱在 3 边方向上的分段数。
- 高度分段：设置棱柱沿主轴方向上高度的片段划分数。

其他参数请参见前面章节的参数说明。棱柱参数的修改比较简单，本书在此不进行介绍了。

2.2.10　环形波

环形波是一种类似于平面造型的几何体，可以创建出与环形结的某些三维效果相似的平面造型，多用于动画的制作。下面来介绍环形波的创建方法及其参数的设置和修改。

1．创建环形波

环形波是一个比较特殊的几何体，多用于制作动画效果。创建环形波的操作步骤如下。

（1）单击“（创建）>（几何体）>扩展基本体>环形波”按钮。

（2）将鼠标光标移到视图中，单击并按住鼠标左键不放拖曳光标，视图中生成一个圆，如图 2-97 所示，在适当的位置松开鼠标左键并上下移动光标，调整内圈的大小，单击鼠标左键，环形波创建完成，如图 2-98 所示。默认情况下，环形波是没有高度的，在参数命令面板中的“高度”属性可以调整其高度。

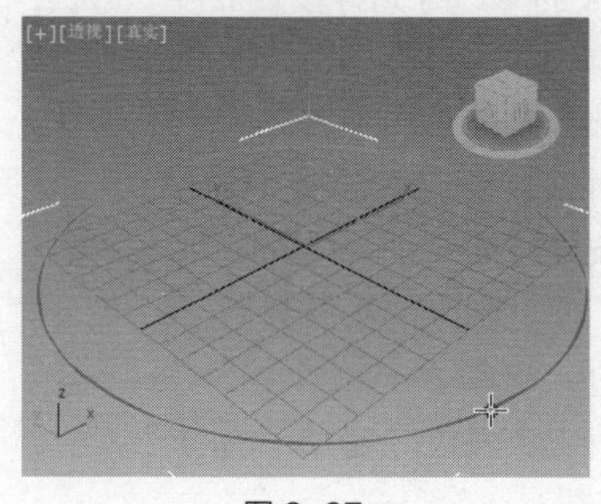

图 2-97

图 2-98

2．环形波的参数

单击环形波将其选中，然后单击（修改）按钮，在修改命令面板中会显示环形波的参数，如图 2-99 所示。环形波的参数比较复杂，主要可分为环形波大小、环形波计时、外边波折和内边波折，这些参数多用于制作动画。

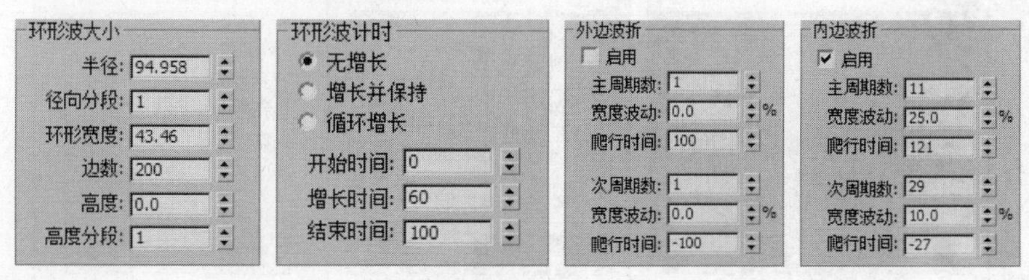

图 2-99

- “环形波大小”参数用于控制场景中环形波的具体尺寸大小。
    - ◆ 半径：设置环形波的外径大小。如果数值增加，其内、外径随之同步增加。
    - ◆ 径向分段：设置环形波沿半径方向上的分段数。
    - ◆ 环形宽度：设置环形波内、外径之间的距离。如果数值增加，则内径减少，外径不变。
    - ◆ 边数：设置环形波沿圆周方向上的片段划分数。
    - ◆ 高度：设置环形波沿其主轴方向上的高度。
    - ◆ 高度分段：设置环形波沿主轴方向上高度的分段数。
- “环形波计时”参数用于环形波尺寸大小的动画设置。
    - ◆ 无增长：设置一个静态环形波，它在 Start Time（开始时间）显示，在 End Time（结束时间）消失。
    - ◆ 增长并保持：设置单个增长周期。环形波在“开始时间”开始增长，并在“开始时间”及“增长时间”处达到最大尺寸。
    - ◆ 循环增长：环形波从“开始时间”到“开始时间”及“增长时间”重复增长。
    - ◆ 开始时间：如果选择“循环增长并保持”或“循环增长”单选按钮，则环形波出现帧数并开始增长。
    - ◆ 增长时间：从“开始时间”后环形波达到其最大尺寸所需帧数。“增长时间”仅在选中“增长并保持”或“循环增长”单选按钮时可用。
    - ◆ 结束时间：环形波消失的帧数。
- “外边波折”参数用于设置环形波的外边缘。该区域未被激活时，环形波的外边缘是平滑的圆形，激活后，用户可以把环形波的外边缘同样设置成波动形状，并可以设置动画。
    - ◆ 主周期数：设置环形波外边缘沿圆周方向上的主波数。
    - ◆ 宽度波动：设置主波的大小，以百分数表示。
    - ◆ 爬行时间：设置每个主波沿环形波外边缘蠕动一周的时间。
    - ◆ 次周期数：设置环形波外边缘沿圆周方向上的次波数。
    - ◆ 宽度波动：设置次波的大小，以百分数表示。
    - ◆ 爬行时间：设置每个次波沿其各自主波外边缘蠕动一周的时间。
- “内边波折”参数用于设置环形波的内边缘。

参数说明请参见外边波折。

3．参数的修改

环形波的参数多数用于制作动画。通过修改参数，可以生成个别形体，如表 2-16 所示。

表 2-16

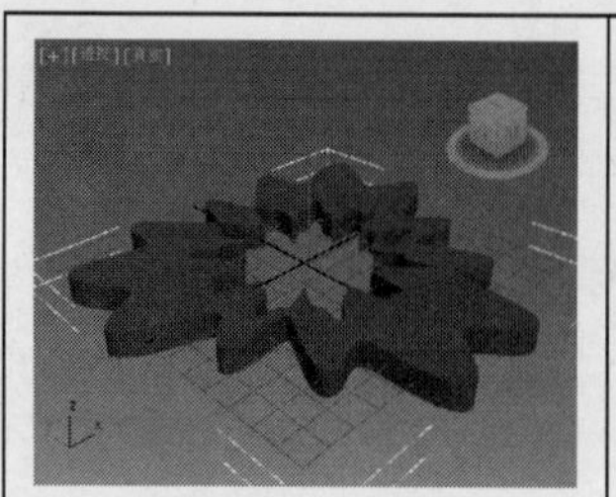	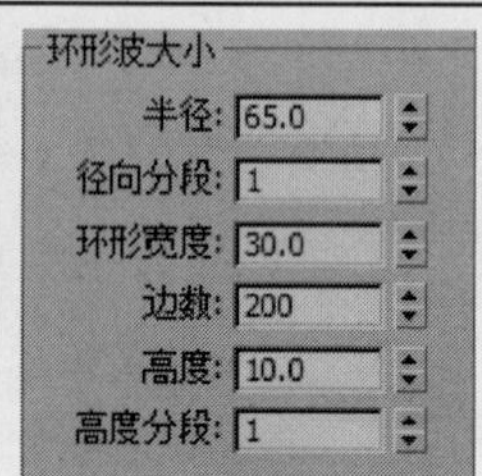	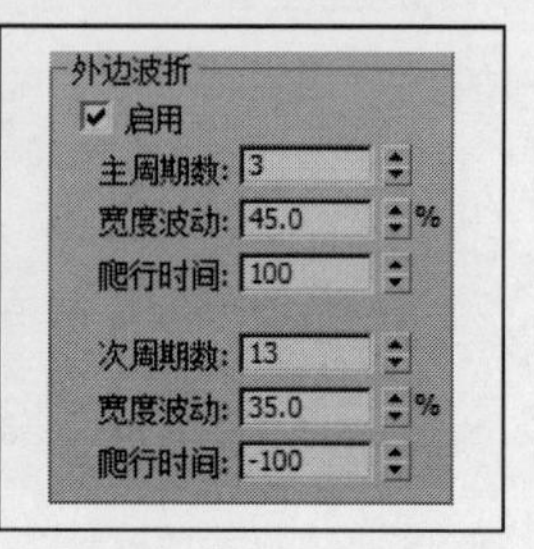

续表

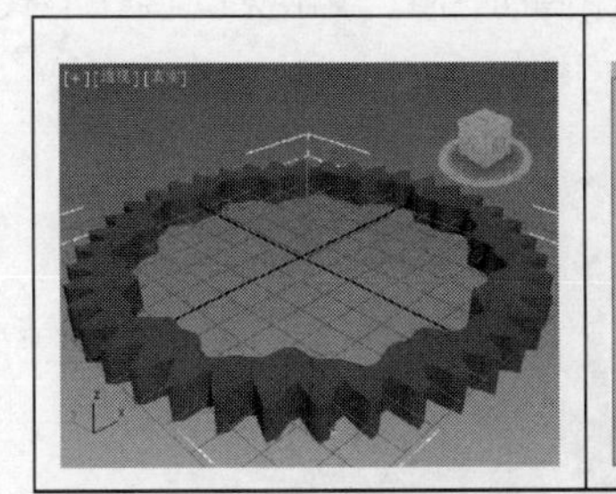	环形波大小 半径: 67.0 径向分段: 1 环形宽度: 12.0 边数: 200 高度: 10.0 高度分段: 1	外边波折 ☑ 启用 主周期数: 3 宽度波动: 0.0 % 爬行时间: 0 次周期数: 40 宽度波动: 35.0 % 爬行时间: 0

2.3 创建建筑模型

3ds Max 2013 提供了几种常用的快速建筑模型，在一些简单场景中使用这些模型可以提高效率，包括一些楼梯、窗和门等建筑物体。

2.3.1 楼梯

单击“（创建）>（几何体）”按钮，在下拉列表框中选择“楼梯”选项，可以看到 3ds Max 2013 提供了 4 种楼梯形式供选择，如图 2-100 所示。

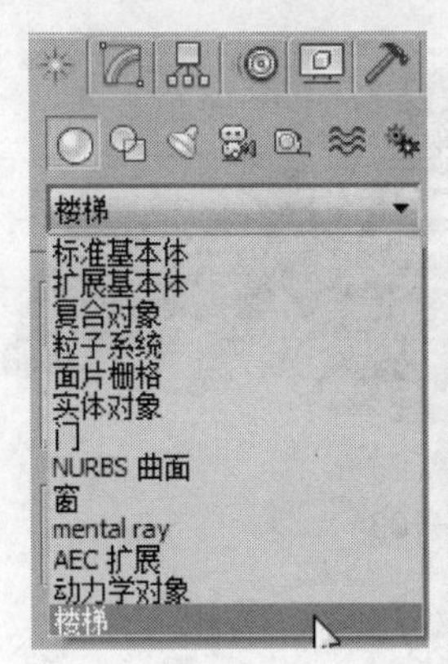

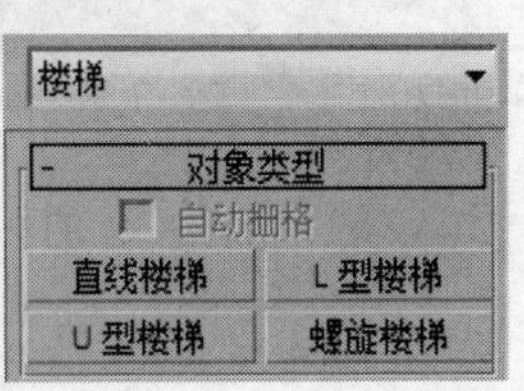

图 2-100

1. L 型楼梯

L 型楼梯用于创建 L 型的楼梯物体，效果如图 2-101 所示。

图 2-101

2．U 型楼梯

U 型楼梯用于创建 U 型楼梯物体。U 型楼梯是日常生活中比较常见的楼梯形式，效果如图 2-102 所示。

图 2-102

3．直线楼梯

直线楼梯用于创建直楼梯物体。直楼梯是最简单的楼梯形式，效果如图 2-103 所示。

图 2-103

4．螺旋楼梯

螺旋楼梯用于创建螺旋型的楼梯物体，效果如图 2-104 所示。

图 2-104

2.3.2 门和窗

3ds Max 2013 中还提供了门和窗的模型，单击“（创建）>（几何体）”按钮，在下拉列表框中选择“门”或“窗”选项，如图 2-105 所示。门和窗都提供了几种类型的模型，如图 2-106 所示。

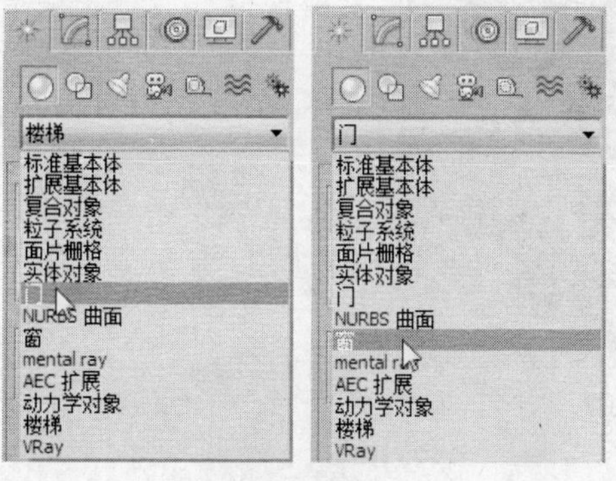

图 2-105

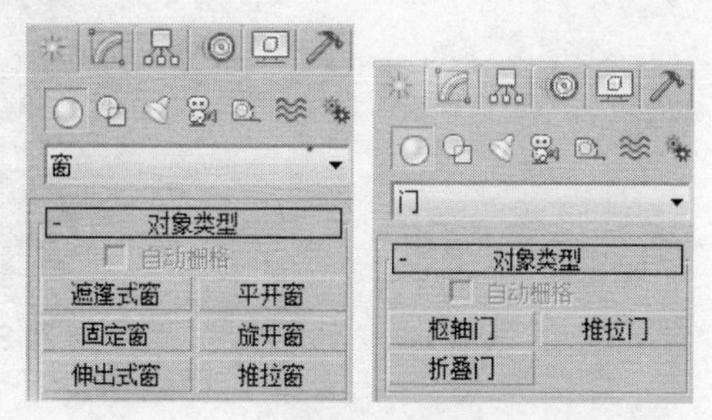

图 2-106

门和窗的形态如表 2-17 所示。

表 2-17

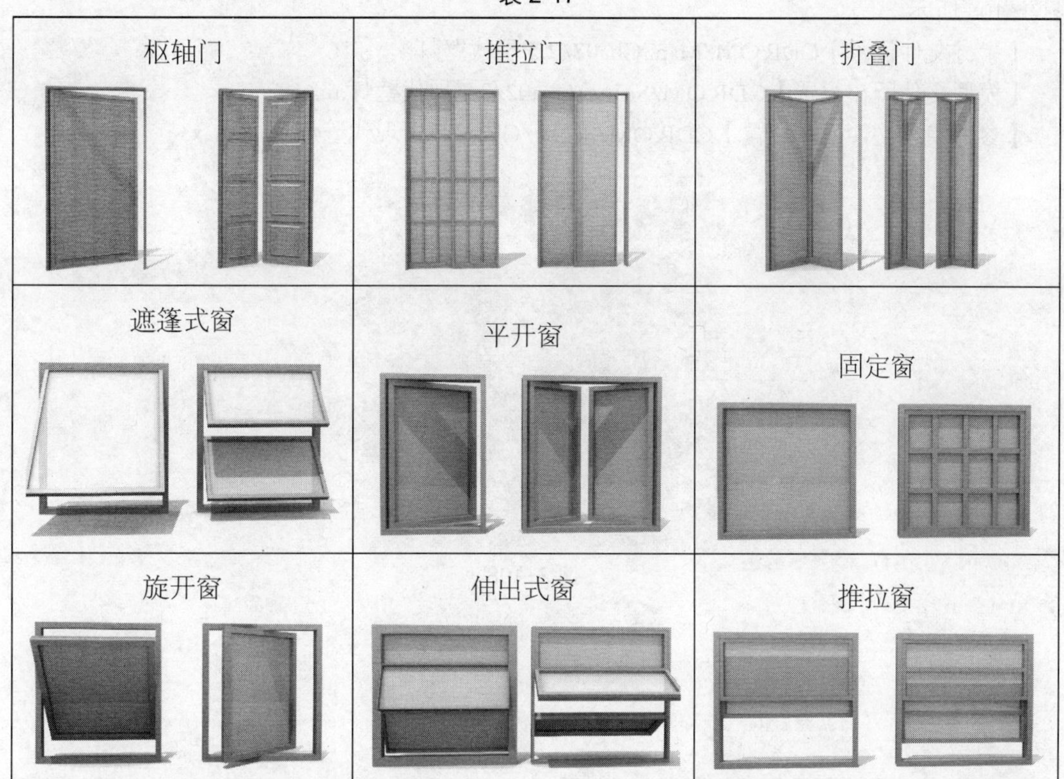

枢轴门	推拉门	折叠门
遮篷式窗	平开窗	固定窗
旋开窗	伸出式窗	推拉窗

2.4 课堂练习——单人沙发的制作

【练习知识要点】利用基本几何体和扩展几何体组合模型，如图 2-107 所示。

【素材文件位置】CDROM/Map/Cha02/2.4 单人沙发。

【模型文件所在位置】CDROM/Scene/Cha02/2.4 单人沙发.max。

【参考模型文件所在位置】CDROM/Scene/Cha02/2.4 单人沙发场景.max。

图 2-107

2.5 课后习题——现代壁灯的制作

【习题知识要点】利用标准几何体和扩展基本体来组合模型，熟练掌握它们的参数，如图 2-108 所示。

【素材文件位置】CDROM/Map/Cha02/2.5 现代壁灯。

【模型文件所在位置】CDROM/Scene/Cha02/2.5 现代壁灯.max。

【参考模型文件所在位置】CDROM/Scene/Cha02/2.5 现代壁灯场景.max。

图 2-108

PART 3

第3章 二维图形的创建

本章介绍

本章将介绍二维图形的创建和参数的修改方法。本章对线的创建和修改方法会进行重点介绍。读者通过学习本章的内容，要掌握创建二维图形的方法和技巧，并能根据实际需要绘制出精美的二维图形。通过本章的学习，希望读者可以融会贯通，掌握二维图形的应用技巧，制作出具有想象力的模型。

学习目标

- 掌握创建线的方法
- 掌握如何对线进行编辑和修改
- 熟练掌握其他二维图形的创建方法

技能目标

- 掌握制作吧椅模型的方法和技巧
- 掌握制作铁艺相框模型的方法和技巧
- 掌握制作网漏模型的方法和技巧

3.1 创建二维线形

平面图形基本都是由直线和曲线组成的。通过创建二维线形来建模是 3ds Max 2013 中一种常用的建模方法。下面来介绍二维线形的创建。

3.1.1 课堂案例——吧椅的制作

【案例学习目标】熟悉线的创建，并配合标准基本体和修改器以及移动工具进行位置的调整。

【案例知识要点】使用线绘制出吧椅座的界面图形，并为其施加“倒角”和“平滑”修改器，然后再创建几何体作为支架完成吧椅的制作，完成的模型效果如图 3-1 所示。

【素材文件位置】CDROM/Map/Cha03/吧椅。

【模型文件所在位置】CDROM/Scene/Cha03/3.1.1 吧椅.max。

【参考模型文件所在位置】CDROM/Scene/Cha03/3.1.1 吧椅场景.max。

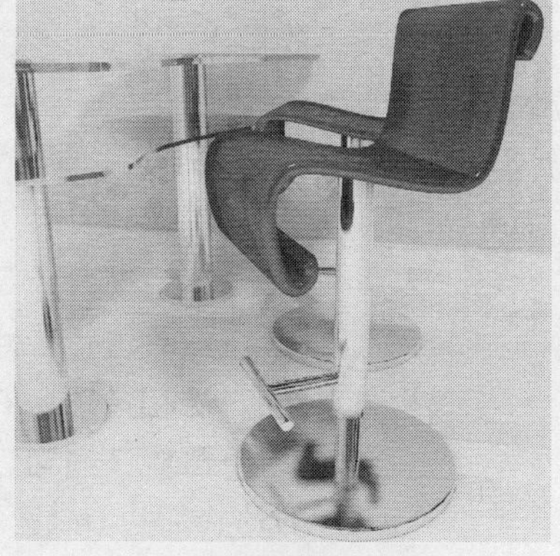

图 3-1

（1）单击“ （创建）> （图形）>线”按钮，在“前”视图中通过单击绘制如图 3-2 所示的样条线，右击鼠标完成创建。

（2）切换到 （修改）命令面板，在修改器堆栈中将选择集定义为“顶点”，在场景中按 Ctrl+A 组合键，全选顶点，如图 3-3 所示。

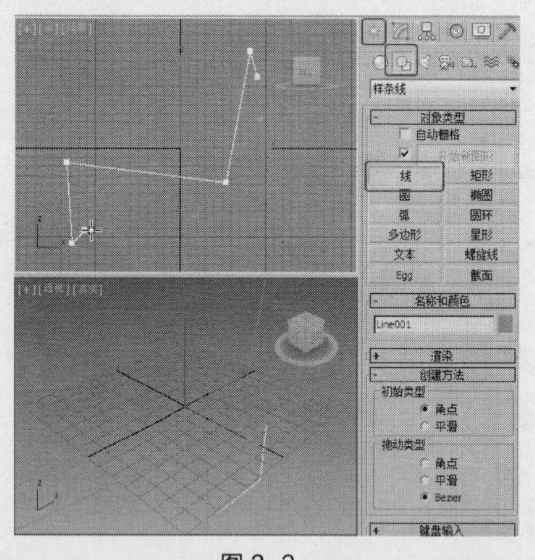

图 3-2

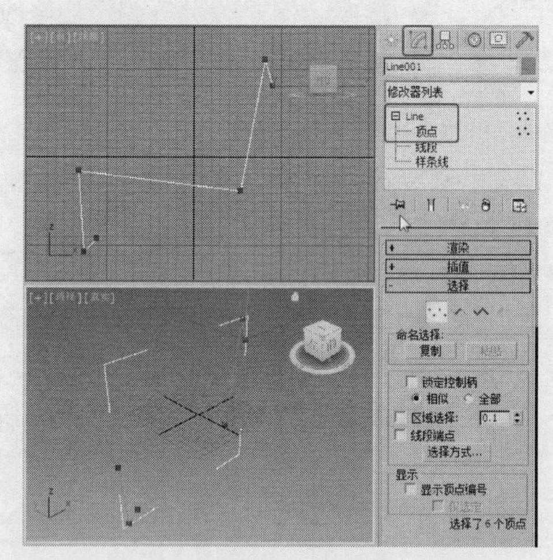

图 3-3

（3）全选顶点后，右击鼠标，在弹出的快捷菜单中选择“Bezier 角点”命令，将所有顶点转换为 Bezier 角点，如图 3-4 所示。

（4）通过调整顶点的控制柄调整样条线的形状，如图 3-5 所示。

（5）将选择集定义为“样条线”，在“几何体”卷展栏中单击“轮廓”按钮，在场景中选择样条线，通过拖动鼠标完成轮廓的设置，如图 3-6 所示，关闭“轮廓”按钮。

（6）调整出样条线的轮廓后，通过调整顶点，设置图形的形状，如图 3-7 所示。

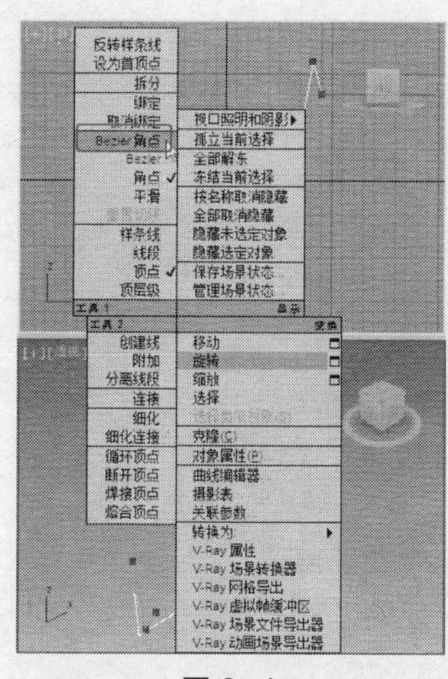

图 3-4

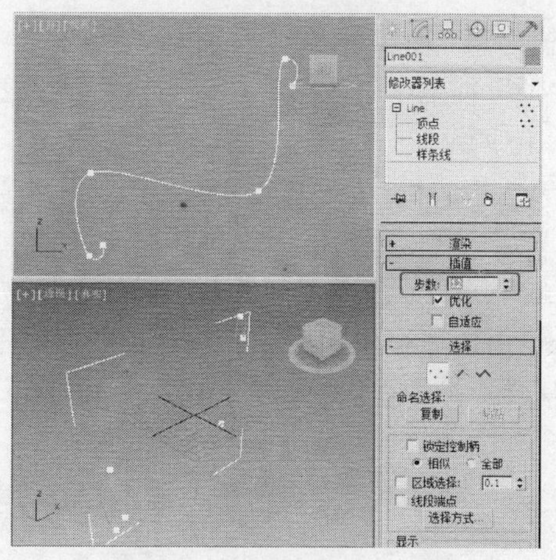

图 3-5

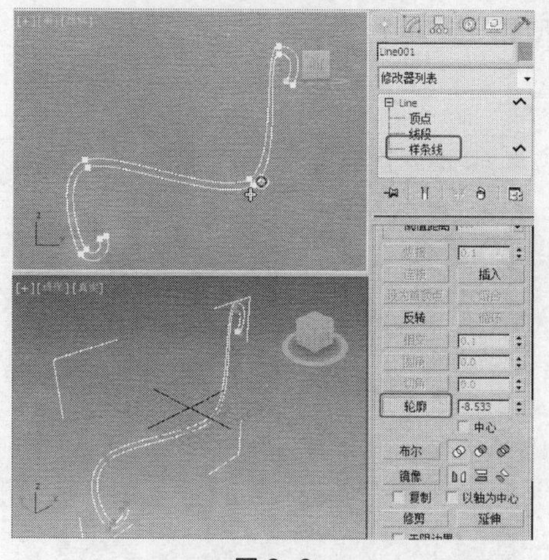

图 3-6

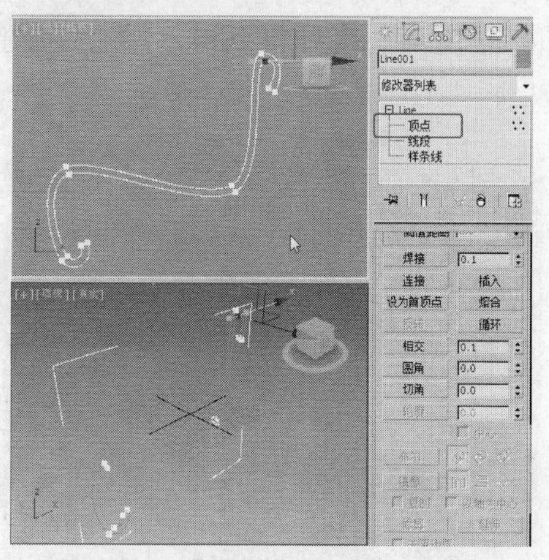

图 3-7

（7）关闭选择集，为图形施加“倒角”修改器，在“倒角值”卷展栏中设置合适的参数，如图 3-8 所示。

（8）为模型施加“平滑”修改器，在“参数”卷展栏中为其设置一个统一的平滑组，如图 3-9 所示。

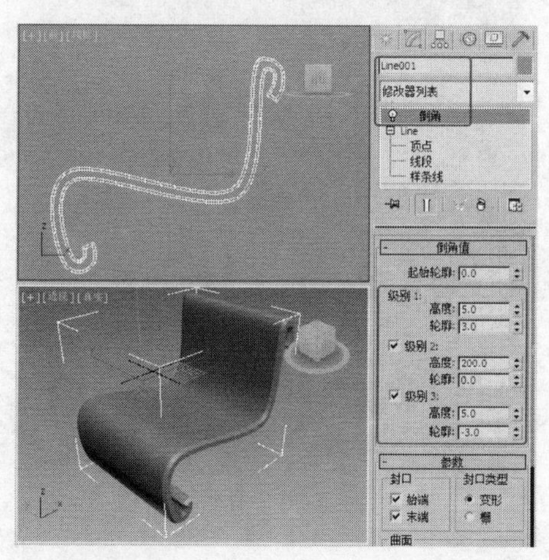

图 3-8

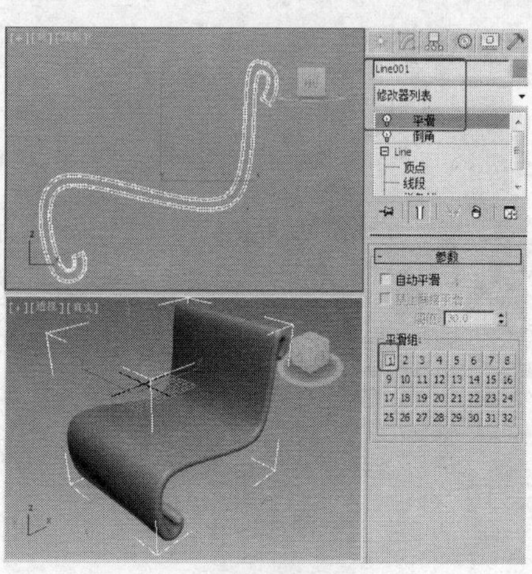

图 3-9

（9）单击“（创建）>（几何体）>圆柱体”按钮，在“顶”视图中创建圆柱体，设置合适的参数，如图 3-10 所示。

（10）复制圆柱体，修改圆柱体的参数，并调整圆柱体的位置，如图 3-11 所示。

（11）单击“（创建）>（几何体）> 扩展基本体 > 切角圆柱体”按钮，在“顶”视图中创建切角圆柱体，设置合适的参数，如图 3-12 所示。

（12）继续在“左”视图中创建“切角圆柱体”，设置合适的参数，并调整模型合适的位置，如图 3-13 所示。

（13）复制该切角圆柱体，修改参数，并调整切角圆柱体的位置，如图 3-14 所示，完成吧椅模型的制作。

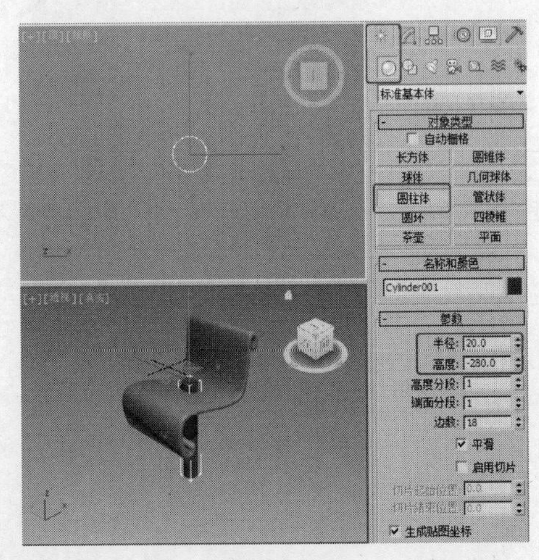

图 3-10

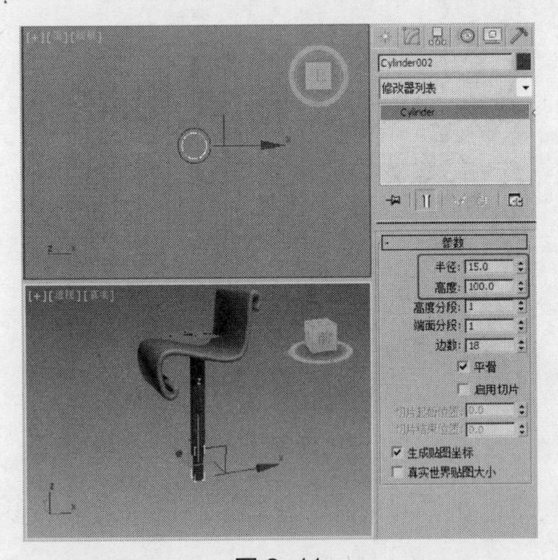

图 3-11

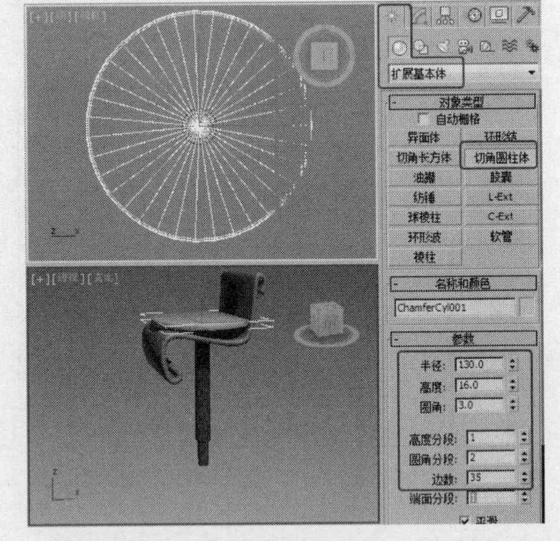

图 3-12

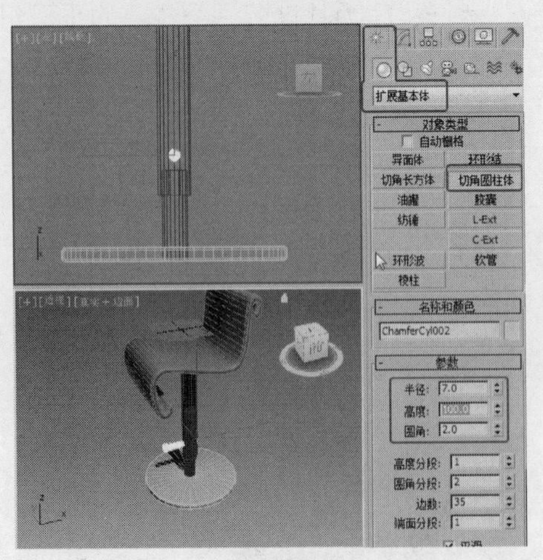

图 3-13

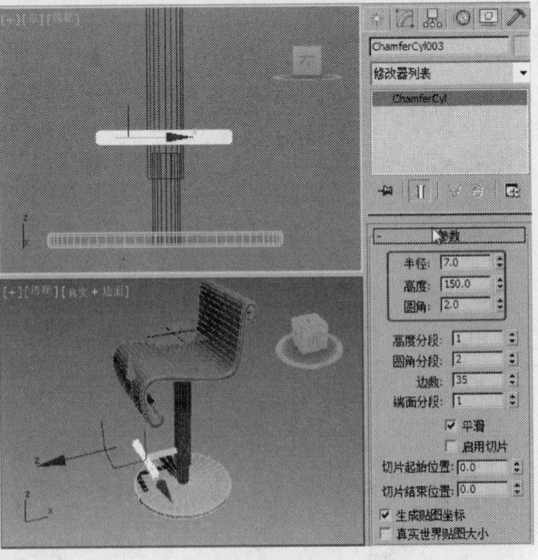

图 3-14

3.1.2 线

“线”用于创建任何形状的开放型或封闭型的线和直线。创建完成后，还可以通过调整节点、线段和线来编辑形态。下面介绍线的创建方法及其参数的设置和修改。

1．创建线的方法

线的创建是学习创建其他二维图形的基础。创建线的操作步骤如下。

（1）单击“（创建）>（图形）>线”按钮。

（2）在顶视图中单击鼠标左键，确定线的起始点，移动光标到适当的位置并单击鼠标左键确定节点，生成一条直线，如图 3-15 所示。

（3）继续移动光标到适当的位置，单击鼠标左键确定节点并按住鼠标左键不放拖曳光标，生成一条弧状的线，如图 3-16 所示。松开鼠标左键并移动光标到适当的位置，可以调整出新的曲线，单击鼠标左键确定节点，线的形态如图 3-17 所示。

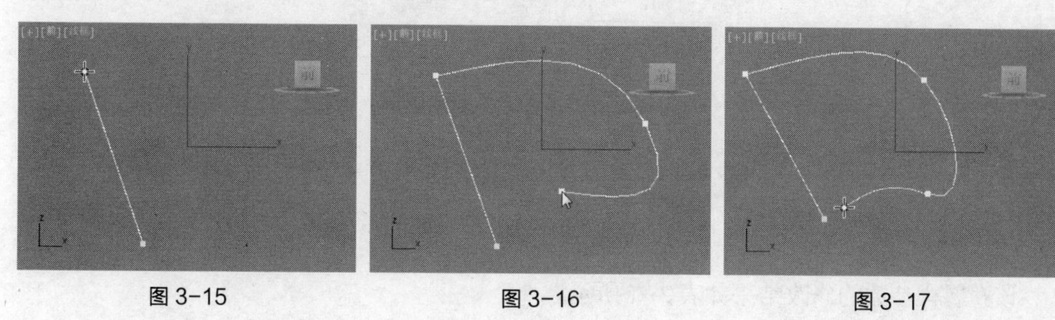

图 3-15　图 3-16　图 3-17

（4）继续移动光标到适当的位置并单击鼠标左键确定节点，可以生成一条新的直线，如图 3-18 所示。如果需要创建封闭线，将光标移动到线的起始点上并单击鼠标左键，弹出“样条线”对话框，如图 3-19 所示，提示用户是否闭合正在创建的线，单击“是”按钮即可闭合创建的线，如图 3-20 所示。单击“否”按钮，则可以继续创建线。

图 3-18　图 3-19　图 3-20

（5）如果需要创建开放的线，单击鼠标右键，即可结束线的创建。

（6）在创建线时，如果同时按住 Shift 键，可以创建出与坐标轴平行的直线。

2．线的创建参数

单击“（创建）>（图形）>线”按钮。在创建命令面板下方会显示线的创建参数，如图 3-21 所示。

- “渲染”卷展栏参数用于设置线的渲染特性，可以选择是否对线进行渲染，并设定线的厚度。
  - ◆ 在渲染中启用：启用该选项后，使用为渲染器设置的径向或矩形参数将图形渲染为 3D 网格。

- ◆ 在视口中启用：启用该选项后，使用为渲染器设置的径向或矩形参数将图形作为 3D 网格显示在视图中。
- ◆ 厚度：用于设置视图或渲染中线的直径大小。
- ◆ 边：用于设置视图或渲染中线的侧边数。
- ◆ 角度：用于调整视图或渲染中线的横截面旋转的角度。

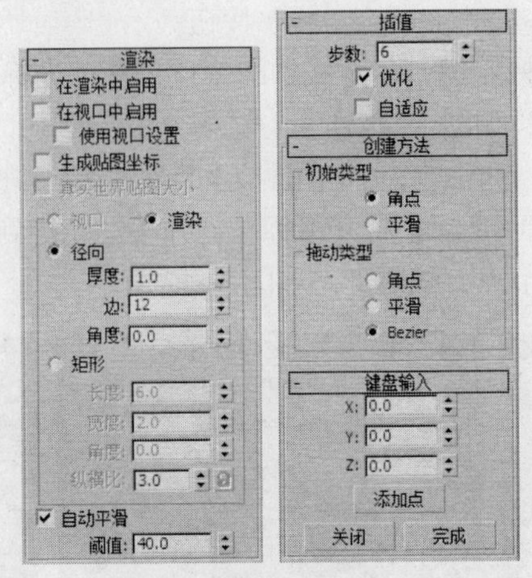

图 3-21

该卷展栏参数的修改结果如表 3-1 所示。

表 3-1

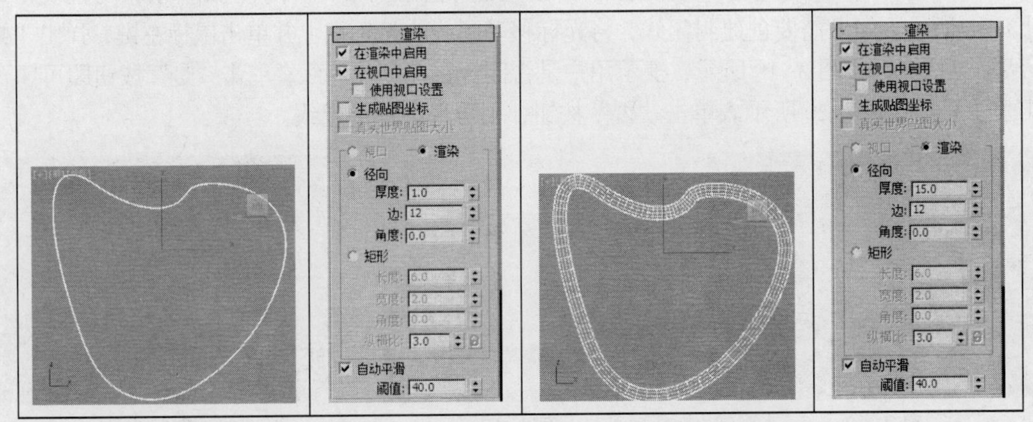

- “插值”卷展栏参数用于控制线的光滑程度。
  - ◆ 步数：设置程序在每个顶点之间使用的划分的数量。
  - ◆ 优化：启用此选项后，可以从样条线的直线线段中删除不需要的步数。
  - ◆ 自适应：系统自动根据线状调整分段数。
- “创建方法”卷展栏参数用于确定所创建的线的类型。
  - ◆ 初始类型：用于设置单击鼠标左键建立线时所创建的端点类型。
  - ◆ 角点：用于建立折线，端点之间以直线连接（系统默认设置）。
  - ◆ 平滑：用于建立线，端点之间以线连接，且线的曲率由端点之间的距离决定。
  - ◆ 拖动类型：用于设置按压并拖曳鼠标建立线时所创建的端点类型。

◆ 角点：选择此方法，建立的线在端点之间为直线。
◆ 平滑：选择此方法，建立的线在端点处将产生圆滑的线。
◆ Bezier：选择此方法，建立的线将在端点产生光滑的线。端点之间线的曲率及方向是通过在端点处拖曳鼠标控制的（系统默认设置）。

创建线时，应该选择好线的创建方式。线创建完成后，无法通过卷展栏创建方式调整线的类型。

3．线的形体修改

线创建完成后，总要对它的形体进行一定程度的修改，以达到满意的效果，这就需要对节点进行调整。节点有4种类型，分别是Bezier角点、Bezier、角点和平滑。

下面来介绍线的形体修改，操作步骤如下。

（1）单击“（创建）>（图形）>线”按钮，在视图中创建一条线，如图3-22所示。

（2）切换到（修改）命令面板，在修改命令堆栈中单击“Line”命令前面的加号，展开子层级选项，如图3-23所示。“顶点”开启后可以对节点进行修改操作；“线段”开启后可以对线段进行修改操作；“样条线”开启后可以对整条线进行修改操作。

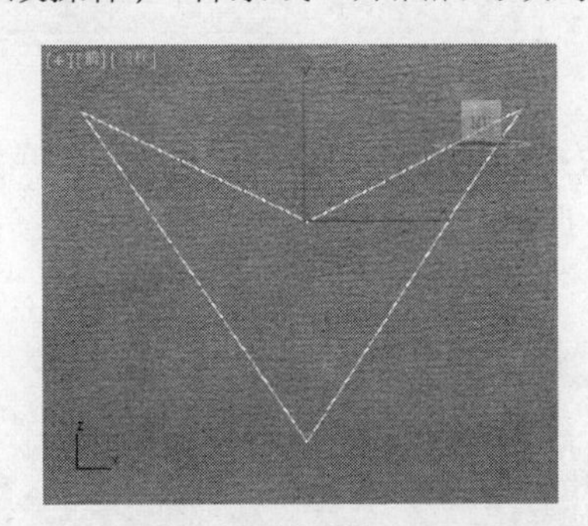

图3-22

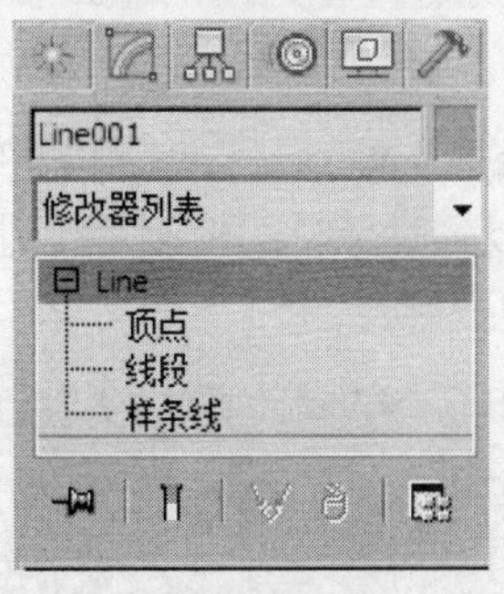

图3-23

（3）将选择集定义为“顶点”，该选项变为黄色表示被开启，这时视图中的线会显示出节点，如图3-24所示。

（4）单击要选择的节点将其选中，可以使用移动工具调整顶点的位置。

线的形体还可以通过调整节点的类型来修改，操作步骤如下。

（1）单击“（创建）>（图形）>线”按钮，在顶视图中创建一条线，如图3-25所示。

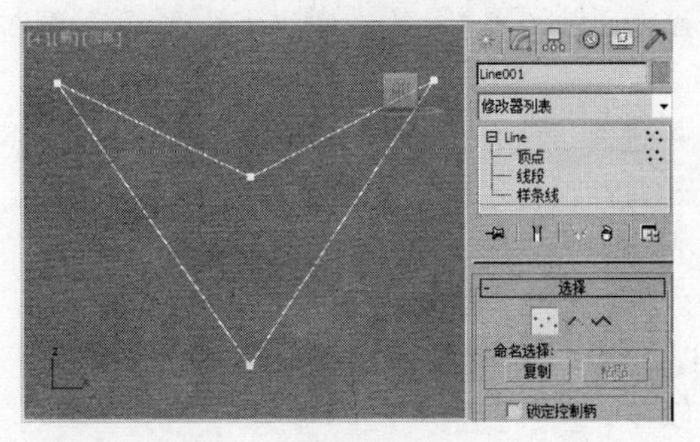

图3-24

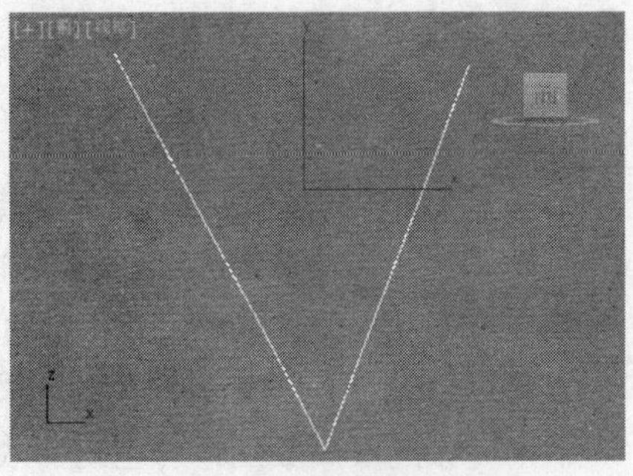

图3-25

（2）在修改命令堆栈中单击“■ > 顶点”选项，在视图中单击中间的节点将其选中，如图 3-26 所示。单击鼠标右键，在弹出的菜单中显示了所选择节点的类型，如图 3-27 所示。在菜单中可以看出所选择的点为角点。在菜单中选择其他节点类型命令，节点的类型会随之改变。

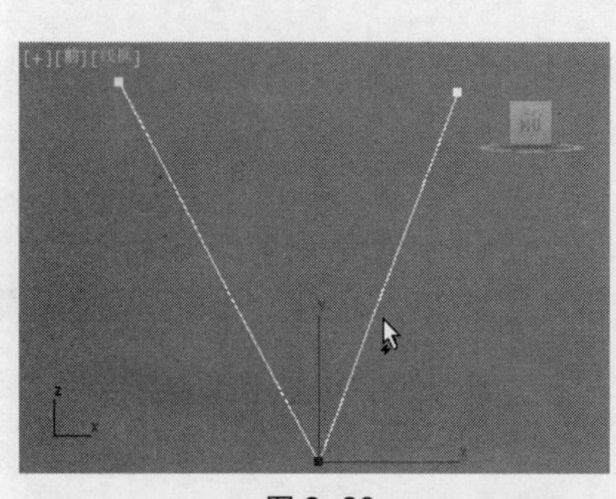
图 3-26

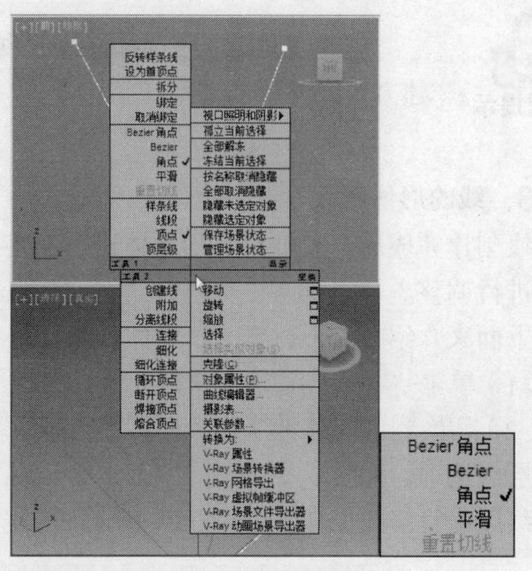

图 3-27

图 3-28 所示是 4 种节点类型，自左向右分别为 Bezier 角点、Bezier、角点和平滑，前两种类型的节点可以通过绿色的控制手柄进行调整，后两种类型的节点可以直接使用“移动”工具进行位置的调整。

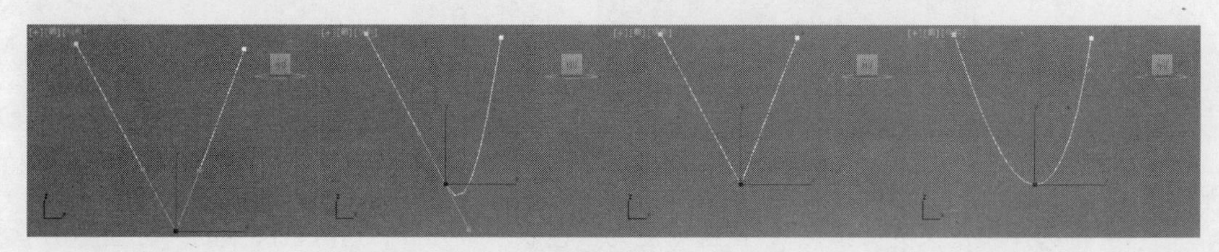
图 3-28

4. 线的修改参数

线创建完成后单击（修改）按钮，在修改命令面板中会显示线的修改参数。线的修改参数分为 5 个部分，如图 3-29 所示。

- 选择卷展栏参数主要用于控制顶点、线段和样条线 3 个次对象级别的选择，如图 3-30 所示。
  - ◆ （节点）级：单击该按钮，可进入节点级子对象层次。节点是样条线次对象的最低一级，因此，修改节点是编辑样条对象最灵活的方法。
  - ◆ （线段）级：单击该按钮，可进入线段级子对象层次。线段是中间级别的样条次对象，对它的修改比较少。
  - ◆ （样条线）级：单击该按钮，可进入样条线子对象层次。样条线是样条次对象的最高级别，对它的修改比较多。

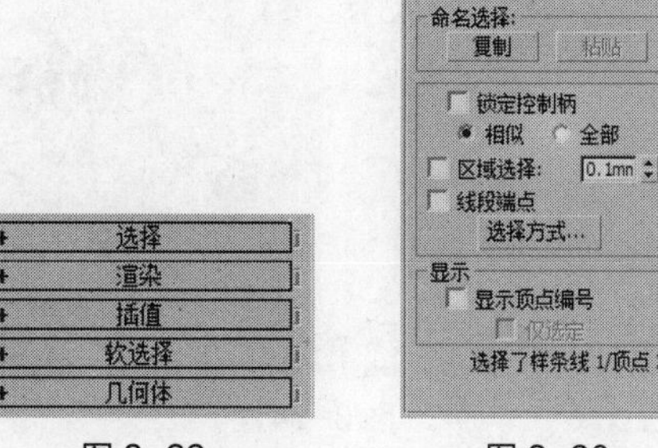

图 3-29　　　　图 3-30

以上 3 个进入子层级的按钮与修改命令堆栈中的选项是对应的，在使用上有相同的效果。

- “几何体”卷展栏中提供了大量关于样条线的几何参数，在建模中对线的修改主要是对该面板的参数进行调节，如图 3-31 所示。

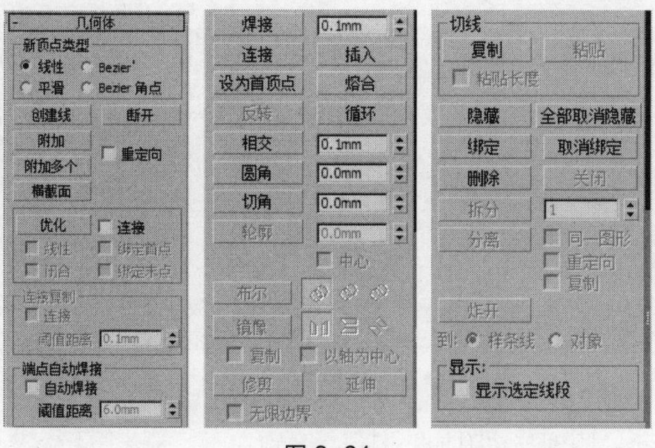

图 3-31

◆ 创建线：用于创建一条线并把它加入当前线，使新创建的线与当前线成为一个整体。

◆ 断开：用于断开节点和线段。

单击“（创建）>（图形）>线”按钮，在顶视图中创建一条线，如图 3-32 所示。

在修改命令堆栈中单击“ > 顶点”选项，在视图中在要断开的节点上单击将其选中，单击“断开“按钮，节点被断开，移动节点，可以看到节点已经被断开，如图 3-33 所示。

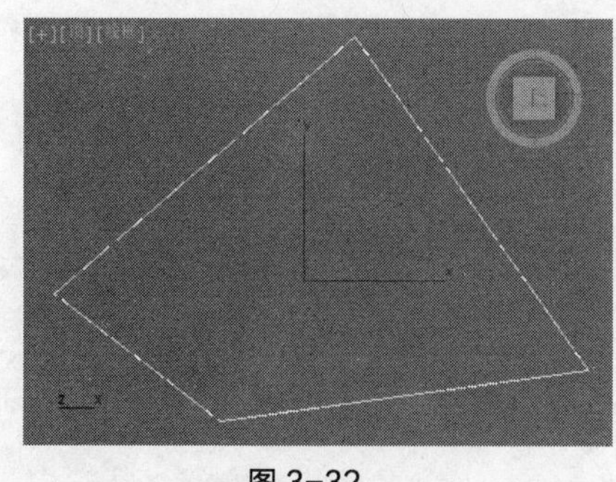

图 3-32

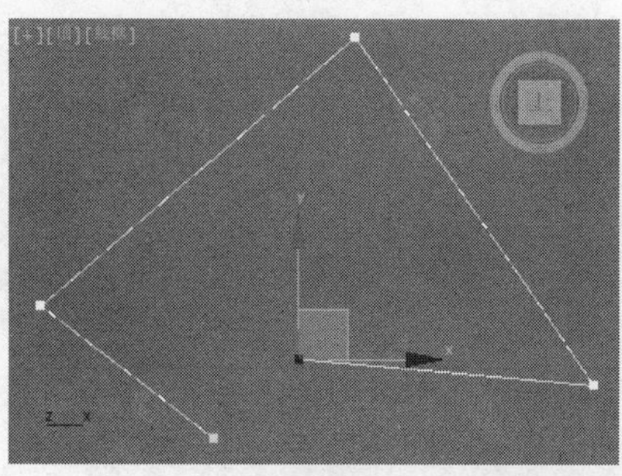

图 3-33

在修改命令堆栈中单击“线段”选项，然后单击“断开“按钮，将光标移到线上，光标变为形状，在线上单击鼠标左键，线被断开，如图 3-34 所示。

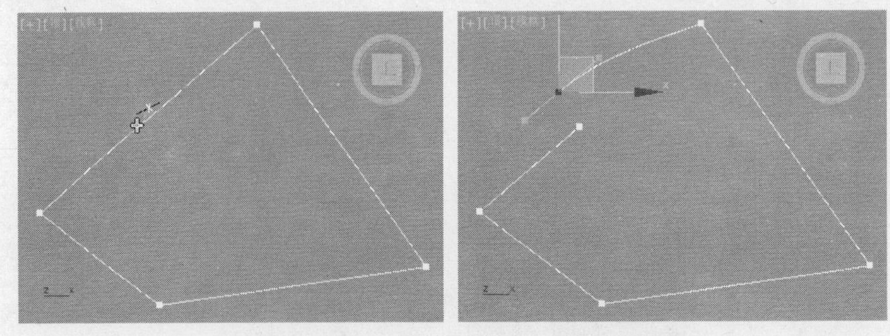

图 3-34

◆ 附加：用于将场景中的二维图形与当前线结合，使它们变为一个整体。场景中存在两个以上的二维图形时，才能使用结合功能。

使用方法为单击一条线将其选中，然后单击“附加”按钮，在视图中单击另一条线，两条线就会结合成一个整体，如图 3-35 所示。

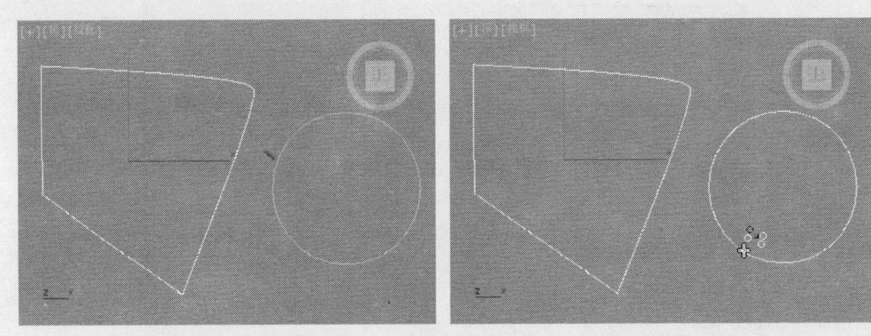

图 3-35

◆ 附加多个：原理与“附加”相同，区别在于单击该按钮后，将弹出“附加多个”对话框，对话框中会显示出场景中线的名称，如图 3-36 所示，用户可以在对话框中选择多条线，然后单击“附加”按钮，将选择的线与当前的线结合为一个整体，如图 3-36 所示。

◆ 优化：用于在不改变线的形态的前提下在线上插入节点。

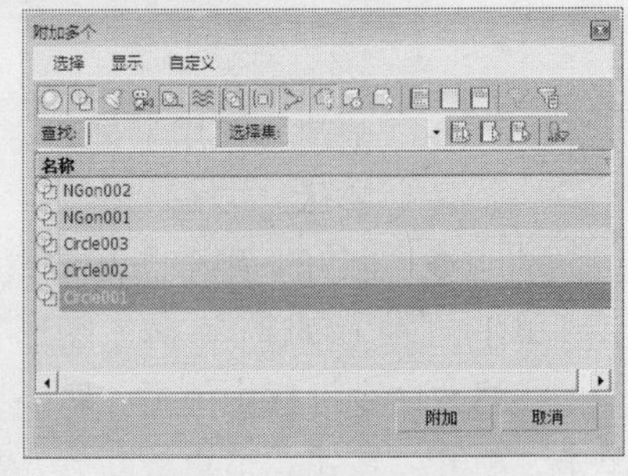

图 3-36

使用方法为单击“优化”按钮，在线上单击鼠标左键，上插入新的节点，如图 3-37 所示。

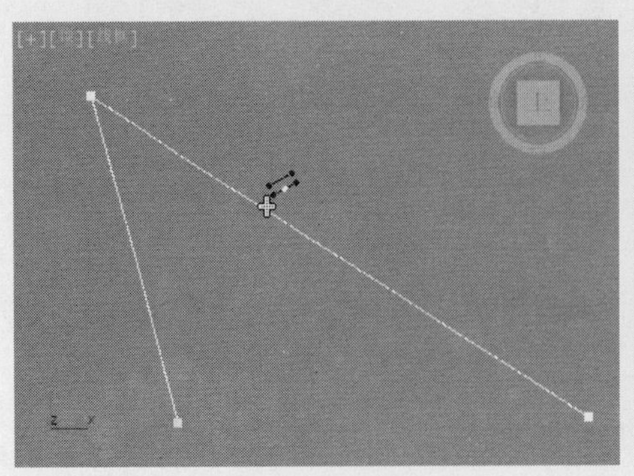

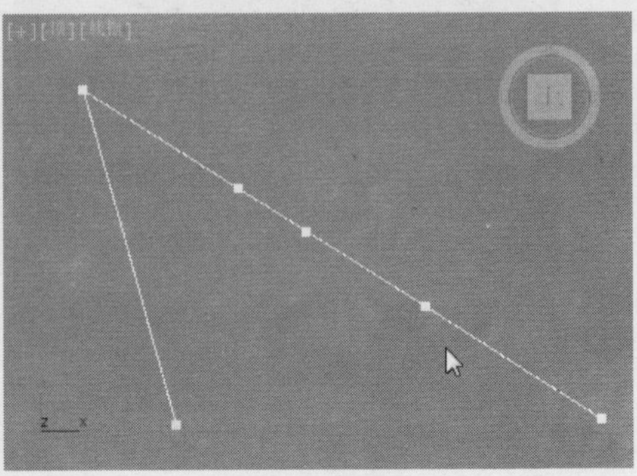

图 3-37

◆ 圆角：用于在选择的节点处创建圆角。

使用方法为在视图中单击要修改的节点将其选中，然后单击“圆角”按钮，如图 3-38 所示，将光标移到被选择的节点上，按住鼠标左键不放并拖曳光标，节点会形成圆角，如图 3-39 所示，也可以在数值框中输入数值或通过调节微调器来设置圆角。

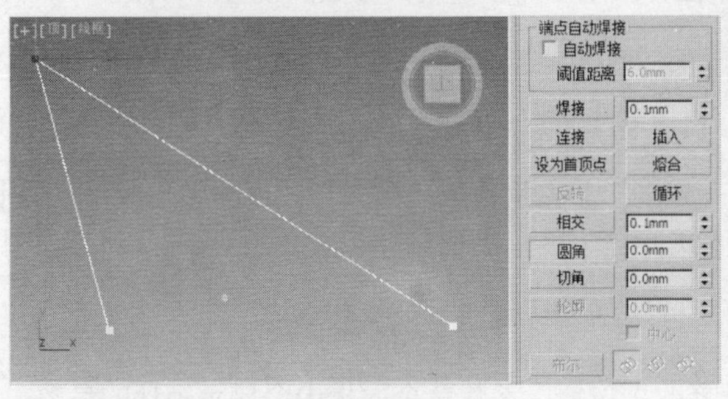

图 3-38

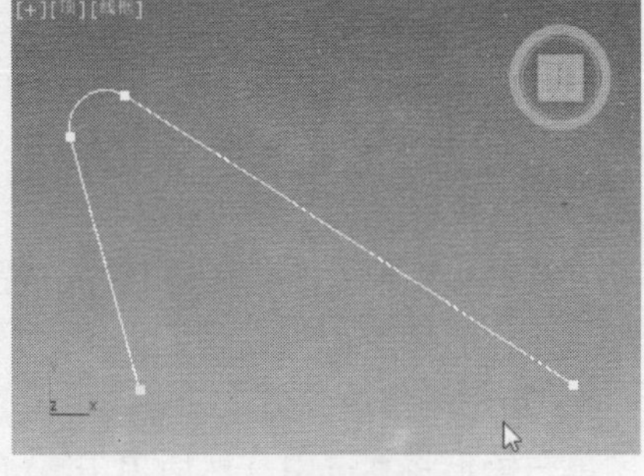
图 3-39

◆ 切角：其功能和操作方法与“圆角”相同，但创建的是切角，如图 3-40 所示。

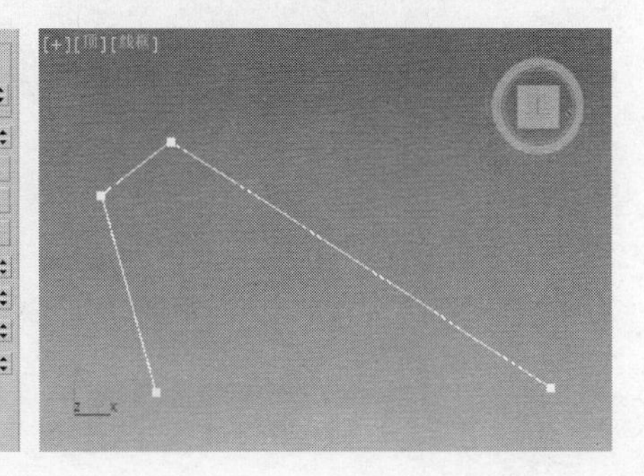
图 3-40

◆ 轮廓：用于给选择的线设置轮廓，用法和“圆角”相同，如图 3-41 所示，该命令仅在“样条线”层级有效。

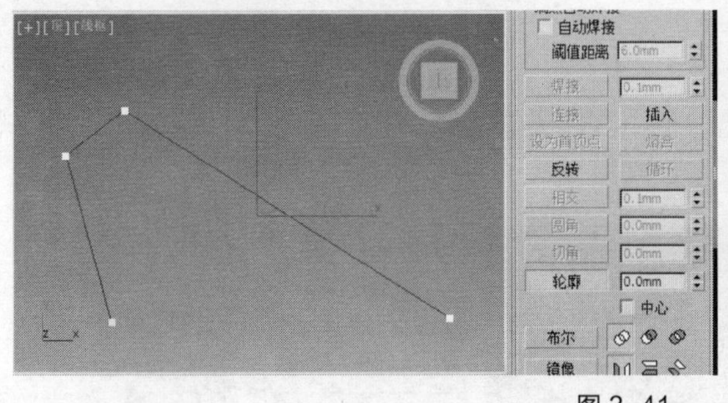

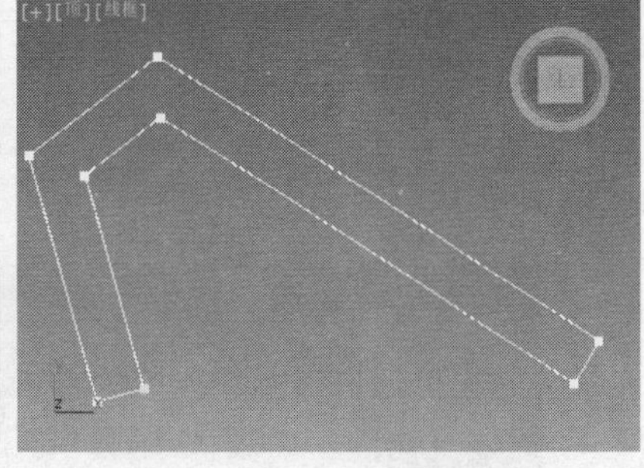
图 3-41

3.2 创建二维图形

3ds Max 2013 提供了一些具有固定形态的二维图形，这些图形的造型比较简单，但都各具特点。通过对二维图形参数的设置，能产生很多形状的新图形。二维图形也是建模中常用的几何图形。

二维图形是创建复合物体、表面建模和制作动画的重要组成部分。用二维图形能创建出3ds Max 2013 内置几何体中没有的特殊形体。创建二维图形是最主要的一种建模方法。

3.2.1 矩形

“矩形”用于创建矩形和正方形。下面介绍矩形的创建及其参数的设置和修改。

1. 创建矩形

矩形的创建比较简单，操作步骤如下。

（1）单击“ （创建）> （图形）>矩形”按钮。

（2）将鼠标光标移到视图中，单击并按住鼠标左键不放拖曳光标，视图中生成一个矩形，移动光标调整矩形大小，在适当的位置松开鼠标左键，矩形创建完成，如图 3-42 所示。创建矩形时按住 Ctrl 键，可以创建出正方形。

2. 矩形的修改参数

单击矩形将其选中，然后单击 （修改）按钮，参数命令面板中会显示矩形的参数，如图 3-43 所示。

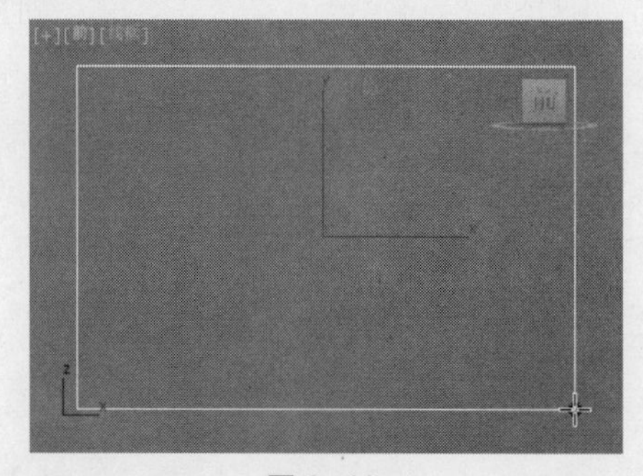

图 3-42

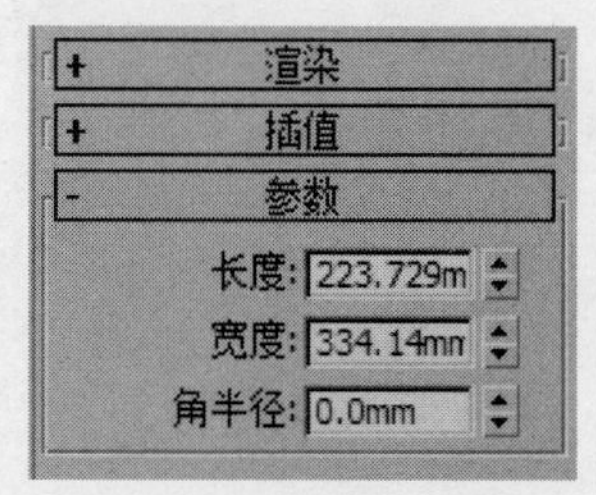

图 3-43

- 长度：用于设置矩形的长度值。
- 宽度：用于设置矩形的宽度值。
- 角半径：用于设置矩形的四角是直角还是有弧度的圆角。若其值为 0，则矩形的 4 个角都为直角。

3. 参数的修改

矩形的参数比较简单，在参数的数值框中直接设置数值，矩形的形体即会发生改变，修改效果如图 3-44 所示。

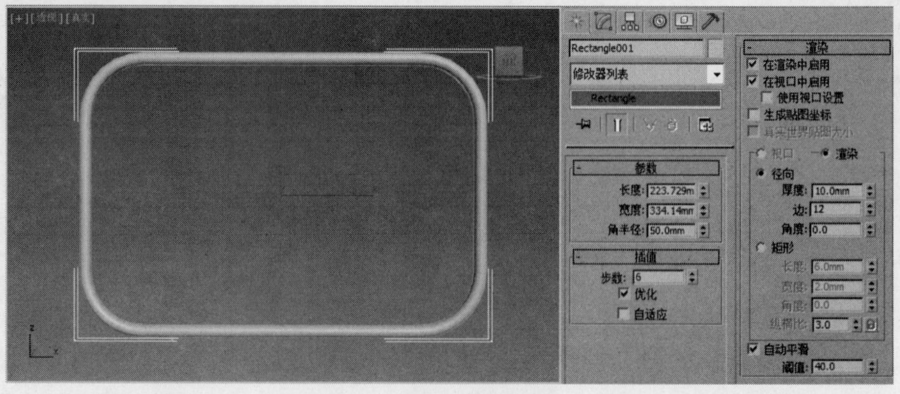

图 3-44

3.2.2 圆和椭圆

圆和椭圆的形态比较相似，创建方法基本相同。下面介绍圆和椭圆的创建方法及其参数的设置。

1．创建圆和椭圆

下面以圆形为例来介绍创建方法，操作步骤如下。

（1）单击“（创建）>（图形）>圆”按钮。

（2）将鼠标光标移到视图中，单击并按住鼠标左键不放拖曳光标，视图中生成一个圆，移动光标调整圆的大小，在适当的位置松开鼠标左键，圆创建完成。在视口中单击拖动鼠标即可创建椭圆，如图 3-45 所示，左图为圆、右图为椭圆。

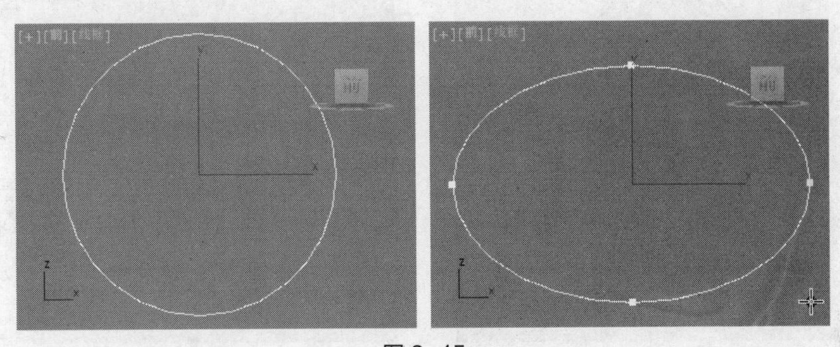

图 3-45

2．圆和椭圆的修改参数

单击圆或椭圆将其选中，然后单击（修改）按钮，在修改命令面板中会显示它们的参数，如图 3-46 所示。

“参数”卷展栏的参数中，圆的参数只有半径，椭圆的参数为长度和宽度，用于调整椭圆的长轴和短轴。

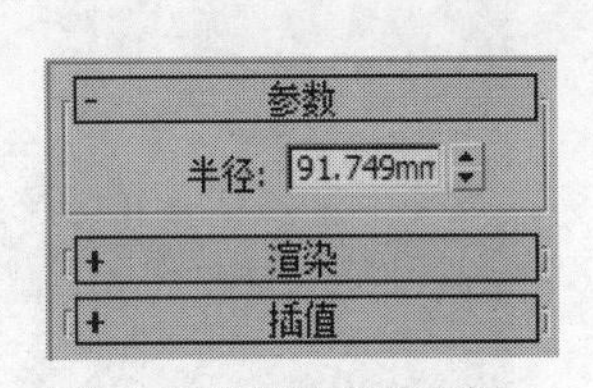

（a）圆的修改参数面板

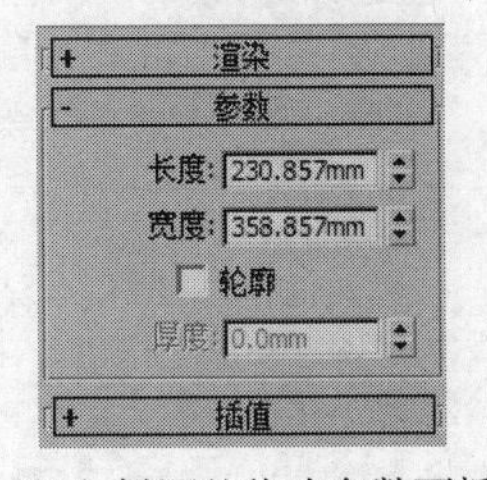

（b）椭圆的修改参数面板

图 3-46

3.2.3 课堂案例——铁艺相框的制作

【案例学习目标】熟悉椭圆、圆和线的创建，设置它们的可渲染参数，并配合标准基本体和修改器以及移动工具进行位置的调整。

【案例知识要点】使用“可渲染的椭圆、可渲染的圆、可渲染的线和圆柱体”工具，结合使用“可编辑样条线”来完成铁艺相框的制作，完成的模型效果如图 3-47 所示。

图 3-47

【素材文件位置】CDROM/Map/Cha03/3.2.3 铁艺相框。

【模型文件所在位置】CDROM/Scene/Cha03/3.2.3 铁艺相

框.max。

【参考模型文件所在位置】CDROM/Scene/Cha03/3.2.3 铁艺相框场景.max。

（1）单击“（创建）>（图形）>椭圆”按钮，在“前”视图中通过单击绘制如图 3-48 所示的椭圆，设置合适的参数，并设置其可渲染。

（2）单击“（创建）>（图形）>圆”按钮，取消“开始新图形”的勾选，设置去可渲染的参数，在视口中椭圆内侧创建附加的圆，如图 3-49 所示。

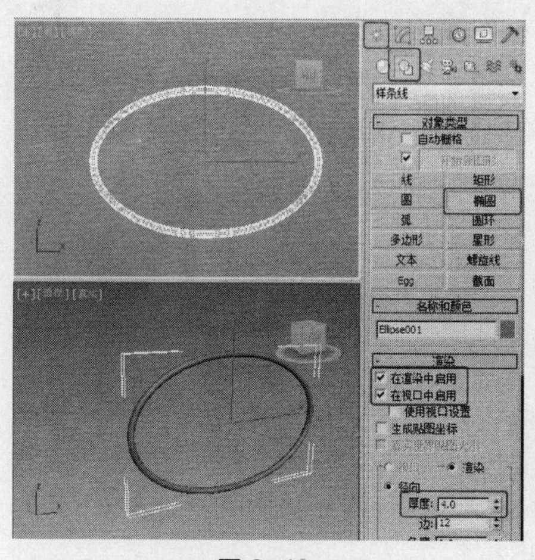

图 3-48

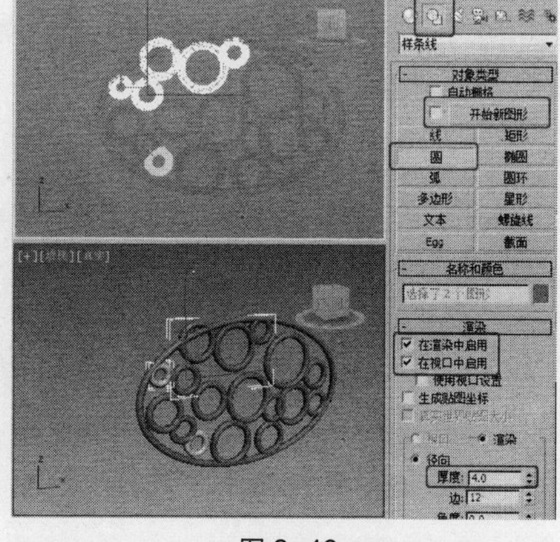

图 3-49

（3）如果有没附加到椭圆上的圆，使用“附加”命令附加其他的图形，并将选择集定义为“样条线”，在场景中将所有的圆放置到椭圆的内侧，如图 3-50 所示。

（4）设置图形的“步数”为 20，如图 3-51 所示。

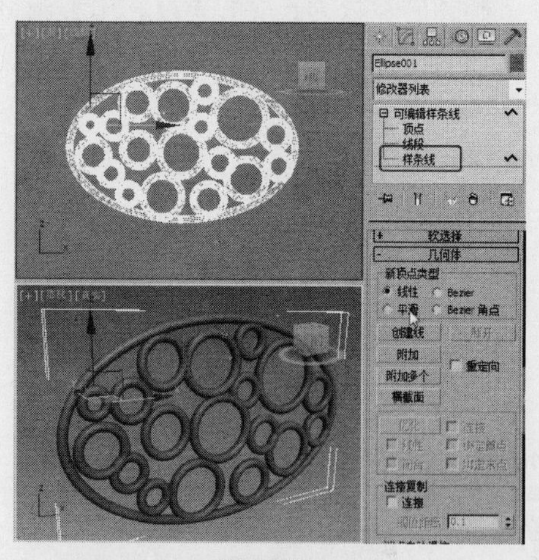

图 3-50

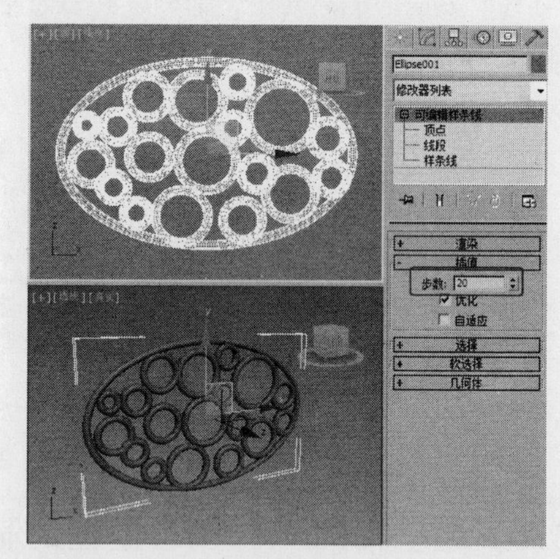

图 3-51

（5）在“前”视图中使用移动工具，按住 Shift 键向上移动复制模型，在弹出的对话框中选择“复制”选项，设置“副本数”为 18，如图 3-52 所示。

（6）选择所有的模型，在菜单栏中选择“组>成组”命令，在弹出的对话框中使用默认设置，单击“确定”按钮，如图 3-53 所示。

（7）选择成组后的模型，切换到（修改）命令面板，在“修改器列表”中选择“弯曲”修改器，在“参数”卷展栏中设置合适的参数，如图 3-54 所示。

（8）单击“（创建）>（几何体）>圆柱体”按钮，在“前”视图中创建圆柱体，设置合适的参数，如图 3-55 所示。

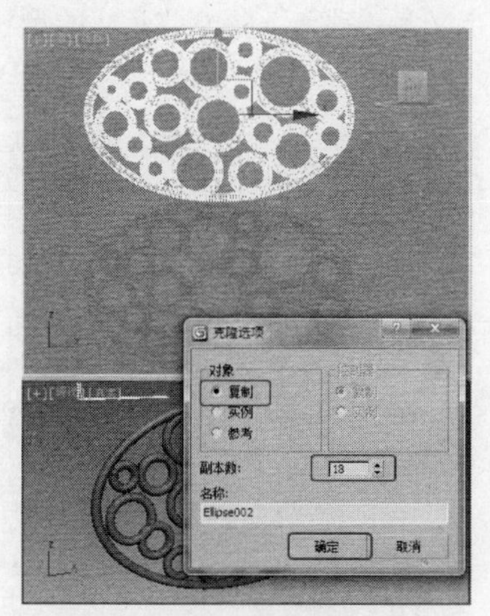

图 3-52

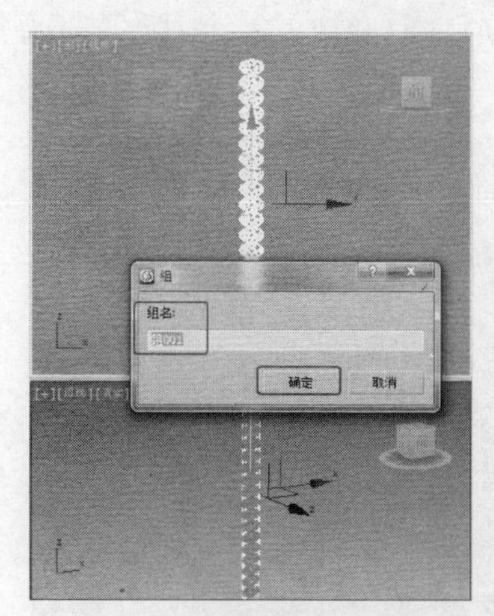

图 3-53

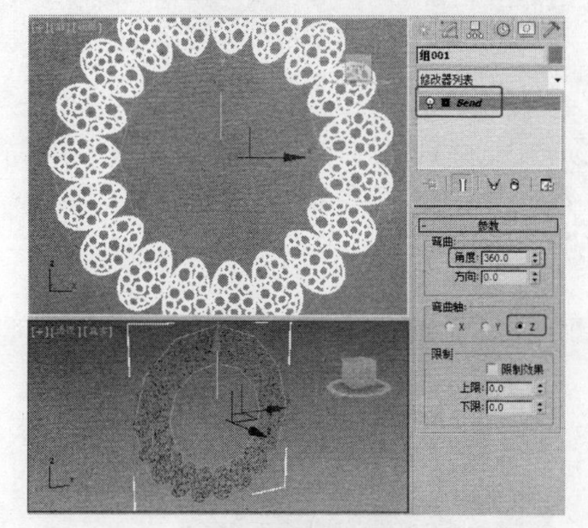

图 3-54

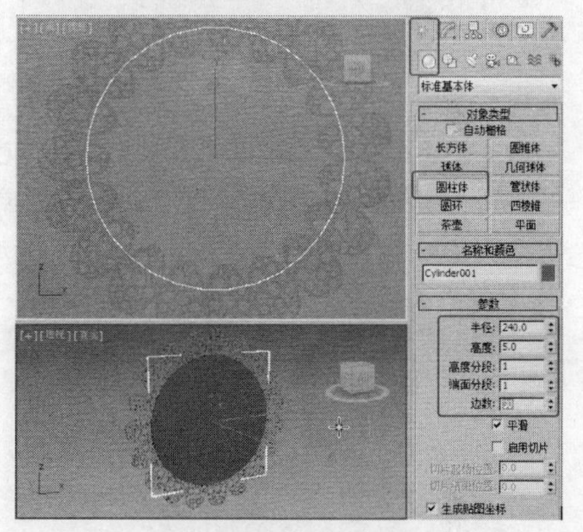

图 3-55

（9）复制并修改圆柱体的参数，调整各个模型的位置，如图 3-56 所示。

（10）在“左”视图中调整模型的角度，如图 3-57 所示。

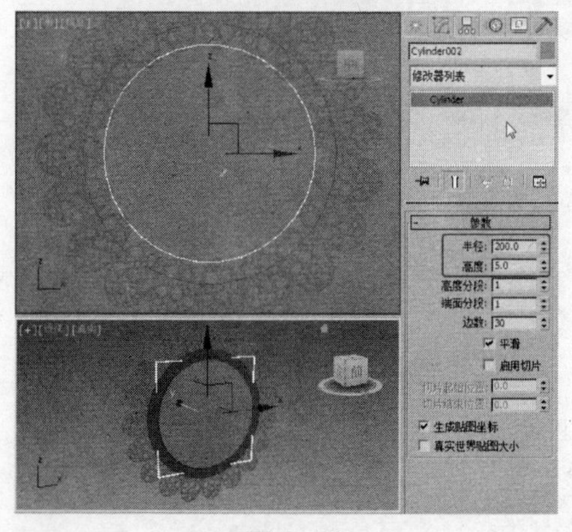

图 3-56

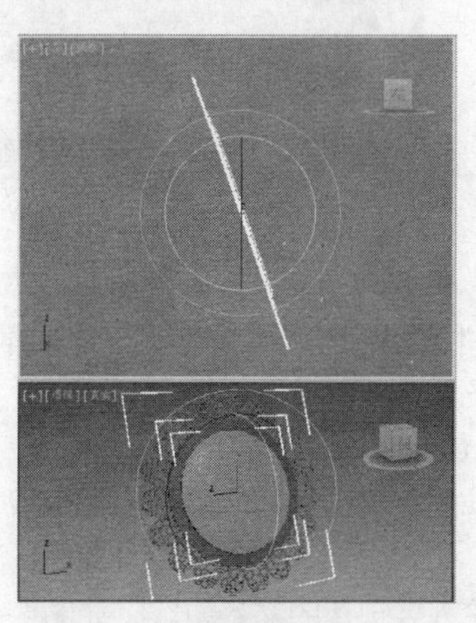
图 3-57

（11）单击“（创建）>（图形）>线”按钮，在“左”视图中创建如图 3-58 所示的样条线。

（12）切换到（修改）命令面板，将选择集定义为“顶点”调整样条线的形状，如图 3-59 所示。

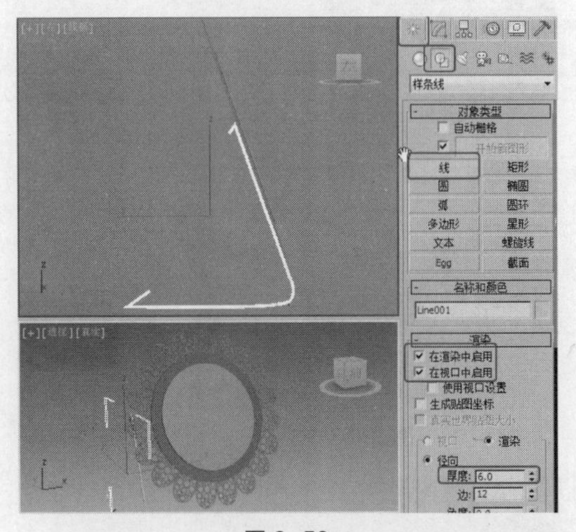

图 3-58

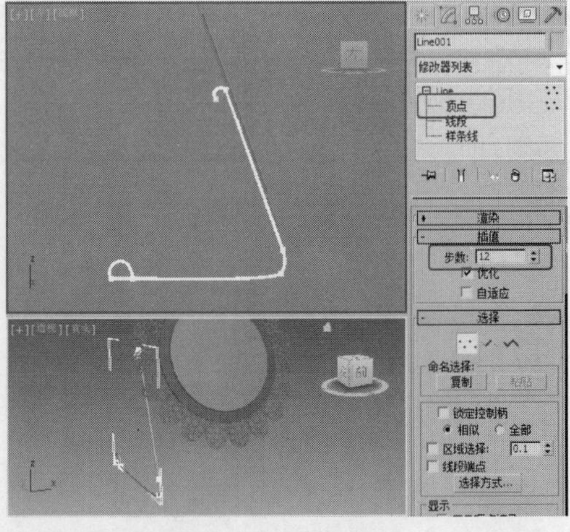

图 3-59

（13）关闭选择集，激活“顶”视图，并在场景中选择创建的线，在工具栏中单击（镜像）按钮，在弹出的对话框中设置合适的镜像参数，单击“确定”按钮，如图 3-60 所示。

（14）在场景中调整各个模型的位置，完成的铁艺相框模型如图 3-61 所示。

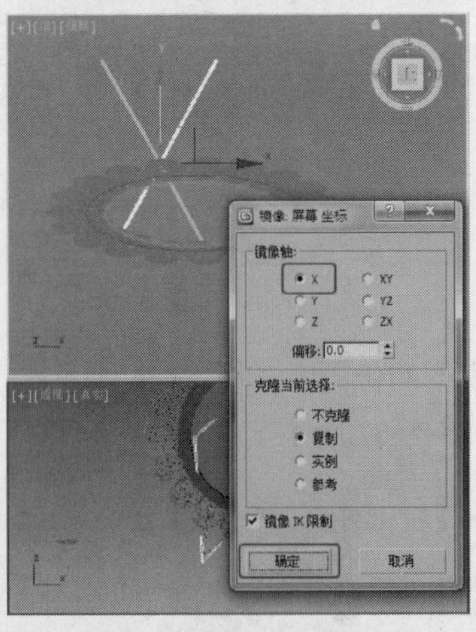

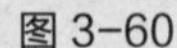
图 3-60

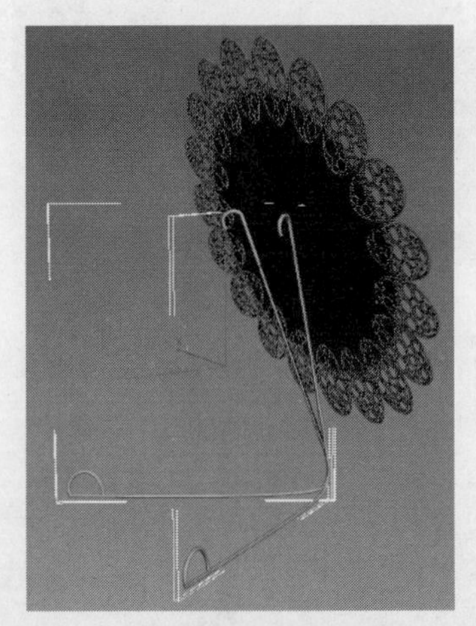

图 3-61

3.2.4 文本

“文本”用于在场景中直接产生二维文字图形或创建三维的文字图形。下面介绍文本的创建方法及其参数的设置。

1．创建文本

文本的创建方法很简单，操作步骤如下。

（1）单击“（创建）>（图形）>文本”按钮，在参数面板中设置创建参数，在文本输入区输入要创建的文本内容，如图 3-62 所示。

（2）将光标移到视图中并单击鼠标左键，文本创建完成，如图 3-63 所示。

2．文本的修改参数

首先单击文本将其选中，然后单击（修改）按钮，在修改命令面板中会显示文本的参数，如图 3-62 所示。

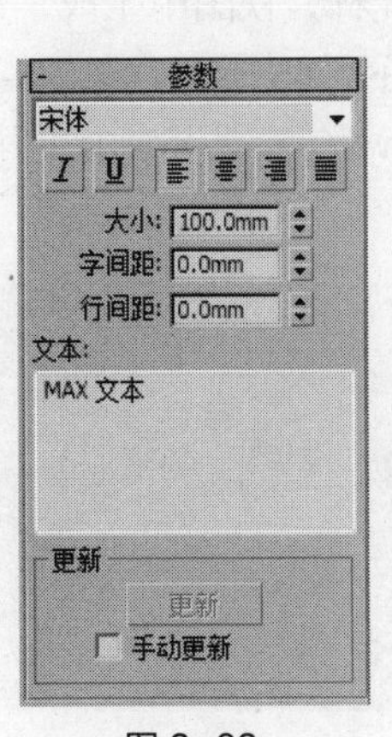

图 3-62

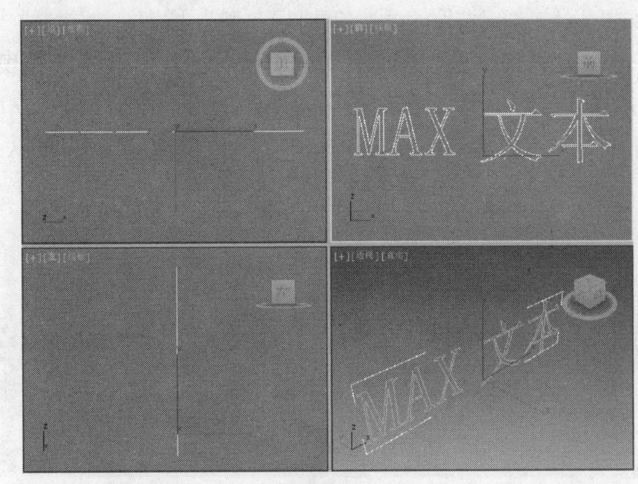

图 3-63

- 字体下拉列表框：用于选择文本的字体。
- I按钮：设置斜体字体。
- U按钮：设置下画线。
- 按钮：向左对齐。
- 按钮：居中对齐。
- 按钮：向右对齐。
- 按钮：两端对齐。
- 大小：用于设置文字的大小。
- 字间距：用于设置文字之间的间隔距离。
- 行间距：用于设置文字行与行之间的距离。
- 文本：用于输入文本内容，同时也可以进行改动。
- 更新：用于设置修改完文本内容后，视图是否立刻进行更新显示。当文本内容非常复杂时，系统可能很难完成自动更新，此时可选择手动更新方式。
- 手动更新：用于进行手动更新视图。当选择该复选框时，只有当单击“更新”按钮后，文本输入框中当前的内容才会被显示在视图中。

3.2.5 弧

“弧”可用于建立弧线和扇形。下面来介绍弧的创建方法及其参数的设置和修改。

1．创建弧

弧有两种创建方法：一种是“端点－端点－中央”创建方法（系统默认设置）；另一种是“中间－端点－端点”创建方法，如图 3-64 所示。

图 3-64

“端点－端点－中央”创建方法：建立弧时先引出一条直线，以直线的两端点作为弧的两个端点，然后移动鼠标光标确定弧的半径。

“中间－端点－端点”创建方法：建立弧时先引出一条直线作为弧的半径，再移动鼠标光标确定弧长。

创建弧的操作步骤如下。

（1）单击“（创建）>（图形）>弧”按钮。

（2）将鼠标光标移到视图中，单击并按住鼠标左键不放拖曳光标，视图中生成一条直线，如图 3-65 所示，松开鼠标左键并移动光标，调整弧的大小，如图 3-66 所示，在适当的位置单击鼠标左键，弧创建完成，如图 3-67 所示。图中显示的是以“端点－端点－中央”方式创建的弧。

图 3-65

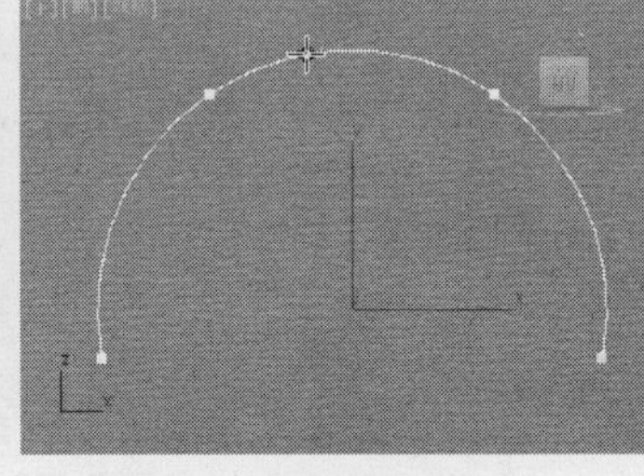

图 3-66

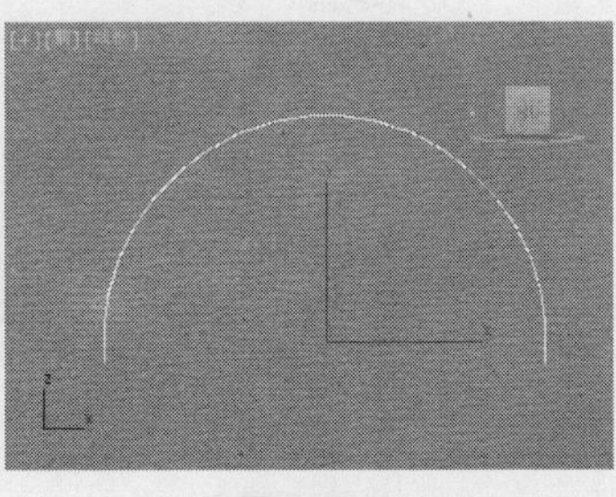

图 3-67

2．弧的修改参数

单击弧将其选中，单击（修改）按钮，在修改命令面板中会显示弧的参数，如图 3-68 所示。

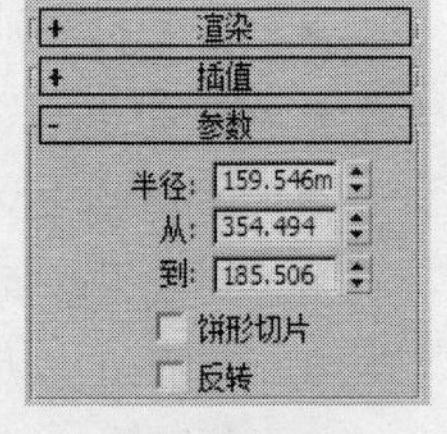

图 3-68

- 半径：用于设置弧的半径大小。
- 从：用于设置建立的弧在其所在圆上的起始点角度。
- 到：用于设置建立的弧在其所在圆上的结束点角度。
- 饼形切片：选择该复选框，可分别把弧中心和弧的两个端点连接起来构成封闭的图形。

3．参数的修改

弧的修改参数和创建参数基本相同，只是没有创建方式，修改效果如表 3-2 所示。

表 3-2

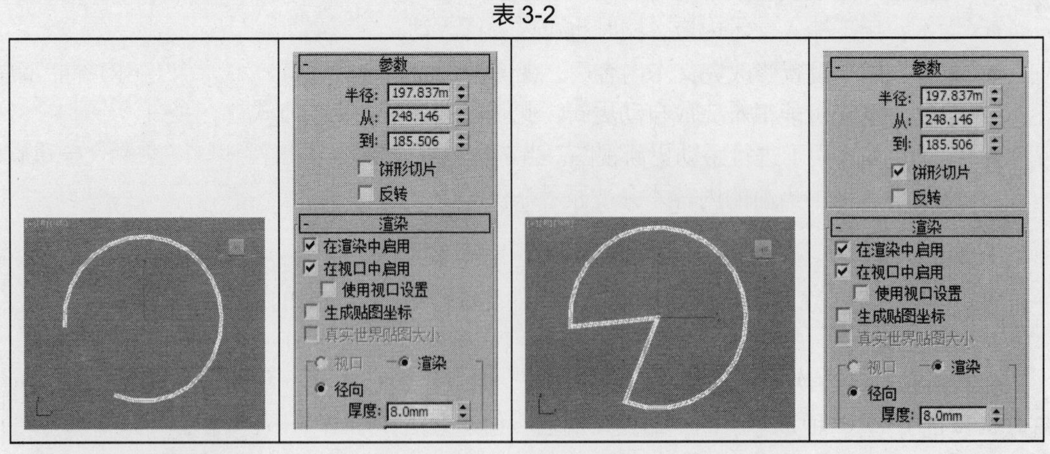

3.2.6　圆环

“圆环”用于制作由两个圆组成的圆环。下面介绍圆环的创建方法及其参数的设置。

1．创建圆环

圆环的创建方法比圆的创建方法多一个步骤，也比较简单，具体操作步骤如下。

（1）单击“（创建）>（图形）>圆环”按钮。

（2）将鼠标光标移到视图中，单击并按住鼠标左键不放拖曳光标，视图中生成一个圆形，如图3-69所示，松开鼠标左键并移动光标，生成另一个圆，在适当的位置单击鼠标左键，圆环创建完成，如图3-70所示。

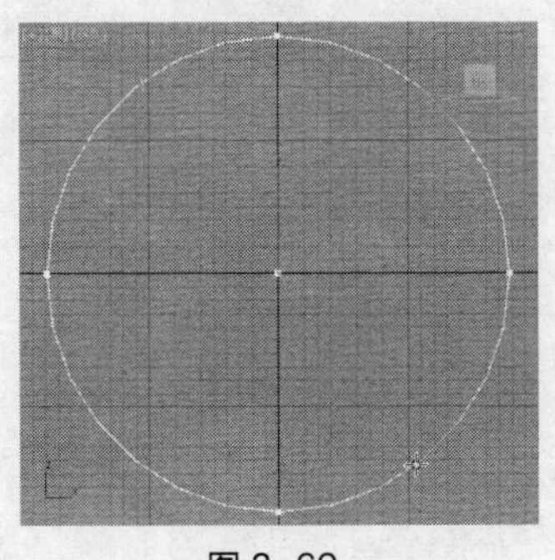
图3-69

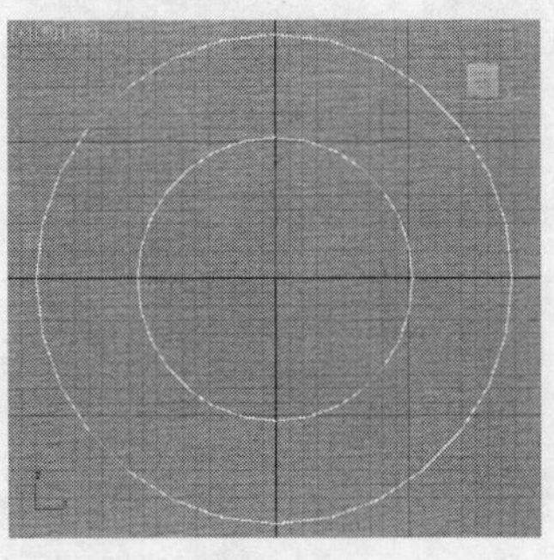
图3-70

2．圆环的修改参数

单击圆环将其选中，单击（修改）按钮，在修改命令面板中会显示圆环的参数，如图3-71所示。

- 半径1：用于设置第1个圆形的半径大小。
- 半径2：用于设置第2个圆形的半径大小。

图3-71

3.2.7 多边形

使用“多边形”可以创建任意边数的正多边形，也可以创建圆角多边形。下面来介绍多边形的创建方法及其参数的设置和修改。

1．创建多边形

多边形的创建方法与圆的创建方法相同，操作步骤如下。

（1）单击“（创建）>（图形）>多边形”按钮。

（2）将鼠标光标移到视图中，单击并按住鼠标左键不放拖曳光标，视图中生成一个多边形，移动光标调整多边形的大小，在适当的位置松开鼠标左键，多边形创建完成，如图3-72所示。

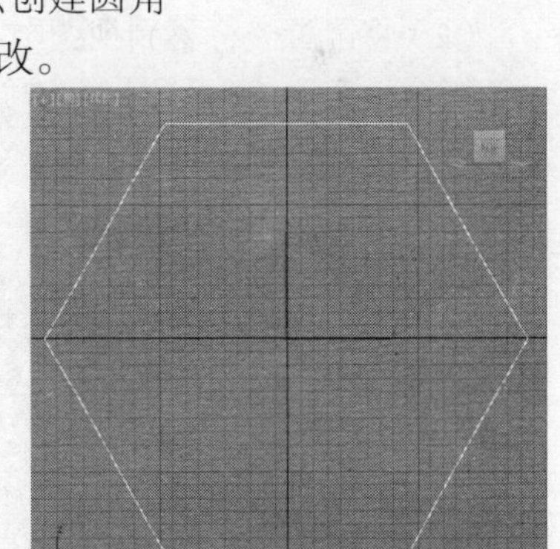
图3-72

2．多边形的修改参数

单击多边形将其选中，单击（修改）按钮，在修改命令面板中会显示多边形的参数，如图3-73所示。

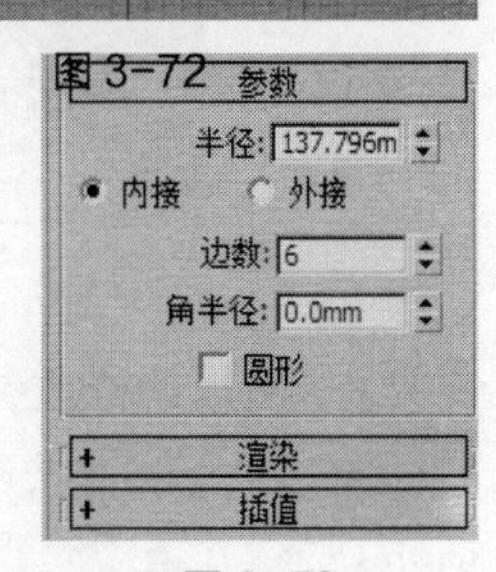

图3-73

- 半径：用于设置正多边形的半径。
- 内接：使输入的半径为多边形的中心到其边界的距离。
- 外接：使输入的半径为多边形的中心到其顶点的距离。
- 边数：用于设置正多边形的边数，其范围是3~100。
- 角半径：用于设置多边形在顶点处的圆角半径。
- 圆形：选择该复选框，设置正多边形为圆形。

3．参数的修改

多边形的参数不多，但修改参数值后却能生成多种形状，如表 3-3 所示。

表 3-3

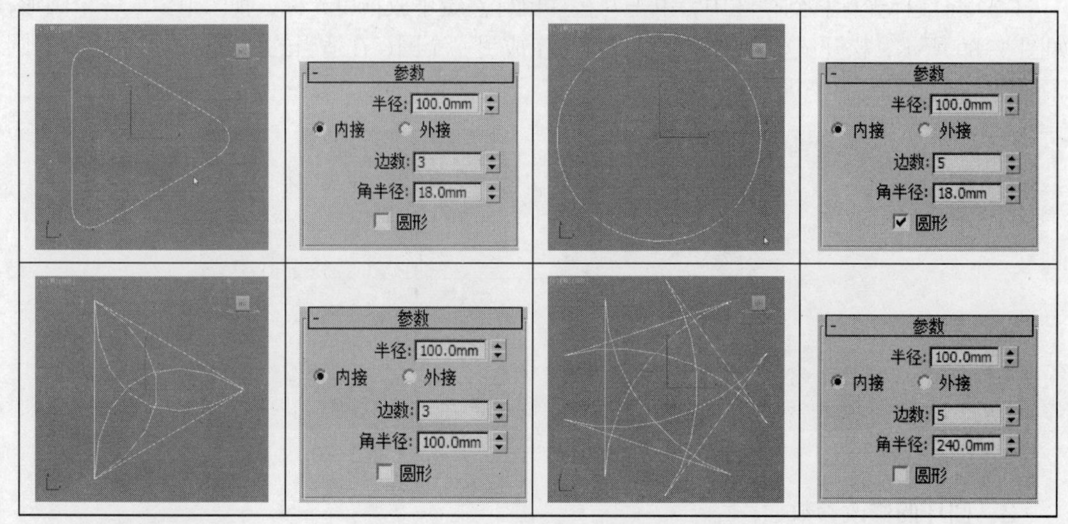

3.2.8 星形

使用“星形”可以创建多角星形，也可以创建齿轮图案。下面来介绍星形的创建方法及其参数的设置和修改。

1．创建星形

星形的创建方法与同心圆的创建方法相同，具体步骤如下。

（1）单击“（创建）>（图形）>星形”按钮。

（2）将鼠标光标移到视图中，单击并按住鼠标左键不放拖曳光标，视图中生成一个星形，如图 3-74 所示，松开鼠标左键并移动光标，调整星形的形态，在适当的位置单击鼠标左键，星形创建完成，如图 3-75 所示。

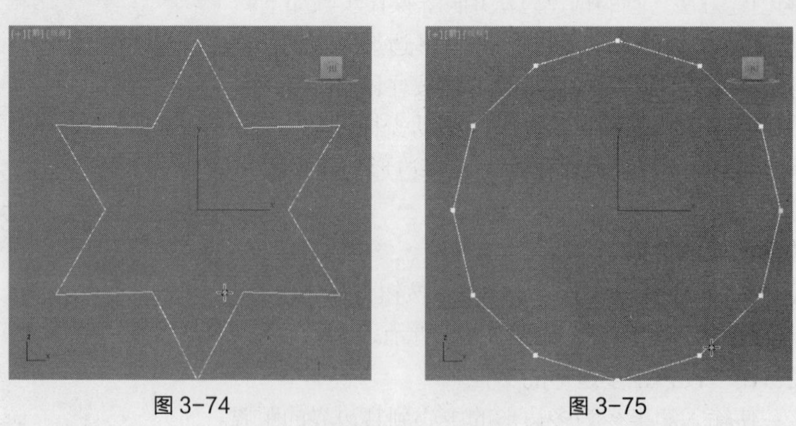

图 3-74　　图 3-75

2．星形的修改参数

单击星形将其选中，单击（修改）按钮，在修改命令面板中会显示星形的参数，如图 3-76 所示。

● 半径 1：用于设置星形的内顶点所在圆的半径大小。

- 半径 2：用于设置星形的外顶点所在圆的半径大小。
- 点：用于设置星形的顶点数。
- 扭曲：用于设置扭曲值，使星形的齿产生扭曲。
- 圆角半径 1：用于设置星形内顶点处的圆滑角的半径。
- 圆角半径 2：用于设置星形外顶点处的圆滑角的半径。

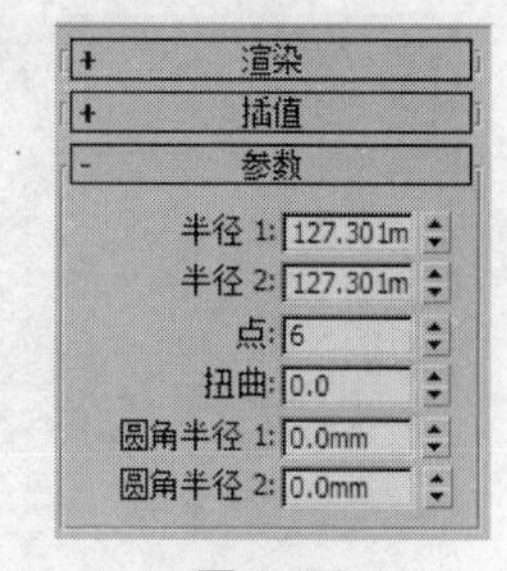

图 3-76

3．参数的修改

通过对“参数”卷展栏参数的设置，能使星形生成很多形状的形体，如表 3-4 所示。

表 3-4

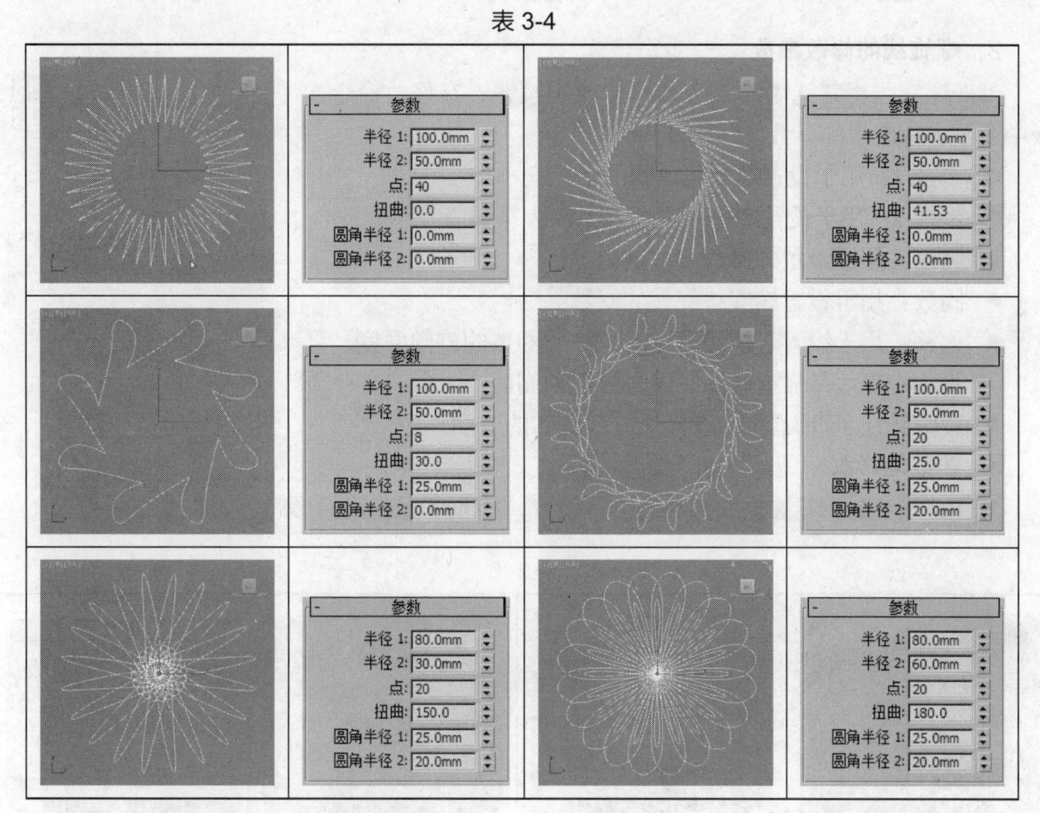

3.2.9 螺旋线

“螺旋线”用于制作平面或空间的螺旋线。下面来介绍螺旋线的创建方法及其参数的设置和修改。

1．创建螺旋线

螺旋线的创建方法与其他二维图形的创建方法不同，操作步骤如下。

（1）单击“（创建）>（图形）>螺旋线”按钮。

（2）将鼠标光标移到视图中，单击并按住鼠标左键不放拖曳光标，视图中生成一个圆形，如图 3-77 所示，松开鼠标左键并移动光标，调整螺旋线的高度，如图 3-78 所示，单击鼠标左键并移动光标，调整螺旋线顶半径的大小，再次单击鼠标左键，螺旋线创建完成，如图 3-79 所示。

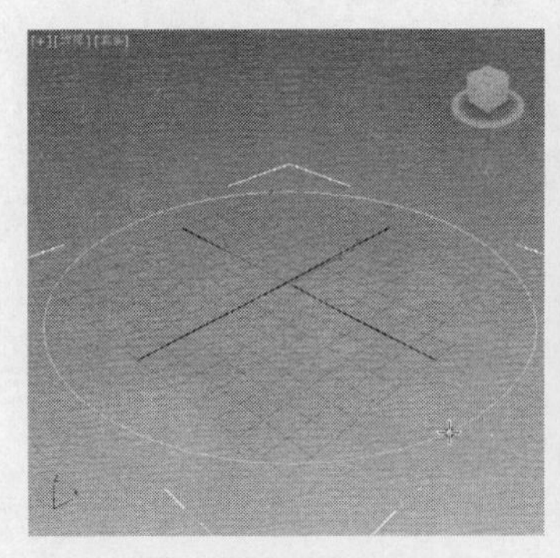

图 3-77

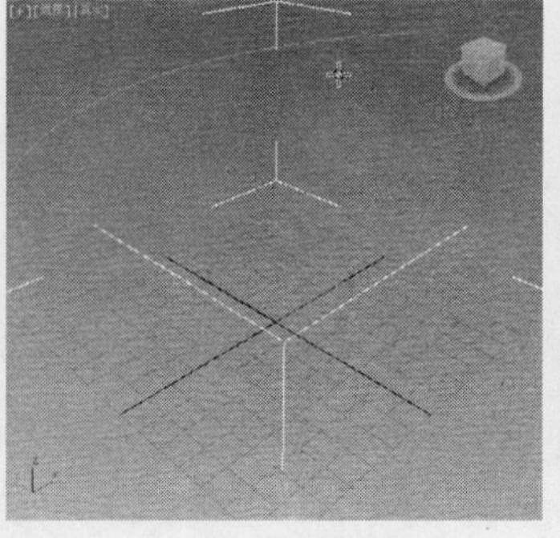

图 3-78

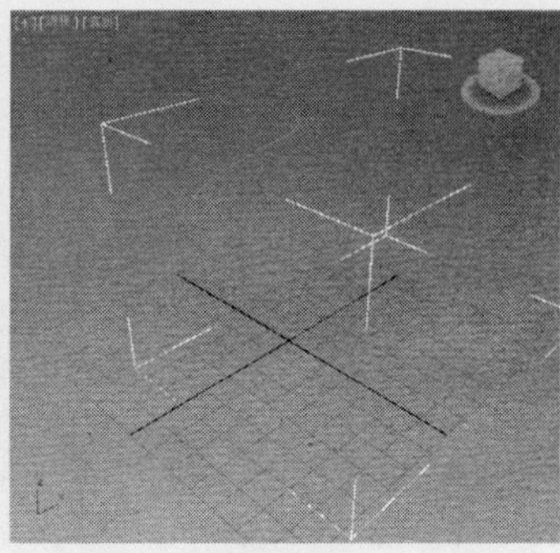

图 3-79

2．螺旋线的修改参数

单击螺旋线将其选中，单击（修改）按钮，在修改命令面板中会显示螺旋线的参数，如图 3-80 所示。

图 3-80

- 半径 1：用于设置螺旋线底圆的半径大小。
- 半径 2：用于设置螺旋线顶圆的半径大小。
- 高度：用于设置螺旋线的高度。
- 圈数：用于设置螺旋线旋转的圈数。
- 偏移：用于设置在螺旋高度上，螺旋圈数的偏向强度，以表示螺旋线是靠近底圈，还是靠近顶圈。
- 顺时针/逆时针：用于选择螺旋线旋转的方向。

3．参数的修改

通过对“参数”卷展栏的参数值进行设置，能改变螺旋线的形态，如表 3-5 所示。

表 3-5

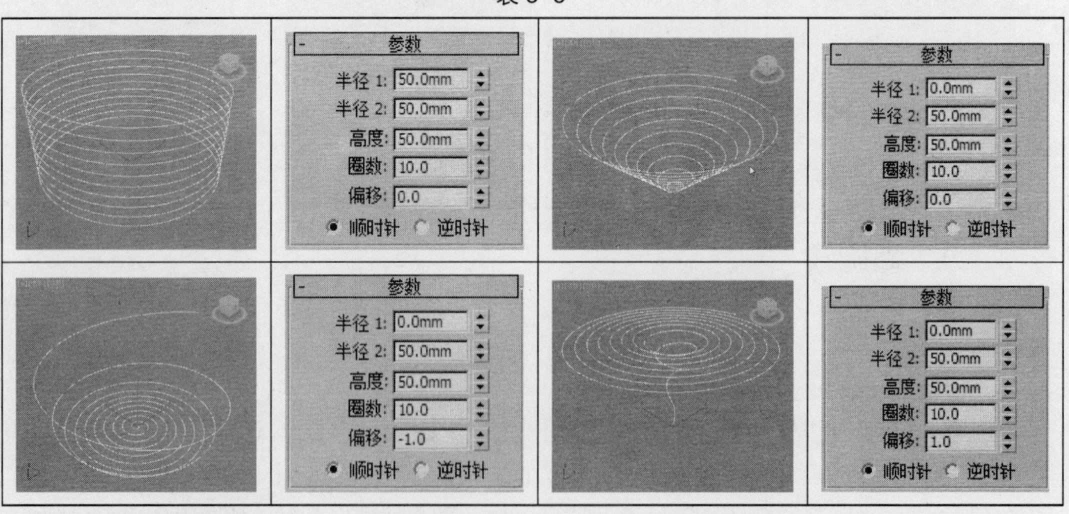

3.2.10 课堂案例——网漏的制作

【案例学习目标】熟悉椭圆、圆和线的创建，设置它们的可渲染参数，并配合标准基本体和修改器以及移动工具进行位置的调整。

【案例知识要点】使用“可渲染的螺旋线、可渲染的圆、可渲染的线和圆柱体”工具来完成网漏的制作，完成的模型效果如图 3-81 所示。

【素材文件位置】：CDROM/Map/Cha03/网漏。

【模型文件所在位置】CDROM/Scene/Cha03/3.2.10 网漏.max。

【参考模型文件所在位置】CDROM/Scene/Cha03/3.2.10 网漏场景.max。

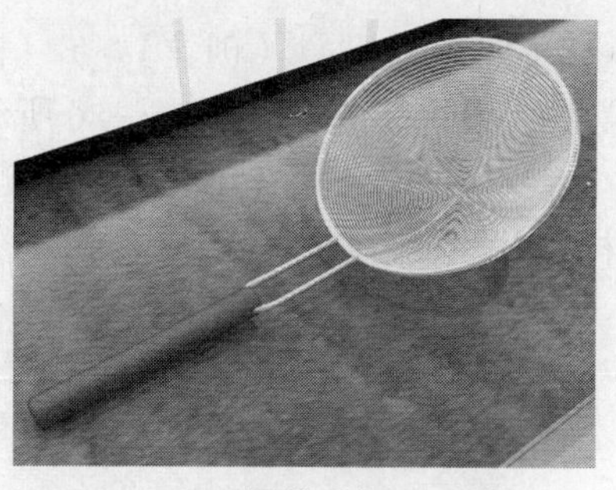

图 3-81

（1）单击“（创建）>（图形）>螺旋线”按钮，在“顶”视图中通过单击拖动绘制如图 3-82 所示的螺旋线，设置合适的参数。

（2）设置螺旋线的可渲染（设置合适的参数即可），如图 3-83 所示。

设置样条线或图形的可渲染参数后，再次创建样条线或图形，当前图形或样条线将继承上一次设置的渲染参数。

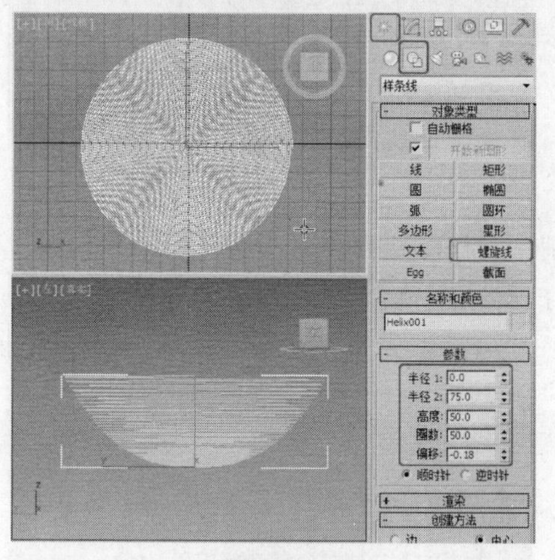

图 3-82

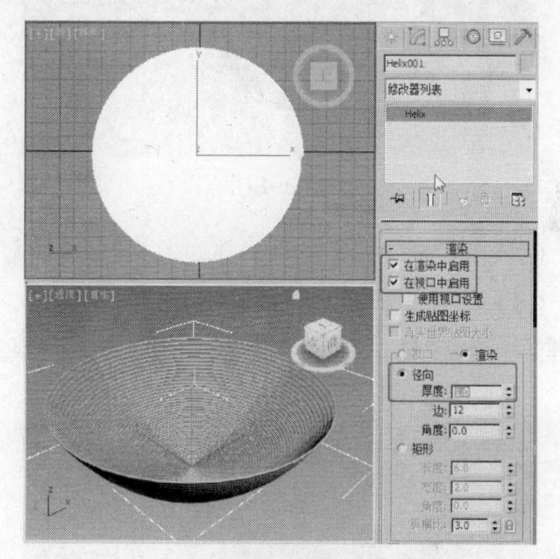

图 3-83

（3）单击“（创建）>（图形）>线”按钮，在“前”视图中根据螺旋线的形状绘制如图 3-84 所示的样条线，设置其可渲染参数与螺旋线相同即可。

（4）调整图形的形状后，复制样条线，如图 3-85 所示。

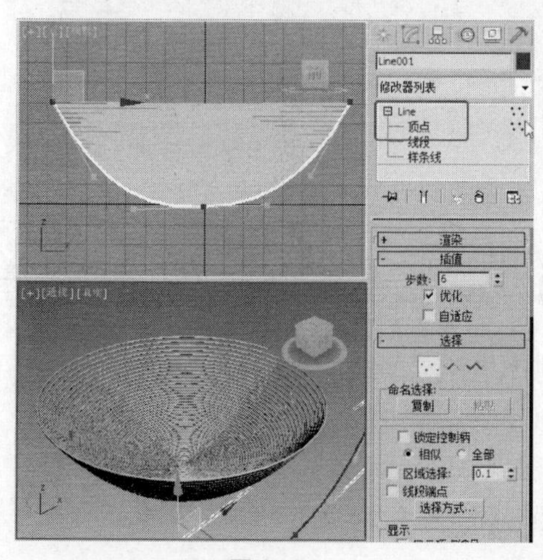

图 3-84

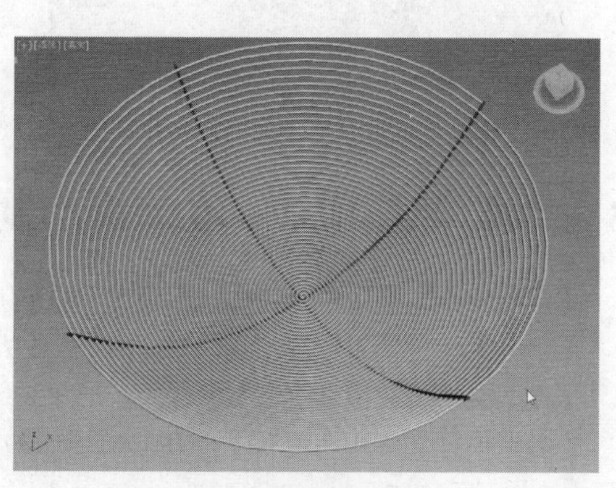

图 3-85

（5）单击“ （创建）> （图形）>圆”按钮，在“顶”视图中绘制圆，设置合适的参数，并设置其渲染，如图 3-86 所示。

（6）单击“ （创建）> （图形）>线”按钮，在“顶”视图中创建如图 3-87 所示的样条线。

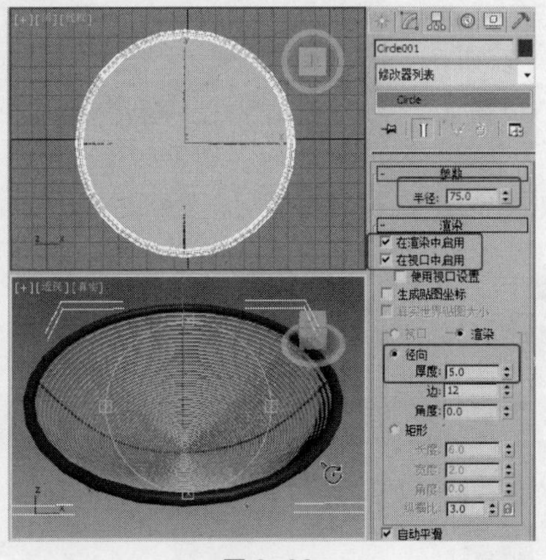

图 3-86

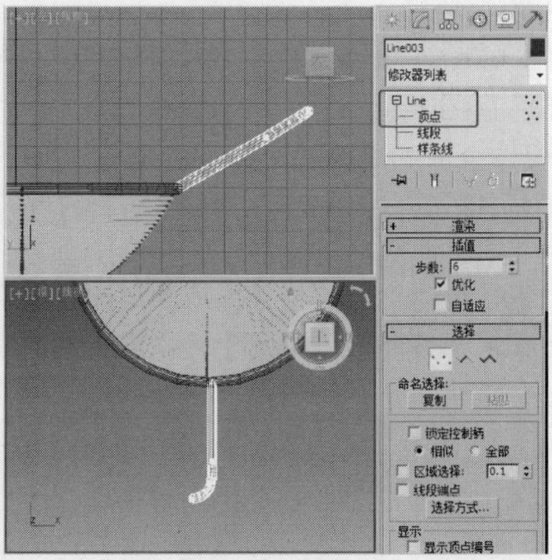

图 3-87

（7）设置其渲染参数，并对其进行镜像复制，调整模型的位置，如图 3-88 所示。

（8）单击“ （创建）> （几何体）> 扩展基本体 >切角圆柱体”按钮，在场景中创建切角圆柱体，设置其合适的参数，并调整其合适的角度，如图 3-89 所示，完成网漏模型。

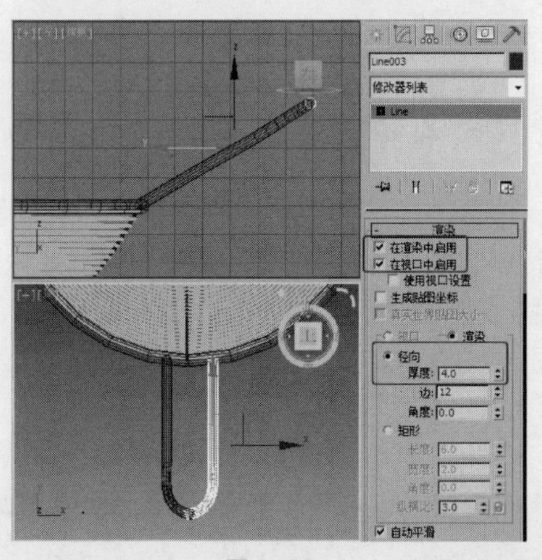

图 3-88

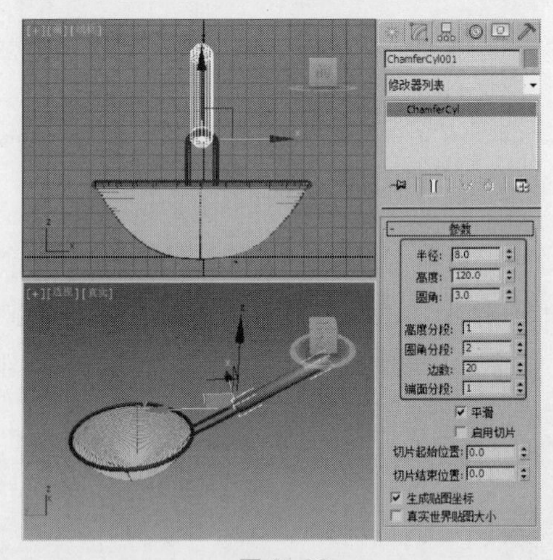

图 3-89

3.3 课堂练习——玻璃桌的制作

【练习知识要点】利用线和挤出修改器以及几何体搭配完成玻璃桌模型，如图 3-90 所示。

【素材文件位置】CDROM/Map/Cha03/3.3 吧台。

【模型文件所在位置】CDROM/Scene/Cha03/3.3 吧台.max。

【参考模型文件所在位置】CDROM/Scene/Cha03/3.3 吧台桌场景.max。

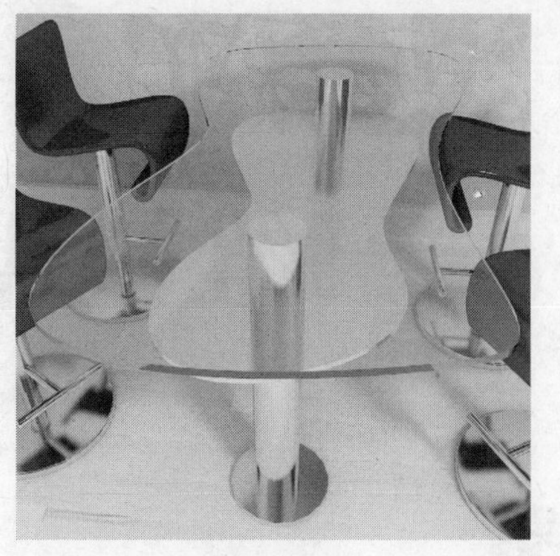

图 3-90

3.4 课后习题——淋水架的制作

【习题知识要点】利用可渲染的矩形和样条线制作淋水架的模型，如图 3-91 所示。

【素材文件位置】CDROM/Map/Cha03/3.4 淋水架。

【模型文件所在位置】CDROM/Scene/Cha03/3.4 淋水架.max。

【参考模型文件所在位置】CDROM/Scene/Cha03/3.4 淋水架场景.max。

图 3-91

PART 4

第 4 章
三维模型的创建

本章介绍

本章主要对各种常用的修改命令进行介绍，通过修改命令的编辑，可以使几何体的形体发生改变。读者通过学习本章的内容，要掌握各种修改命令的属性和作用，通过修改命令的配合使用，制作出完整精美的模型。

学习目标

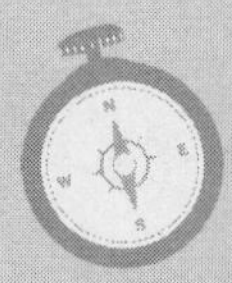

- 熟练掌握如何将二维图形转化为三维模型的方法
- 熟练掌握三维模型的修改命令
- 熟练掌握编辑样条线命令的应用

技能目标

- 掌握制作花瓶模型的方法和技巧
- 掌握制作墙壁储物架模型的方法和技巧
- 掌握制作小清新吊灯模型的方法和技巧
- 掌握制作苹果模型的方法和技巧

4.1 修改命令面板功能简介

对于修改命令面板，在前面章节中对几何体的修改过程已经有过接触。通过修改命令面板可以直接对几何体进行修改，还能实现修改命令之间的切换。

创建几何体后，切换到（修改）命令面板，面板中显示的是几何体的修改参数，当对几何体进行修改命令编辑后，修改命令堆栈中就会显示修改命令的参数，如图 4-1 所示。

修改器下拉列表
修改器堆栈
堆栈工具

图 4-1

- 修改命令堆栈：用于显示使用的修改命令。
- 修改器列表：用于选择修改命令，单击后会弹出下拉菜单，可以选择要使用的修改命令。
- （修改命令开关）：用于开启和关闭修改命令。单击后会变为图标，表示该命令被关闭，被关闭的命令不再对物体产生影响，再次单击此图标，命令会重新开启。
- （从堆栈中移除修改器）：用于删除命令，在修改命令堆栈中选择修改命令，单击“塌陷”按钮，即可删除修改命令，修改命令对几何体进行过的编辑也会被撤销。
- （配置修改器集）：用于对修改命令的布局进行重新设置，可以将常用的命令以列表或按钮的形式表现出来。

在修改命令堆栈中，有些命令左侧有一个图标，表示该命令拥有子层级命令，单击此按钮，子层级就会打开，可以选择子层级命令，如图 4-2 所示。选择子层级命令后，该命令会变为黄色，表示已被启用，如图 4-3 所示。

图 4-2

图 4-3

4.2 二维图形转化三维模型的方法

第 3 章介绍了二维图形的创建。通过对二维图形基本参数的修改，可以创建出各种形状的图形，但如何把二维图形转化为立体的三维图形并应用到建模中呢？本节将介绍通过修改命令，使二维图形转化为三维模型的建模方法。

4.2.1 课堂案例——花瓶的制作

【案例学习目标】学习车削修改器。

【案例知识要点】本例介绍使用“线”工具，结合使用“车削”修改器制作花瓶模型，完成的模型效果如图 4-4 所示。

【素材文件位置】CDROM/Map/Cha04/4.2.1 花瓶。

【模型文件所在位置】CDROM/Scene/Cha04/4.2.1 花瓶.max。

【参考模型文件所在位置】CDROM/Scene/Cha04/4.2.1 花瓶场景.max。

（1）单击“（创建）>（图形）>样条线>线”按钮，在“前”视图中创建线，并调整样条线的形状，如图 4-5 所示。

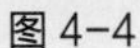

图 4-4

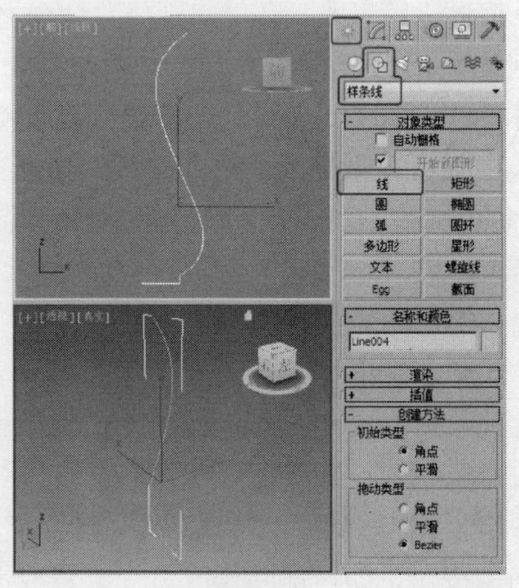

图 4-5

（2）切换到（修改）命令面板，将选择集定义为“样条线”，在“几何体”卷展栏中单击“轮廓”按钮，在场景中拖动鼠标设置合适的轮廓，如图 4-6 所示。

（3）在“修改器列表”中选择“车削”修改器，在“参数”卷展栏中设置“度数”为 360、“分段”为 32、在“方向”组中单击 Y 按钮，在“对齐”组中单击“最小”按钮，完成的模型如图 4-7 所示。

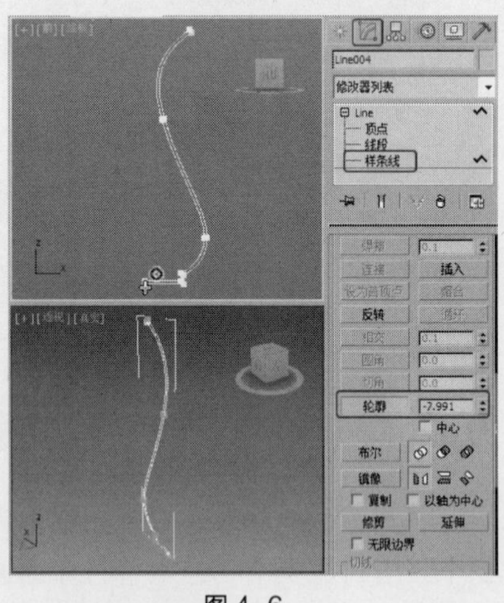

图 4-6

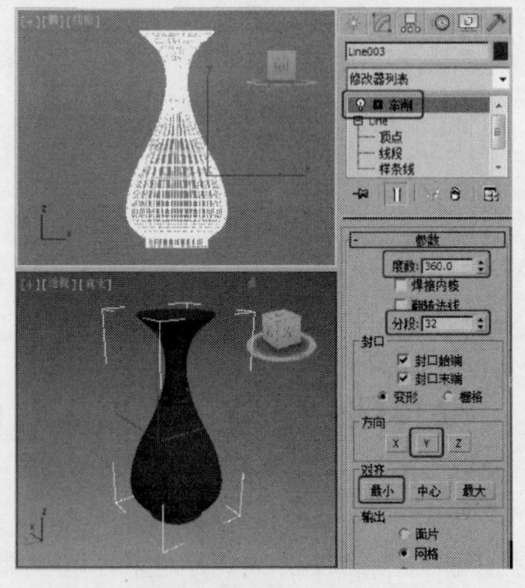

图 4-7

4.2.2 车削命令

“车削”命令是通过绕轴旋转一个图形或 NURBS 曲线，进而生成三维形体的命令。通过旋转命令，能得到表面圆滑的物体。下面介绍“车削”命令的使用。

1．选择车削命令

对于所有修改命令来说，都必须在物体被选中时才能对命令进行选择。“车削”命令是用于对二维图形进行编辑的命令，所以只有选择二维形体后才能选择“车削”命令。

在视图中任意创建一个二维图形，首先单击（修改）按钮，然后单击“修改器列表”按钮，从中选择“车削”命令，如图 4-8 所示。

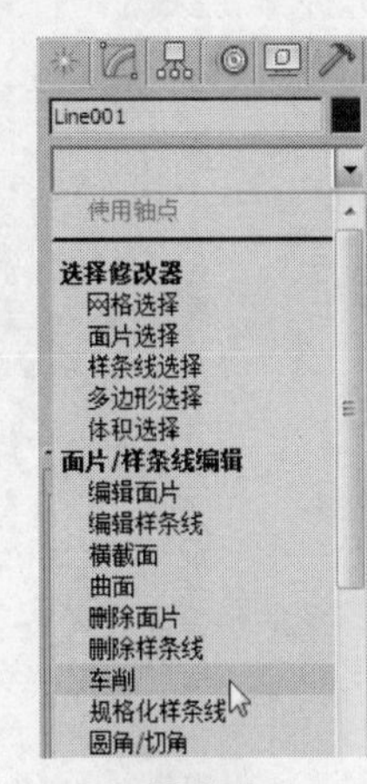

图 4-8

2．车削命令的参数

选择“车削”命令后，在修改命令面板中会显示“车削”命令的参数，如图 4-9 所示。

- 度数：用于设置旋转的角度。
- 焊接内核：将旋转轴上重合的点进行焊接精简，以得到结构相对简单的造型。
- 翻转法线：选择该复选框，将会翻转造型表面的法线方向。
- “封口”选项组。
  - ◆ 封口始端：将挤出的对象顶端加面覆盖。
  - ◆ 封口末端：将挤出的对象底端加面覆盖。
  - ◆ 变形：选中该按钮，将不进行面的精简计算，以便用于变形动画的制作。
  - ◆ 栅格：选中该按钮，将进行面的精简计算，但不能用于变形动画的制作。
- “方向”选项组用于设置旋转中心轴的方向。X、Y、Z 分别用于设置不同的轴向。系统默认 Y 轴为旋转中心轴。
- “对齐”选项组用于设置曲线与中心轴线的对齐方式。
  - ◆ 最小：将曲线内边界与中心轴线对齐。
  - ◆ 中心：将曲线中心与中心轴线对齐。
  - ◆ 最大：将曲线外边界与中心轴线对齐。

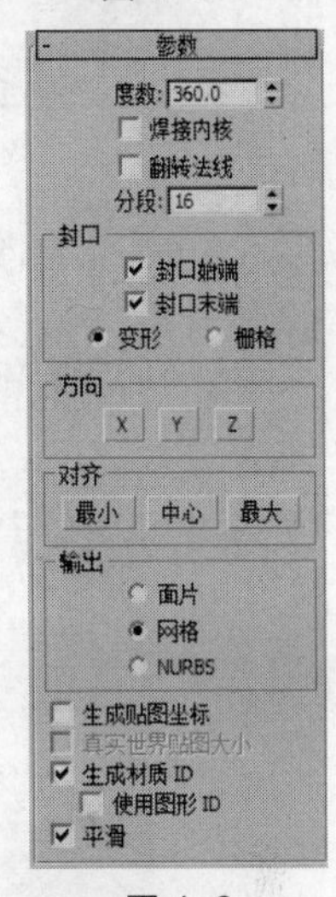

图 4-9

4.2.3 课堂案例——墙壁储物架的制作

【案例学习目标】学习倒角修改器。

【案例知识要点】本例介绍使用“多边形”工具，结合使用“编辑样条线、倒角”修改器制作墙壁储物架，场景模型效果如图 4-10 所示。

【素材文件位置】CDROM/Map/Cha04/4.2.3 墙壁储物架。

【模型文件所在位置】CDROM/Scene/Cha04/4.2.3 墙壁储物架.max。

【参考模型文件所在位置】CDROM/Scene/Cha04/4.2.3 墙壁储物架场景.max。

图 4-10

（1）单击“（创建）>（图形）>多边形”按钮，在“前”视图中创建多边形，在“参数”卷展栏中设置“半径”为 200，如图 4-11 所示。

（2）切换到（修改）命令面板，在“修改器列表”中选择“编辑样条线”修改器，将选择集定义为“样条线”，在几何体卷展栏中单击“轮廓”按钮，在场景中拖动鼠标设置合适的轮廓，如图 4-12 所示，关闭选择集。

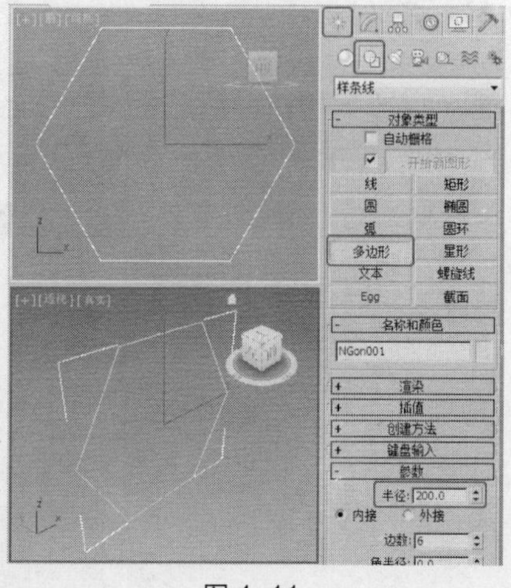

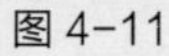

图 4-11

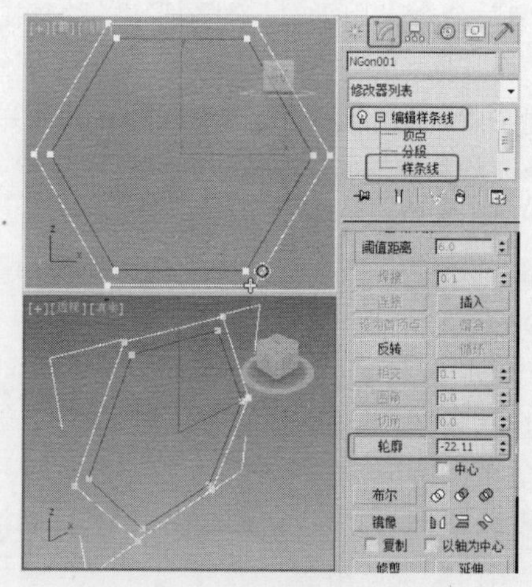

图 4-12

（3）在“修改器列表”中选择“倒角”修改器，在“倒角值”卷展栏中设置“级别 1”的“高度”为 200，勾选“级别 2”，设置“高度”为 1，轮廓为-1，如图 4-13 所示。

（4）对制作的模型进行复制并调整其至合适的位置，完成的模型如图 4-14 所示。

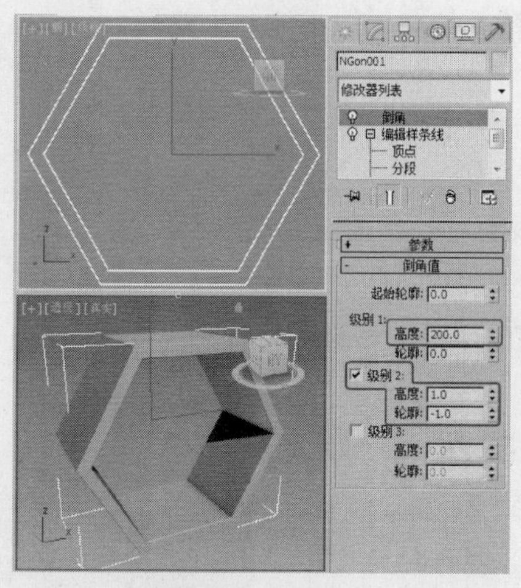

图 4-13

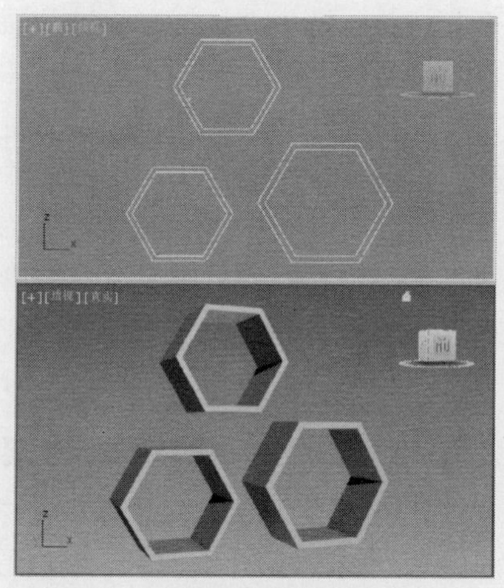

图 4-14

4.2.4 倒角命令

“倒角”命令只用于二维形体的编辑，可以对二维形体进行挤出，还可以对形体边缘进行倒角。下面介绍“倒角”命令的参数和用法。

选择“倒角”命令的方法与“车削”命令相同，选择时应先在视图中创建二维图形，选中二维图形后再选择“倒角”命令。

选择“倒角”命令后，修改命令面板中会显示其参数，如图 4-15 所示。“倒角”命令的参数主要分为两部分。

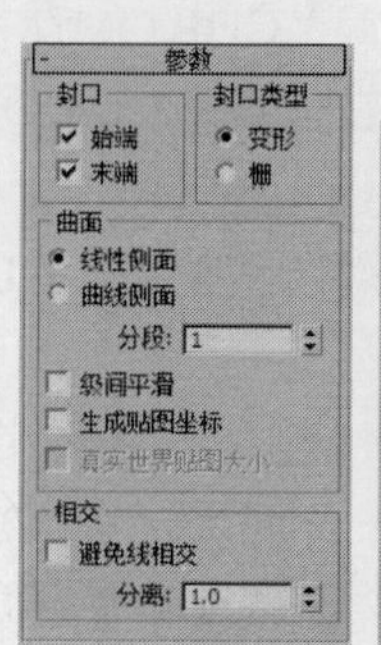

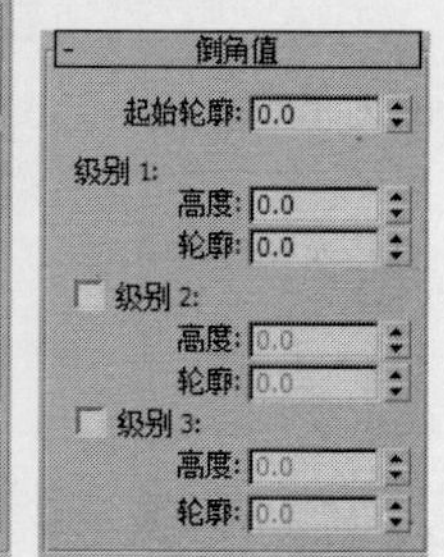

图 4-15

1. “参数”卷展栏

- “封口”选项组：用于对造型两端进行加盖控制。如果对两端都进行加盖处理，则成为封闭实体。
    - ◆ 始端：将开始截面封顶加盖。
    - ◆ 末端：将结束截面封顶加盖。
- “封口类型”选项组：用于设置封口表面的构成类型。
    - ◆ 变形：不处理表面，以便进行变形操作，制作变形动画。
    - ◆ 栅：进行表面网格处理，它产生的渲染效果要优于 Morph 方式。
- “曲面”选项组：用于控制侧面的曲率和光滑度，并指定贴图坐标。
    - ◆ 线性侧面：设置倒角内部片段划分为直线方式。
    - ◆ 曲线侧面：设置倒角内部片段划分为弧形方式。
    - ◆ 分段：用于设置倒角内部的段数。其数值越大，倒角越圆滑。
    - ◆ 级间平滑：选中该复选框，将对倒角进行光滑处理，但总是保持顶盖不被光滑。
    - ◆ 生成贴图坐标：选中该复选框，将为造型指定贴图坐标。
- “相交”选项组：用于在制作倒角时，改进因尖锐的折角而产生的突出变形。
    - ◆ 避免线相交：选中该复选框，可以防止尖锐折角产生的突出变形。
    - ◆ 分离：用于设置两个边界线之间保持的距离间隔，以防止越界交叉。

2. “倒角值”卷展栏

“倒角值”卷展栏用于设置不同倒角级别的高度和轮廓。

- ◆ 起始轮廓：用于设置原始图形的外轮廓大小。
- ◆ 级别 1/级别 2/级别 3：可分别设置 3 个级别的高度和轮廓大小。

4.2.5 挤出命令

“挤出”命令可以使二维图形增加厚度，转化成三维物体。下面介绍“挤出”命令的参数和使用方法。

单击“（创建）>（图形）>星形”按钮，在“透视”视图中创建一个星形，参数不用设置，如图 4-16 所示。

单击修改器列表，从中选择“挤出”命令，可以看到星形已经受到“挤出”命令的影响变为一个星形平面，如图 4-17 所示。

图 4-16

图 4-17

在“参数”卷展栏的“数量”的数值框中设置参数，星形的高度会随之变化，如图 4-18 所示。

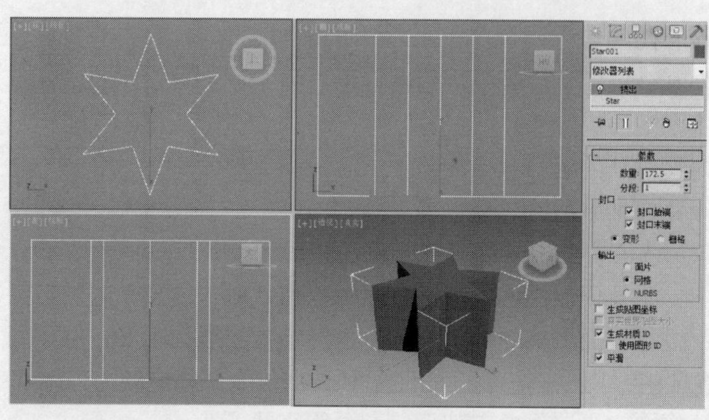

图 4-18

“挤出”命令的参数如下。

- 数量：用于设置挤出的高度。
- 分段：用于设置在挤出高度上的段数。
- “封口”选项组。
  - ◆ 封口始端：将挤出的对象顶端加面覆盖。
  - ◆ 封口末端：将挤出的对象底端加面覆盖。
  - ◆ 变形：选中该按钮，将不进行面的精简计算，以便用于变形动画的制作。
  - ◆ 栅格：选中该按钮，将进行面的精简计算，不能用于变形动画的制作。
- “输出”选项组用于设置挤出的对象的输出类型。
  - ◆ 面片：将挤出的对象输出为面片造型。
  - ◆ 网格：将挤出的对象输出为网格造型。
  - ◆ NURBS：将挤出的对象输出为 NURBS 曲面造型。

“挤出”命令的用法比较简单，一般情况下，大部分修改参数保持为默认设置即可，只对“数量”的数值进行设置就能满足一般建模的需要。

4.3 三维变形修改器

三维变形修改器可以针对三维模型也可以针对特殊的图形，为其进行变形操作，如锥化、扭曲、弯曲、FFD 等修改器。

4.3.1 锥化命令

“锥化”命令主要用于对物体进行锥化处理，通过缩放物体的两端而产生锥形轮廓，同时可以加入光滑的曲线轮廓。通过调节锥化的倾斜度和曲线轮廓的曲度，还能产生局部锥化效果。

1．锥化命令的参数

单击“（创建）>（几何体）>圆柱体”按钮，在透视图中创建一个圆柱体，切换到（修改）命令面板，然后单击修改器列表，从中选择“锥化”命令，修改命令面板中会显示“锥化”命令的参数，圆柱体周围会出现锥化命令的套框，如图 4-19 所示。

- “锥化”选项组。
  - ◆ 数量：用于设置锥化倾斜的程度。
  - ◆ 曲线：用于设置锥化曲线的曲率。

- “锥化轴”选项组用于设置锥化所依据的坐标轴向。
  - ◆ 主轴：用于设置基本的锥化依据轴向。
  - ◆ 效果：用于设置锥化所影响的轴向。
  - ◆ 对称：选中该复选框，将会产生相对于主坐标轴对称的锥化效果。
- “限制”选项组用于控制锥化的影响范围。
  - ◆ 限制效果：选中该复选框，打开限制影响，将允许用户限制锥化影响的上限值和下限值。
  - ◆ 上限/下限：分别用于设置锥化限制的区域。

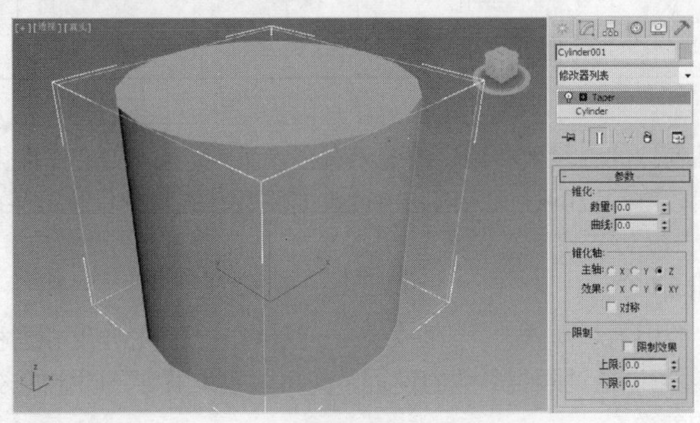

图 4-19

2. 锥化命令参数的修改

对圆柱体进行“锥化”命令编辑，在“数量”的数值框中设置数值，即可使圆柱体产生锥化效果，如表 4-1 所示。圆柱体的参数均为系统默认设置。

表 4-1

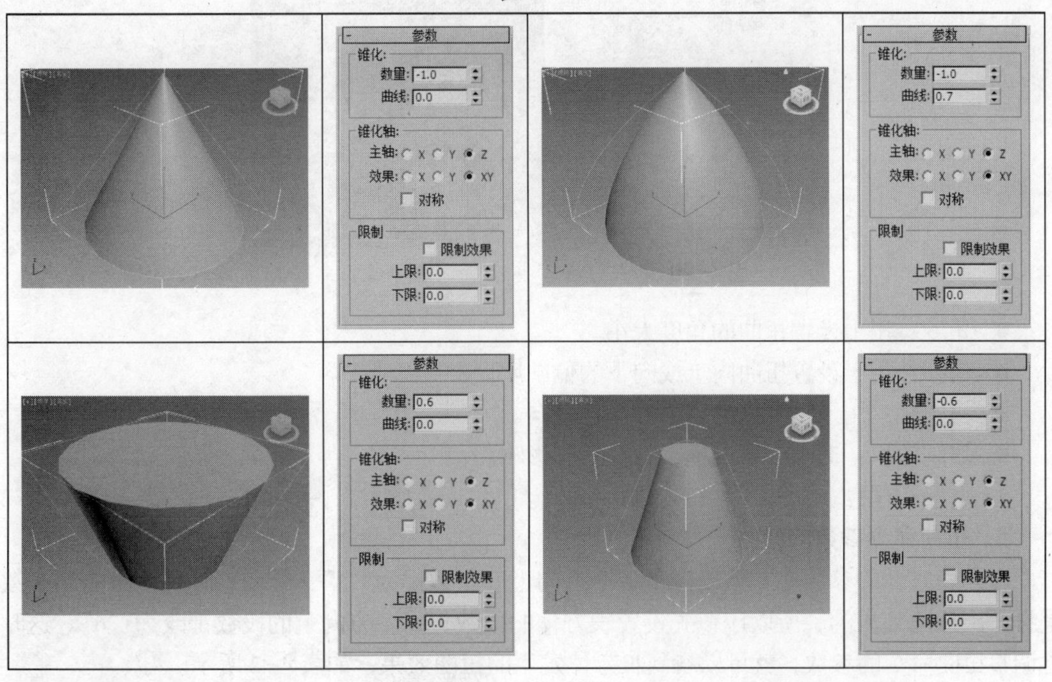

续表

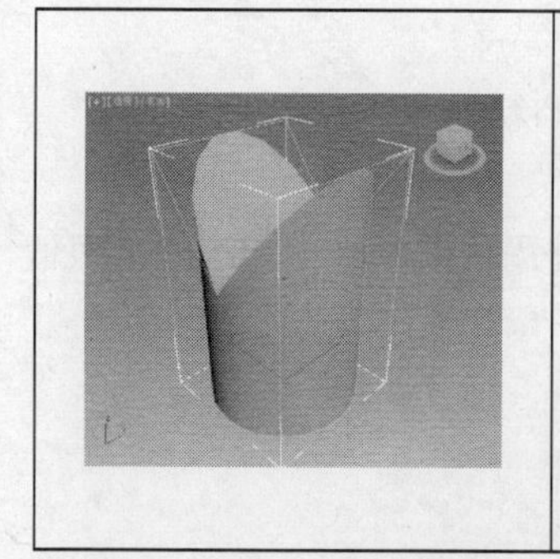

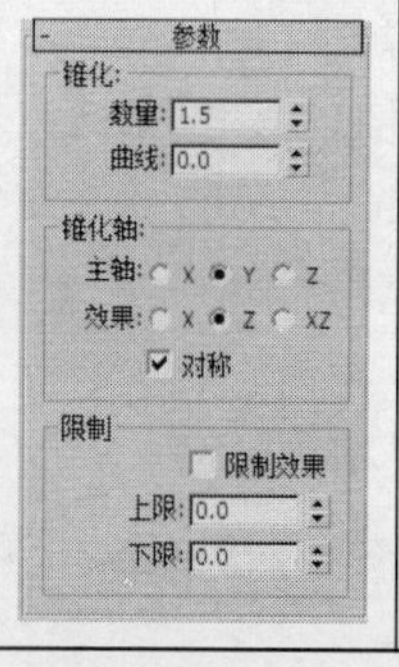

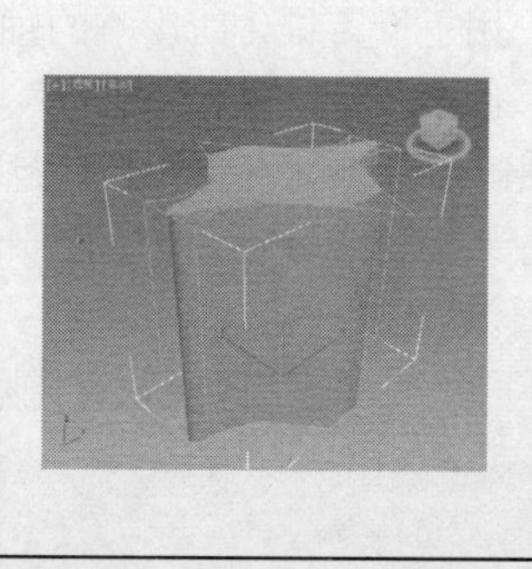

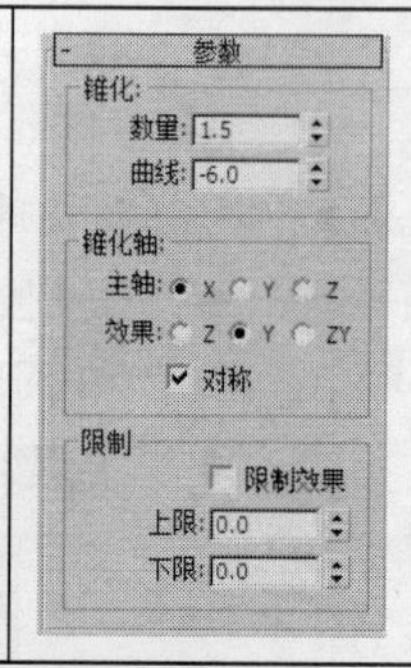

几何体的分段数和锥化的效果有很大关系，段数越多，锥化后物体表面就越圆滑。继续以圆柱体为例，通过改变段数，来观察锥化效果的变化。

4.3.2 扭曲命令

“扭曲”命令主要用于对物体进行扭曲处理。通过调整扭曲的角度和偏移值，可以得到各种扭曲效果，同时还可以通过限制参数的设置，使扭曲效果限定在固定的区域内。

1．扭曲命令的参数

单击“（创建）>（几何体）>长方体”按钮，在透视图中创建一个长方体，切换到（修改）命令面板，单击修改器列表，从中选择“扭曲”命令，修改命令面板中会显示扭曲命令的参数，如图 4-20 所示，透视图中长方体周围会出现扭曲命令的套框，如图 4-21 所示。

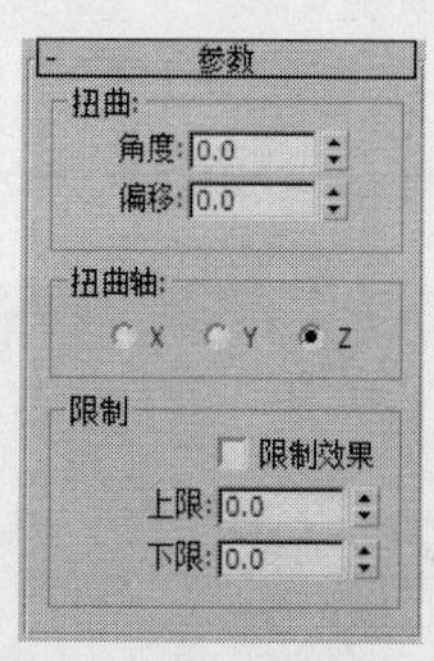

图 4-20

图 4-21

- 角度：用于设置扭曲的角度大小。
- 偏移：用于设置扭曲向上或向下的偏向度。
- 扭曲轴：用于设置扭曲依据的坐标轴向。
- 限制效果：选中该复选框，打开限制影响。
- 上限/下限：用于设置扭曲限制的区域。

2．扭曲命令参数的修改

由于长方体的参数在默认设置下各个方向上的段数都为“1”，所以这时设置扭曲的参数是看不出扭曲效果的，所以应该先设置长方体的段数，将各方向上的段数都改为“6”。这时再调整扭曲命令的参数，就可以看到长方体发生的扭曲效果，如表 4-2 所示。

表 4-2

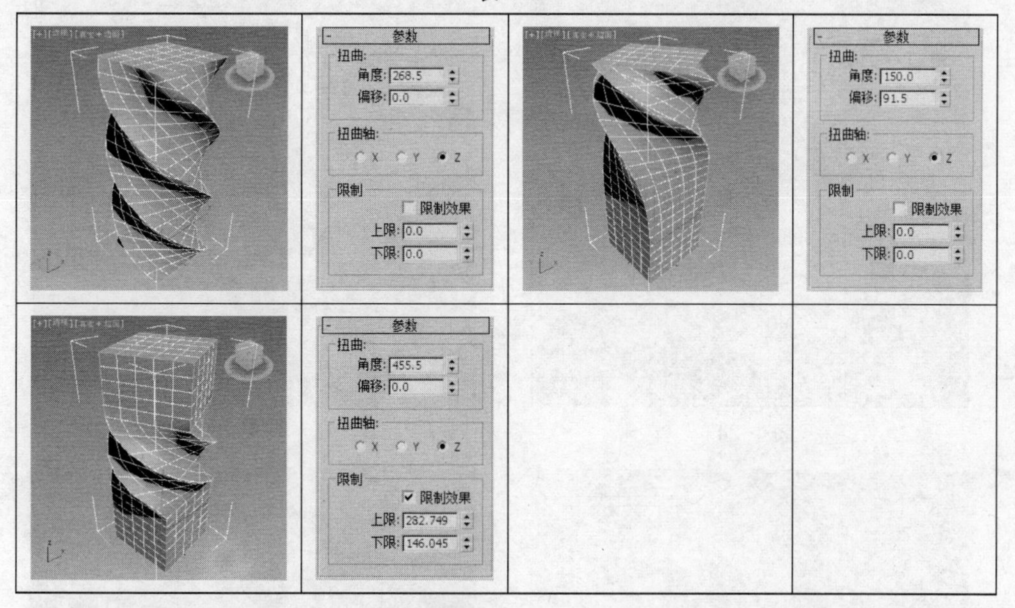

使用扭曲命令时，应对物体设定合适的段数。灵活运用限制参数也能很好地达到扭曲效果。

4.3.3 课堂案例——小清新吊灯的制作

【案例学习目标】学习弯曲修改器。

【案例知识要点】本例介绍使用“星形”为其施加“编辑样条线、挤出、细分”修改器，创建“圆柱体”，复制并组合灯罩，使用“弯曲”修改器完成灯罩的效果，结合使用其他的图形和几何体组合完成小清新吊灯，完成的模型效果如图 4-22 所示。

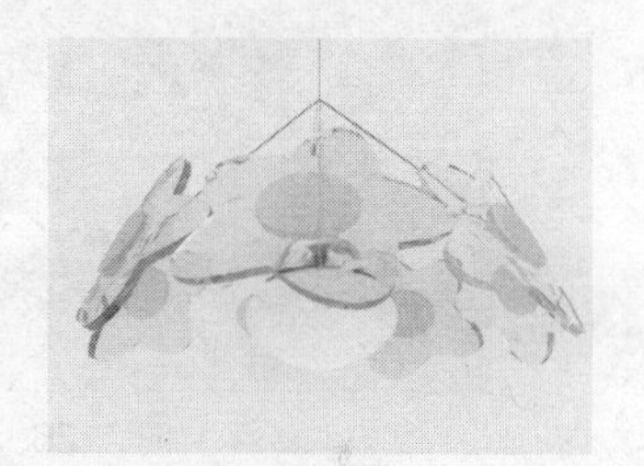

图 4-22

【素材文件位置】CDROM/Map/Cha04/4.3.3 小清新吊灯。

【模型文件所在位置】CDROM/Scene/Cha04/4.3.3 小清新吊灯.max。

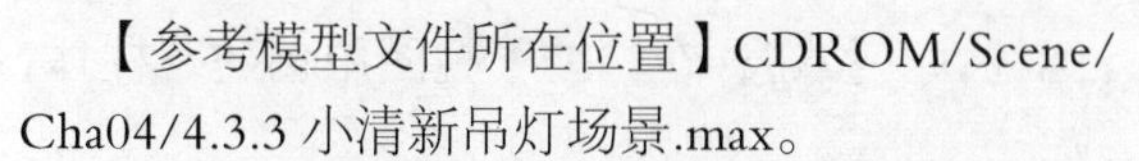

【参考模型文件所在位置】CDROM/Scene/Cha04/4.3.3 小清新吊灯场景.max。

（1）单击“（创建）>（图形）>星形”按钮，在“前”视图中创建星形，在“参数”卷展栏中设置合适的参数，如图 4-23 所示。

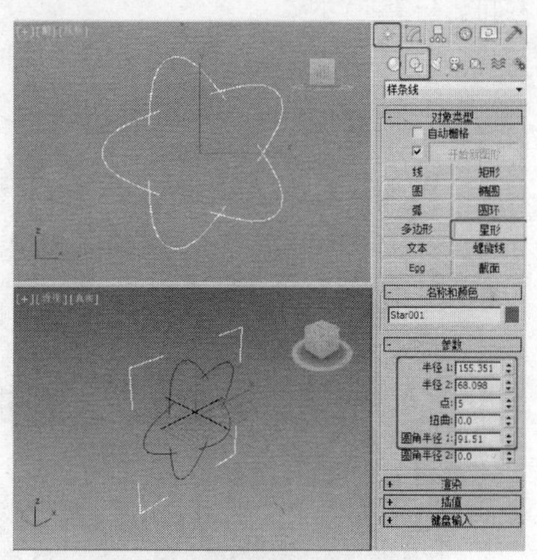

图 4-23

（2）切换到（修改）命令面板，为星形施加“编辑样条线”修改器，在修改器堆栈中选择“顶点”，按 Ctrl+A 组合键，全选顶点，鼠标右键单击全选的顶点，在弹出的快捷菜单中选择“Bezier 角点”，如图 4-24 所示。

（3）在场景中调整顶点的控制手柄，如图 4-25 所示。

（4）将选择集定义为“分段”，在场景中选择如图 4-26 所示的分段，在“几何体”卷展栏中设置“拆分”参数为 5，单击“拆分”按钮，完成的拆分如图 4-27 所示。

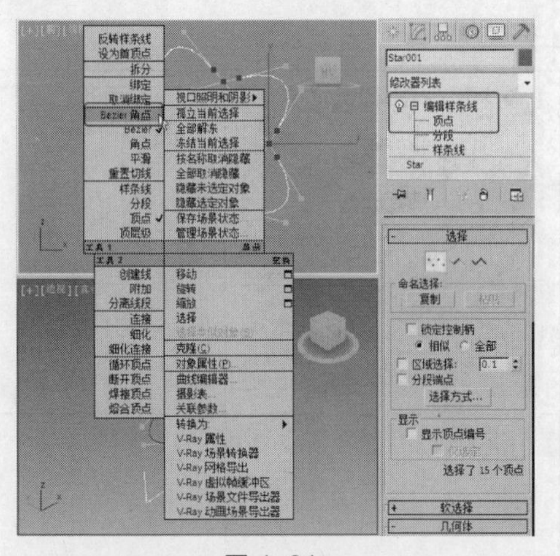

图 4-24

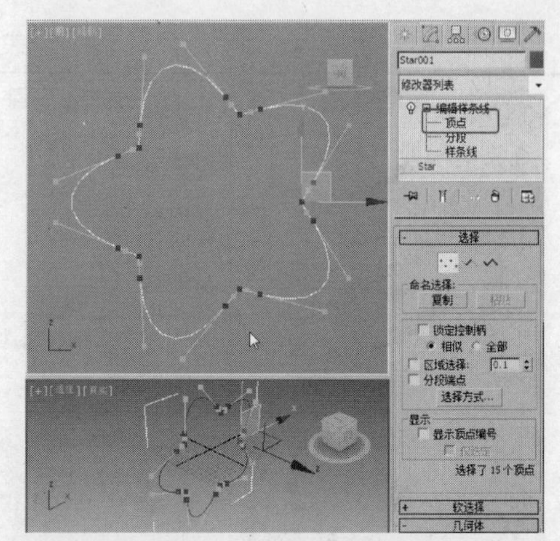

图 4-25

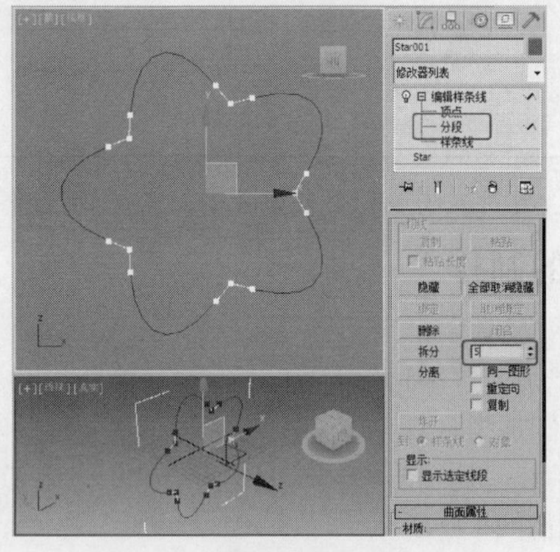

图 4-26

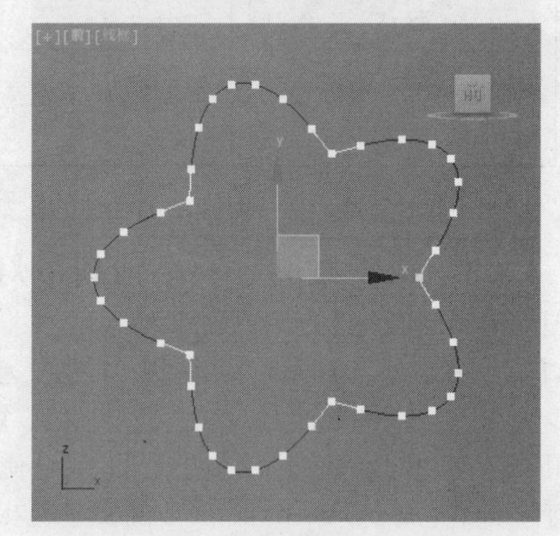

图 4-27

（5）关闭选择集，在“修改器列表”中，为星形施加“挤出”修改器，设置合适的参数，如图 4-28 所示。

（6）单击“（创建）>（几何体）>圆柱体”按钮，在“前”视图中创建圆柱体，设置合适的分段，如图 4-29 所示。

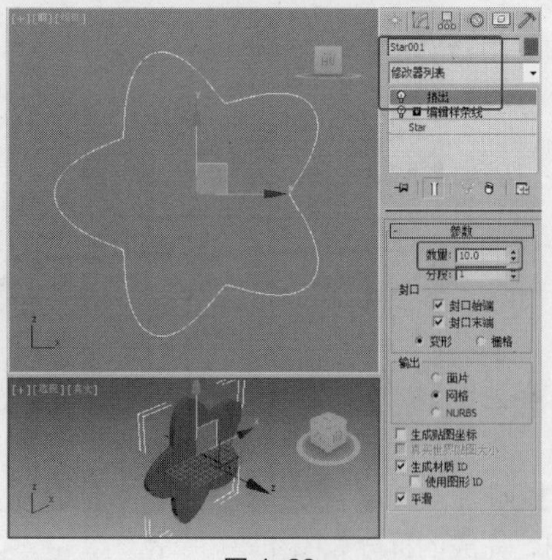

图 4-28

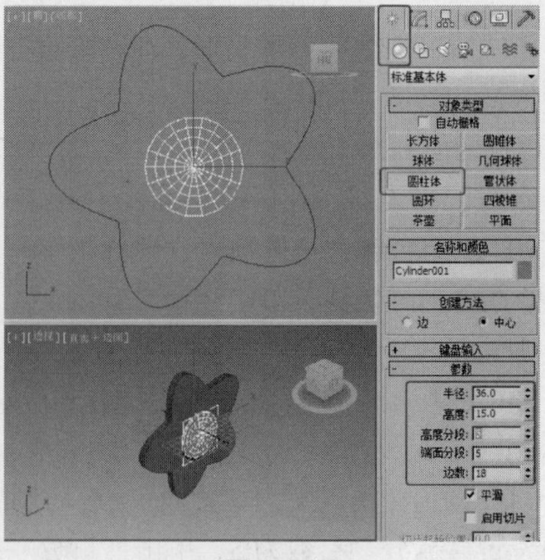

图 4-29

（7）在场景中选择星形模型和圆柱体，使用移动工具在“前”视图中按住 Shift 键沿着 X 轴移动复制模型，在弹出的对话框中设置合适的参数，如图 4-30 所示，单击“确定”按钮。

（8）全选所有模型，在菜单栏中选择“组>成组”命令，如图 4-31 所示。

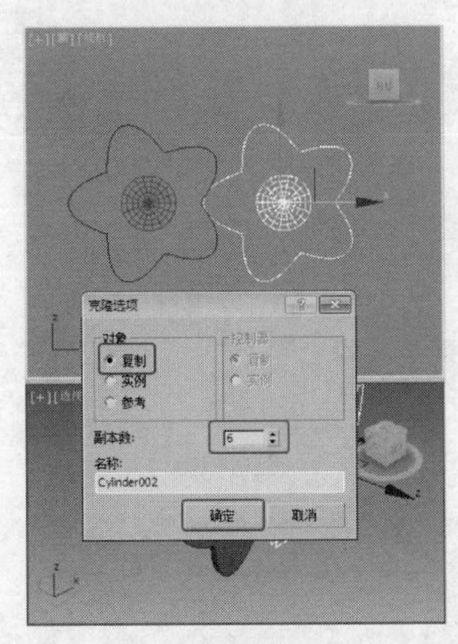

图 4-30

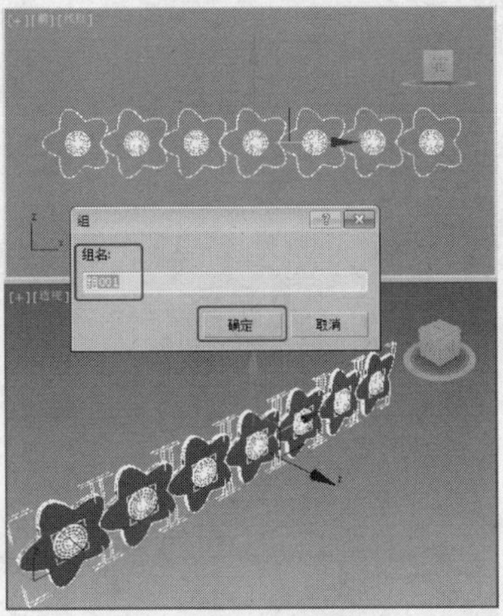

图 4-31

（9）在“修改器列表”中为成组的模型施加“弯曲”修改器，在“参数”卷展栏中设置“角度”为 360，如图 4-32 所示。

（10）设置弯曲的“方向”为-66，并将选择集定义为“Gizmo”，并在场景中旋转 Gizmo，如图 4-33 所示。

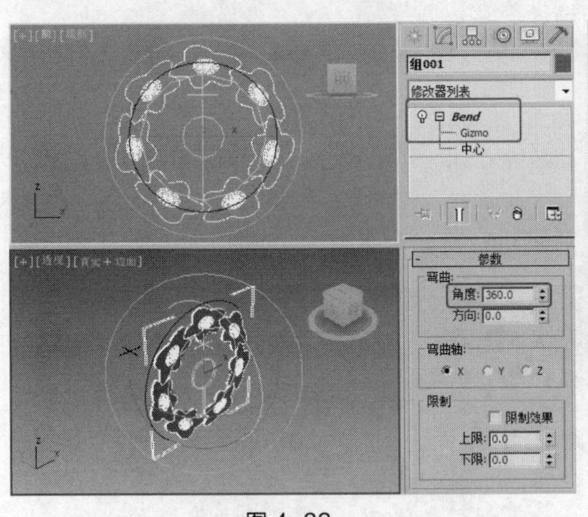

图 4-32

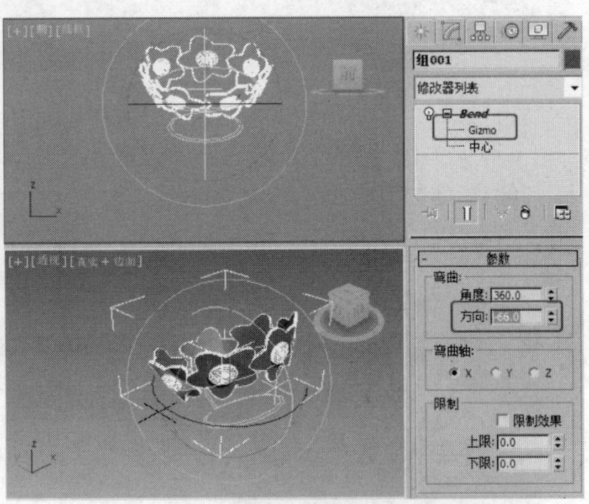

图 4-33

（11）关闭选择集，在场景中旋转模型，可以看到如图 4-34 所示模型出现了交叉现象，这是由于模型表面没有足够的分段使其弯曲造成的。

（12）在场景中将成组的模型打开，选择星形模型，在修改器堆栈中选择“挤出”修改器，在“修改器列表”中为其施加“细分”修改器，如图 4-35 所示。

（13）使用同样的方法为其他的星形模型施加“细分”修改器，如图 4-36 所示。

（14）接着调整一下弯曲的角度，使其模型不要有缺口，参数合适即可，如图 4-37 所示。

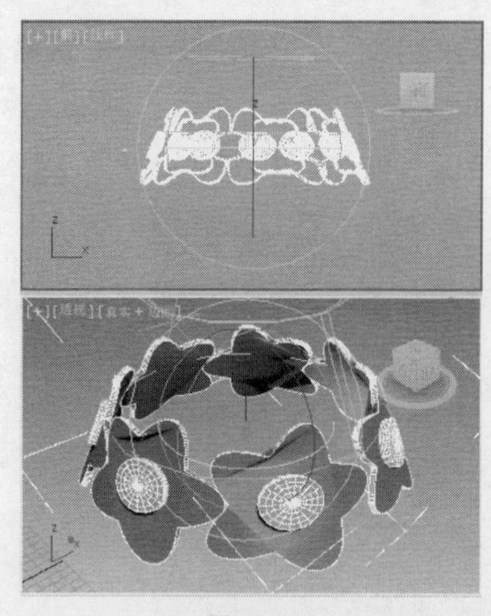

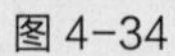
图 4-34

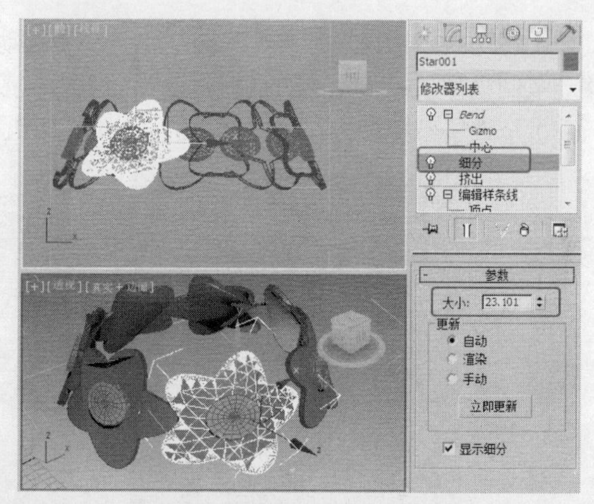

图 4-35

图 4-36

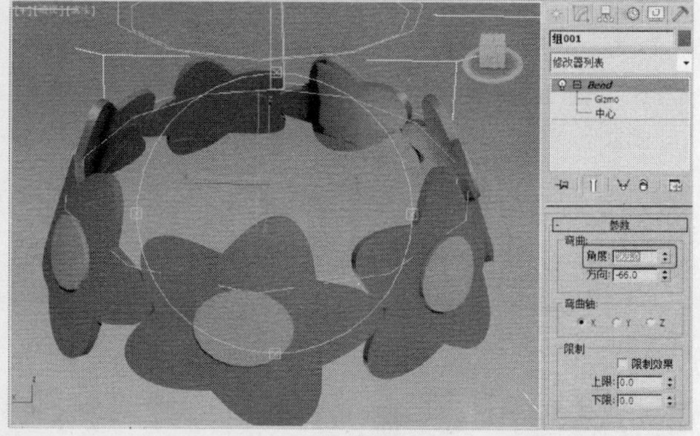

图 4-37

（15）单击“（创建）>（图形）>线”按钮，在“前”视图中绘制如图 4-38 所示的样条线作为支架模型，设置器可渲染。

（16）调整图形的位置，如图 4-39 所示，对其进行旋转复制。

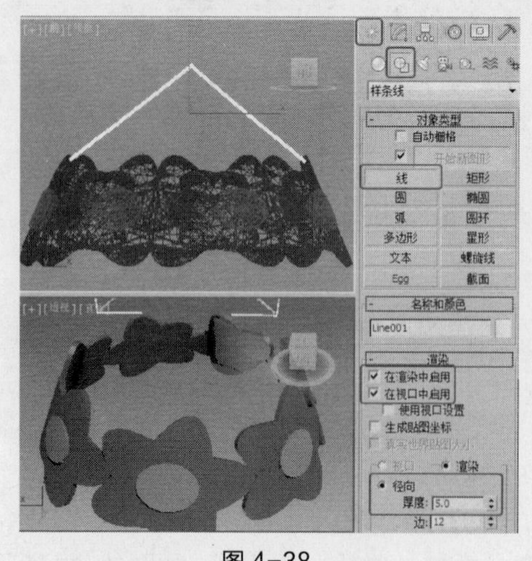

图 4-38

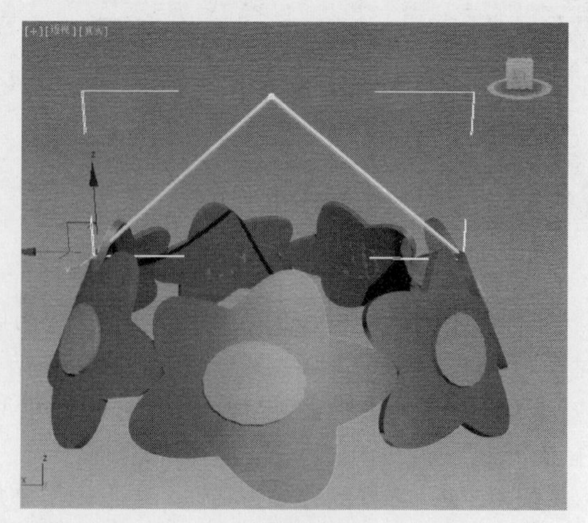

图 4-39

（17）继续创建一条可渲染的样条线，如图 4-40 所示。

（18）单击“ （创建）> （几何体）>球体”按钮，在“顶”视图中创建球体，设置其参数，如图 4-41 所示。

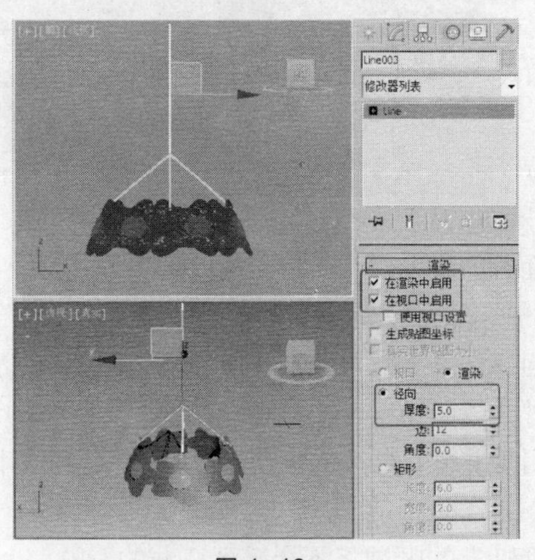

图 4-40

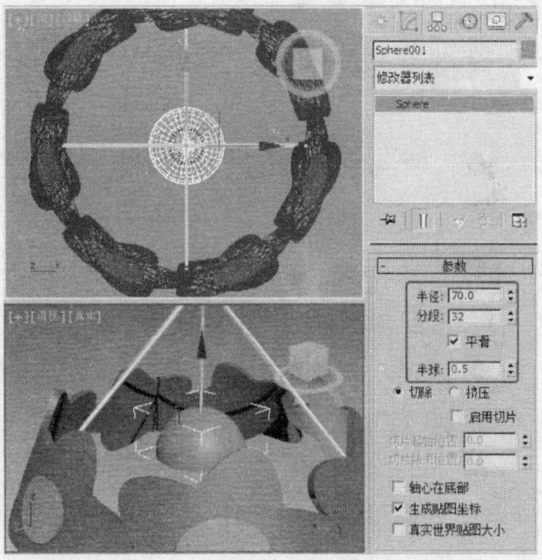

图 4-41

（19）复制球体，修改其参数，如图 4-42 所示。

（20）为球体施加“拉伸”修改器，设置合适的参数，如图 4-43 所示。

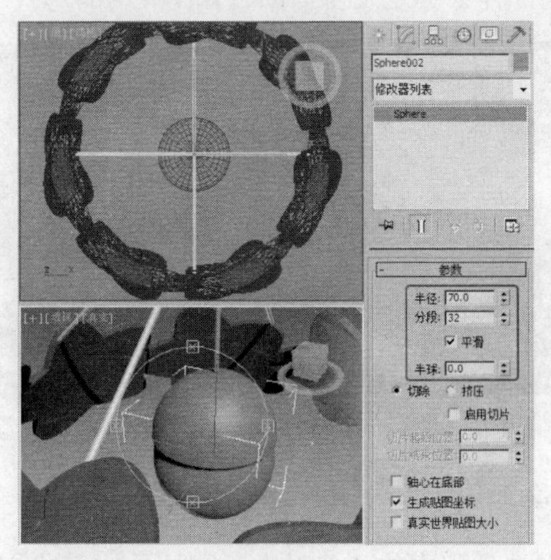

图 4-42

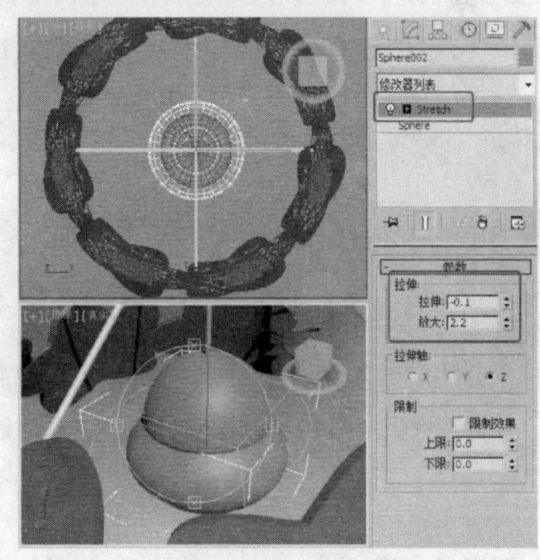

图 4-43

（21）调整各个模型，完成小清新吊灯的效果，如图 4-44 所示。

4.3.4 弯曲命令

“弯曲”命令是一个比较简单的命令，可以使物体产生弯曲效果。弯曲命令可以调节弯曲的角度和方向以及弯曲所依据的坐标轴向，还可以将弯曲修改限制在一定区域内。

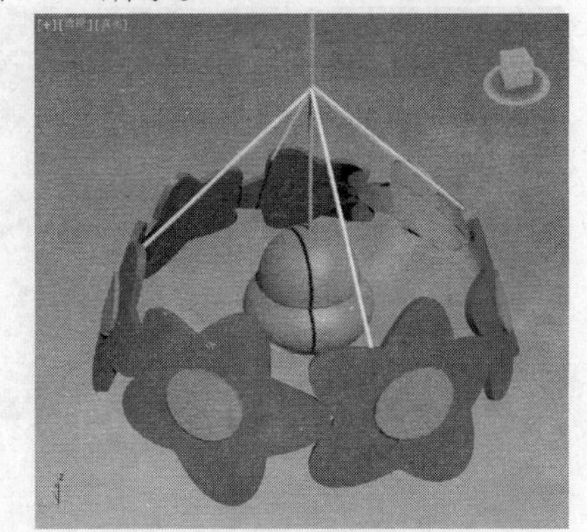

图 4-44

1．弯曲命令的参数

单击“ （创建）> （几何体）>圆柱体”按钮，在视图中创建一个圆柱体，切换到 （修改）命令面板，然后单击修改器列表，从中选择“弯曲”命令，修改命令面板中会显示弯曲命令的参数，圆柱体周围会出现弯曲命令的套框，如图 4-45 所示。

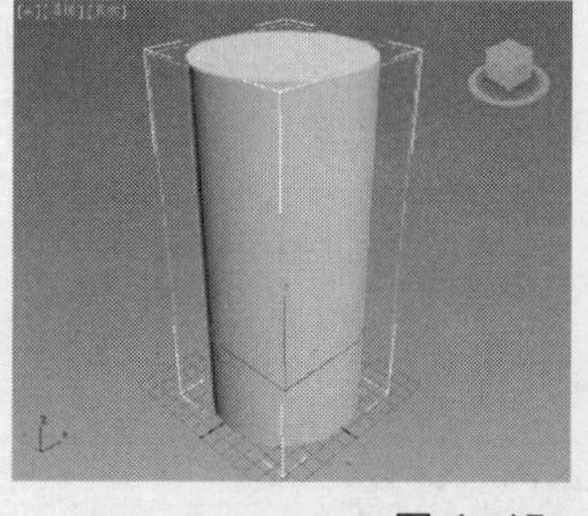
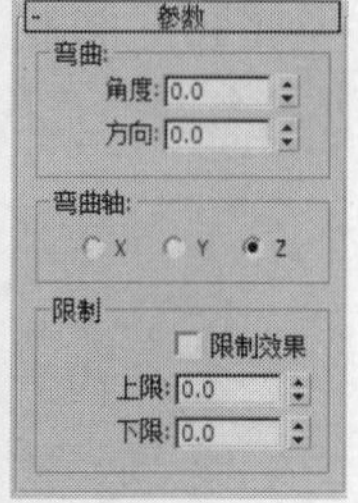

图 4-45

"弯曲"命令的参数如下。

- "弯曲"选项组用于设置弯曲的角度和方向。
  - ◆ 角度：用于设置沿垂直面弯曲的角度大小。
  - ◆ 方向：用于设置弯曲相对于水平面的方向。
- "弯曲轴"选项组用于设置弯曲所依据的坐标轴向。
  - ◆ *X*、*Y*、*Z*：用于指定将被弯曲的轴。
- "限制"选项组用于控制弯曲的影响范围。
  - ◆ 限制效果：选中该复选框，将对对象指定限制影响的范围，其影响区域由下面的上限、下限的值确定。
  - ◆ 上限：设置弯曲的上限，在此限度以上的区域将不会受到弯曲的影响。
  - ◆ 下限：设置弯曲的下限，在此限度与上限之间的区域都将受到弯曲的影响。

2．弯曲参数的修改

在参数面板中对"角度"的值进行调整，圆柱体会随之发生弯曲，如图 4-46 所示。

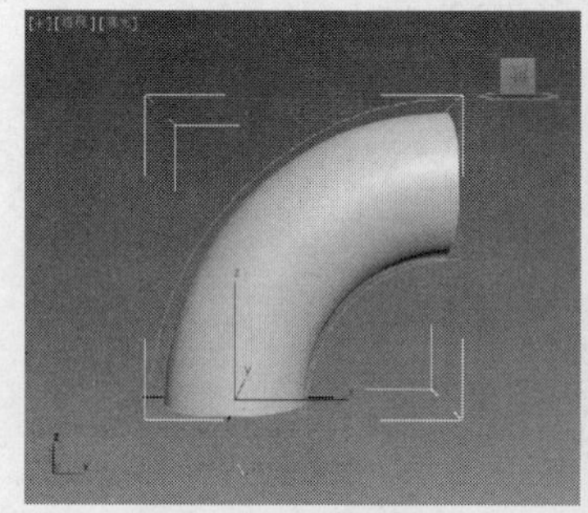

（a）角度数值为 90°

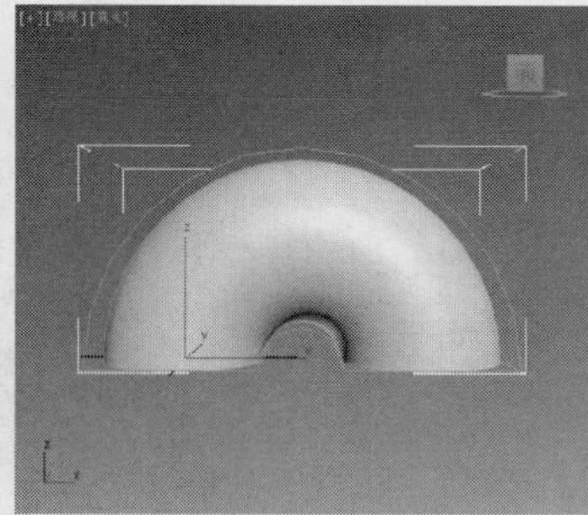

（b）角度数值为 180°

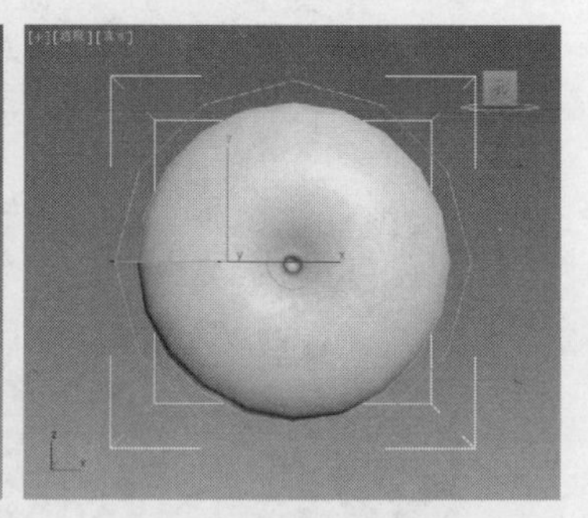

（c）角度数值为 360°

图 4-46

将弯曲角度设置为 90° ，依次选择弯曲轴向选项组中的 3 个轴向，圆柱体的弯曲方向会随之发生变化，如图 4-47 所示。

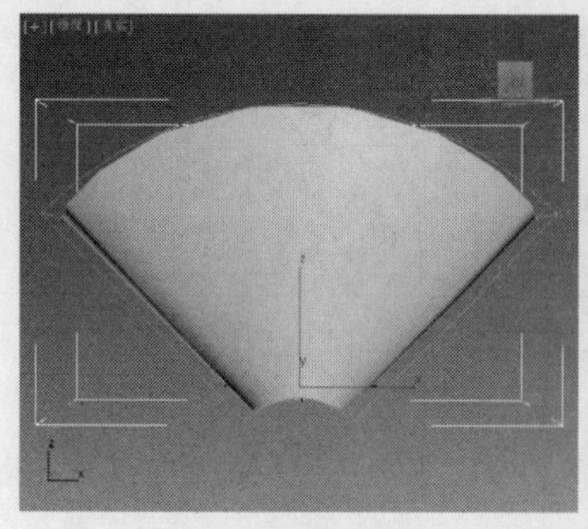

（a）*X*轴

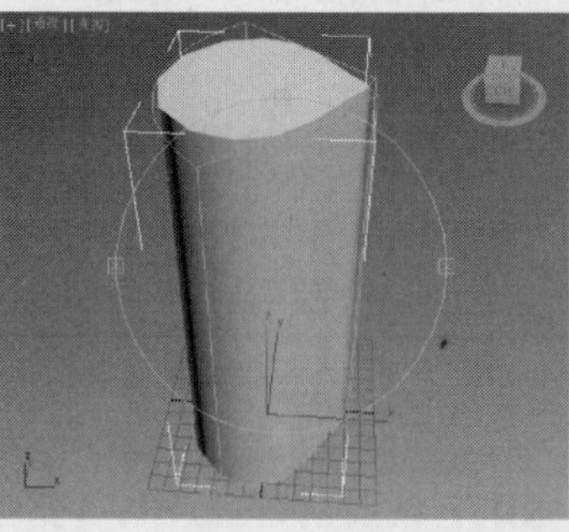

（b）*Y*轴

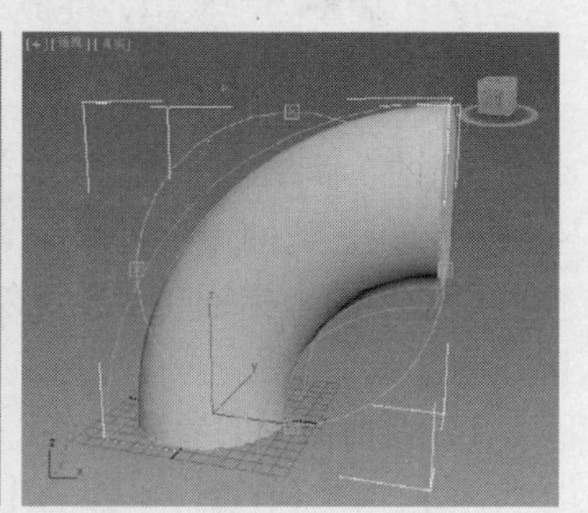

（c）*Z*轴

图 4-47

几何体的分段数与弯曲效果也有很大关系。几何体的分段数越多，弯曲表面就越光滑。对于同一几何体，弯曲命令的参数不变。如果改变几何体的分段数，形体也会发生很大变化。

在修改命令堆栈中单击“弯曲”命令前面的 按钮，会弹出弯曲命令的两个选项，如图 4-48 所示，然后单击“Gizmo”选项，视图中出现黄色的套框，如图 4-49 所示。

图 4-48

图 4-49

使用 （选择并移动）工具在视图中移动套框，圆柱体的弯曲形态会随之发生变化，如图 4-50 所示。

单击“中心”选项，视图中弯曲中心点的颜色会变为黄色，如图 4-51 所示，使用 （选择并移动）工具改变弯曲中心的位置，圆柱体的弯曲形态会随之发生变化，如图 4-52 所示。

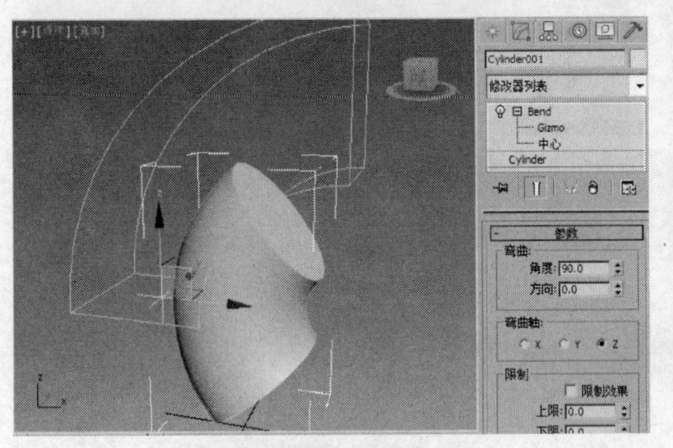

图 4-50

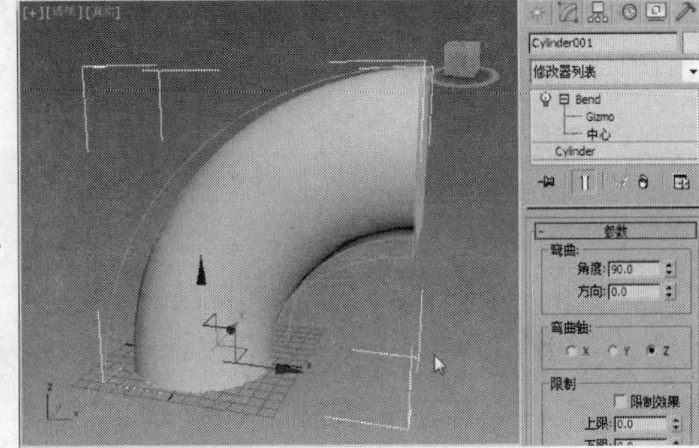

图 4-51

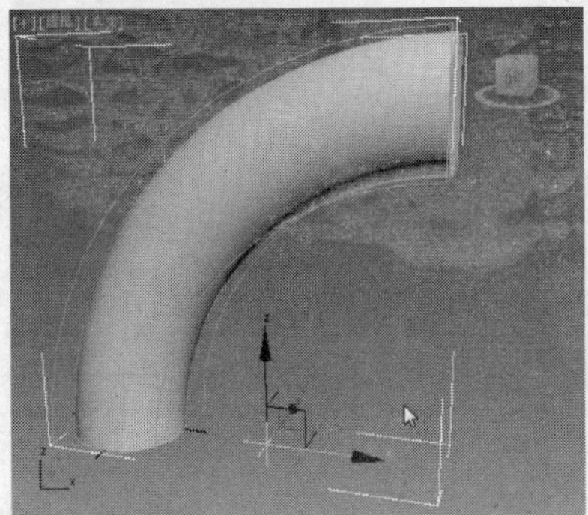

图 4-52

4.3.5 课堂案例——苹果的制作

【案例学习目标】学习 FFD 修改器。

【案例知识要点】本例介绍创建“球体、圆柱体”工具，结合使用“FFD（圆柱体）、锥化”修改器来制作苹果，完成的模型效果如图 4-53 所示。

【素材文件位置】CDROM/Map/Cha04/4.3.5 苹果。

【模型文件所在位置】CDROM/Scene/Cha04/4.3.5 苹果.max。

【参考模型文件所在位置】CDROM/Scene/Cha04/4.3.5 苹果场景.max。

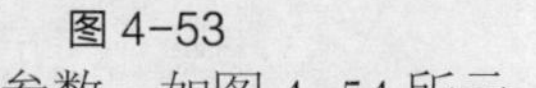

图 4-53

（1）单击“（创建）>（几何体）>球体”按钮，在“顶”视图中创建球体，在“参数”卷展栏中设置合适的参数，如图 4-54 所示。

（2）切换到（修改）命令面板，在“修改器列表”中选择“FFD（圆柱体）”修改器，将选择集定义为“控制点”，在场景中调整顶部中心位置的控制点，如图 4-55 所示。

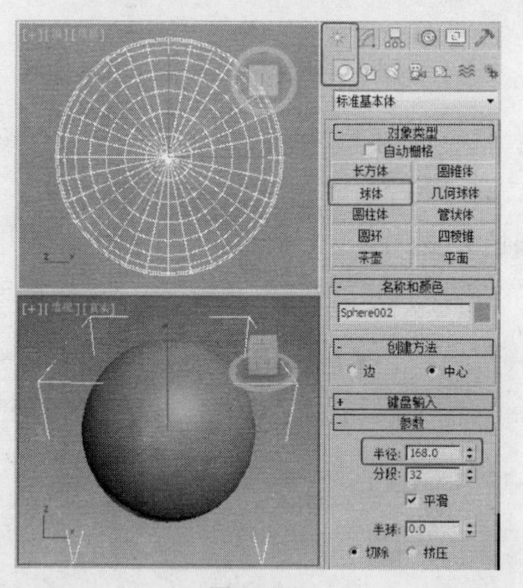

图 4-54

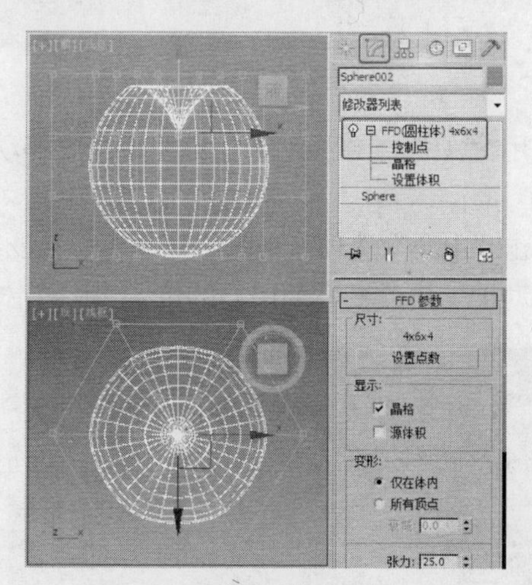

图 4-55

（3）在场景中选择顶部中心位置周围的控制点，对控制点进行缩放并调整其至合适的位置，如图 4-56 所示。

（4）在场景中选择底部中心位置的控制点，调整其至合适的位置，如图 4-57 所示，关闭选择集。

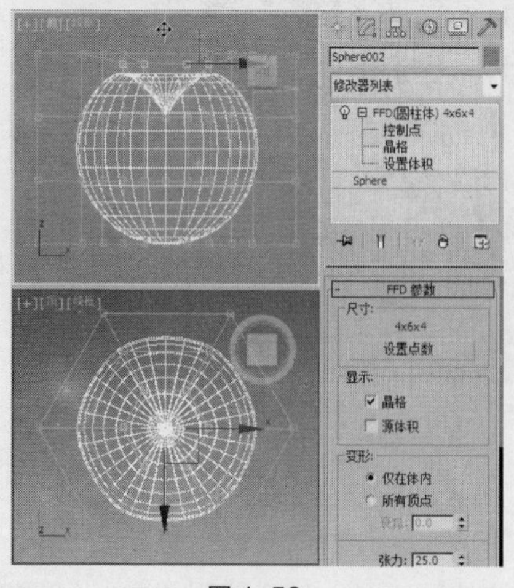

图 4-56

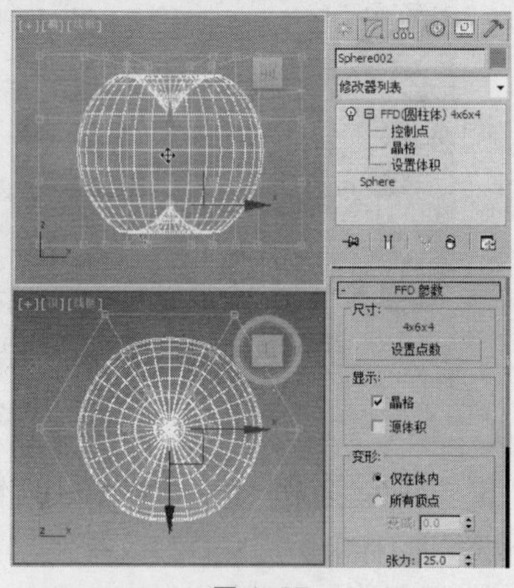

图 4-57

（5）在修改器列表中选择“锥化”修改器，在“参数”卷展栏中设置“锥化”选项组中“数量”为0.17，如图4-58所示。

（6）单击“（创建）>（几何体）>圆柱体”按钮，在“顶”视图中创建圆柱体，在“参数”卷展栏中设置“半径”为5、“高度”为150、“高度分段”为10、“端面分段”为1、“边数”为18，如图4-59所示。

创建圆柱体的时候设置较大的“高度分段”是为了在为其施加“FFD（圆柱体）”修改器时能更好地对“控制点”进行调整，并且使调整的模型更加平滑、美观。

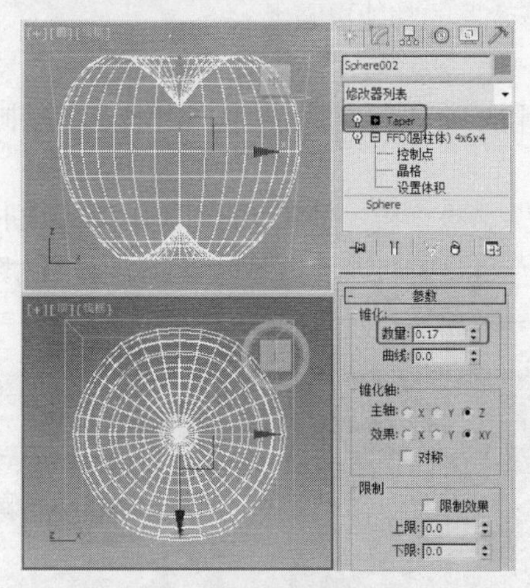

图4-58

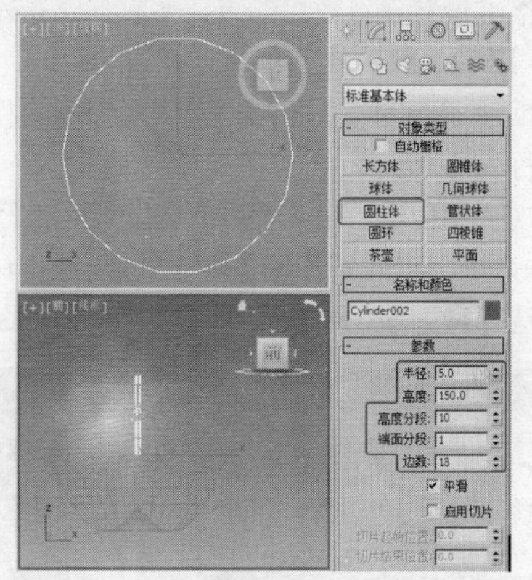

图4-59

（7）切换到（修改）命令面板，在修改器列表中选择“FFD（圆柱体）”修改器，将选择集定义为“控制点”，对控制点进行缩放，如图4-60所示。

（8）在场景中调整控制点至合适的角度和位置，完成的模型如图4-61所示。

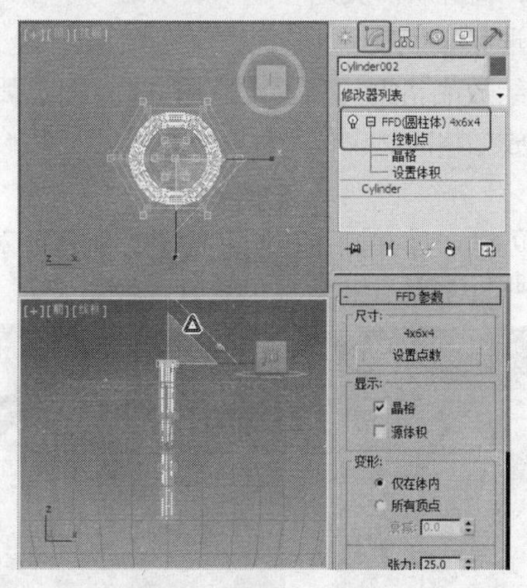

图4-60

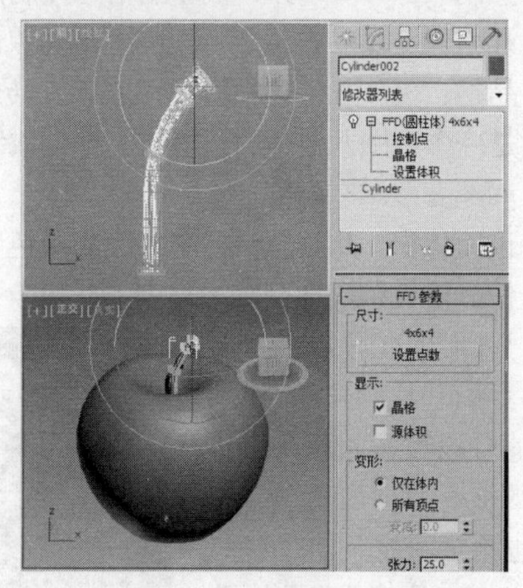

图4-61

4.3.6 FFD

FFD代表“自由形式变形”，它的效果可用于类似舞蹈汽车或坦克的计算机动画中，也可用于构建类似椅子和雕塑的图形。

FFD 自由形式变形：修改器使用晶格框包围选中的几何体。通过调整晶格的控制点，可以改变封闭几何体的形状。

1. FFD 自由变形命令介绍

FFD 自由变形提供了 3 种晶格解决方案和两种形体解决方案。控制点相对原始晶格源体积的偏移位置会引起受影响对象的扭曲，如图 4-62 所示。

3 种晶格包括 FFD 2×2×2、FFD 3×3×3 与 FFD 4×4×4，提供具有相应数量控制点的晶格对几何体进行形状变形。

两种形体包括 FFD（长方体）和 FFD（圆柱体）。使用 FFD（长方体/圆柱体）修改器，可在晶格上设置任意数目的点，使它们比基本修改器的功能更强大。

2. FFD（圆柱体）

FFD （圆柱体）是自由变形命令中比较常用的修改器，可以通过自由地设置控制点对几何体进行变形。

在视图中创建一个几何体，切换到（修改）命令面板。在修改器列表中选择“FFD （圆柱体）”命令，可看到几何体上出现了“FFD 4×4×4”控制点，如图 4-63 所示。在修改命令堆栈中选择选项，显示出子层级选项，如图 4-64 所示。

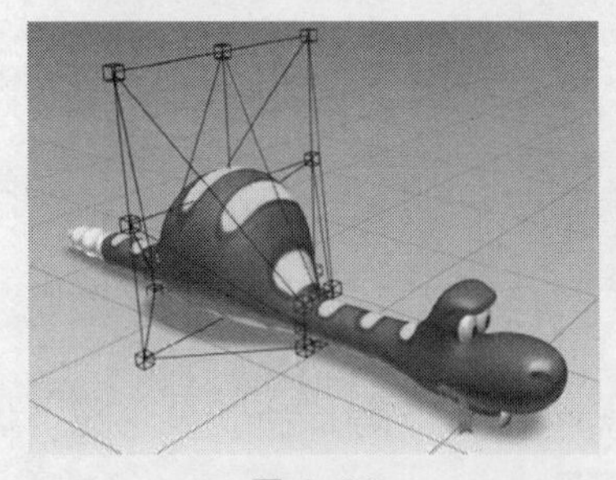

图 4-62

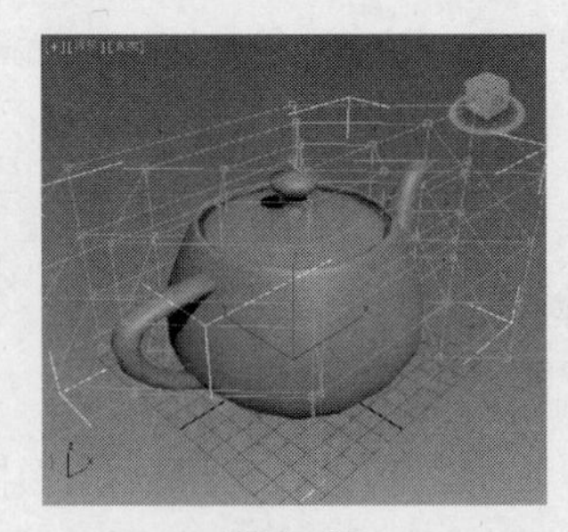

图 4-63

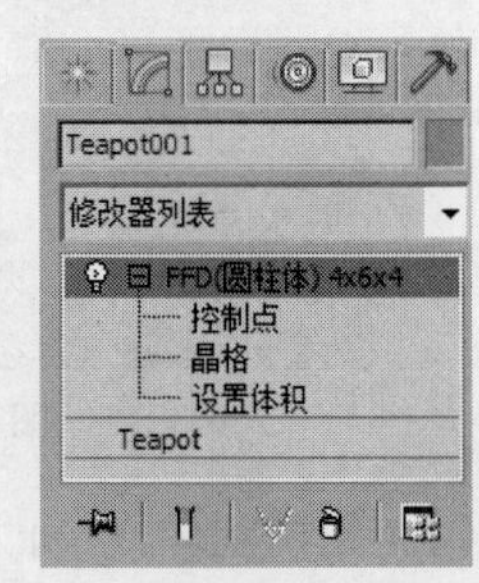

图 4-64

- 控制点：可以选择并操纵晶格的控制点，也可以一次处理一个或以组为单位处理多个几何体。操纵控制点将影响基本对象的形状。
- 晶格：可从几何体中单独摆放、旋转或缩放晶格框。当首次应用 FFD 时，默认晶格是一个包围几何体的边界框。移动或缩放晶格时，仅位于体积内的顶点子集合可应用局部变形。
- 设置体积：此时晶格控制点变为绿色，可以选择并操作控制点而不影响修改对象。这使晶格更精确地符合不规则形状对象。当变形时，这将提供更好的控制。

在对几何体进行 FFD 自由变形命令编辑时，必须考虑到几何体的分段数，如果几何体的分段数很低，自由变形命令的效果也不会明显，如图 4-65 所示。当增加几何体的分段数后，形体变化的几何体变得更圆滑，如图 4-66 所示。

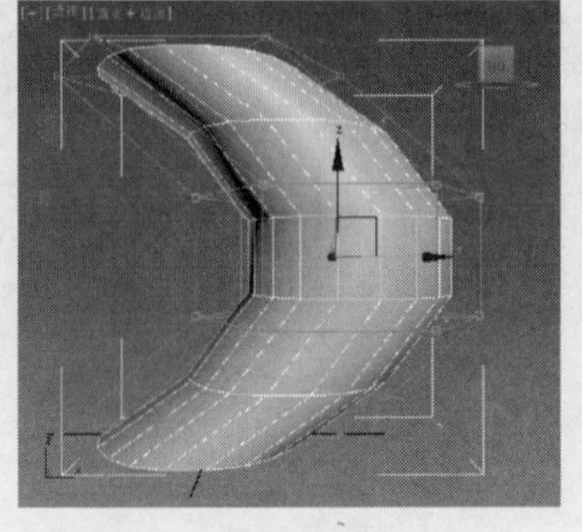

图 4-65

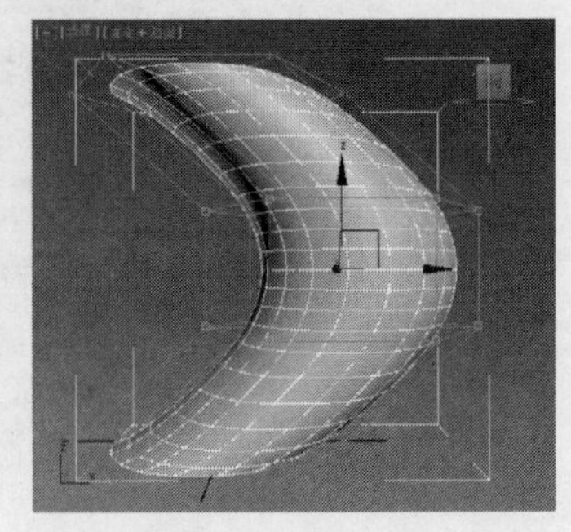

图 4-66

4.4 编辑样条线命令

“编辑样条线”修改器为选定图形的不同层级提供显示的编辑工具：顶点、分段或者样条线。“编辑样条线”修改器匹配基础“可编辑样条线”对象的所有功能。

编辑样条线命令：专门用于编辑二维图形的修改命令，在建模中的使用率非常高。编辑样条线命令与线的修改参数相同，但该命令可以用于所有二维图形的编辑修改。

在视图中任意创建一个二维图形，切换到（修改）命令面板，然后单击修改器列表，从中选择“编辑样条线”命令，修改命令面板中会显示命令参数，如图 4-67 所示。

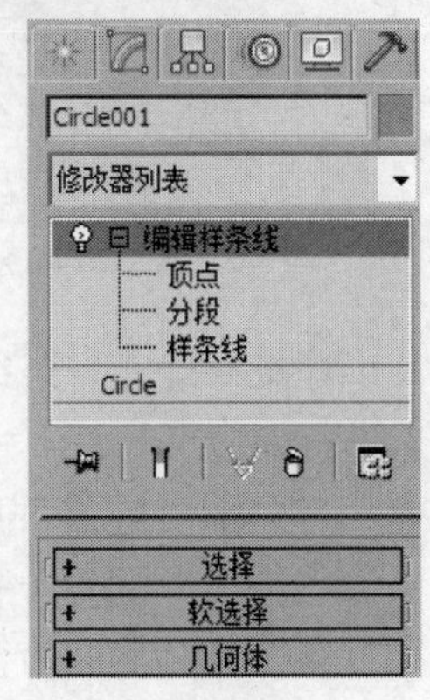

图 4-67

几何体卷展栏中提供了关于样条曲线的大量几何参数，其参数面板很繁杂，包含了大量的命令按钮和参数选项。

打开几何体卷展栏，依次激活“编辑样条线”命令的子层级命令，观察几何体卷展栏下的各参数命令。激活子层级命令，参数面板中相对应的命令也会被激活。下面对各子层级命令中的参数进行介绍，个别参数请参见第 3 章中的相关内容。

- 顶点参数：“顶点”层级命令的参数使用率比较高，是主要的命令参数。在修改命令堆栈中单击“顶点”选项，相应的参数命令被激活，如图 4-68 所示。

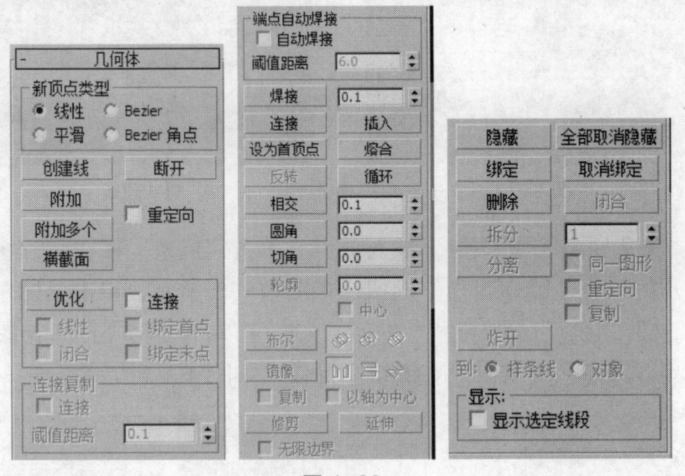

图 4-68

- ◆ 自动焊接：选中该选项，阈值距离范围内线的两个端点自动焊接。该选项在所有次对象级都可用。
- ◆ 阈值距离：用于设置实行自动焊接节点之间的距离。
- ◆ 焊接：可以将两个或多个节点合并为一个节点。

单击“（创建）>（图形）>圆”按钮，在“前”视图中创建圆，切换到（修改）命令面板，然后单击修改器列表，从中选择“编辑样条线”命令；在修改命令堆栈中单击“ > 顶点”选项，在视图中用光标框选两个节点，如图 4-69 所示，在参数面板中设置“焊接”数值，然后单击“焊接”按钮，选择的点即被焊接，如图 4-70 所示。“焊接”的数值表示节点间的焊接范围，在其范围内的节点才能被焊接。

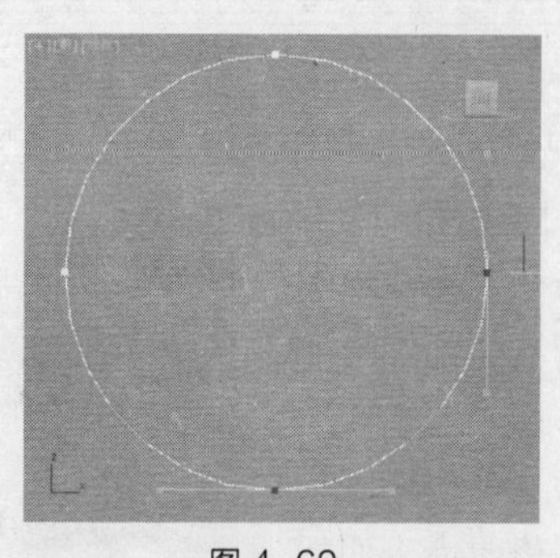

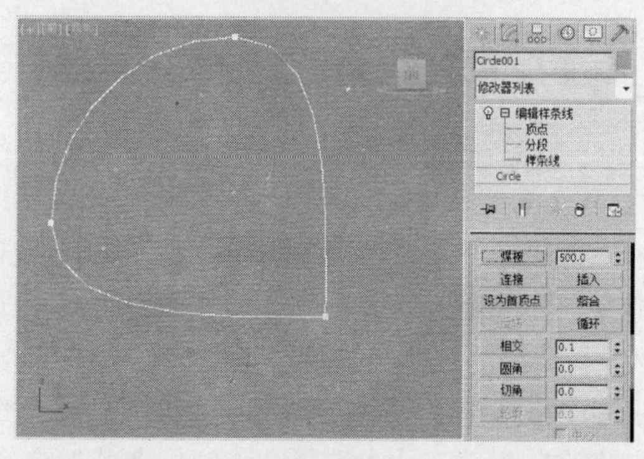

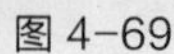

图 4-69　　　　图 4-70

焊接只能在一条线的节点间进行焊接操作，只能在相邻的节点间进行焊接，不能越过节点进行焊接。

◆ 连接：用于连接两个断开的点。单击“连接”按钮，将鼠标光标移到线的一个端点上，鼠标变为⌖形状，按住鼠标左键不放并拖曳光标到另一个端点上，如图 4-71 所示，松开鼠标左键，两个端点会连接在一起，如图 4-72 所示。

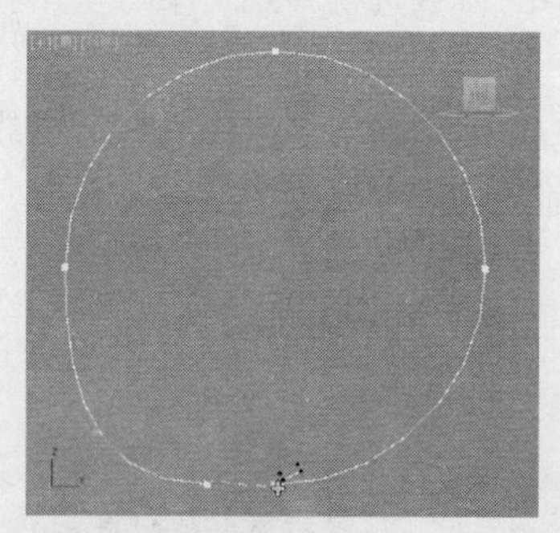

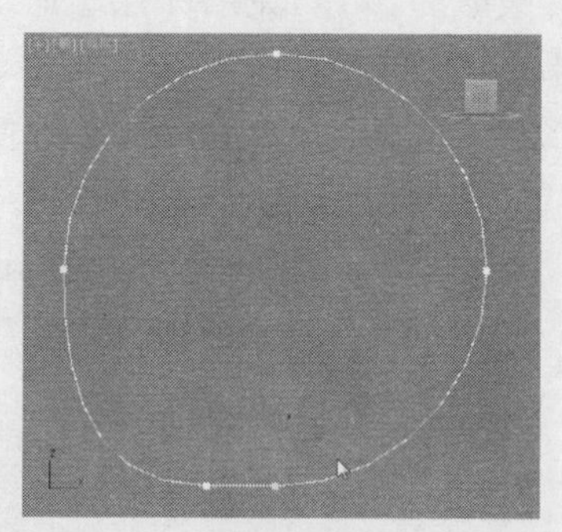

图 4-71　　　　图 4-72

◆ 插入：用于在二维图形上插入节点。单击“插入”按钮后，将光标移到要插入节点的位置，鼠标变为⌖形状，如图 4-73 所示，单击鼠标左键，节点即被插入，插入的节点会跟随光标移动，如图 4-74 所示，不断单击鼠标左键则可以插入更多节点，单击鼠标右键结束操作，如图 4-75 所示。

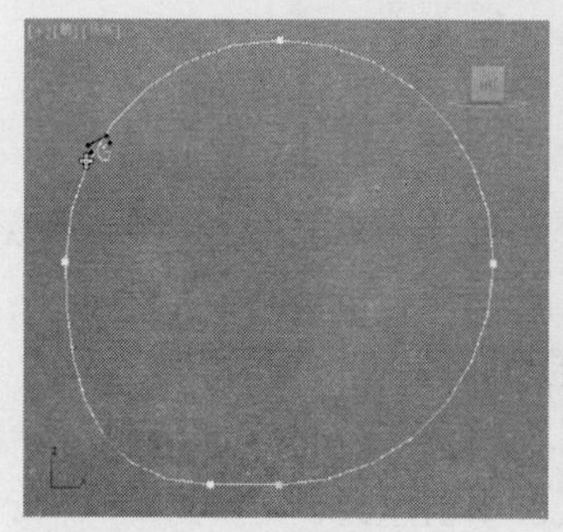

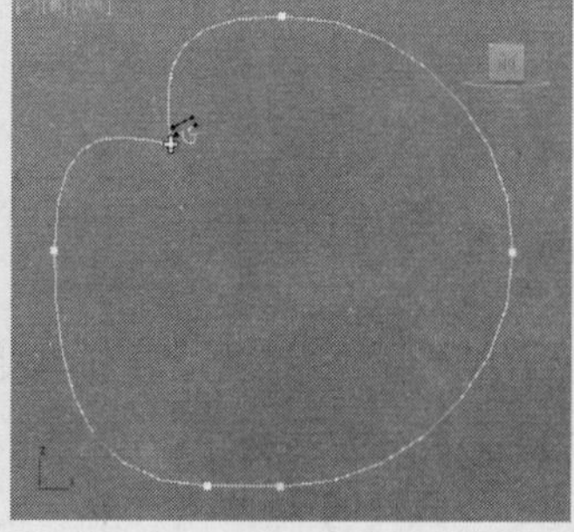

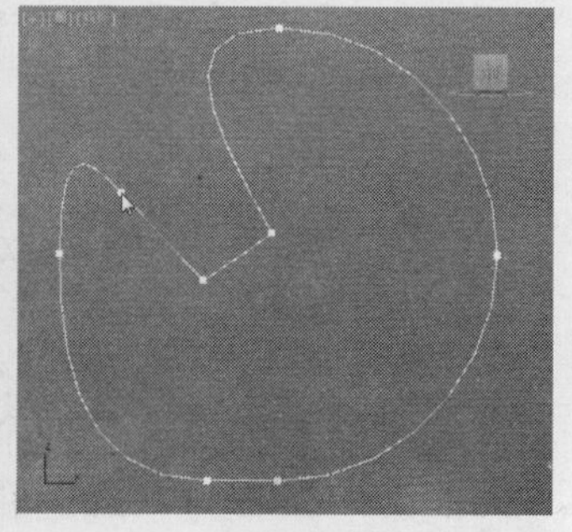

图 4-73　　　　图 4-74　　　　图 4-75

◆ 设为首顶点：用于将线上的一个节点指定为曲线起点。
◆ 熔合：用于将所选中的多个节点移动到它们的平均中心位置。选择多个节点后，单击“熔合”按钮，所选择的节点都会移到同一个位置，如图 4-76 所示。被熔合的节点是相互独立的，可以单独选择编辑，如图 4-77 所示。

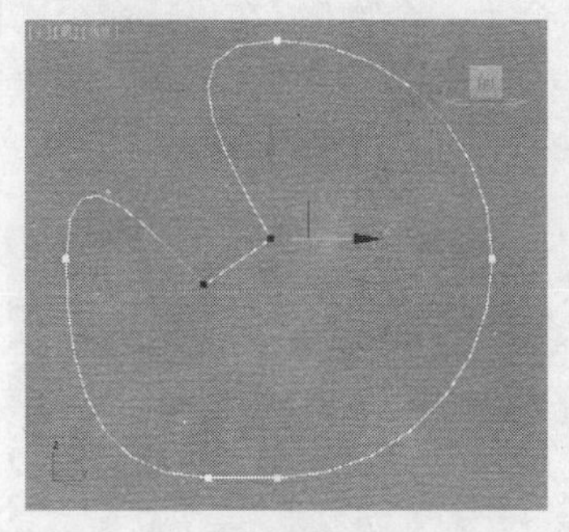
图 4-76

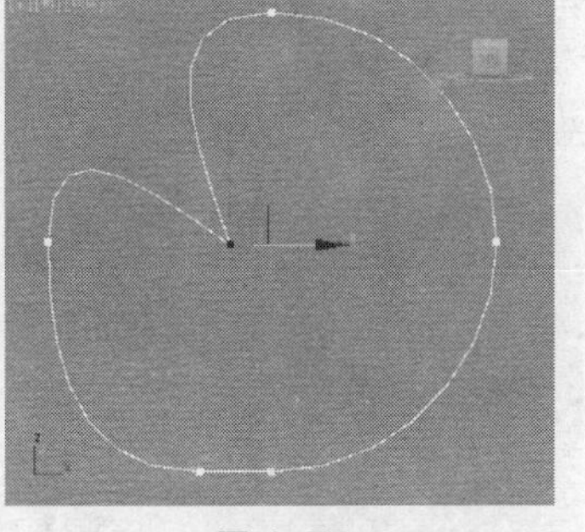
图 4-77

◆ 循环：用于循环选择节点。选择一个节点，然后单击此按钮，可以按节点的创建顺序循环更换选择目标。

◆ 圆角：可以在选定的节点处创建一个圆角。

◆ 切角：可以在选定的节点处创建一个切角。

◆ 删除：用于删除所选择的对象。

● 分段参数。“分段”层级的参数命令比较少，使用率也相对较低。在修改命令堆栈中单击“分段”选项，相应的参数命令被激活，如图 4-78 所示。

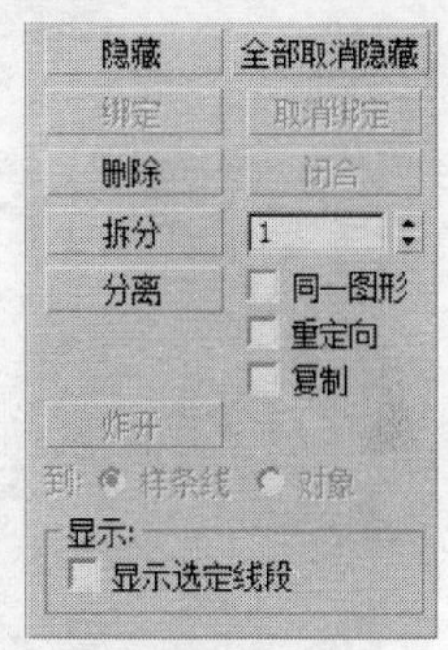

图 4-78

◆ 拆分：用于平均分割线段。选择一个线段，然后单击“拆分”按钮，可在线段上插入指定数目的节点，从而将一条线段分割为多条线段，如图 4-79 所示。

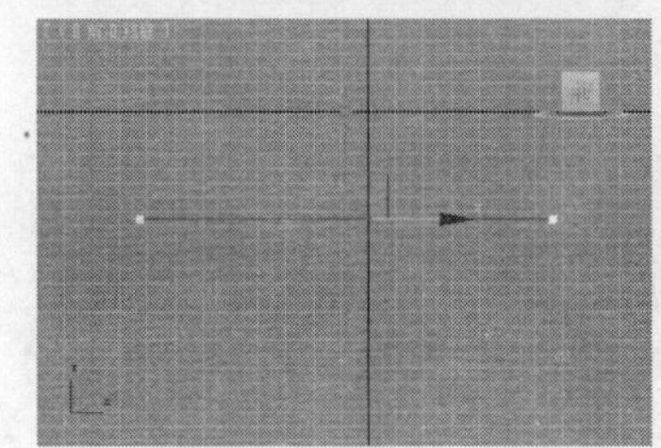

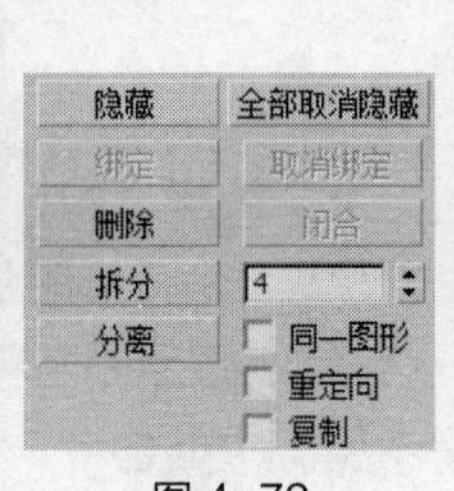

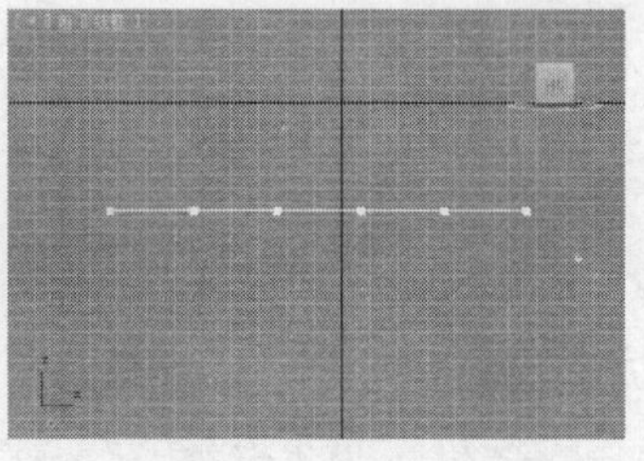
图 4-79

◆ 分离：用于将选中的线段或样条曲线从样条曲线中分离出来。系统提供了 3 种分离方式供选择：同一图形、重定向和复制。

● 样条线参数。样条线层级的参数使用率较高。下面着重介绍其中常用的参数命令，如图 4-80 所示。

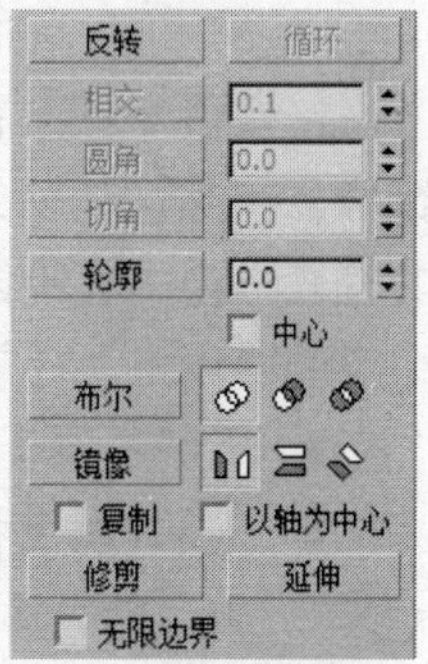

图 4-80

◆ 反转：用于颠倒样条曲线的首末端点。选择一个样条曲线，然后单击“反转”按钮，可以将选择的样条曲线的第一个端点和最后一个端点颠倒。

◆ 轮廓：用于给选定的线设置轮廓。

◆ 布尔：用于将两个二维图形按指定的方式合并到一起，有 3 种运算方式：（并集）、（差集）和（相交）。

在前视图中创建一个矩形和一个星形，如图 4-81 所示，单击矩形将其选中，切换到（修改）命令面板，单击修改器列表，从中选择“编辑样条线”命令，在参数面板中单击“附加”按钮，然后单击星形，如图 4-82 所示，将它们结合为一个物体。在修改命令堆栈中单击“ > 样条线”选项，将矩形选中，选择运算方式后单击“布尔”按钮，在视图中单击星形，完成运算，如图 4-83 所示。

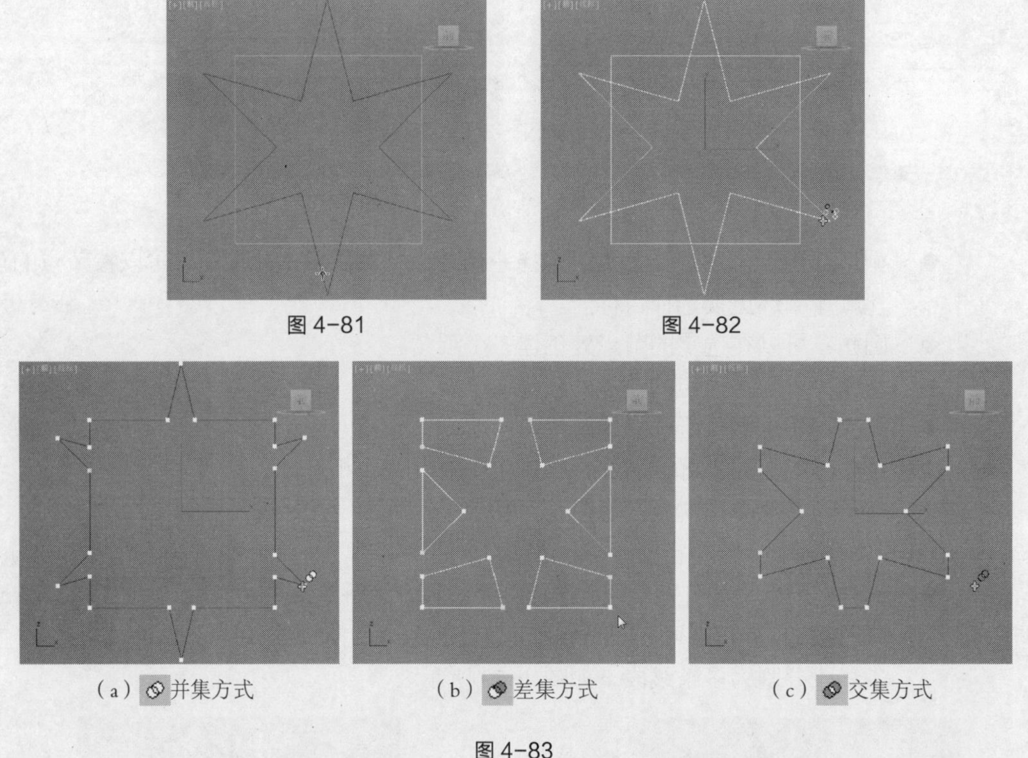

图 4-81

图 4-82

（a）并集方式　（b）差集方式　（c）交集方式

图 4-83

知识提示

进行布尔运算必须是同一个二维图形的样条线对象，如果是单独的几个二维图形，应先使用“附加”工具，将图形附加为一个二维图形后，才能对其进行布尔运算。进行布尔运算的线必须是封闭的，样条曲线本身不能自相交，要进行布尔运算的线之间不能有重叠部分。

◆ 镜像：用于对所选择的曲线进行镜像处理。系统提供了 3 种镜像方式：（水平镜像）、（垂直镜像）和（双向镜像）。

镜像命令下方有两个复选框。复制：选中该复选框可以将样条曲线复制并镜像产生一个镜像复制品。以轴为中心：用于决定镜向的中心位置，若选中该复选框，将以样条曲线自身的轴心点为中心镜像曲线；未选中时，则以样条曲线的几何中心为中心来镜像曲线。“镜像”命令的使用方法与前面的“布尔”命令相同。

- 修剪：用于删除交叉的样条曲线。
- 延伸：用于将开放样条曲线最接近拾取点的端点扩展到曲线的交叉点。一般在应用“修剪”命令后使用此命令。

以上介绍了“编辑样条线”命令中比较重要的参数，它们都是在实际建模中经常使用到的参数命令。该命令的参数比较多，要熟练掌握还需要进行实际操作。下面的章节将会通过几个典型实例来帮助大家熟练运用。

4.5 课堂练习——储物架的制作

【练习知识要点】本例介绍使用“切角长方体、矩形、线”工具，结合使用“编辑样条线、挤出、FFD4×4×4、车削”修改器制作储物架模型，如图 4-84 所示。

【素材文件位置】CDROM/Map/Cha04/4.5 储物架。

【模型文件所在位置】CDROM/Scene/Cha04/4.5 储物架.max。

【参考模型文件所在位置】CDROM/Scene/Cha04/4.5 储物架场景.max。

图 4-84

4.6 课后习题——办公椅的制作

【习题知识要点】本例介绍使用“可渲染的矩形、切角长方体、可渲染的线、线”工具，结合使用“编辑样条线、编辑多边形、FFD（长方体）、倒角、FFD4×4×4、挤出”修改器制作办公椅模型，如图 4-85 所示。

【素材文件位置】CDROM/Map/Cha04/4.6 办公椅。

【模型文件所在位置】CDROM/Scene/Cha04/4.6 办公椅.max。

【参考模型文件所在位置】CDROM/Scene/Cha04/4.6 办公椅场景.max。

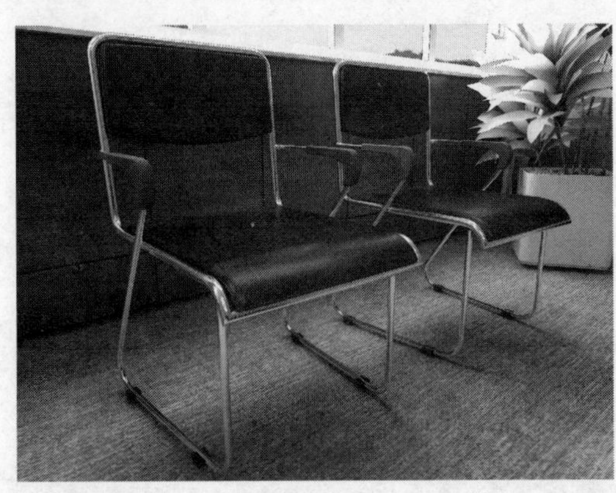

图 4-85

PART 5

第 5 章 复合对象的创建

本章介绍

本章将介绍复合对象的创建方法，以及布尔运算和放样变形命令的使用。读者通过学习本章内容，要了解并掌握使用两种复合对象创建工具制作模型的方法和技巧。通过本章的学习，希望读者可以融会贯通，掌握复合对象的创建技巧，制作出具有想象力的图像效果。

学习目标

- 熟练掌握布尔运算建模
- 熟练掌握放样命令建模
- 熟练掌握放样的变形工具

技能目标

- 掌握制作笛子模型的方法和技巧
- 掌握制作装饰骰子模型的方法和技巧
- 掌握制作桌布模型的方法和技巧

5.1 复合对象创建工具简介

3ds Max 2013 的基本内置模型是创建复合物体的基础，可以将多个内置模型组合在一起，从而产生出千变万化的模型。布尔运算工具和放样工具曾经是 3ds Max 的主要建模手段。虽然这两个建模工具已渐渐退出主要地位，但仍然是快速创建一些相对复杂物体模型的好方法。

复合物体就是将两个及以上的物体组合而成的一个新物体。本章学习使用复合物体的创建工具，主要包括变形、散布、一致、连接、水滴网格、图形合并、布尔、地形、放样、网格化、Proboolean、ProCutter。

在创建命令面板中单击下拉列表框，从中选择“复合对象”选项，如图 5-1 所示，进入复合对象的创建面板。3ds Max 2013 提供了 12 种复合对象的创建工具，如图 5-2 所示。

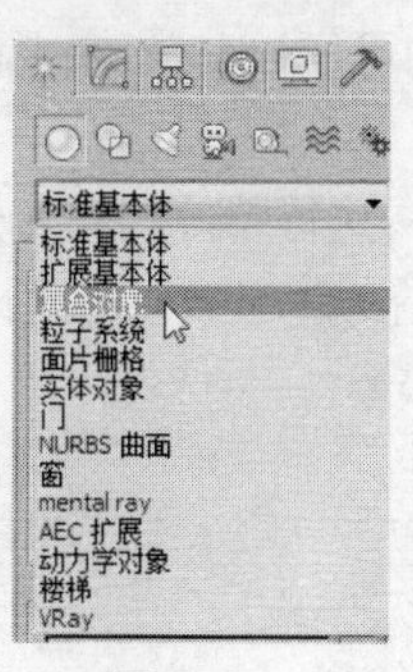

图 5-1

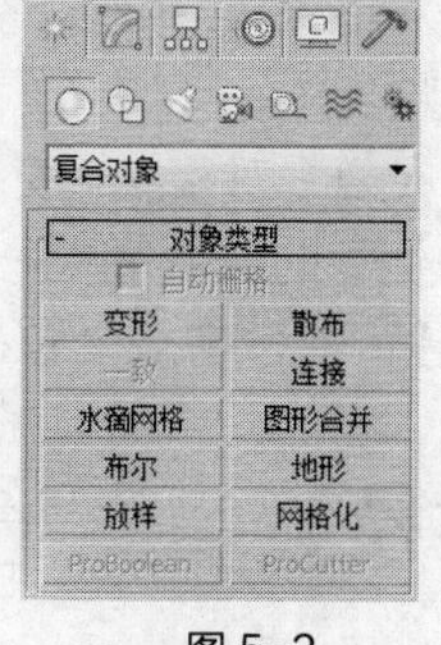

图 5-2

- 变形：一种与 2D 动画中的中间动画类似的动画技术。“变形”对象可以合并两个或多个对象，方法是插补第一个对象的顶点，使其与另外一个对象的顶点位置相符。如果随时执行这项插补操作，将会生成变形动画。
- 散布：复合对象的一种形式，将所选的源对象散布为阵列，或散布到分布对象的表面，通过它可以制作头发、胡须和草地等物体。
- 一致：一种复合对象，通过将“包裹器”的顶点投影至另一个对象“包裹器对象”的表面而创建，可以制作公路。
- 连接：使用连接复合对象，可通过对象表面的“洞”连接两个或多个对象。要执行此操作，要删除每个对象的面，在其表面创建一个或多个洞，并确定洞的位置，以使洞与洞之间面对面，然后应用“连接”。
- 水滴网格：“水滴网格”复合对象可以通过几何体或粒子创建一组球体，还可以将球体连接起来，就好像这些球体是由柔软的液态物质构成的一样。如果球体在离另外一个球体的一定范围内移动，它们就会连接在一起。如果这些球体相互移开，将会重新显示球体的形状。
- 图形合并：使用“图形合并”可以创建包含网格对象和一个或多个图形的复合对象。这些图形嵌入在网格中（将更改边与面的模式），或从网格中消失。
- 布尔：“布尔”对象通过对两个对象执行布尔运算将它们组合起来。在 3ds Max 中，布尔型对象是由两个重叠对象生成的。原始的两个对象是操作对象（A 和 B），而布尔型对象自身是运算的结果。
- 地形：要创建地形，可以选择表示海拔轮廓的可编辑样条线，然后对样条线施加“地形”工具，用于建立地形物体。

- 放样：放样对象是沿着第三个轴挤出的二维图形。从两个或多个现有样条线对象中创建放样对象。这些样条线之一会作为路径，其余的样条线会作为放样对象的横截面或图形。
- 网格化：“网格化”复合对象以每帧为基准将程序对象转化为网格对象，这样可以应用修改器，如弯曲或 UVW 贴图。它可用于任何类型的对象，但主要为使用粒子系统而设计。“网格化”对于复杂修改器堆栈的低空的实例化对象同样有用。
- ProBoolean：ProBoolean 复合对象在执行布尔运算之前，它采用了 3ds Max 网格并增加了额外的智能。首先它组合了拓扑，然后确定共面三角形并移除附带的边。接着，不是在这些三角形上而是在 N 多边形上执行布尔运算。完成布尔运算之后，对结果执行重复三角算法，最后在共面的边隐藏的情况下将结果发送回 3ds Max 中。这样额外工作的结果有双重意义：布尔对象的可靠性非常高；因为有更少的小边和三角形，因此结果输出更清晰。
- ProCutter：ProCutter 复合对象能够使用户执行特殊的布尔运算，主要目的是分裂或细分体积。ProCutter 运算的结果尤其适合在动态模拟中使用，在动态模拟中，使对象炸开，或由于外力或另一个对象使对象破碎。

5.2 布尔运算建模

在建模过程中，经常会遇到两个或多个物体需要相加和相减的情况，这时就会用到布尔运算工具。

布尔运算是一种逻辑数学的计算方法，可以通过对两个或两个以上的物体进行并集、差集和交集的运算，得到新形态的物体。

5.2.1 课堂案例——笛子的制作

【案例学习目标】学习布尔工具。

【案例知识要点】本例介绍创建“管状体、圆柱体”工具，结合使用“编辑多边形”和“布尔”制作笛子模型，如图 5-3 所示。

【素材文件位置】CDROM/Map/Cha05/5.2.1 笛子。

【模型文件所在位置】CDROM/Scene/Cha05/5.2.1 笛子.max。

【参考模型文件所在位置】CDROM/Scene/Cha05/5.2.1 笛子场景.max。

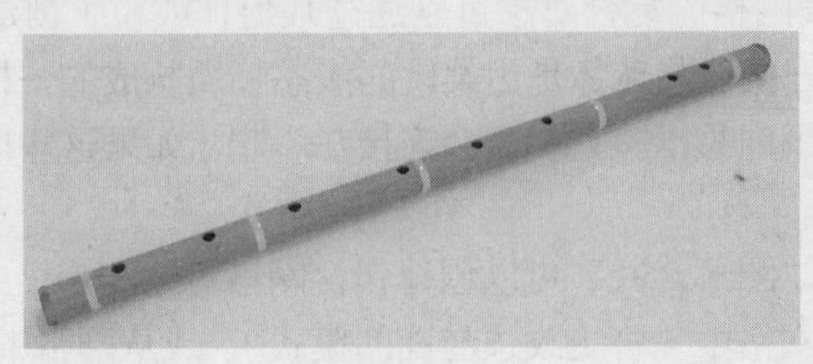

图 5-3

（1）在“前”视图中创建管状体，在“参数”卷展栏中设置合适的参数，如图 5-4 所示。

（2）为模型施加“编辑多边形”修改器，将选择集定义为“顶点”，在场景中调整顶点，三组顶点组合作为竹子节，如图 5-5 所示。

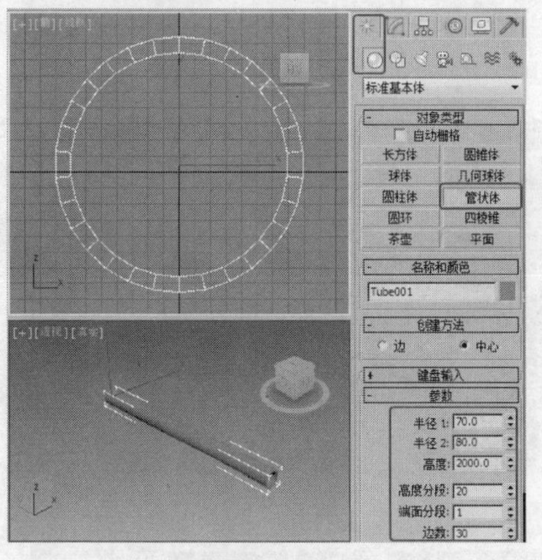

图 5-4

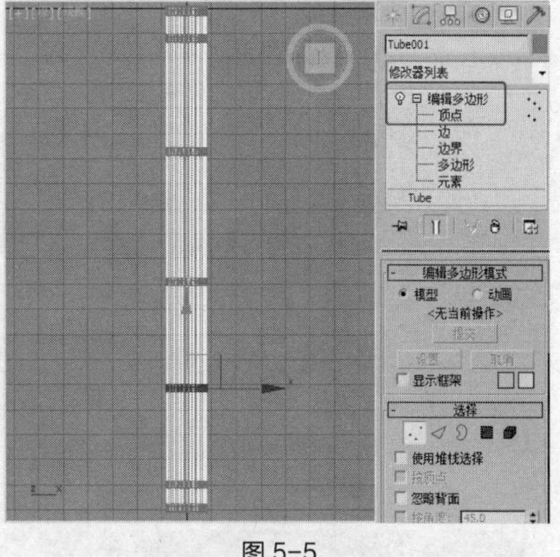

图 5-5

（3）在场景中缩放顶点，如图 5-6 所示。

（4）关闭选择集，在“修改器列表”中选择“涡轮平滑”修改器，设置合适的参数，如图 5-7 所示。

管状体的大小可以根据情况重新调整其长度。

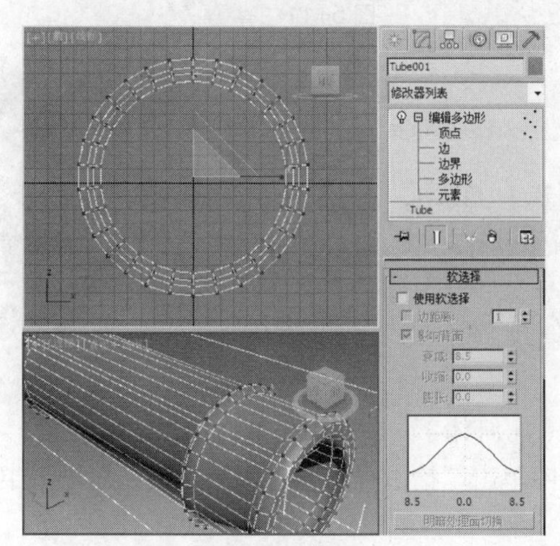

图 5-6

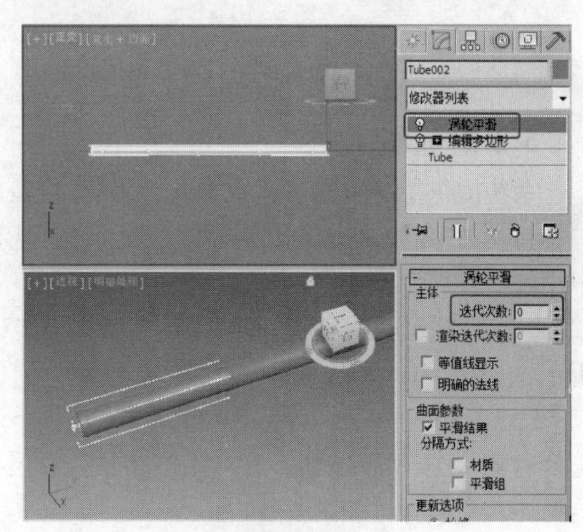

图 5-7

（5）在“顶”视图中创建圆柱体，设置合适的参数，如图 5-8 所示。

（6）在场景中复制圆柱体，调整其至合适的位置，如图 5-9 所示。

（7）在场景中选择其中一个圆柱体，切换到（修改）命令面板，在“修改器列表”中选择“编辑多边形”修改器，在“编辑几何体”卷展栏中单击“附加”按钮，在场景中逐个拾取其他的圆柱体，将圆柱体附加到一起，如图 5-10 所示。

（8）选择管状体，单击“（创建）>（几何体）> 复合对象 >布尔”按钮，在“拾取布尔”卷展栏中单击“拾取操作对象 B”按钮，在场景中拾取附加到一起的圆柱体，如图 5-11 所示。

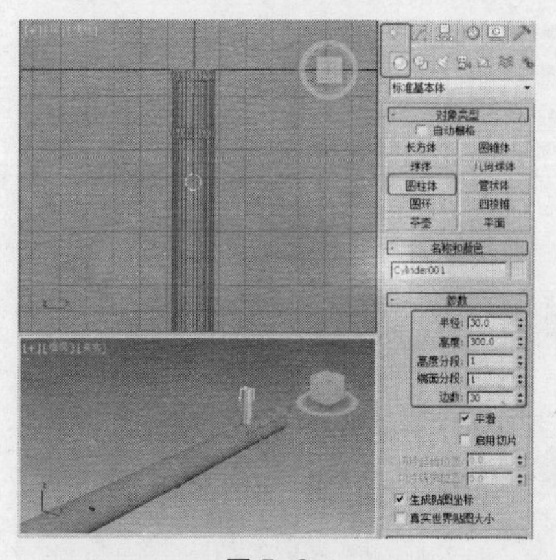

图 5-8

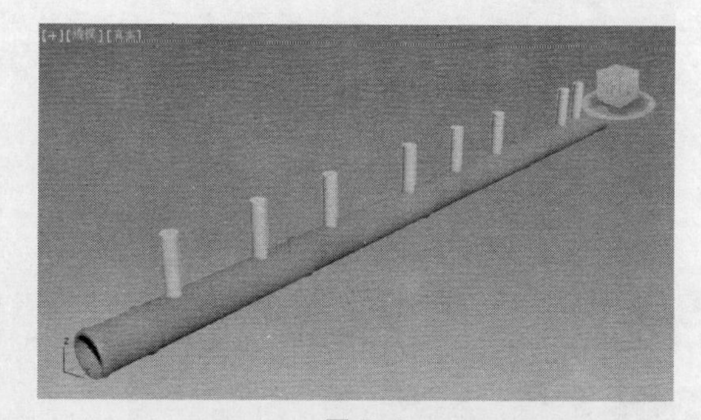

图 5-9

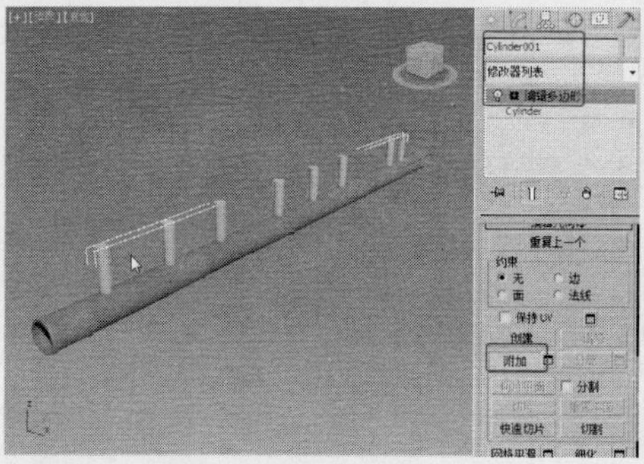

图 5-10

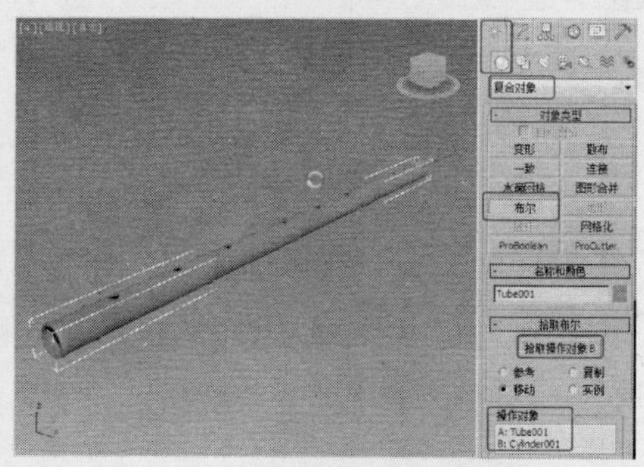

图 5-11

（9）完成的笛子模型，如图 5-12 所示。

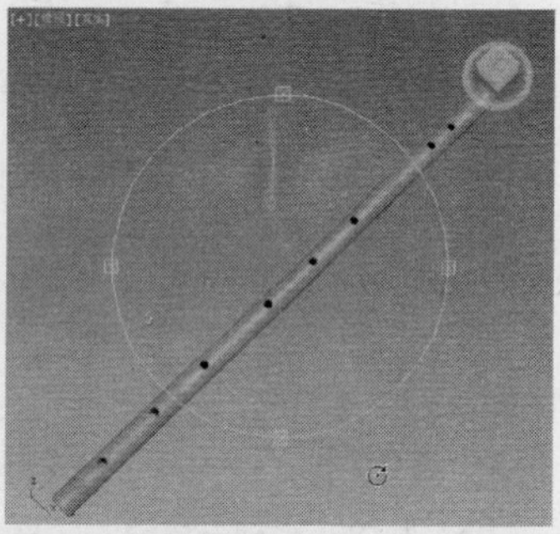

图 5-12

5.2.2 布尔工具

系统提供了 3 种布尔运算方式：并集、交集和差集。其中，差集包括 A-B 和 B-A 两种方式。下面举例介绍布尔运算的基本用法，操作步骤如下。

（1）首先场景中必须创建有原始对象和操作对象，如图 5-13 所示。

（2）选择其中一个模型，单击“（创建）>（几何体）>复合对象 >布尔”按钮，在“拾取布尔”卷展栏中单击“拾取操作对象 B”按钮，在场景中拾另外一个模型，如图 5-14 所示。

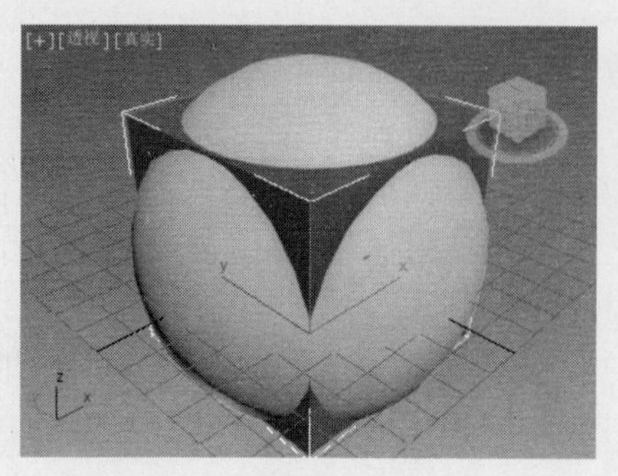

图 5-13

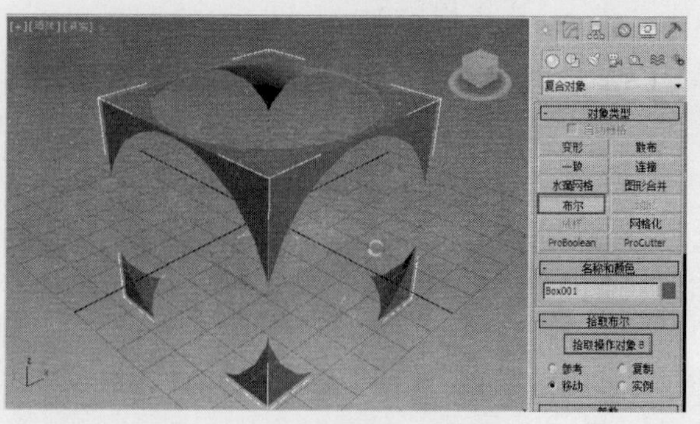

图 5-14

“拾取布尔”卷展栏中的选项功能介绍如下（如图 5-15 所示）。

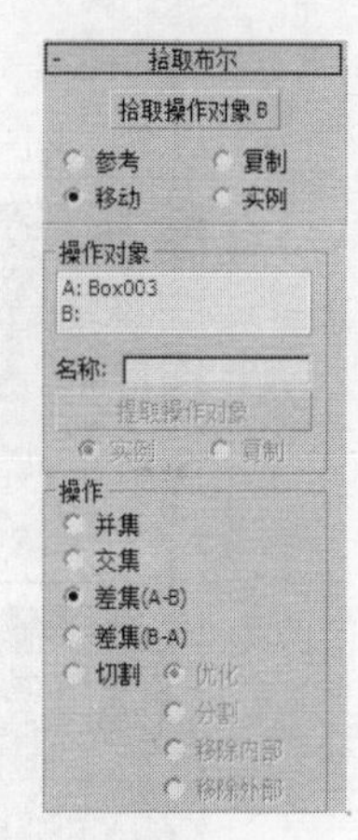

图 5-15

- 拾取操作对象 B：此按钮用于选择用于完成布尔操作的第 2 个对象。
- “操作对象”组。
  - ◆ 操作对象列表：显示当前的操作对象。
  - ◆ 名称：编辑此字段更改操作对象的名称。在“操作对象”列表框中选择一个操作对象，该操作对象的名称同时也将显示在“名称”框中。
  - ◆ 提取操作对象：用于提取选中操作对象的副本或实例。在列表框中选择一个操作对象即可启用此按钮。
- “操作”组：用于在该选项组中选择运算方式。
  - ◆ 并集：布尔对象包含两个原始对象的体积，但将移除几何体的相交部分或重叠部分。
  - ◆ 交集：布尔对象只包含两个原始对象公用的体积（即重叠的位置）。
  - ◆ 差集（A−B）：从操作对象 A 中减去相交的操作对象 B 的体积。布尔对象包含从中减去相交体积的操作对象 A 的体积。
  - ◆ 差集（B−A）：从操作对象 B 中减去相交的操作对象 A 的体积。布尔对象包含从中减去相交体积的操作对象 B 的体积。
  - ◆ 切割：使用操作对象 B 切割操作对象 A，但不给操作对象 B 的网格添加任何东西。
  - ◆ 优化：在操作对象 B 与操作对象 A 面的相交之处，在操作对象 A 上添加新的顶点和边。
  - ◆ 分割：类似于“优化”，不过此种剪切还沿着操作对象 B 剪切操作对象 A 的边界，添加第 2 组顶点和边或两组顶点和边。
  - ◆ 移除内部：删除位于操作对象 B 内部的操作对象 A 的所有面。
  - ◆ 移除外部：删除位于操作对象 B 外部的操作对象 A 的所有面。

通过改变不同的运算类型，可以生成不同的形体，如表 5-1 所示。

表 5-1

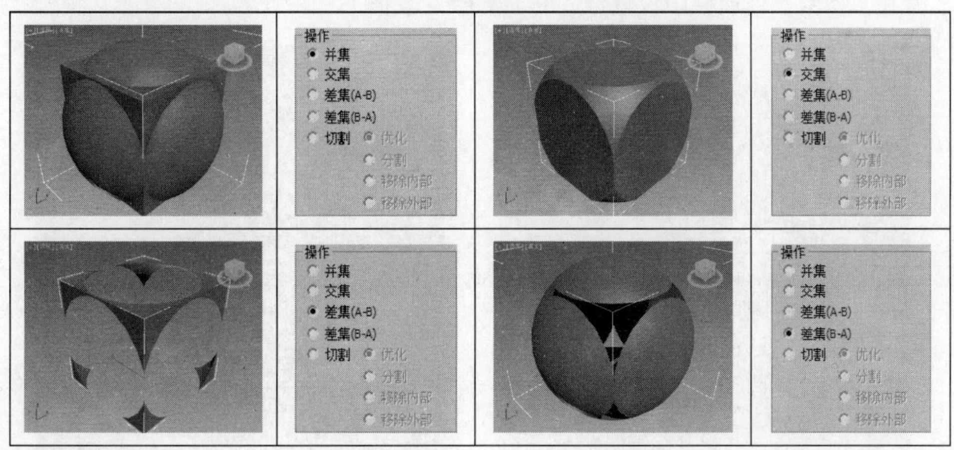

续表

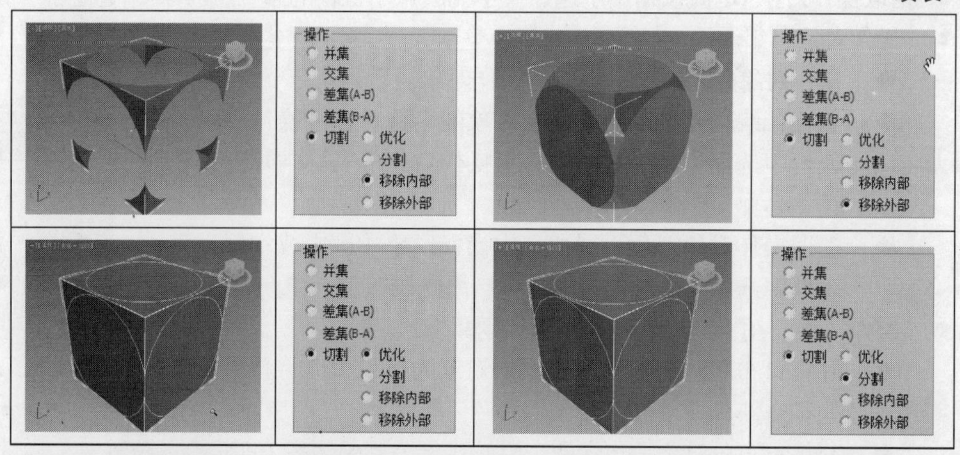

5.2.3 课堂案例——装饰骰子的制作

【案例学习目标】学习 ProBoolean 工具。

【案例知识要点】创建切角长方体作为骰子模型，创建球体并对其进行复制作为布尔对象，通过使用 ProBoolean 工具来完成装饰骰子模型，模型的效果如图 5-16 所示。

图 5-16

【素材文件位置】CDROM/Map/Cha05/5.2.3 装饰骰子。

【模型文件所在位置】CDROM/Scene/Cha05/5.2.3 装饰骰子.max。

【参考模型文件所在位置】CDROM/Scene/Cha05/5.2.3 装饰骰子场景.max。

（1）单击“（创建）>（几何体）>扩展基本体>切角长方体”按钮，在场景中创建切角长方体，在“参数”卷展栏中设置合适的参数，如图 5-17 所示。

（2）单击“（创建）>（几何体）>标准基本体>球体”按钮，在“前”视图中创建球体，并在“参数”卷展栏中设置合适的“半径”，如图 5-18 所示。

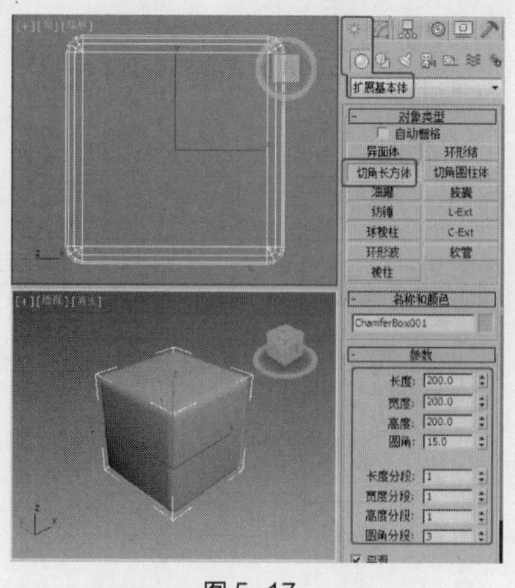

图 5-17

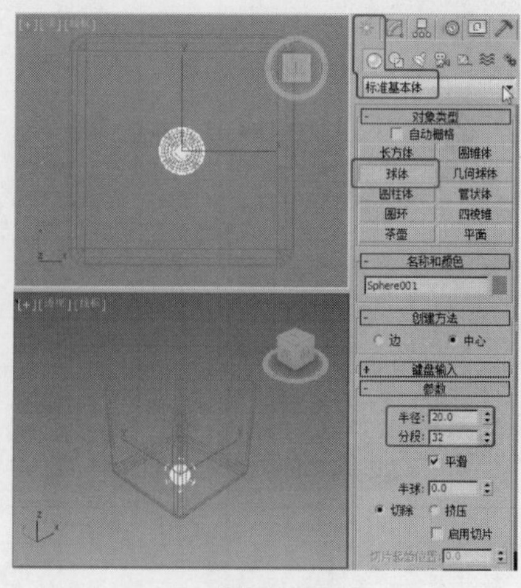

图 5-18

（3）在场景中复制球体到骰子的每一个面，分别在每个面上复制球体个数为1、2、3、4、5、6，如图5-19所示。

（4）选择切角长方体，单击“（创建）>（几何体）>复合对象>ProBoolean”按钮，在“拾取布尔对象”卷展栏中单击“开始拾取”按钮，如图5-20所示。

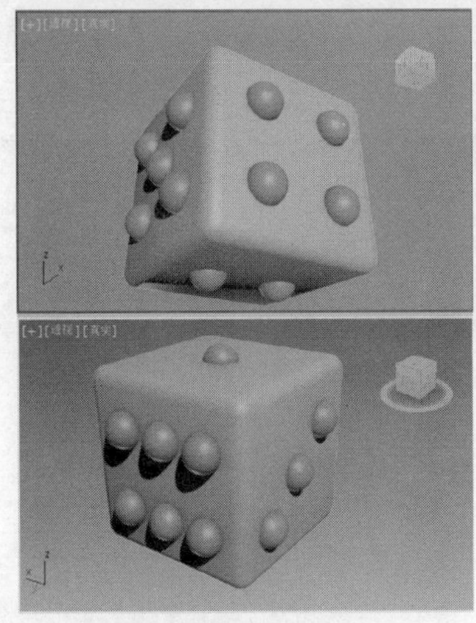
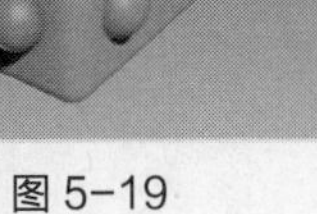

图5-19

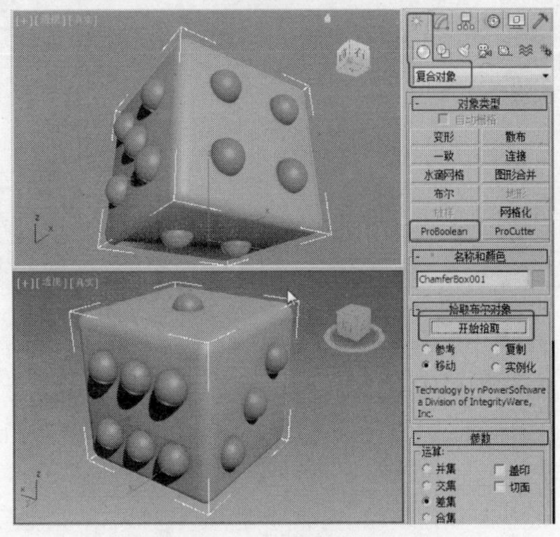

图5-20

（5）按键盘上的H键，在弹出的“拾取对象”列表中选择所有的球体对象，单击“拾取”按钮，如图5-21所示。

（6）布尔后的模型，如图5-22所示。

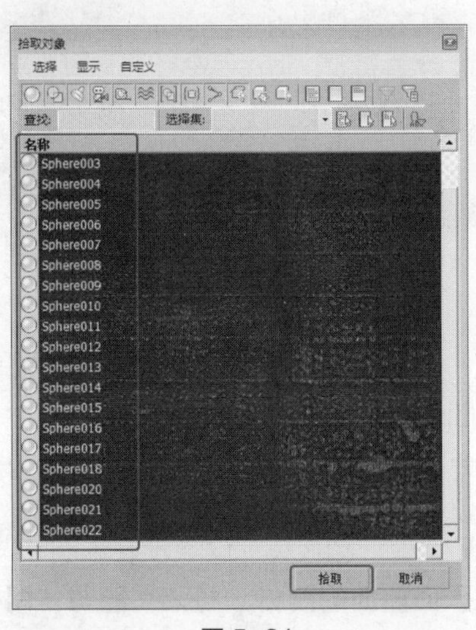

图5-21

图5-22

（7）在“高级选项”卷展栏中选择“设为四边形”复选框，如图5-23所示。

（8）在“修改器列表”下拉列表框中选择“网格平滑”修改器，可以设置出模型的平滑效果，如图5-24所示。

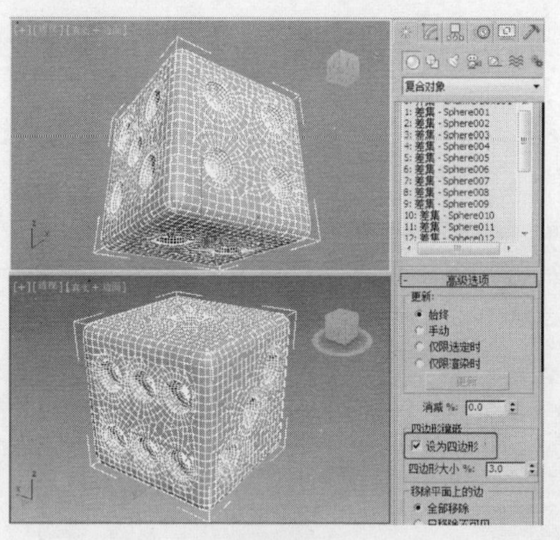

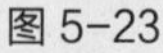
图 5-23

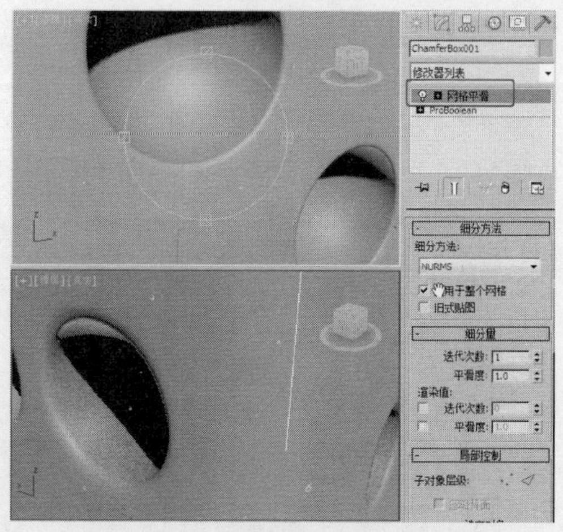

图 5-24

5.2.4 ProBoolean

ProBoolean 是高级布尔工具，它比普通的“布尔”工具功能制作的模型更加细腻一些。操作方法与“布尔”工具相同。

这里主要介绍一下“高级选项”卷展栏，其他参数可以参考“布尔”工具中的介绍。

“高级选项”卷展栏中的选项功能介绍如下（如图 5-25 所示）。

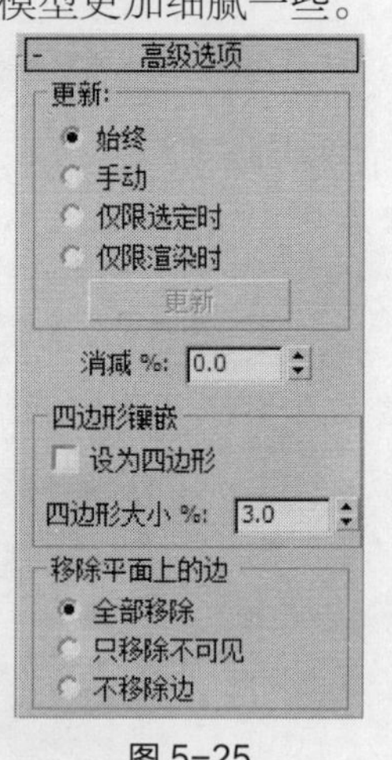

图 5-25

- “更新”组：这些选项用于确定在进行更改后，何时在布尔对象上执行更新。
  - ◆ 始终：只要用户更改了布尔对象，就会进行更新。
  - ◆ 手动：仅在单击“更新”按钮后进行更新。
  - ◆ 仅限选定时：不论何时，只要选定了布尔对象，就会进行更新。
  - ◆ 仅限渲染时：仅在渲染或单击“更新”按钮时才将更新应用于布尔对象。
  - ◆ 更新：对布尔对象应用更改。
  - ◆ 消减%：从布尔对象中的多边形上移除边，从而减少多边形数目的边百分比。
- “四边形镶嵌”组：用于启用布尔对象的四边形镶嵌。
  - ◆ 设为四边形：启用该复选框时，会将布尔对象的镶嵌从三角形改为四边形。

当启用“设为四边形”复选框后，对“消减%”设置没有影响。“设为四边形”可以使用四边形网格算法重设平面曲面的网格。将该功能与“网格平滑”、“涡轮平滑”和“可编辑多边形”中的细分曲面工具结合使用可以产生动态效果。

  - ◆ 四边形大小%：确定四边形的大小作为总体布尔对象长度的百分比。
- “移除平面上的边”组：用于确定如何处理平面上的多边形。
  - ◆ 全部移除：移除一个面上的所有其他共面的边，这样该面本身将定义多边形。
  - ◆ 只移除不可见：移除每个面上的不可见边。
  - ◆ 不移除边：不移除边。

5.3 放样建模

对于很多复杂的模型，很难用基本的几何体组合或修改来得到，这时就要使用放样命令来实现。放样建模是指先创建一个二维截面，然后使它沿着一个预先设定好的路径进行变形，从而得到三维物体的过程。放样建模是一种非常重要的建模方式。

放样是一种传统的三维建模方法，使截面图形沿着路径放样形成三维物体，在路径的不同位置可以有多个截面图形。

5.3.1 课堂案例——桌布的制作

【案例学习目标】学习使用放样工具。

【案例知识要点】本例介绍使用“圆、线、平面和放样”工具，结合使用“编辑样条线、Coth”修改器制作桌布模型，模型效果如图 5-26 所示。

【素材文件位置】CDROM/Map/Cha05/5.3.1 桌布。

【模型文件所在位置】CDROM/Scene/Cha05/5.3.1 桌布.max。

【参考模型文件所在位置】CDROM/Scene/Cha05/5.3.1 桌布场景.max。

图 5-26

（1）单击“（创建）>（图形）>圆”按钮，在“顶”视图中创建圆，在“参数”卷展栏中设置合适的“半径”，作为路径参数为 100 的放样图形，如图 5-27 所示。

（2）切换到（修改）命令面板，在“修改器列表中”选择“编辑样条线”修改器，将选择集定义为“分段”，在场景中选择全部的分段，在“几何体”卷展栏中，设置“拆分”的参数为 8，单击“拆分”按钮，如图 5-28 所示。

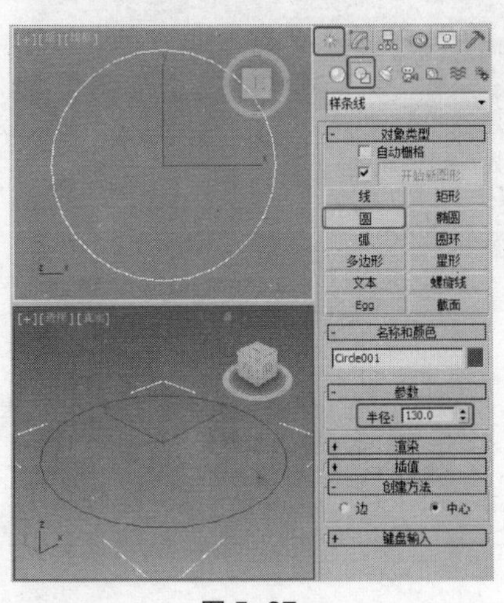

图 5-27

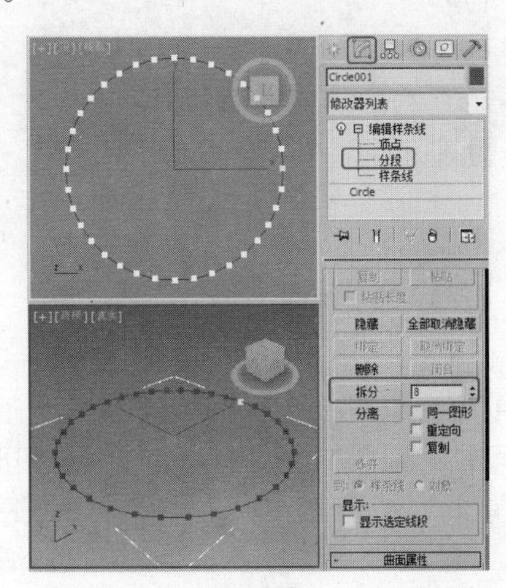

图 5-28

（3）将选择集定义为“顶点”，在场景中调整顶点的角度和位置，如图 5-29 所示，关闭选择集。

（4）单击“（创建）>（图形）>圆”按钮，在“顶”视图中创建圆，在“参数”卷展栏中设置合适的“半径”，作为路径参数为 0 的放样图形，如图 5-30 所示。

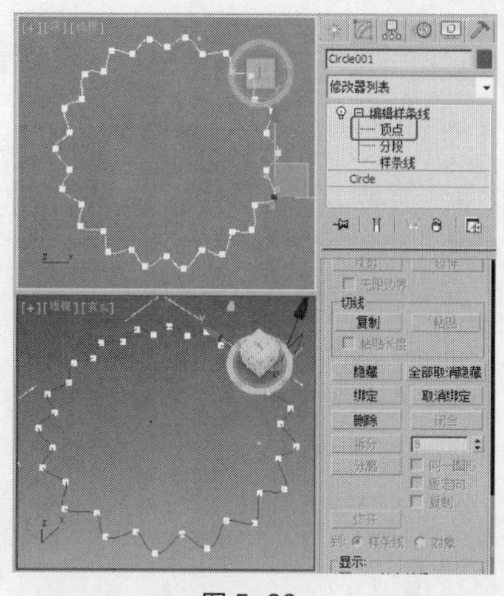

图 5-29

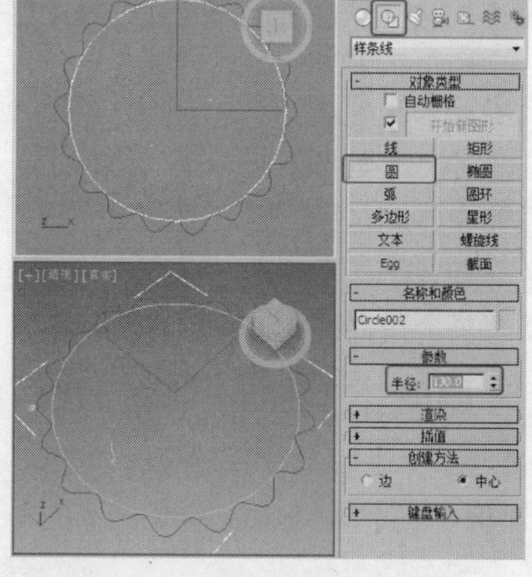

图 5-30

（5）单击“（创建）>（图形）>线”按钮，在“前”视图中创建线，作为路径，如图 5-31 所示。

（6）单击“（创建）>（几何体）>复合对象>放样”按钮，在“路径参数”卷展栏中设置路径为 0，在“创建方法”卷展栏中单击“获取图形”按钮，在场景中选择路径参数为 0 的放样图形，如图 5-32 所示。

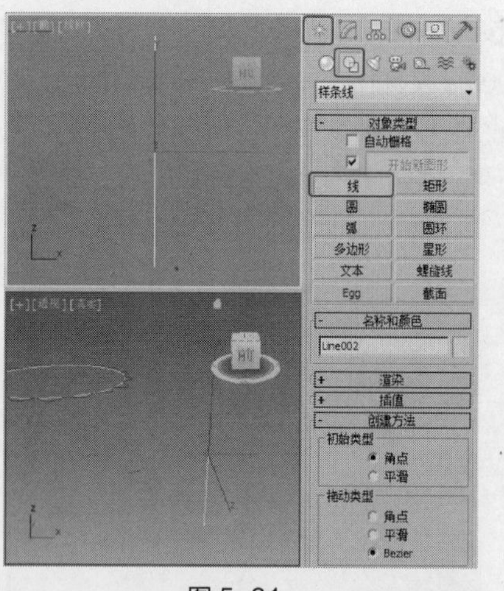

图 5-31

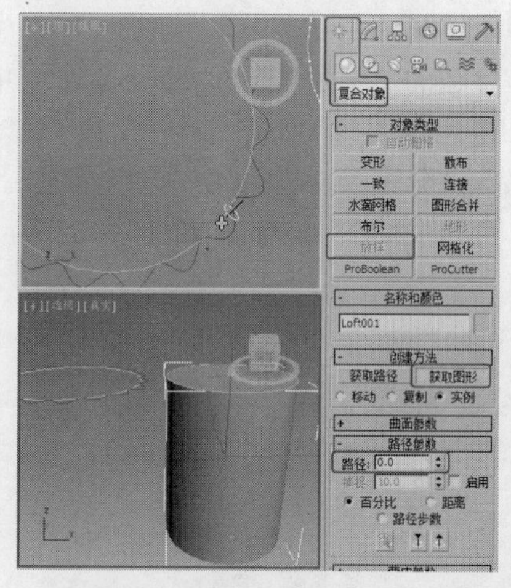

图 5-32

（7）在“路径参数”卷展栏中设置路径为 100，在“创建方法”卷展栏中单击“获取图形”按钮，在场景中选择路径参数为 100 的放样图形，如图 5-33 所示。

（8）单击“（创建）>（几何体）>平面”按钮，在“顶”视图中创建平面，设置合适的参数，调整其至合适的位置，如图 5-34 所示。

（9）切换到（修改）命令面板，在“修改器列表中”选择“Cloth”修改器，在“对象”卷展栏中单击“对象属性”按钮，在弹出的对话框中单击“添加对象”按钮，在弹出的对话框中选择“Loft001”，单击“添加”按钮，单击“确定”按钮，如图 5-35 所示。

（10）继续在“对象”卷展栏中单击“对象属性”按钮，在左侧对象列表中选择添加的“Loft001”对象，选择“冲突对象”选项，如图 5-36 所示。

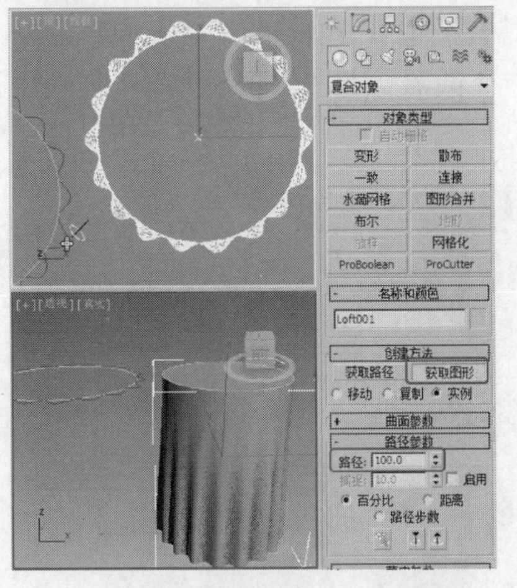

图 5-33

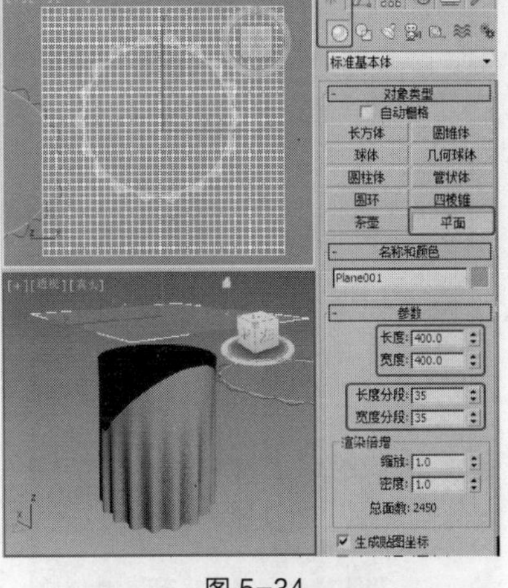

图 5-34

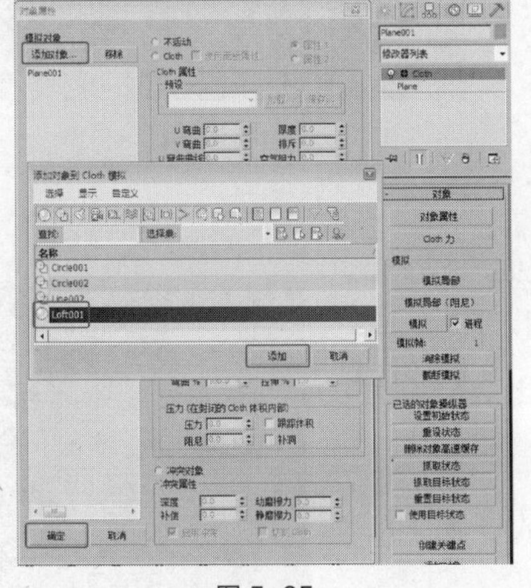

图 5-35

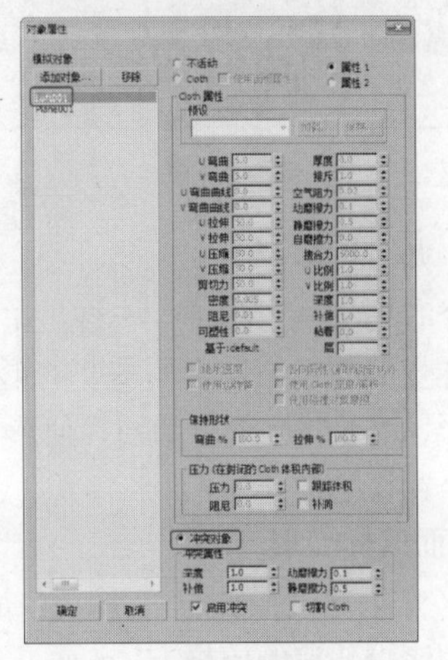

图 5-36

（11）在左侧对象列表中选择“Plane001”对象，选择“Cloth”选项，单击“确定”按钮，如图 5-37 所示。

（12）单击“模拟”按钮，制作布料下落的动画效果，如图 5-38 所示。

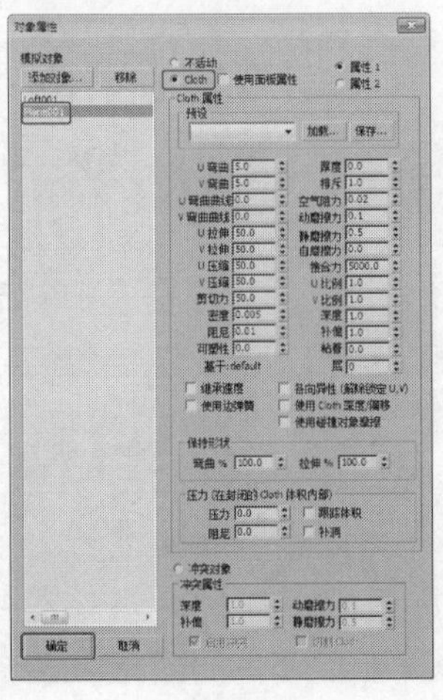

图 5-37

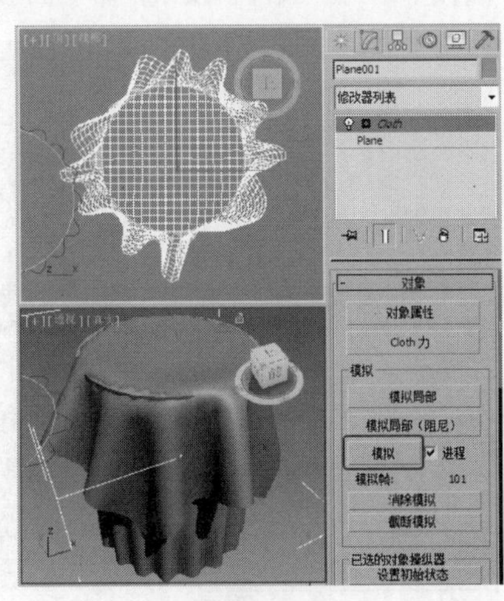

图 5-38

（13）在场景中对桌布模型进行缩放，调整其合适位置，如图 5-39 所示。

（14）在“修改器列表中”选择“涡轮平滑”修改器，在“涡轮平滑”卷展栏中设置“迭代次数”为 2，完成的模型如图 5-40 所示。

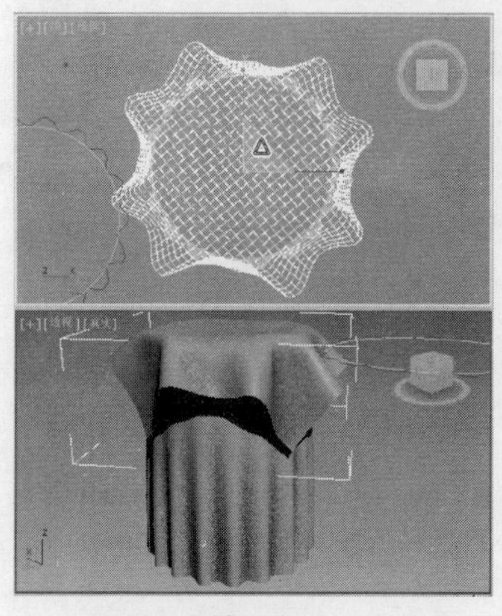

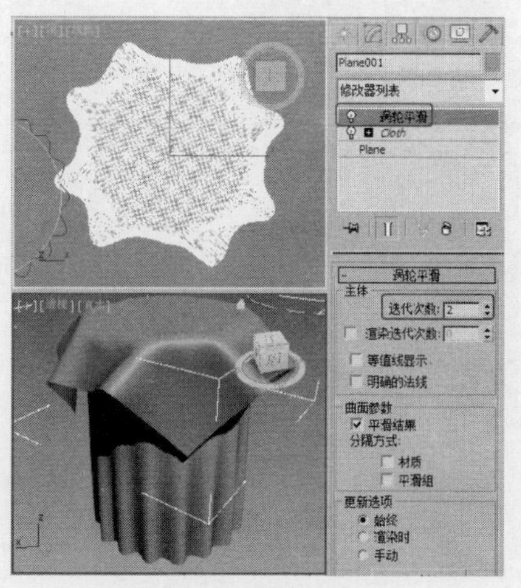

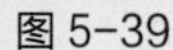
图 5-39

图 5-40

5.3.2 放样工具

放样命令的用法分为两种：一种是单截面放样变形，只用一次放样变形即可制作出所需要的形体；另一种是多截面放样变形，用于制作较复杂的几何形体，在制作过程中要进行多个路径的放样变形。

1．单截面放样变形

本节先来介绍单截面放样变形。它是放样命令的基础，也是使用比较普遍的放样方法。

（1）在视图中创建一个星形和一条螺旋线，如图 5-41 所示。这两个二维图形可以随意创建。

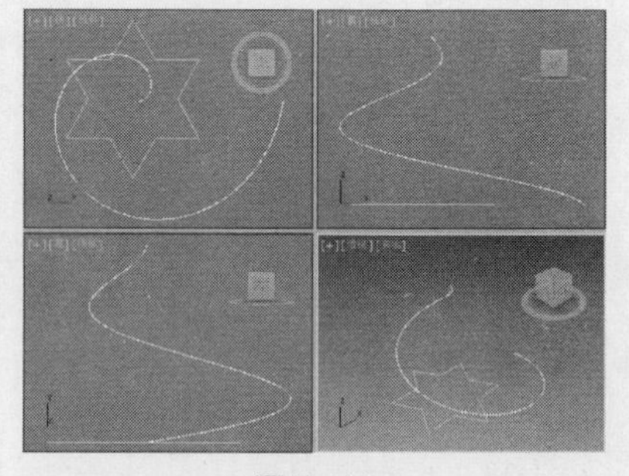

图 5-41

（2）选择螺旋线，单击“（创建）>（几何体）> 复合对象”，如图 5-42 所示。

（3）在命令面板中单击“放样”按钮，命令面板中会显示放样的修改参数，如图 5-43 所示。

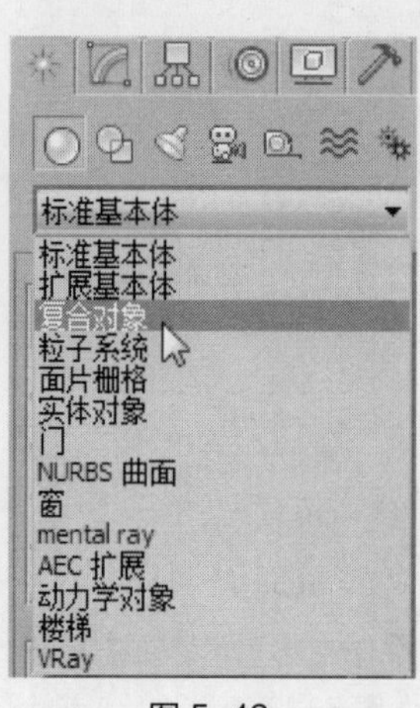

图 5-42

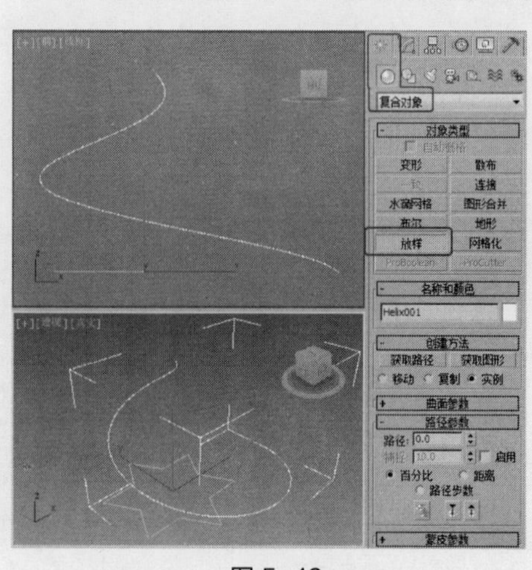

图 5-43

（4）单击“获取图形”按钮，在视图中单击星形，如图 5-44 所示。

（5）拾取图形后即可创建三维放样模型，如图 5-45 所示。

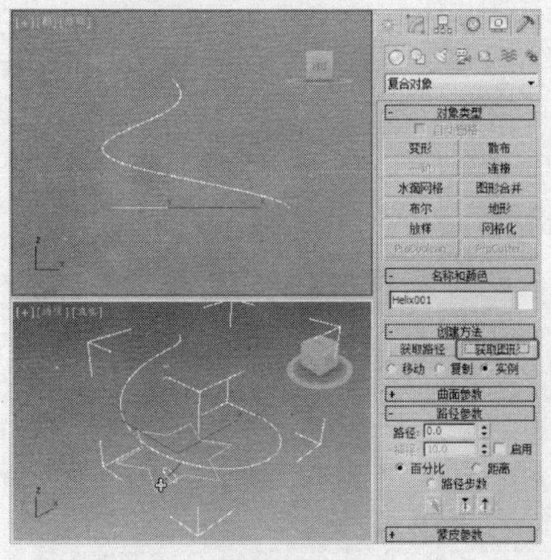

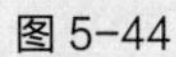
图 5-44

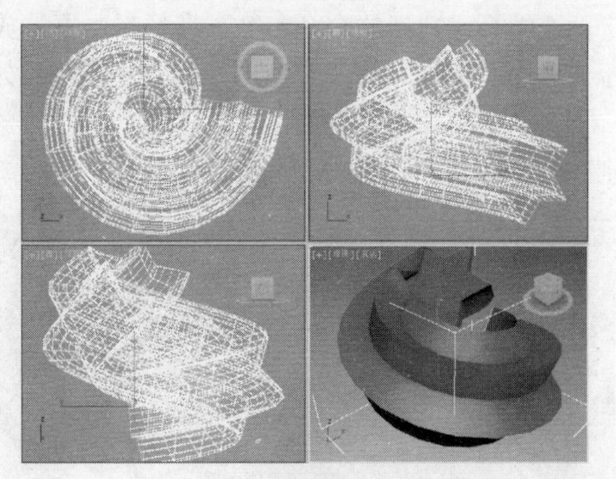

图 5-45

2. 多截面放样变形

在实际制作过程中，有一部分模型只用单截面放样是不能完成的，复杂的造型由不同的截面结合而成，所以就要用到多截面放样。

（1）在顶视图中分别创建圆、星形和多边形，如图 5-46 所示。在“前”视图中绘制一条直线，如图 5-47 所示，这几个二维图形可以随意创建。

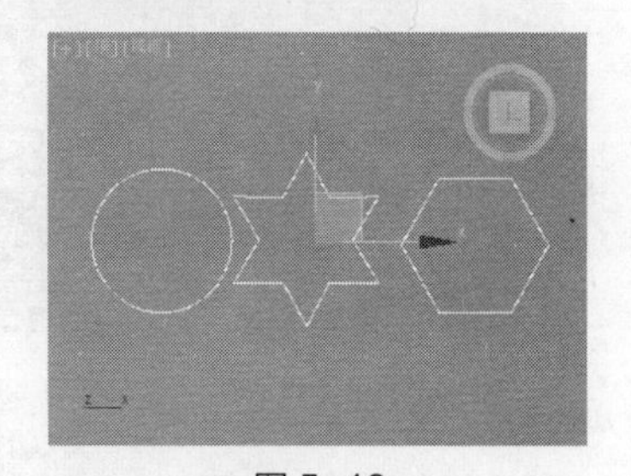

图 5-46

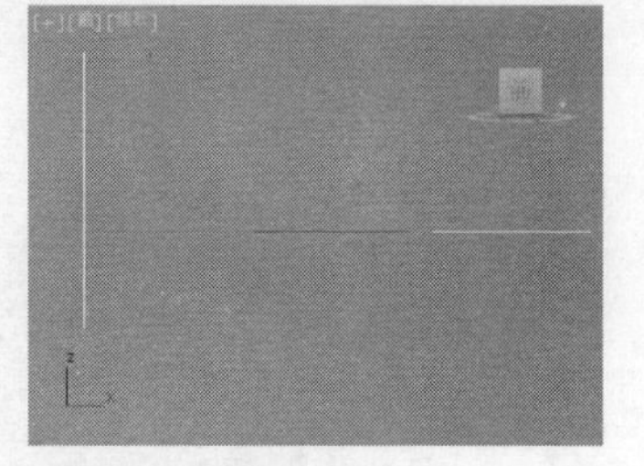

图 5-47

（2）单击线将其选中，单击“（创建）>（几何体）>复合对象 > 放样”按钮，然后在“创建方法”卷展栏中单击“获取图形”按钮，在视图中单击圆，这时直线变为圆柱体，如图 5-48 所示。

（3）在“路径参数”卷展栏中设置“路径”的数值设置为 45，单击“获取图形”按钮，在视图中单击星形，如图 5-49 所示。

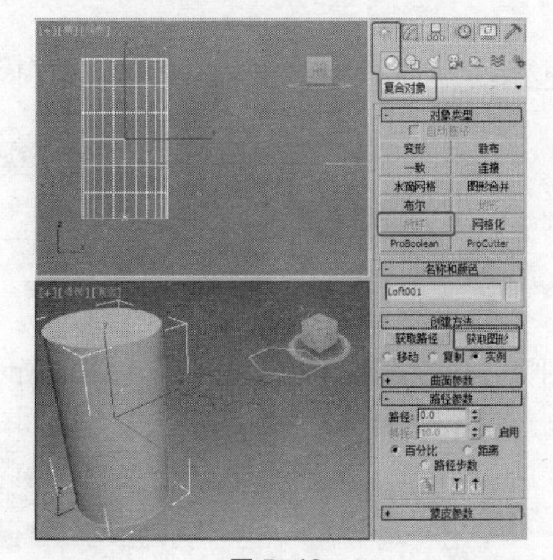

图 5-48

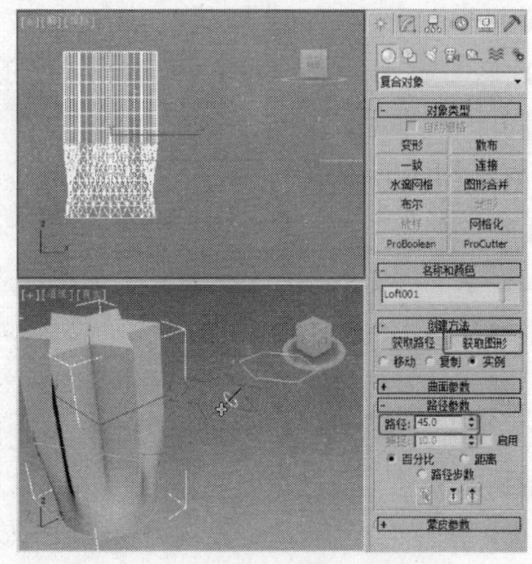

图 5-49

（4）将“路径”的数值设置为 80，单击“获取图形”按钮，在视图中单击星形，如图 5-50 所示。

（5）切换到（修改）命令面板，在修改命令堆栈中单击将选择集定义为“图形”，这时命令面板中会出现新的命令参数，在场景中框选放样的模型，选中 3 个放样图形，如图 5-51 所示。单击“比较”按钮，弹出“比较”窗口，如图 5-52 所示。

（6）根据场景中选择图形的位置，在“比较”窗口中单击（拾取图形）按钮，在视图中分别在放样物体 3 个截面的位置上单击，将 3 个截面拾取到“比较”窗口中，如图 5-53 所示。

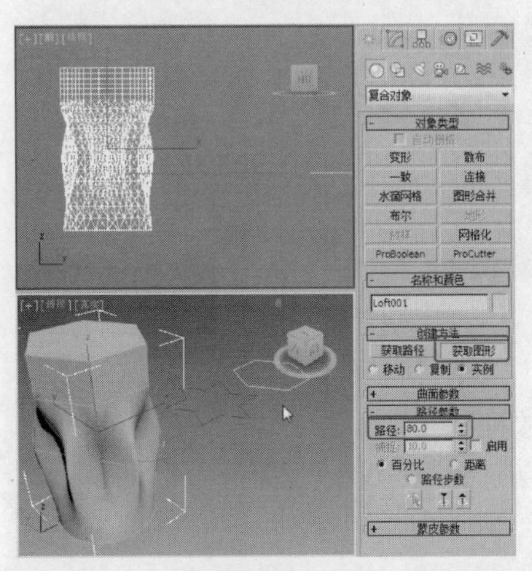

图 5-50

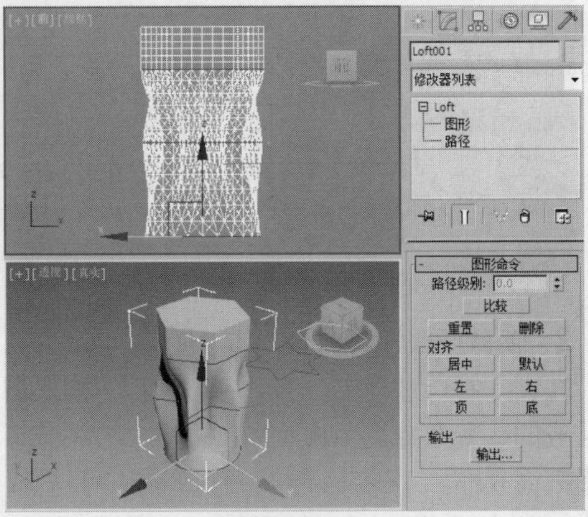

图 5-51

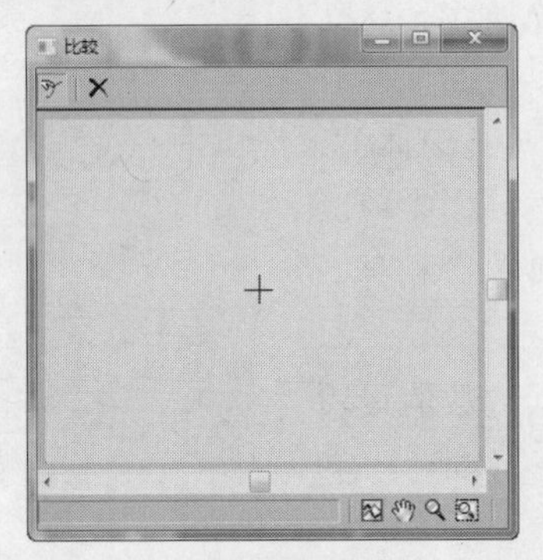

图 5-52

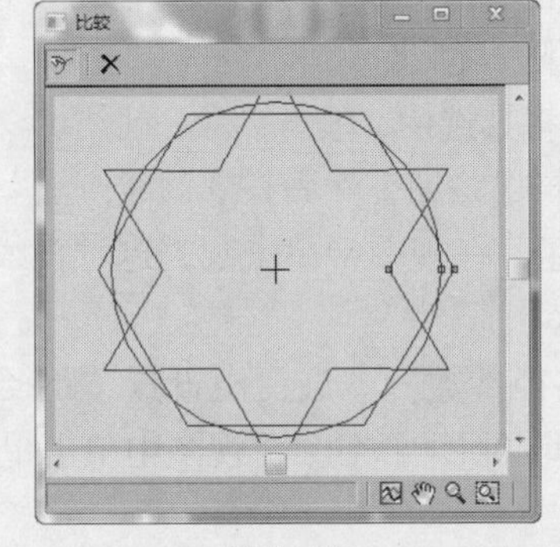

图 5-53

从“比较”窗口中可以看到 3 个截面图形的起始点，如果起始点没有对齐，可以使用（选择并旋转）工具手动调整，使之对齐。

3．放样物体的参数

放样命令的参数由 5 部分组成，其中包括创建方法、曲面参数、路径参数、蒙皮参数和变形，如图 5-54 所示。放样变形工具将在下一节中介绍，本节主要介绍放样命令的参数。

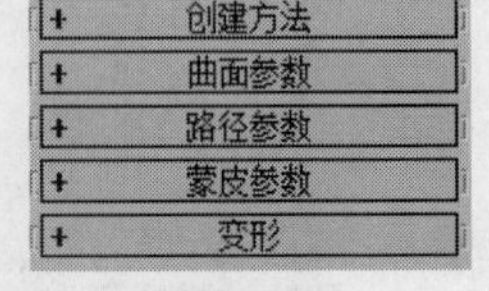

图 5-54

创建方法卷展栏用于决定在放样过程中使用哪一种方式来进行放样，如图 5-55 所示。

- 获取路径：如果已经选择了路径，则单击该按钮，到视图中拾取将要作为截面图形的图形。
- 获取图形：如果已经选择了截面图形，则单击该按钮，到视图中拾取将要作为路径的图形。

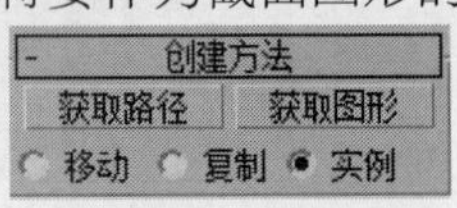

图 5-55

- 移动：直接用原始二维图形进入放样系统。
- 复制：复制一个二维图形进入放样系统，而其本身并不发生任何改变，此时原始二维图形和复制图形之间是完全独立的。
- 实例：原来的二维图形将继续保留，进入放样系统的只是它们各自的关联物体。可以将它们隐藏，以后需要对放样造型进行修改时，直接去修改它们的关联物体即可。

对于是先指定路径，再拾取截面图形，还是先指定截面图形，再拾取路径，本质上对造型的形态没有影响，只是出于位置放置的需要而选择不同的方式。

4．路径参数卷展栏

路径参数卷展栏用于设置沿放样物体路径上各个截面图形的间隔位置，如图 5-56 所示。

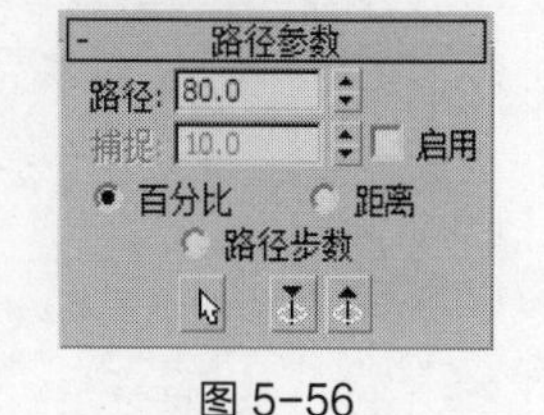

图 5-56

- 路径：通过调整微调器或输入一数值设置插入点在路径上的位置。其路径的值取决于所选定的测量方式，并随着测量方式的改变而产生变化。
- 捕捉：设置放样路径上截面图形固定的间隔距离。捕捉的数值也取决于所选定的测量方式，并随着测量方式的改变而产生变化。
- 启用：单击该复选框，则激活 Snap（捕捉）参数栏。系统提供了下面 3 种测量方式。百分比：将全部放样路径设为 100%，以百分比形式确定插入点的位置。距离：以全部放样路径的实际长度为总数，以绝对距离长度形式来确定插入点的位置。路径步数：以路径的分段形式来确定插入点的位置。
- 拾取图形：单击该按钮，在放样物体中手动拾取放样截面，此时“捕捉”关闭，并把所拾取到的放样截面的位置作为当前“路径”栏中的值。
- 上一个图形：选择当前截面的前一截面。
- 下一个图形：选择当前截面的后一截面。

5.4 课堂练习——菜篮的制作

【练习知识要点】本例介绍使用“星形、线、圆、弧和放样”工具，结合使用“车削”修改器制作菜篮模型，模型效果如图 5-57 所示。

【素材文件位置】CDROM/Map/Cha05/5.4 菜篮。

【模型文件所在位置】CDROM/Scene/Cha05/5.4 菜篮.max。

【参考模型文件所在位置】CDROM/Scene/Cha05/5.4 菜篮场景.max。

图 5-57

5.5 课后习题——时尚凳的制作

【习题知识要点】本例介绍使用“球体、切角圆柱体、圆柱体和布尔”工具，结合使用“编辑多边形”修改器制作时尚凳模型，模型效果如图 5-58 所示。

【素材文件位置】CDROM/Map/Cha05/5.5 时尚凳。

【模型文件所在位置】CDROM/Scene/Cha05/5.5 时尚凳.max。

【参考模型文件所在位置】CDROM/Scene/Cha05/5.5 时尚凳场景.max。

图 5-58

PART 6

第 6 章 高级建模

本章介绍

在前面各章中讲解了在 3ds Max 中挤出建模，以及通过修改器对基本模型进行修改产生新的模型和复合建模的方法。然而这些建模方式只能够制作一些简单或者很粗糙的基本模型，要想表现和制作一些更加精细的真实复杂的模型就要使用高级建模的技巧才能实现。通过本章学习，读者应掌握常用的"多边形建模"、"网格建模"、"NURBS 建模"和面片建模四种高级建模的方法。

学习目标

- 熟练掌握多边形建模的方法
- 熟练掌握网格建模的方法
- 熟练掌握 NURBS 建模的方法
- 熟练掌握面片建模的方法

技能目标

- 掌握制作咖啡杯模型的方法和技巧
- 掌握制作窗帘模型的方法和技巧

6.1 多边形建模

“编辑多边形”修改器与“可编辑多边形”大部分功能相同，但“可编辑多边形”中包含“细分曲面”、“细分置换”卷展栏，以及一些具体的设置选项。此外“编辑多边形”还具有“模型”和“动画”两种操作模式。在“模型”模式下，可以使用各种工具进行多边形编辑；在“动画”模式下可以结合“自动关键点”或“设置关键点”工具对多边形的参数更改设置动画，其中只有用于设置动画的功能可用，下面我们就来学习多边形建模。

6.1.1 课堂案例——咖啡杯的制作

【案例学习目标】学习多边形建模。

【案例知识要点】下面介绍使用“球体”工具，结合使用“编辑多边形、可编辑多边形、壳、涡轮平滑”修改器制作咖啡杯模型，完成的模型效果如图 6-1 所示。

图 6-1

【素材文件位置】CDROM/Map/Cha06/6.1.1 咖啡杯。

【模型文件所在位置】CDROM/Scene/Cha06/6.1.1 咖啡杯.max。

【参考模型文件所在位置】CDROM/Scene/Cha06/6.1.1 咖啡杯场景.max。

1．杯子的制作

（1）单击“（创建）>（几何体）>球体”按钮，在“顶”视图中创建球体，在“参数”卷展栏中设置“半径”为 128，如图 6-2 所示。

（2）切换到（修改）命令面板，在“修改器列表”中选择“编辑多边形”修改器，将选择集定义为“多边形”，选择多边形，如图 6-3 所示，将其删除。

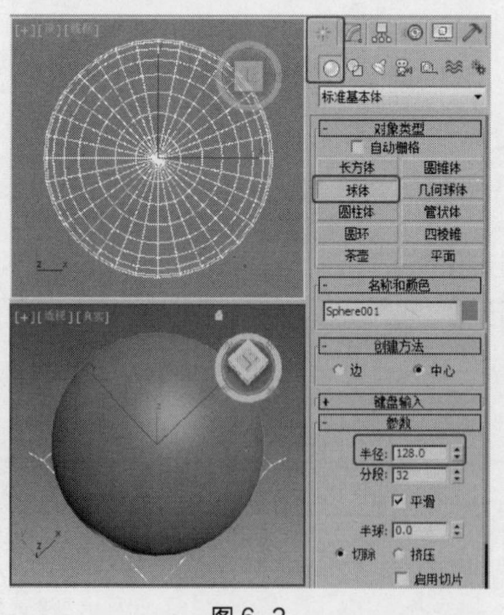

图 6-2

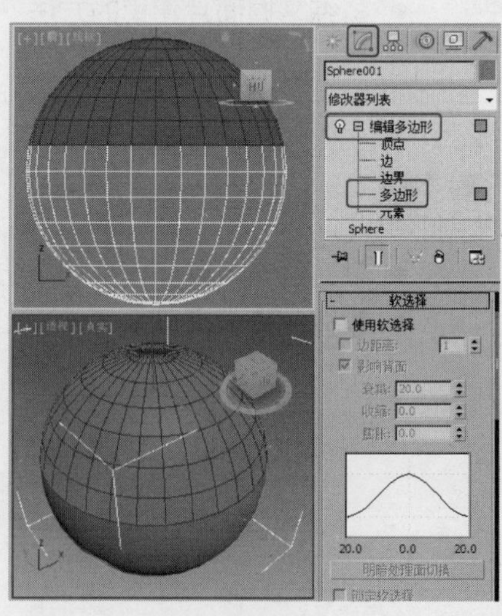

图 6-3

（3）将选择集定义为“顶点”，在场景中选择底部的顶点，在“编辑顶点”卷展栏中单击“移除”按钮，移除顶点，如图 6-4 所示。

（4）在“软选择”卷展栏中勾选“使用软选择”选项，设置“衰减”为 60，在场景中调整顶点，如图 6-5 所示。

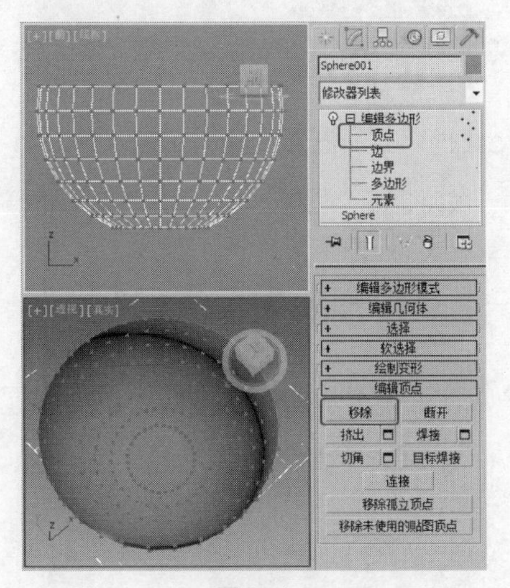

图 6-4

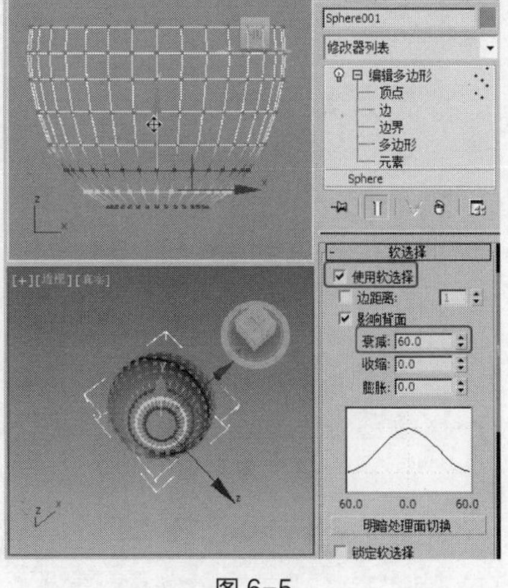

图 6-5

（5）在“软选择”卷展栏中取消勾选“使用软选择”，在场景中对顶部的顶点进行缩放，如图 6-6 所示。

（6）关闭选择集，为模型施加“壳”修改器，在“参数”卷展栏中设置“内部量”为 1、“外部量”为 8，如图 6-7 所示。

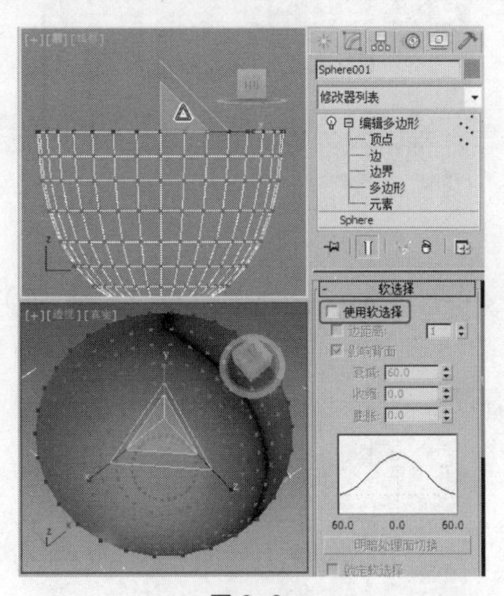

图 6-6

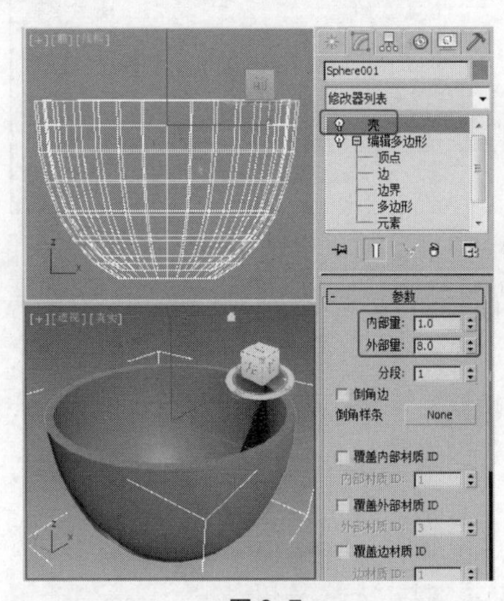

图 6-7

（7）鼠标右键单击模型，将其转换为“可编辑多边形”，将选择集定义为“多边形”，选择如图 6-8 所示的多边形。

（8）在“编辑多边形”卷展栏中单击“倒角”后的▭（设置）按钮，在弹出的助手小盒中设置“高度”为 2、“轮廓”为-2，如图 6-9 所示，单击☑（确定）按钮。

（9）在场景中选择如图 6-10 所示的多边形。

（10）在“编辑多边形”卷展栏中单击“挤出”后的▭（设置）按钮，在弹出的助手小盒中设置“高度”为 20，如图 6-11 所示，单击☑（确定）按钮。

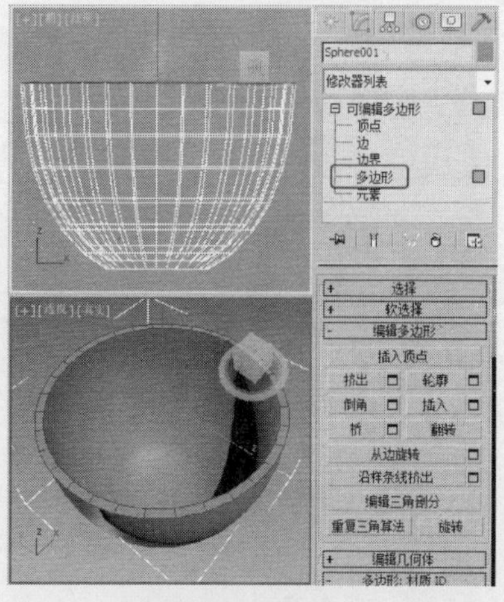

图 6-8

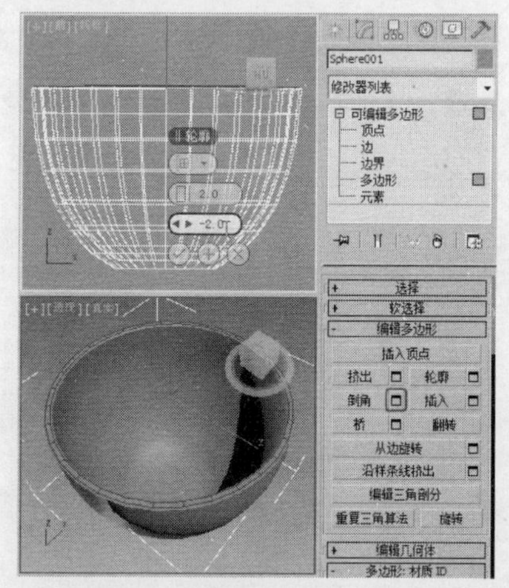

图 6-9

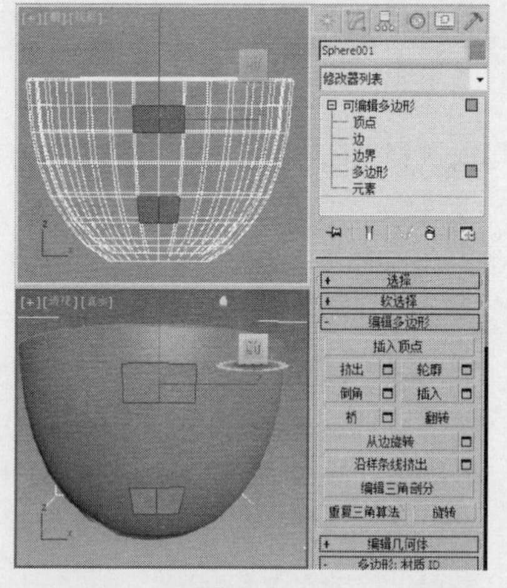

图 6-10

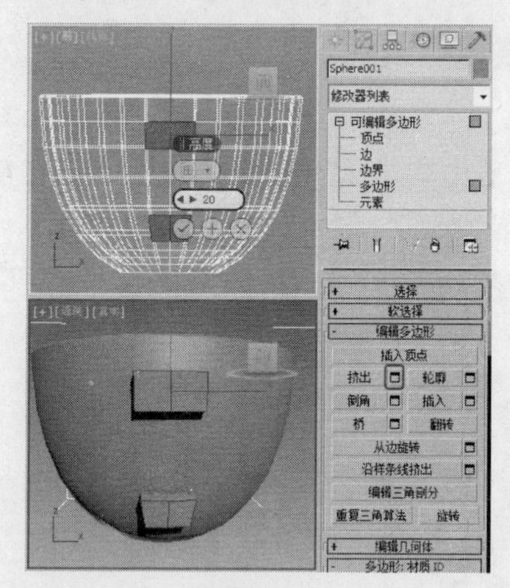

图 6-11

（11）继续设置多边形的“挤出”，设置“高度”为 20，如图 6-12 所示，单击☑（确定）按钮。

（12）继续设置多边形的“挤出”，设置“高度”为 20，如图 6-13 所示。

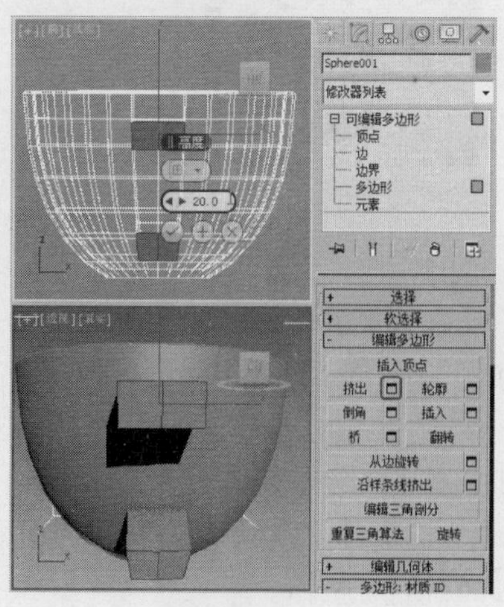

图 6-12

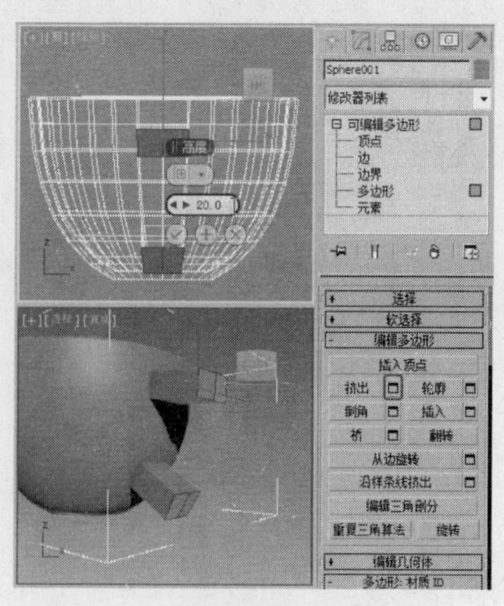

图 6-13

（13）将选择集定义为“顶点”，在场景中调整挤出模型的顶点，如图 6-14 所示。

（14）定义选择集为“多边形”，选择如图 6-15 所示的多边形。

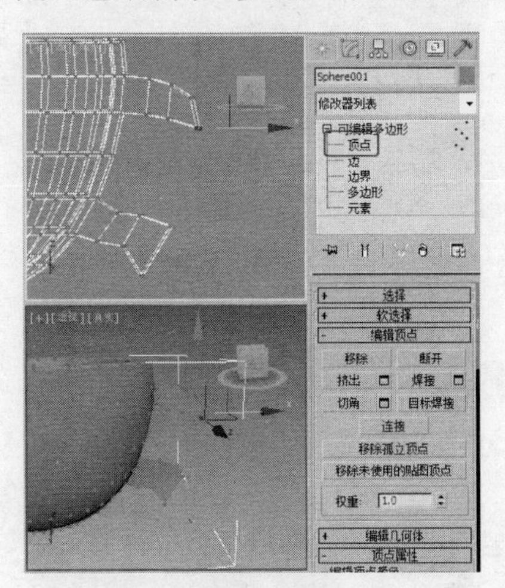

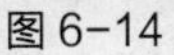
图 6-14

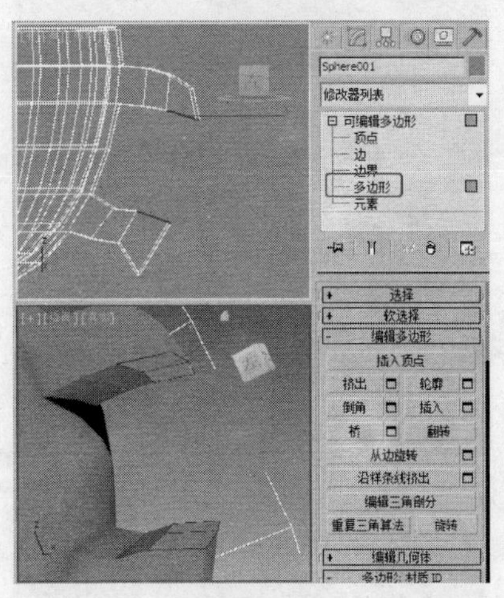

图 6-15

（15）在“编辑多边形”卷展栏中单击“桥”后的■（设置）按钮，在弹出的助手小盒中设置“分段”为 3，如图 6-16 所示，单击☑（确定）按钮。

（16）将选择集定义为“顶点”，在场景中调整顶点，如图 6-17 所示。

图 6-16

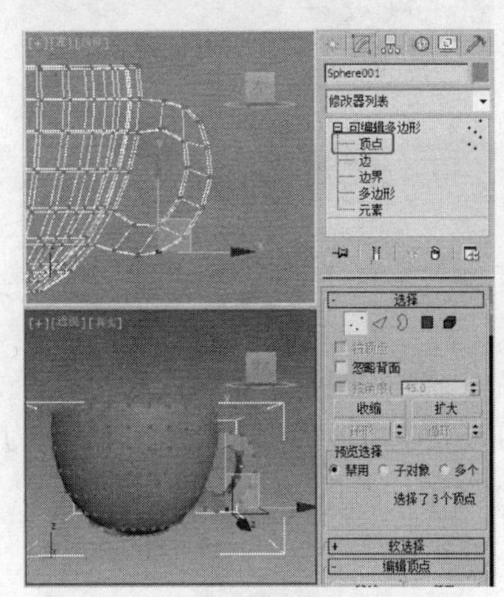

图 6-17

（17）将选择集定义为“边”，在场景中选择如图 6-18 所示的边。

（18）在“编辑边”卷展栏中单击“切角”后的■（设置）按钮，在弹出的助手小盒中设置“边切角量”为 2、“连接边分段”为 3，如图 6-19 所示，单击☑（确定）按钮，关闭选择集。

（19）在“细分曲面”卷展栏中勾选“使用 NURMS 细分”选项，设置“迭代次数”为 2，如图 6-20 所示。

2．碟子的制作

（1）单击“☀（创建）>○（几何体）>球体”按钮，在“顶”视图中创建球体，在“参数”卷展栏中设置“半径”为 240，如图 6-21 所示。

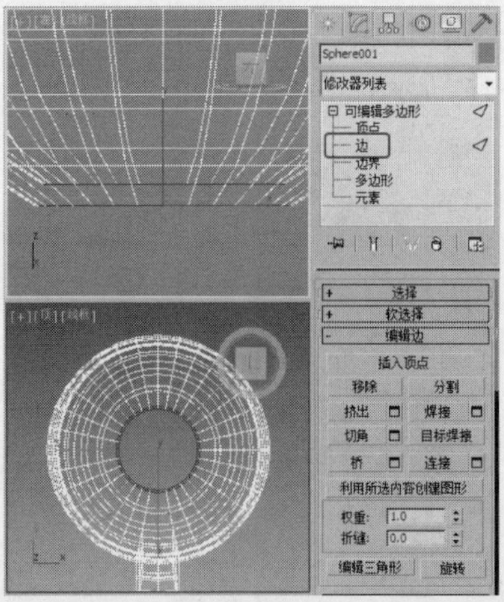

图 6-18

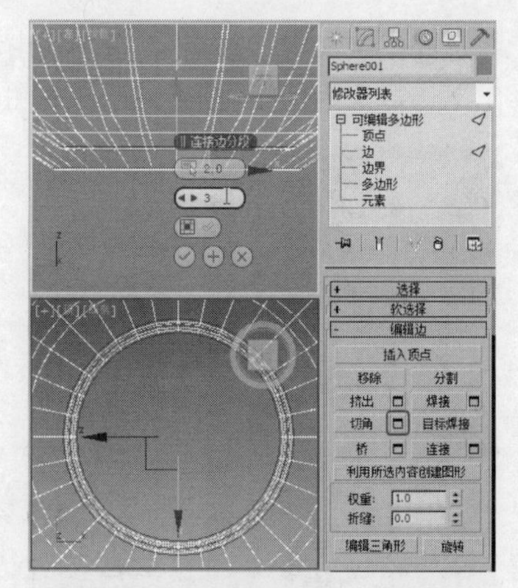

图 6-19

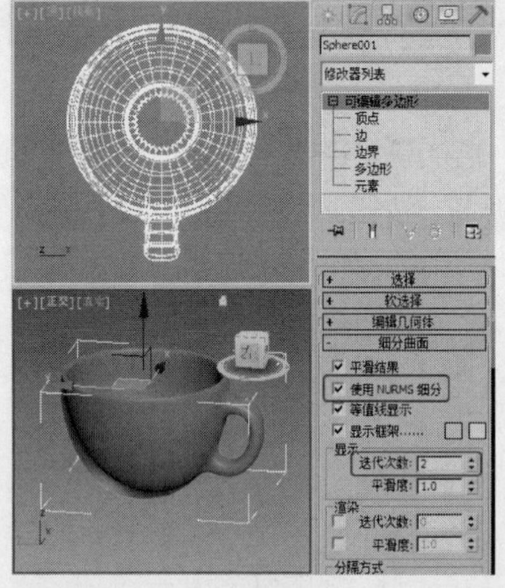

图 6-20

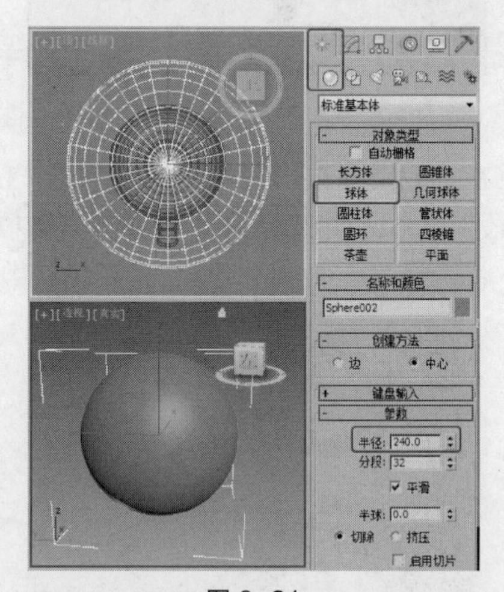

图 6-21

（2）在“前”视图中对球体进行缩放，如图 6-22 所示。

（3）在场景中右击鼠标球体，将其转换为“可编辑多边形”，将选择集定义为“多边形”，选择如图 6-23 所示的多边形，并将其删除。

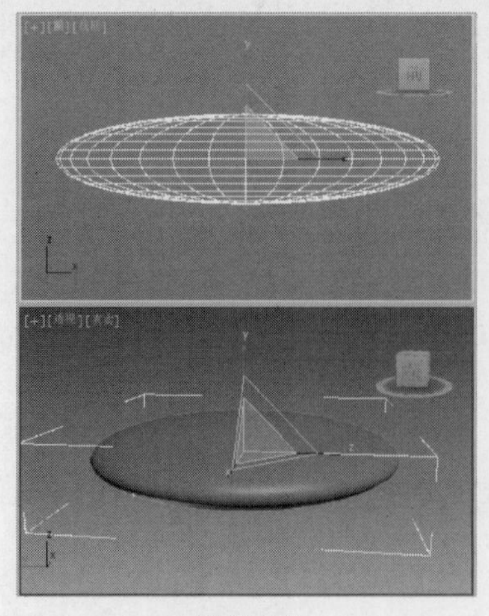

图 6-22

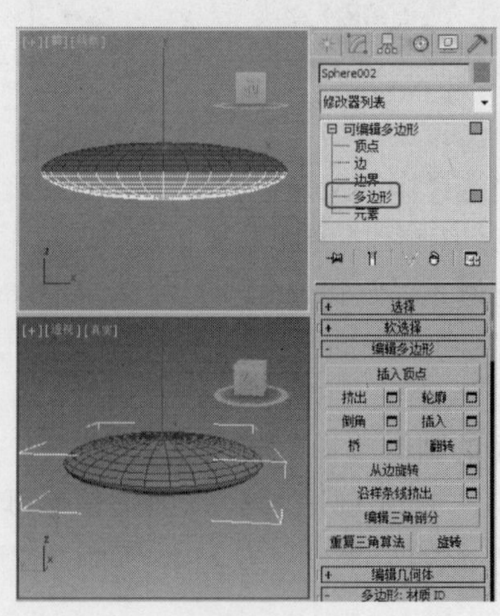

图 6-23

（4）将选择集定义为“顶点”，在场景中选择底部的顶点，如图 6-24 所示。

（5）在“编辑顶点”卷展栏中单击“移除”按钮，将选择的顶点移除，如图 6-25 所示。

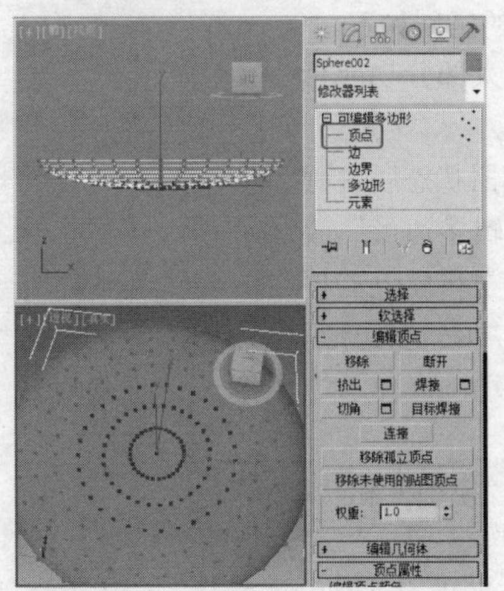

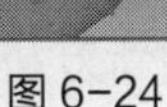

图 6-24

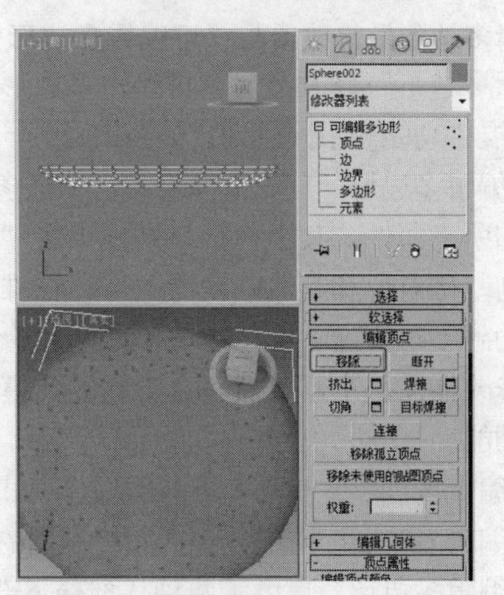

图 6-25

（6）将选择集定义为“多边形”，选择底部的多边形，在“编辑多边形”卷展栏中单击“挤出”后的 （设置）按钮，在弹出的助手小盒中设置“高度”为 10，单击 （确定）按钮，如图 6-26 所示，关闭选择集。

（7）在“修改器列表“中选择“壳”修改器，在“参数”卷展栏中设置“内部量”为 1、“外部量”为 6，如图 6-27 所示。

（8）为模型施加“涡轮平滑”修改器，在“涡轮平滑”卷展栏中设置“迭代次数”为 2，调整其至合适的位置，完成的模型如图 6-28 所示。

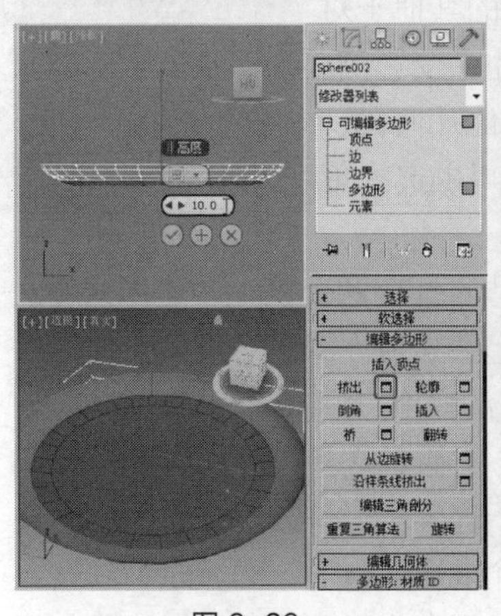

图 6-26

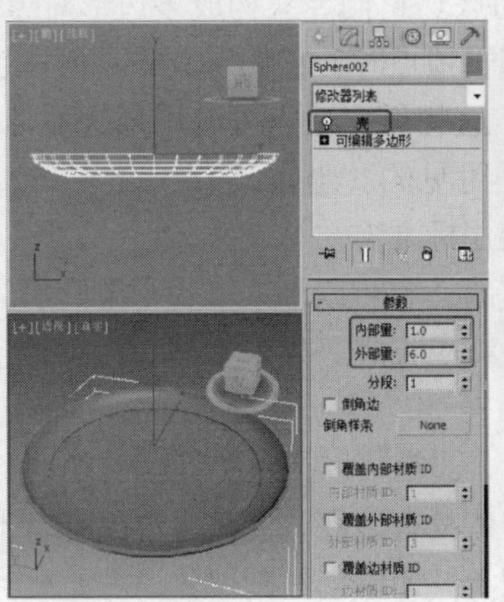

图 6-27

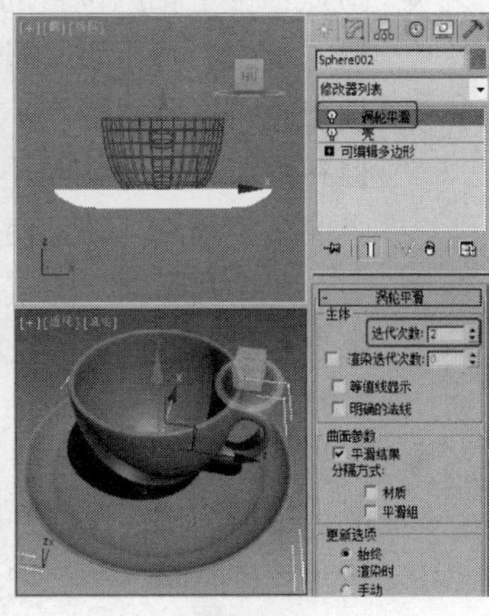

图 6-28

6.1.2 “编辑多边形”修改器

“编辑多边形”对象也是一种网格对象，它在功能和使用上几乎和“编辑网格”是一致的。不同的是，“编辑网格”是由三角形面构成的框架结构，而“编辑多边形”对象既可以是三角网格模型，也可以是四边也可以是更多，其功能也比“编辑网格”强大。

创建一个三维模型后，确认该物体处于被选状态，切换到 （修改）命令面板，在“修改器列表”中选择“编辑多边形”修改器即可。或者也可以在创建模型后，右击模型，在弹出的快捷菜单中选择“转换为 > 转换为可编辑多边形”命令，将模型转换为“可编辑多边形”模型。

图 6-29

“编辑多边形”修改器与“可编辑多边形”的区别如下。

“编辑多边形”修改器与“可编辑多边形”大部分功能相同，但卷展栏功能有不同之处，如图 6-29 所示。

- “编辑多边形”是一个修改器，具有修改器状态所说明的所有属性。其中包括在堆栈中将“编辑多边形”放到基础对象和其他修改器上方，在堆栈中将修改器移动到不同位置以及对同一对象应用多个“编辑多边形”修改器（每个修改器包含不同的建模或动画操作）的功能。
- “编辑多边形”有两个不同的操作模式：“模型”和“动画”。
- “编辑多边形”中不再包括始终启用的“完全交互”开关功能。
- “编辑多边形”提供了两种从堆栈下部获取现有选择的新方法：使用堆栈选择和获取堆栈选择。
- “编辑多边形”中缺少“可编辑多边形”的“细分曲面”和“细分置换”卷展栏。
- 在“动画”模式中，通过单击“切片”而不是“切片平面”来开始切片操作。也需要单击“切片平面”，来移动平面。可以设置切片平面的动画。

6.1.3 “编辑多边形”的参数

1. 子物体层级

“编辑多边形”修改器的子物体层级（见图 6-30）详解如下。

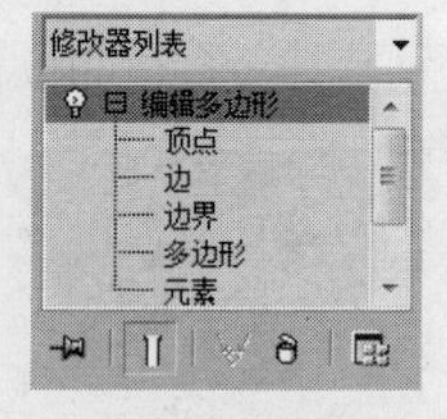

图 6-30

- 顶点：位于相应位置的点。它们定义构成多边形对象的其他子对象的结构。当移动或编辑顶点时，它们形成的几何体也会受影响。顶点也可以独立存在；这些孤立顶点可以用来构建其他几何体，但在渲染时，它们是不可见的。当定义为“顶点”时可以选择单个或多个顶点，并且使用标准方法移动它们。
- 边：连接两个顶点的直线，它可以形成多边形的边。边不能由两个以上多边形共享。另外，两个多边形的法线应相邻。如果不相邻，应卷起共享顶点的两条边。当定义为“边”选择集时可选择一条和多条边，然后使用标准方法变换它们。
- 边界：网格的线性部分，通常可以描述为孔洞的边缘。它通常是多边形仅位于一面时的边序列。例如，长方体没有边界，但茶壶对象有若干边界：壶盖、壶身和壶嘴上有边界，还有两个在壶把上。如果创建圆柱体，然后删除末端多边形，相邻的一行边会形成边界。当将选择集定义为“边界”时可选择一个和多个边界，然后使用标准方法变换它们。
- 多边形：通过曲面连接的 3 条或多条边的封闭序列。多边形提供“编辑多边形”对象的可渲染曲面。当将选择集定义为“多边形”时可选择单个或多个多边形，然后使用标准方法变换它们。
- 元素：两个或两个以上可组合为一个更大对象的单个网格对象。

2. “编辑多边形模式”卷展栏

“编辑多边形模式”卷展栏是“编辑多边形”修改器中的公共参数卷展栏，无论当前处于何种选择集，都有该卷展栏，如图 6-31 所示。

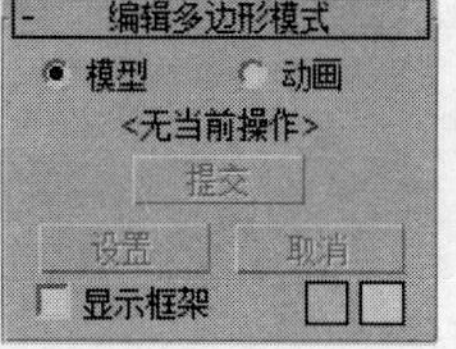

图 6-31

- 模型：用于使用“编辑多边形”功能建模。在“模型”模式下，不能设置操作的动画。
- 动画：用于使用“编辑多边形”功能设置动画。除选择“动画”外，必须启用“自动关键点”或使用“设置关键点”才能设置子对象变换和参数更改的动画。
- 标签：显示当前存在的任何命令。否则，它显示<无当前操作>。
- 提交：在“模型”模式下，使用小盒接受任何更改并关闭小盒（与小盒上的确定按钮相同）。在“动画”模式下，冻结已设置动画的选择在当前帧的状态，然后关闭对话框，会丢失所有现有关键帧。
- 设置：切换当前命令的小盒。
- 取消：取消最近使用的命令。
- 显示框架：在修改或细分之前，切换显示编辑多边形对象的两种颜色线框的显示。框架颜色显示为复选框右侧的色样。第一种颜色表示未选定的子对象，第二种颜色表示选定的子对象。通过单击其色样更改颜色。“显示框架”切换只能在子对象层级使用。

3. “选择”卷展栏

“选择”卷展栏是“编辑多边形”修改器中的公共参数卷展栏，无论当前处于何种选择集，都有该卷展栏。该卷展栏是比较实用的，如图 6-32 所示。

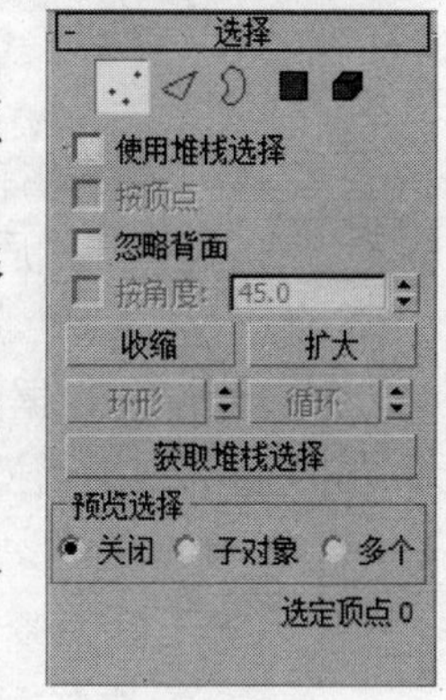

图 6-32

- （顶点）：访问“顶点”子对象层级，可从中选择光标下的顶点；区域选择将选择区域中的顶点。
- （边）：访问“边”子对象层级，可从中选择光标下的多边形的边，也可框选区域中的多条边。
- （边界）：访问“边界”子对象层级，可从中选择构成网格中孔洞边框的一系列边。
- （多边形）：访问“多边形”子对象层级，可选择光标下的多边形。区域选择选中区域中的多个多边形。
- （元素）：访问“元素”子对象层级，通过它可以选择对象中所有相邻的多边形。区域选择用于选择多个元素。
- 使用堆栈选择：启用时，编辑多边形自动使用在堆栈中向上传递的任何现有子对象选择，并禁止用户手动更改选择。
- 按顶点：启用时，只有通过选择所用的顶点，才能选择子对象。单击顶点时，将选择使用该选定顶点的所有子对象。该功能在“顶点”子对象层级上不可用。
- 忽略背面：启用后，选择子对象将只影响朝向用户的那些对象。
- 按角度：启用时，选择一个多边形会基于复选框右侧的角度设置同时选择相邻多边形。该值可以确定要选择的邻近多边形之间的最大角度。该功能仅在多边形子对象层级可用。
- 收缩：通过取消选择最外部的子对象缩小子对象的选择区域。如果不再减少选择区域的大小，则可以取消选择其余的子对象，如图 6-33 所示。
- 扩大：朝所有可用方向外侧扩展选择区域，如图 6-34 所示。

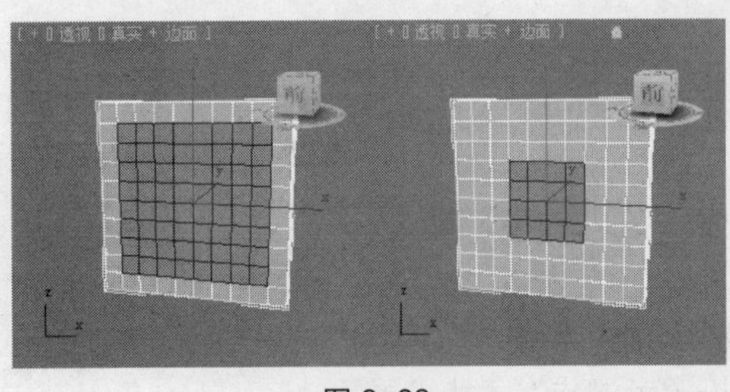

图 6-33

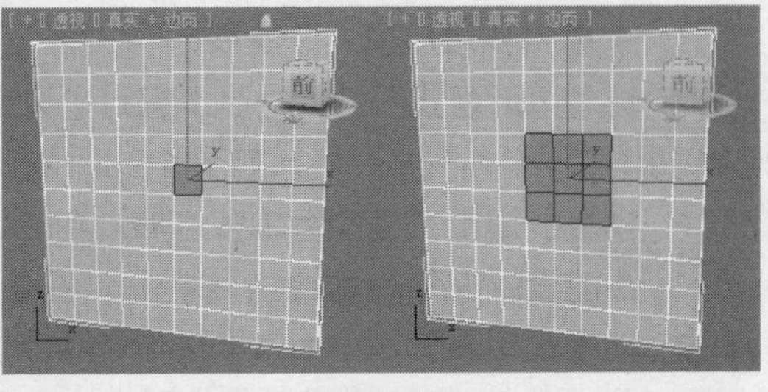

图 6-34

- 环形：环形按钮旁边的微调器允许用户在任意方向将选择移动到相同环上的其他边，即相邻的平行边，如图 6-35 所示。如果选择了循环，则可以使用该功能选择相邻的循环。循环只适用于边和边界子对象层级。
- 循环：在与所选边对齐的同时，尽可能远地扩展边选定范围。循环选择仅通过四向连接进行传播，如图 6-36 所示。

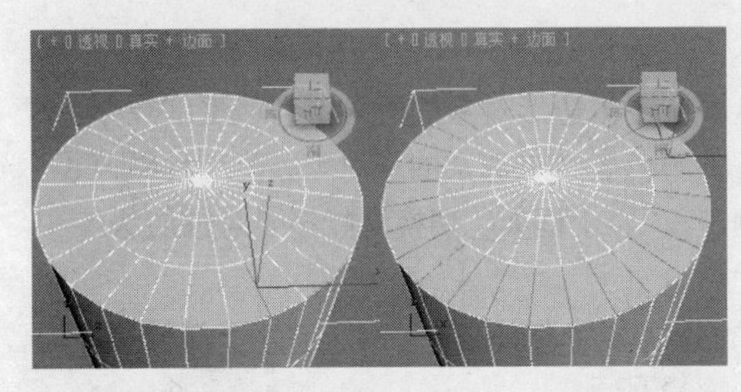

图 6-35

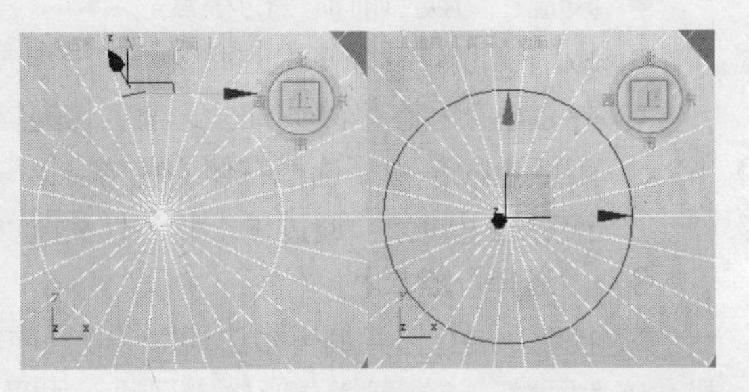

图 6-36

- 获取堆栈选择：使用在堆栈中向上传递的子对象选择替换当前选择。然后，可以使用标准方法修改此选择。
- “预览选择”选项组：提交到子对象选择之前，该选项允许预览它。根据鼠标的位置，用户可以在当前子对象层级预览，或者自动切换子对象层级。
    - 关闭：预览不可用。
    - 子对象：仅在当前子对象层级启用预览，如图 6-37 所示。
    - 多个：像子对象一样起作用，但根据鼠标的位置，也可在顶点、边和多边形子对象层级级别之间自动变换。

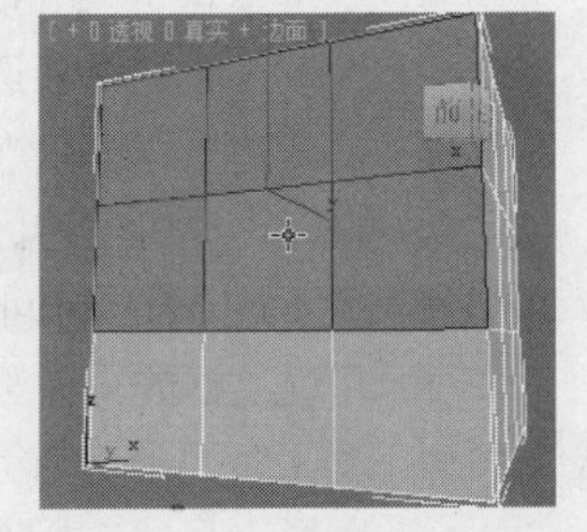

图 6-37

- 选定 0 个对象：选择卷展栏底部是一个文本显示，提供有关当前选择的信息。如果没有子对象选中，或者选中了多个子对象，那么该文本给出选择的数目和类型。

4. “软选择”卷展栏

“软选择”卷展栏是“编辑多边形”修改器中的公共参数卷展栏，无论当前处于何种选择集，都有该卷展栏，如图 6-38 所示。

- 使用软选择：启用该选项后，3ds Max 会将样条线曲线变形应用到所变换的选择周围的未选定子对象。要产生效果，必须在变换或修改选择之前启用该复选框。
- 边距离：启用该选项后，将软选择限制到指定的面数，该选择在进行选择的区域和软选择的最大范围之间。

- 影响背面：启用该选项后，那些法线方向与选定子对象平均法线方向相反的、取消选择的面就会受到软选择的影响。
- 衰减：用以定义影响区域的距离，它是用当前单位表示的从中心到球体的边的距离。使用越高的衰减设置，就可以实现更平缓的斜坡，具体情况取决于几何体比例。
- 收缩：用于沿着垂直轴提高并降低曲线的顶点。设置区域的相对“突出度”。为负数时，将生成凹陷，而不是点。设置为 0 时，收缩将跨越该轴生成平滑变换。
- 膨胀：用于沿着垂直轴展开和收缩曲线。
- 明暗处理面切换：显示颜色渐变，它与软选择权重相适应。
- 锁定软选择：启用该选项将禁用标准软选择选项，通过锁定标准软选择的一些调节数值选项，避免程序选择对它进行更改。
- “绘制软选择”选项组：可以通过鼠标在视图上指定软选择，绘制软选择可以通过绘制不同权重的不规则形状来表达想要的选择效果。与标准软选择相比而言，绘制软选择可以更灵活地控制软选择图形的范围，让我们不再受固定衰减曲线的限制。

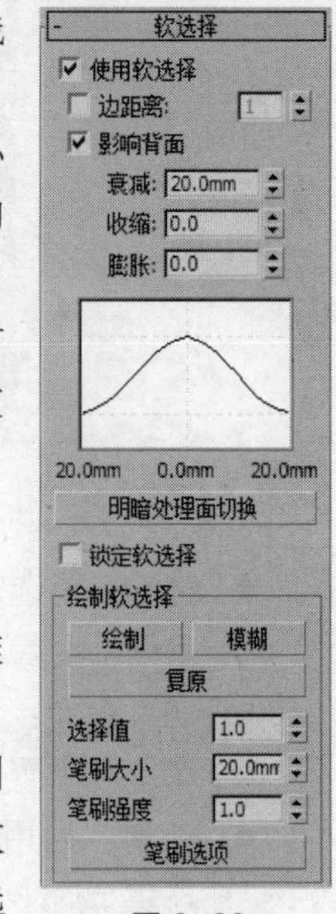

图 6-38

  - ◆ 绘制：选择该选项，在视图中拖动鼠标，可在当前对象上绘制软选择。
  - ◆ 模糊：绘制以软化现有绘制的软选择的轮廓。
  - ◆ 复原：选择该选项，在视图中拖动鼠标，可复原当前的软选择。
  - ◆ 选择值：用于设置绘制或复原软选择的最大权重，最大值为 1。
  - ◆ 笔刷大小：用于设置绘制软选择 的笔刷大小。
  - ◆ 笔刷强度：用于设置绘制软选择的笔刷强度，强度越高，达到完全值的速度越快。
  - ◆ 笔刷选项：可打开绘制笔刷对话框来自定义笔刷的形状、镜像、压力设置等相关属性。

5. “编辑几何体”卷展栏

“编辑几何体”卷展栏是“编辑多边形”修改器中的公共参数卷展栏，无论当前处于何种选择集，都有该卷展栏。该卷展栏在调整模型时是使用最多的，如图 6-39 所示。

- 重复上一个：重复最近使用的命令。
- “约束”选项组：可以使用现有的几何体约束子对象的变换。
  - ◆ 无：没有约束。这是默认选项。
  - ◆ 边：约束子对象到边界的变换。
  - ◆ 面：约束子对象到单个面曲面的变换。
  - ◆ 法线：约束每个子对象到其法线（或法线平均）的变换。
- 保持 UV：勾选该选项可以编辑子对象，而不影响对象的 UV 贴图。
- 创建：创建新的几何体。

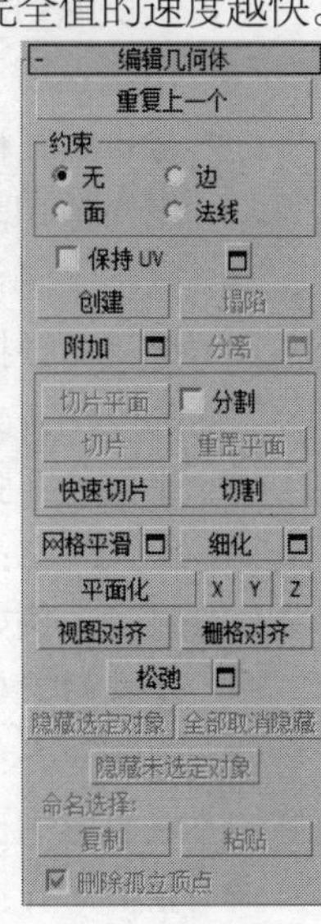

图 6-39

- 塌陷：通过将其顶点与选择中心的顶点焊接，使连续选定子对象的组产生塌陷，如图 6-40 所示。
- 附加：用于将场景中的其他对象附加到选定的多边形对象。单击□（附加列表）按钮，在弹出的对话框中可以选择一个或多个对象进行附加。

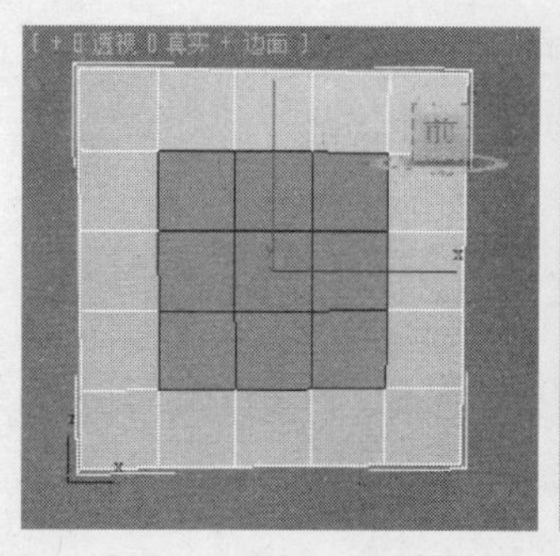

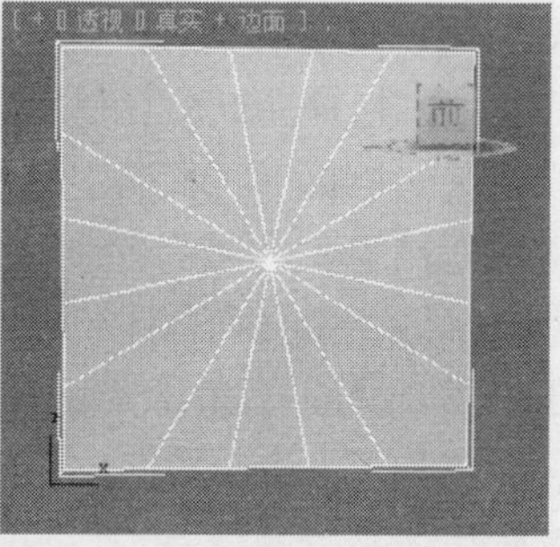

图 6-40

- 分离：将选定的子对象和附加到子对象的多边形作为单独的对象或元素进行分离。单击（设置）按钮，打开分离对话框，使用该对话框可设置多个选项。
- 切片平面：为切片平面创建 Gizmo，可以定位和旋转它，来指定切片位置。同时启用切片和重置平面按钮；单击切片可在平面与几何体相交的位置创建新边。
- 分割：启用时，通过快速切片和分割操作，可以在划分边的位置处的点创建两个顶点集。
- 切片：在切片平面位置处执行切片操作。只有启用切片平面时，才能使用该选项。
- 重置平面：将切片平面恢复到其默认位置和方向。只有启用切片平面时，才能使用该选项。
- 快速切片：可以将对象快速切片，而不操纵 Gizmo。方法：进行选择，并单击快速切片，然后在切片的起点处单击一次，再在其终点处单击一次。激活命令时，可以继续对选定内容执行切片操作。要停止切片操作，请在视口中单击鼠标右键，或者重新单击快速切片将其关闭。
- 切割：用于创建一个多边形到另一个多边形的边，或在多边形内创建边。方法：单击起点，并移动鼠标光标，然后再移动和单击，以便创建新的连接边。右键单击一次退出当前切割操作，然后可以开始新的切割，或者再次右键单击退出切割模式。
- 网格平滑：使用当前设置平滑对象。
- 细化：根据细化设置细分对象中的所有多边形。单击（设置）按钮，以便指定平滑的应用方式。
- 平面化：强制所有选定的子对象成为共面。该平面的法线是选择的平均曲面法线。
- X、Y、Z：平面化选定的所有子对象，并使该平面与对象的局部坐标系中的相应平面对齐。例如，使用的平面是与按钮轴相垂直的平面，因此，单击“X”按钮时，可以使该对象与局部 *YZ* 轴对齐。
- 视图对齐：使对象中的所有顶点与活动视口所在的平面对齐。在子对象层级，此功能只会影响选定顶点或属于选定子对象的那些顶点。
- 栅格对齐：使选定对象中的所有顶点与活动视图所在的平面对齐。在子对象层级，只会对齐选定的子对象。
- 松弛：使用当前的松弛设置将松弛功能应用于当前选择。松弛可以规格化网格空间，方法是朝着邻近对象的平均位置移动每个顶点。单击（设置）按钮，以便指定松弛功能的应用方式。
- 隐藏选定对象：隐藏选定的子对象。

● 全部取消隐藏：将隐藏的子对象恢复为可见。
● 隐藏未选定对象：隐藏未选定的子对象。
● 命令选择：用于复制和粘贴对象之间的子对象的命名选择集。
● 复制：打开一个对话框，使用该对话框，可以指定要放置在复制缓冲区中的命名选择集。
● 粘贴：从复制缓冲区中粘贴命名选择。
● 删除孤立顶点：启用时，在删除连续子对象的选择时删除孤立顶点；禁用时，删除子对象会保留所有顶点。默认设置为启用。

6．“绘制变形”卷展栏

“绘制变形”卷展栏是“编辑多边形”修改器中的公共参数卷展栏，无论当前处于何种选择集，都有该卷展栏，如图 6-41 所示。

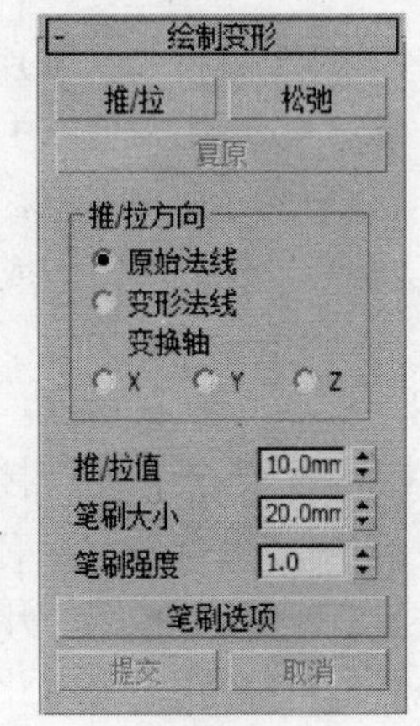

图 6-41

● 推/拉：将顶点移入对象曲面内（推）或移出曲面外（拉）。推拉的方向和范围由推/拉值设置所确定。
● 松弛：将每个顶点移到由它的邻近顶点平均位置所计算出来的位置上，来规格化顶点之间的距离。松弛使用与松弛修改器相同的方法。
● 复原：通过绘制可以逐渐擦除反转推/拉或松弛的效果。仅影响从最近的提交操作开始变形的顶点。如果没有顶点可以复原，复原按钮就不可用。
● “推/拉方向”选项组：此设置用以指定对顶点的推或拉是根据曲面法线、原始法线、或变形法线进行，还是沿着指定轴进行。
  ◆ 原始法线：选择此项后，对顶点的推或拉会使顶点以它变形之前的法线方向进行移动。重复应用绘制变形总是将每个顶点以它最初移动时的相同方向进行移动。
  ◆ 变形法线：选择此项后，对顶点的推或拉会使顶点以它现在的法线（即变形后的法线）方向进行移动，也就是说，在变形之后的法线。
  ◆ 变换轴：X、Y、Z：选择此项后，对顶点的推或拉会使顶点沿着指定的轴进行移动。
● 推/拉值：用于确定单个推/拉操作应用的方向和最大范围。正值将顶点拉出对象曲面，而负值将顶点推入曲面。
● 笔刷大小：用于设置圆形笔刷的半径。
● 笔刷强度：用于设置笔刷应用推/拉值的速率。低的强度值应用效果的速率要比高的强度值来得慢。
● 笔刷选项：单击此按钮以打开绘制选项对话框，在该对话框中可以设置各种笔刷相关的参数。
● 提交：使变形的更改永久化，将它们烘焙到对象几何体中。在使用提交后，就不可以将复原应用到更改上。
● 取消：取消自最初应用绘制变形以来的所有更改，或取消最近的提交操作。

7．“编辑顶点”卷展栏

只有将选择集定义为“顶点”时，才会显示该卷展栏，如图 6-42 所示。

● 移除：删除选中的顶点，并接合起使用这些顶点的多边形，如图 6-43 所示。

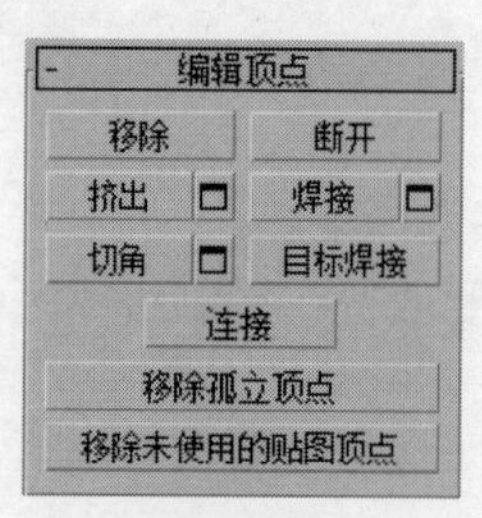

图 6-42

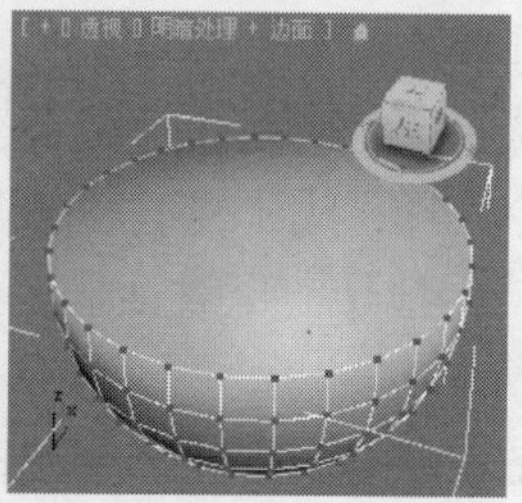

图 6-43

- 断开：在与选定顶点相连的每个多边形上，都创建一个新顶点，这可以使多边形的转角相互分开，使它们不再相连于原来的顶点上。如果顶点是孤立的或者只有一个多边形使用，则顶点将不受影响。
- 挤出：可以手动挤出顶点，方法是在视口中直接操作。单击此按钮，然后垂直拖动到任何顶点上，就可以挤出此顶点。挤出顶点时，它会沿法线方向移动，并且创建新的多边形，形成挤出的面，将顶点与对象相连。挤出对象的面的数目，与原来使用挤出顶点的多边形数目一样。单击▣（设置）按钮打开挤出顶点助手，以便通过交互式操纵执行挤出。
- 焊接：对焊接助手中指定的公差范围内选定的连续顶点进行合并。所有边都会与产生的单个顶点连接。单击▣（设置）按钮打开焊接顶点助手以便设定焊接阈值。
- 切角：单击此按钮，然后在活动对象中拖动顶点。如果想准确地设置切角，先单击▣（设置）按钮，然后设置切角量值，如图 6-44 所示。如果选定多个顶点，那么它们都会被施加同样的切角。

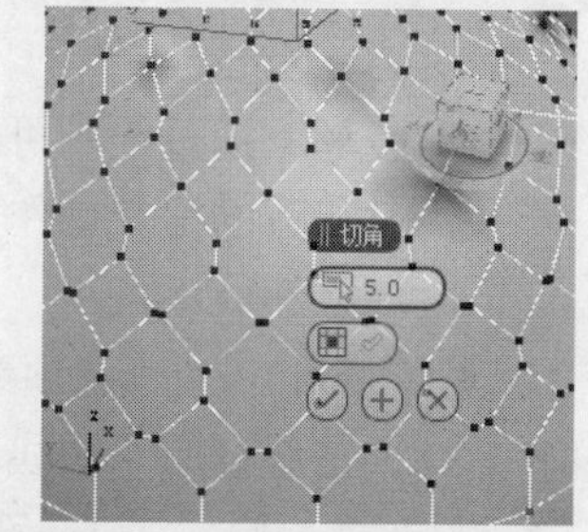

图 6-44

- 目标焊接：可以选择一个顶点，并将它焊接到相邻目标顶点，如图 6-45 所示。目标焊接只焊接成对的连续顶点，也就是说，顶点有一个边相连。
- 连接：在选中的顶点对之间创建新的边，如图 6-46 所示。

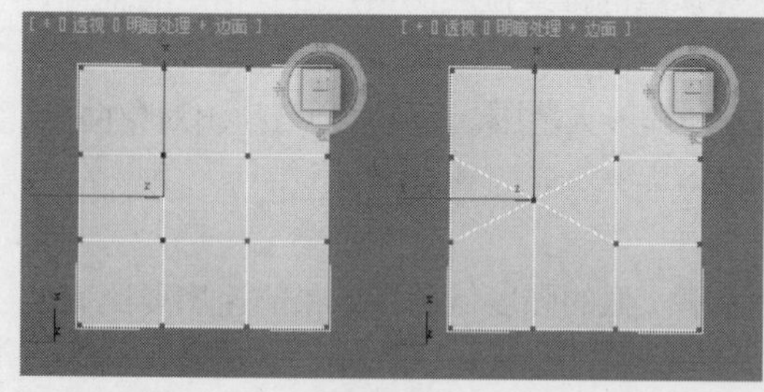

图 6-45

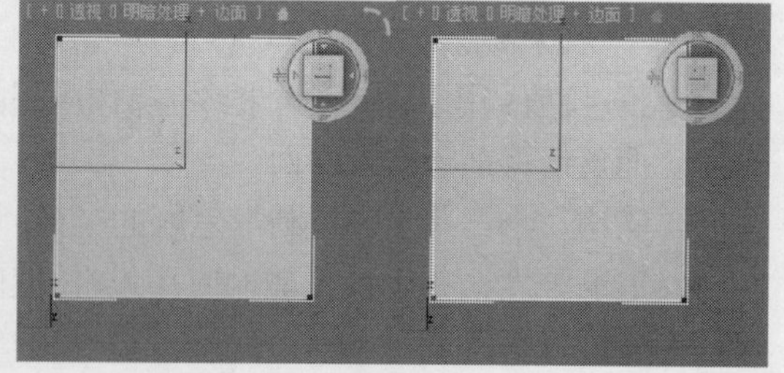

图 6-46

- 移除孤立顶点：将不属于任何多边形的所有顶点删除。
- 移除未使用的贴图顶点：某些建模操作会留下未使用的（孤立）贴图顶点，它们会显示在展开的 UVW 编辑器中，但是不能用于贴图。可以使用这一按钮，来自动删除这些贴图顶点。

8．“编辑边”卷展栏

只有将选择集定义为“边”时，才会显示该卷展栏，如图 6-47 所示。

- 插入顶点：用于手动细分可视的边。启用插入顶点后，单击某边即可在该位置处添加顶点。

- 移除：删除选定边并组合使用这些边的多边形。
- 分割：沿着选定边分割网格。对网格中心的单条边应用时，不会起任何作用。影响边末端的顶点必须是单独的，以便能使用该选项。例如，因为边界顶点可以一分为二，所以，可以在与现有的边界相交的单条边上使用该选项。另外，因为共享顶点可以进行分割，所以，可以在栅格或球体的中心处分割两个相邻的边。
- 桥：使用多边形的桥连接对象的边。桥只连接边界边，也就是只在一侧有多边形的边。创建边循环或剖面时，该工具特别有用。单击 （设置）按钮打开跨越边助手，以便通过交互式操纵在边对之间添加多边形，如图 6-48 所示。

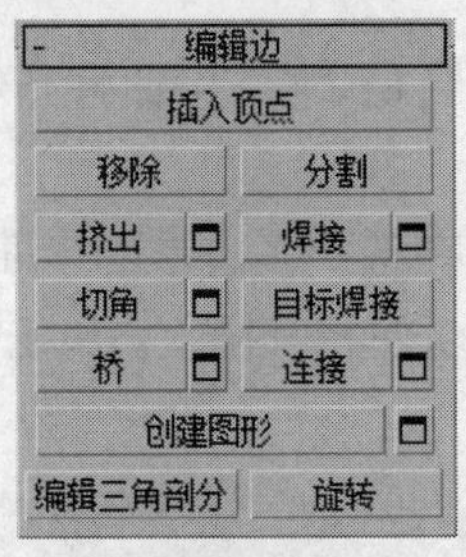

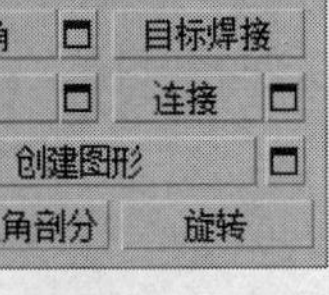

图 6-47

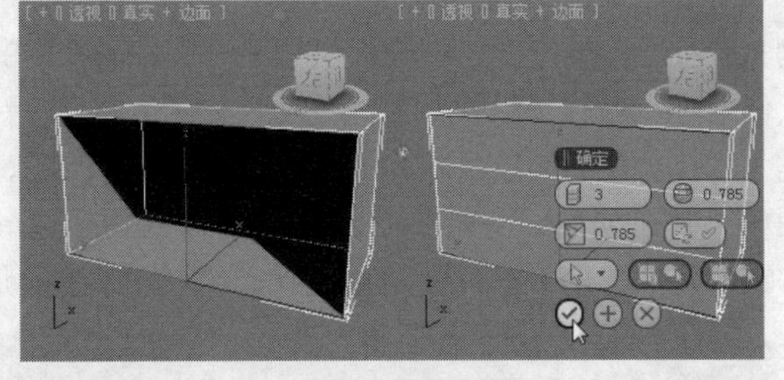

图 6-48

- 创建图形：选择一条或多条边创建新的曲线。
- 编辑三角剖分：用于修改绘制内边或对角线时多边形细分为三角形的方式。
- 旋转：用于通过单击对角线修改多边形细分为三角形的方式。激活旋转时，对角线可以在线框和边面视图中显示为虚线。在旋转模式下，单击对角线可更改其位置。要退出旋转模式，请在视口中单击鼠标右键或再次单击旋转按钮。

9. “编辑边界”卷展栏

只有将选择集定义为“边界”时，才会显示该卷展栏，如图 6-49 所示。

- 封口：使用单个多边形封住整个边界环，如图 6-50 所示。
- 创建图形：选择边界创建新的曲线。
- 编辑三角剖面：用于修改绘制内边或对角线时多边形细分为三角形的方式。
- 旋转：用于通过单击对角线修改多边形细分为三角形的方式。

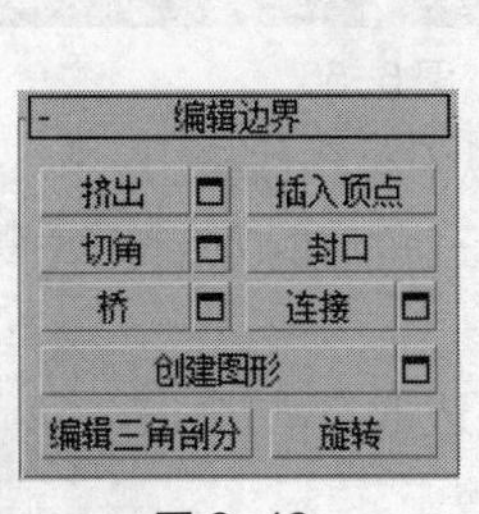

图 6-49

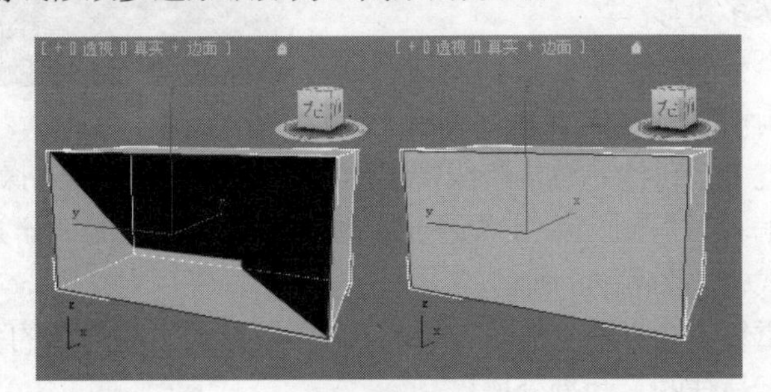

图 6-50

10. “编辑多边形”卷展栏

只有将选择集定义为“多边形”时，才会显示该卷展栏，如图 6-51 所示。

- 轮廓：用于增大或减小每组连续的选定多边形的外边，单击 （设置）按钮打开多边形加轮廓助手，以便通过数值设置施加轮廓操作，如图 6-52 所示。

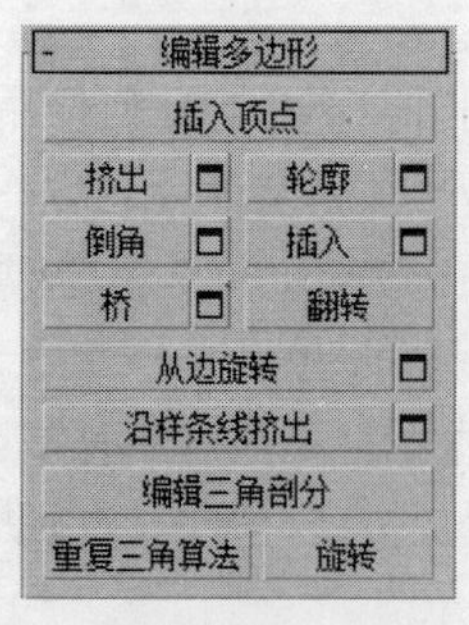

图 6-51

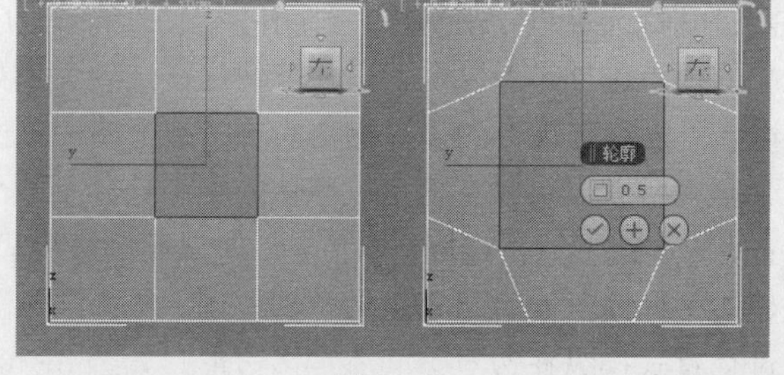

图 6-52

- 倒角：通过直接在视口中操纵执行手动倒角操作。单击 （设置）按钮打开倒角助手，以便通过交互式操纵执行倒角处理，如图 6-53 所示。
- 插入：执行没有高度的倒角操作，如图 6-54 所示，即在选定多边形的平面内执行该操作。单击“插入”按钮，然后垂直拖动任何多边形，以便将其插入。单击 （设置）按钮打开插入助手，以便通过交互式操纵插入多边形。

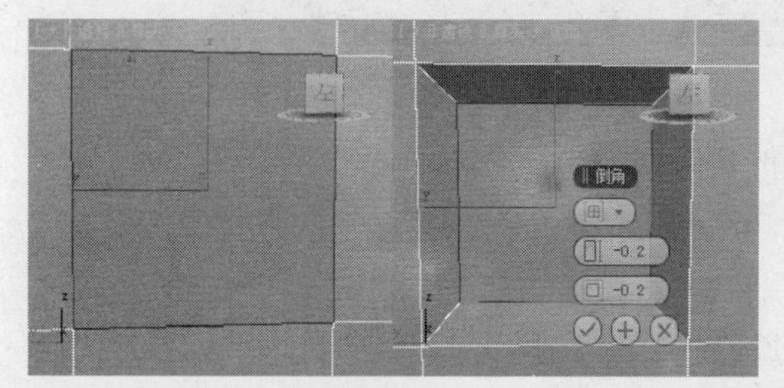

图 6-53

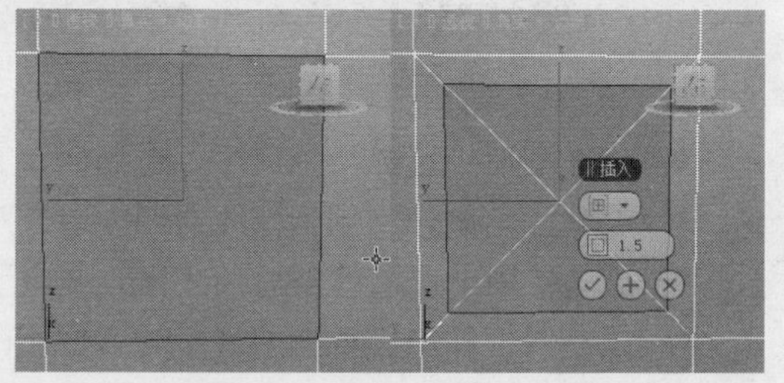

图 6-54

- 翻转：反转选定多边形的法线方向。
- 从边旋转：通过在视口中直接操纵执行手动旋转操作。单击 （设置）按钮打开从边旋转助手，以便通过交互式操纵旋转多边形。
- 沿样条线挤出：沿样条线挤出当前的选定内容。单击 （设置）按钮打开沿样条线挤出助手，以便通过交互式操纵沿样条线挤出。

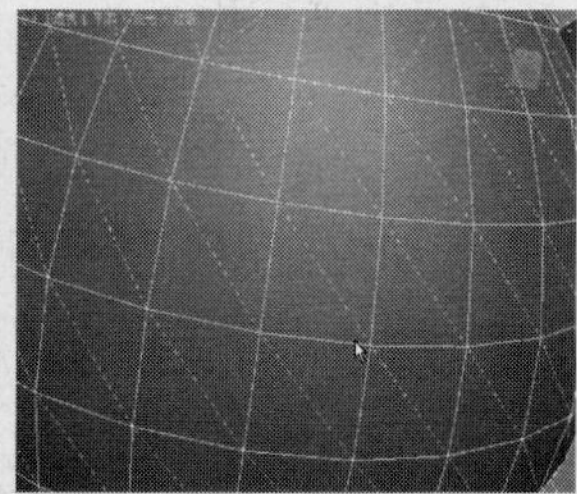

图 6-55

- 编辑三角剖分：可以通过绘制内边修改多边形细分为三角形的方式，如图 6-55 所示。
- 重复三角算法：允许 3ds Max 对多边形或当前选定的多边形自动执行最佳的三角剖分操作。
- 旋转：用于通过单击对角线修改多边形细分为三角形的方式。

11．“多边形：材质 ID”卷展栏和“多边形：平滑组”卷展栏

只有将选择集定义为“多边形”时，才会显示这两个卷展栏，如图 6-56 所示。

图 6-56

- 设置 ID：用于向选定的面片分配特殊的材质 ID 编号，以供多维/子对象材质和其他应用使用。
- 选择 ID：选择与相邻 ID 字段中指定的材质 ID 对应的子对象。方法：输入或使用该微调器指定 ID，然后单击选择 ID 按钮。
- 清除选择：启用时，选择新 ID 或材质名称会取消选择以前选定的所有子对象。
- 按平滑组选择：显示说明当前平滑组的对话框。
- 清除全部：从选定片中删除所有的平滑组分配多边形。
- 自动平滑：基于多边形之间的角度设置平滑组。如果任何两个相邻多边形的法线之间的角度小于阈值角度（由该按钮右侧的微调器设置），它们会被包含在同一平滑组中。

知识提示

“元素”选择集的卷展栏中的相关命令与“多边形”选择集功能相同，这里就不重复介绍了，具体命令参考“多边形”选择集即可。

6.2 网格建模

“编辑网格”修改器与“编辑多边形”修改器中各项命令和参数基本相同，重复的命令和工具可参考“编辑多边形”中各命令和工具的应用。

6.2.1 子物体层级

为模型施加“编辑网格”修改器后，在修改器堆栈中可以查看该修改器的子物体层级，如图 6-57 所示。

“编辑网格”子物体层级的具体介绍请参考 “编辑多边形”修改器子物体层级，这里就不重复介绍了。

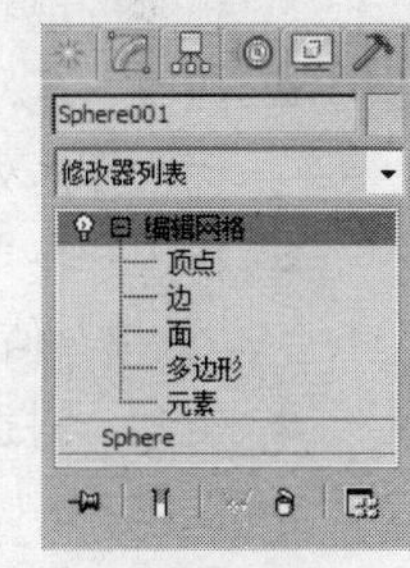

图 6-57

6.2.2 公共参数卷展栏

为模型施加“编辑网格”修改器后，在修改器堆栈中可以查看该修改器的子物体层级，如图 6-57 所示。

“选择”卷展栏中的选项功能介绍如下（见图 6-58）。

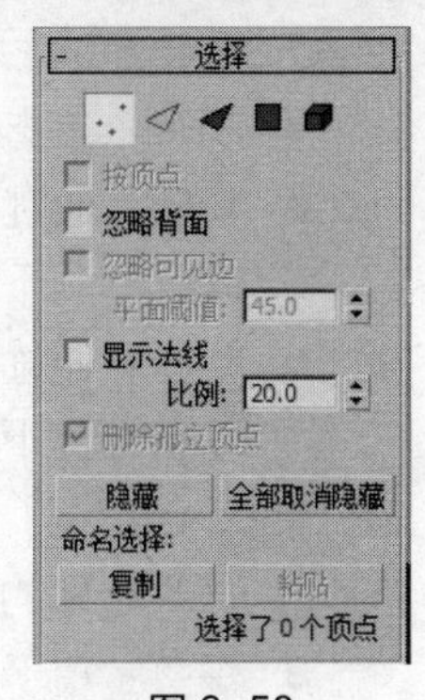

图 6-58

- 忽略可见边：当定义了“多边形”选择集时，该复选框将启用。当“忽略可见边”处于禁用状态（默认情况）时，单击一个面，无论“平面阈值”微调器的设置如何，选择不会超出可见边；当该功能处于启用状态时，面选择将忽略可见边，使用“平面阈值”设置作为指导。
- 平面阈值：用于指定阈值的值，该值决定对于“多边形”选择集来说哪些面是共面。
- 显示法线：启用该复选框时，3ds Max 会在视口中显示法线。法线显示为蓝线。在“边”模式中显示法线不可用。
- 比例：“显示法线”复选框处于启用状态时，用于指定视口中显示的法线大小。
- 删除孤立顶点：在启用状态下，删除子对象的连续选择时，3ds Max 将消除任何孤立顶点；在禁用状态下，删除选择会完好不动地保留所有的顶点。该功能在“顶点”子对象层级上不可用，默认设置为启用。

- 隐藏：隐藏任何选定的子对象。边不能隐藏。
- 全部取消隐藏：还原任何隐藏对象，使之可见。只有在处于“顶点”子对象层级时才能将隐藏的顶点取消隐藏。
- 命名选择：用于在不同对象之间传递命令选择信息。要求这些对象必须是同一类型，而且在相同子对象级别。例如，两个可编辑网格对象，在其中一个的顶点子对象级别先进行选择，然后在工具栏中为这个选择集命名，接着单击“复制”按钮，从弹出的选择框中选择刚创建的名称，进入另一个网格对象的顶点子对象级别，单击“粘贴”按钮，刚才复制的选择会粘贴到当前的点子对象级别。

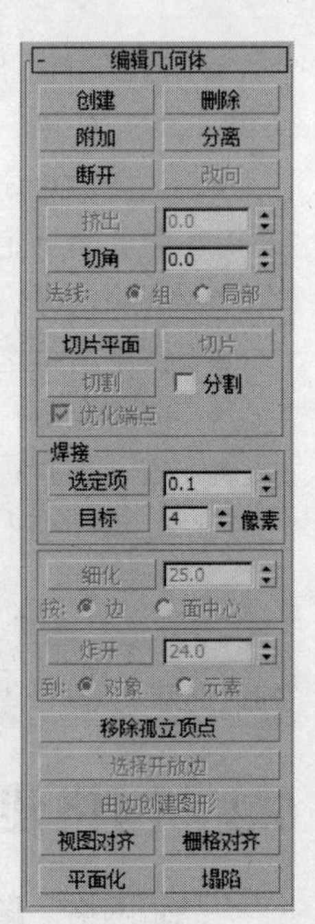

图 6-59

“编辑几何体”卷展栏中的选项功能介绍如下（见图 6-59）。

- 删除：删除选择的对象。
- 附加：从名称列表中选择需要合并的对象进行合并，可以一次合并多个对象。
- 断开：为每一个附加到选定顶点的面创建新的顶点，可以移动面，使之互相远离它们曾经在原始顶点连接起来的地方。如果顶点是孤立的或者只有一个面使用，则顶点将不受影响。
- 改向：将对角面中间的边转向，改为另一种对角方式，从而使三角面的划分方式改变，通常用于处理不正常的扭曲裂痕效果。
- 挤出：将当前选择集的子对象施加一个厚度，使它突出或凹入表面，厚度值由后面的“数量”值决定。
- 倒角：对选择面进行挤出成形。
- 法线：选择“组”单选按钮时，选择的面片将沿着面片组平均法线方向挤出。选择“局部”单选按钮时，面片将沿着自身法线方向挤出。
- 切片平面：一个方形化的平面，可通过移动或旋转，来改变将要剪切对象的位置。单击该按钮后，“切片”选项为关闭状态。
- 切片：单击该按钮后，将切片平面处剪切选择的子对象。
- 切割：通过在边上添加点来细分子对象。单击该按钮后，在需要细分的边上单击，移动鼠标到下一边，依次单击，完成细分。
- 切割：通过在边上添加点来细分子对象。单击该按钮后，在需要细分的边上单击，移动鼠标到下一边，再一次单击，完成细分。
- 优化顶点：选择该复选框时，在相邻的面之间进行平滑过渡。反之，则在相邻面之间产生生硬的边。
- 焊接：用于顶点之间的焊接操作，这种空间焊接技术比较复杂，要求在三维空间内移动和确定顶点之间的位置，有两种焊接方法。
- 选定项：焊接在焊接阈值微调器（位于按钮的右侧）中指定的公差范围内的选定顶点。所有线段都会与产生的单个顶点连接。
- 目标：在视图中将选择的点（或点集）拖动到焊接的顶点上（尽量接近），这样会自动进行焊接。
- 细化：单击此按钮，会根据其下的细分方式对选择表面进行分裂复制处理，产生更多的表面，用于平滑需要。

- 边：以选择面的边为依据进行分裂复制。
- 面中心：以选择面的中心为依据进行分裂复制。
- 炸开：单击此按钮，可以将当前选择面爆炸分离（不是产生爆炸效果，只是各自独立），依据两种选项而获得不同的结果。
- 对象：将所有面爆炸为各自独立的新对象。
- 元素：将所有面爆炸为各自独立的新元素，但仍属于对象本身，这是进行元素差分的一个途径。
- 移除孤立顶点：单击此按钮后，将删除所有孤立的点，不管是否选择该点。
- 选择开放边：将选择对象的边缘线。
- 由边创建图形：在选择一个或更多的边后，单击此按钮将以选择的边界为模板创建新的曲线，也就是把选择的边变成曲线独立使用。
- 视图对齐：单击此按钮后，选择的子对象将被放置在同一平面，且这一平面平行于选择视图。
- 栅格对齐：单击此按钮后，选择的子对象将被放置在同一平面，且这一平面平行于视图的栅格平面。
- 平面化：将所有的选择面强制压成一个平面（不是合成，只是同处于一个平面上）。
- 塌陷：将选择的子对象删除，留下一个顶点或四周的面连接，产生新的表面，这种方法不同于删除面，它是将多余的表面吸收掉。

6.2.3　子物体层级卷展栏

下面将为大家介绍“编辑网格”修改器中的一些子物体层级的相关卷展栏。

将选择集定义为“顶点”，出现以下卷展栏。

“曲面属性”卷展栏中的选项功能介绍如下（见图 6-60）。

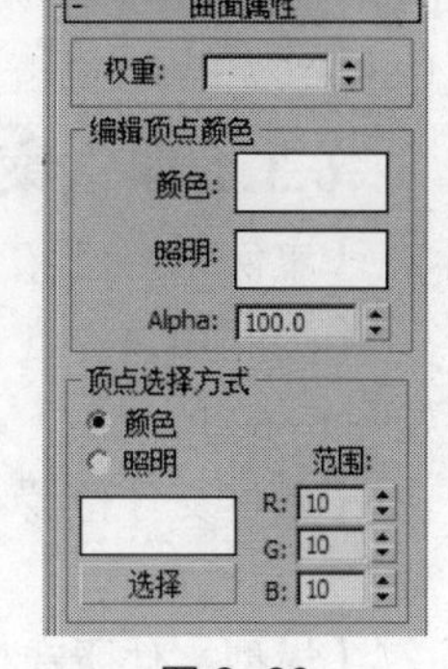

图 6-60

- 权重：用于显示并可以更改 NURBS 操作的顶点权重。

编辑顶点颜色：使用这些控件，可以分配颜色、照明颜色（着色）和选定顶点的“透明”值。

- 颜色：单击色样可更改选定顶点的颜色。
- 照明：单击色样可以更改选定顶点的照明颜色。该选项可以更改顶点的照明而不用更改顶点的颜色。
- Alpha：用于向选定的顶点分配 Alpha（透明）值。微调器值是百分比值；0 表示完全透明，100 表示完全不透明。

顶点选择方式：该选项组中的各项命令如下。

- 颜色、照明：这两个单选按钮用于选择一种方式——按照顶点颜色值选择还是按照顶点照明值选择。设置所需的选项并单击选择。

范围：指定颜色匹配的范围。顶点颜色或者照明颜色中所有 3 个 RGB 值必须匹配“顶点选择方式”中“颜色”指定的颜色，或者在一个范围之内，这个范围由显示颜色加上或减去“范围”值决定。默认设置是 10。

选择：选择的所有顶点应该满足条件：这些顶点的颜色值或者照明值要么匹配色样，要么在 RGB 微调器指定的范围内。要满足哪个条件取决于选择哪个单选按钮。

将选择集定义为“边”，出现以下卷展栏。

“曲面属性”卷展栏中的选项功能介绍如下（见图 6-61）。

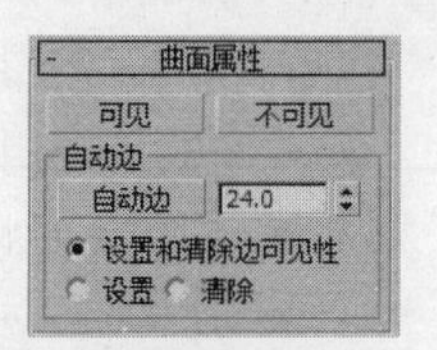

图 6-61

- 可见：使选择的边可见。
- 不可见：使选中的边不可见。

自动边：根据共享边的面之间的夹角来确定边的可见性，面之间的角度由该选项右边的阈值微调器设置。

- 设置和清除边可见性：根据阈值设定更改所有选定边的可见性。
- 设置：当边超过了阈值设定时，使原先可见的边变为不可见，但不清除任何边。
- 清除：当边小于阈值设定时，使原先不可见的边可见，不让其他任何边可见。

将选择集定义为“面”、”多边形”或“元素”时，出现以下卷展栏。

“曲面属性”卷展栏中的选项功能介绍如下（见图 6-62）。

图 6-62

- 翻转：反转选定面片的曲面法线的方向。
- 统一：翻转对象的法线，使其指向相同的方向，通常是向外。
- 翻转法线模式：翻转单击的任何面的法线。要退出，请再次单击此按钮，或者右键单击 3ds Max 界面中的任意位置。

6.3 NURBS 建模

NURBS 是一种先进的建模方式。通过 NURBS 工具制作的物体模型具有光滑的表面，常用来制作非常圆滑而且具有复杂表面的物体，如汽车、动物、人物以及其他流线型的物体。在 Maya 和 Rhino 等各种三维软件中，都使用了 NURBS 建模技术，基本原理非常相似。

6.3.1 课堂案例——窗帘的制作

【案例学习目标】学习 NURBS 建模。

【案例知识要点】下面介绍使用 NURBS 工具箱中的“U 向曲线”命令，完成的窗帘模型如图 6-63 所示。

图 6-63

【素材文件位置】CDROM/Map/Cha06/6.3.1 窗帘。

【模型文件所在位置】CDROM/Scene/Cha06/6.3.1 窗帘.max。

【参考模型文件所在位置】CDROM/Scene/Cha06/6.3.1 窗帘场景.max。

（1）单击“（创建）>（图形）> NURBS 曲线 > 点曲线”按钮，在“顶”视图中通过单击绘制 3 条如图 6-64 所示的样条线。

（2）选择其中一条 NURBS 曲线，切换到（修改）命令面板，在“常规”卷展栏中单击“附加”按钮，在场景附加其他两条样条线，如图 6-65 所示。

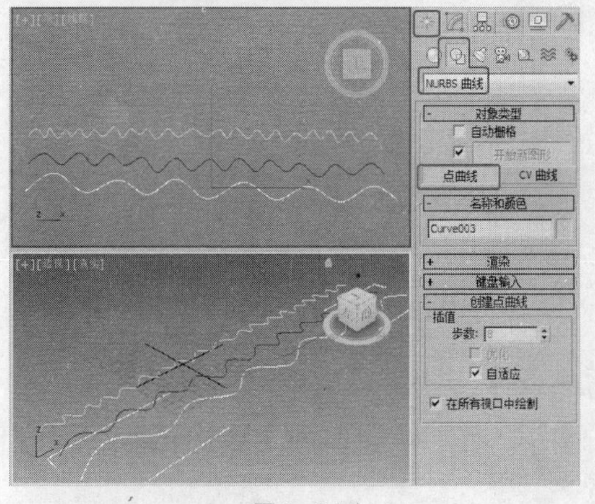

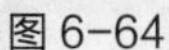
图 6-64

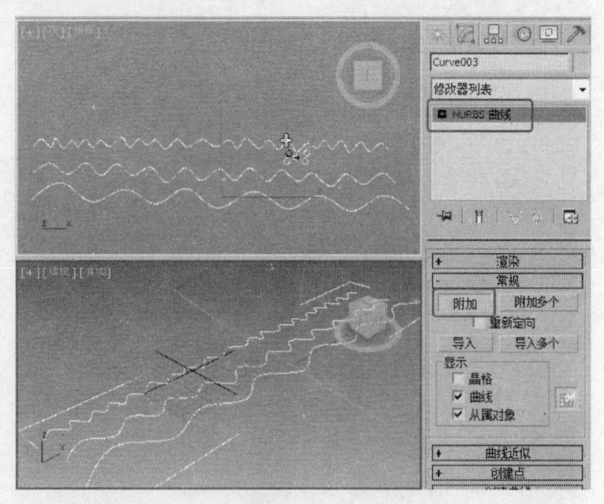

图 6-65

（3）在修改器堆栈中将选择集定义为“曲线”，并在“顶”视图和“前”视图中调整样条线的位置，如图 6-66 所示。

（4）关闭选择集，在“常规”卷展栏中单击（NURBS 创建工具箱）按钮，打开“NURBS”工具箱，从中选择（创建 U 向放样曲面）按钮，在场景中从底部到顶部依次拾取曲线，如图 6-67 所示。

（5）复制模型，并将模型转换为“可编辑网格”，将选择集定义为“多边形”，在场景中选择窗帘的左侧一半多边形，并在“编辑几何体”卷展栏中单击“分离”按钮，将多边形分离后，关闭选择集，并在场景中缩放分离后的两个窗帘模型，如图 6-68 所示。

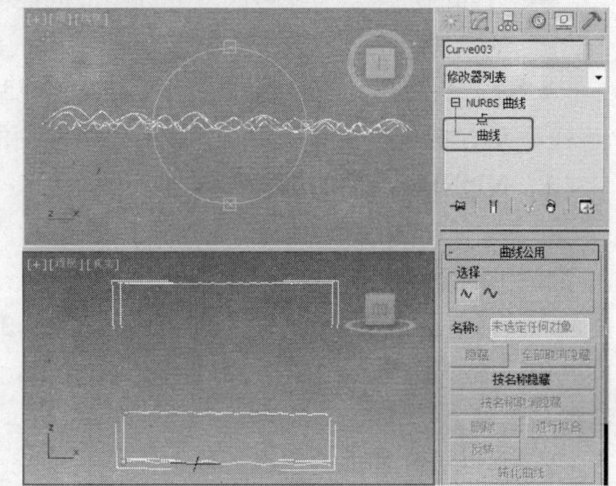

图 6-66

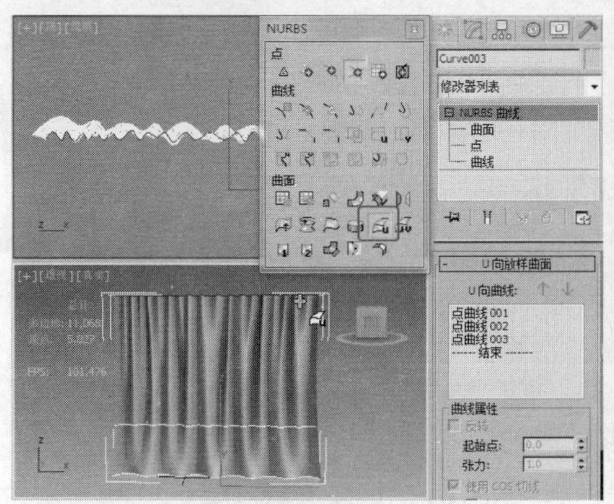

图 6-67

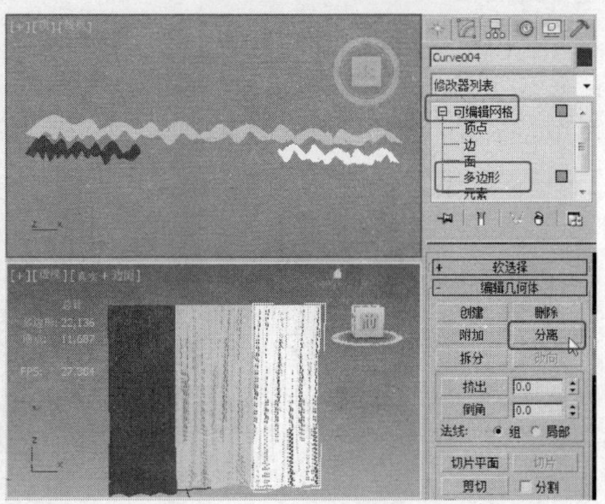

图 6-68

6.3.2 NURBS 曲面

NURBS 的造型系统也包括点、曲线和曲面 3 种元素，其中曲线和曲面又分为标准型和 CV（可控）型两种。

NURBS 曲面包括点曲面和 CV 曲面两种，如图 6-69 所示。

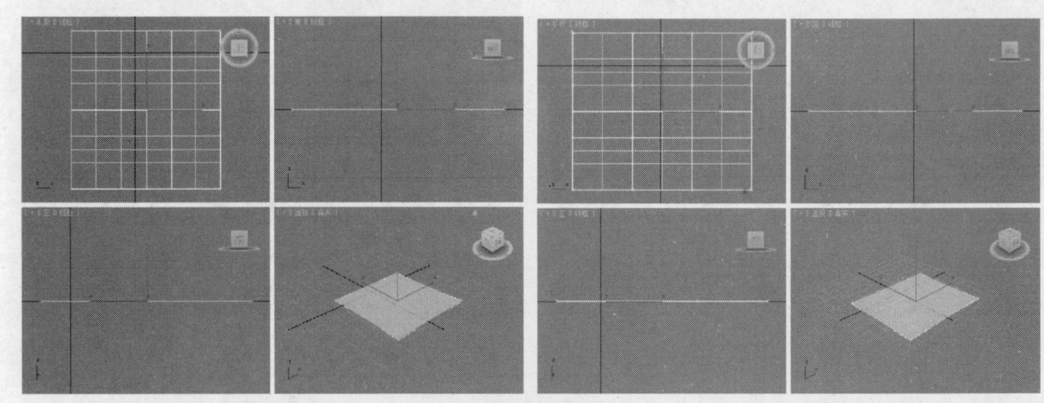

图 6-69

- 点曲面：显示为绿色的点阵列组成的曲面，这些点都依附在曲面上，对控制点进行移动，曲面会随之改变形态。
- CV 曲面：具有控制能力的点组成的曲面，这些点不依附在曲面上，对控制点进行移动，控制点会离开曲面，同时影响曲面的形态。

1. NURBS 曲面的选择

单击“（创建）> （几何体）”按钮，单击下拉列表框 标准基本体 ，从中选择“NURBS 曲面”选项，如图 6-70 所示，即可进入 NURBS 曲面的创建命令面板，如图 6-71 所示。NURBS 曲面有两种创建方式。

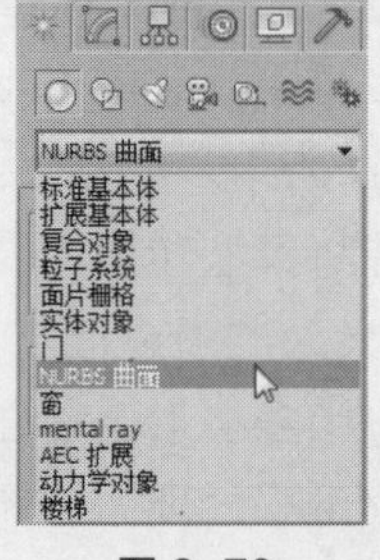

图 6-70

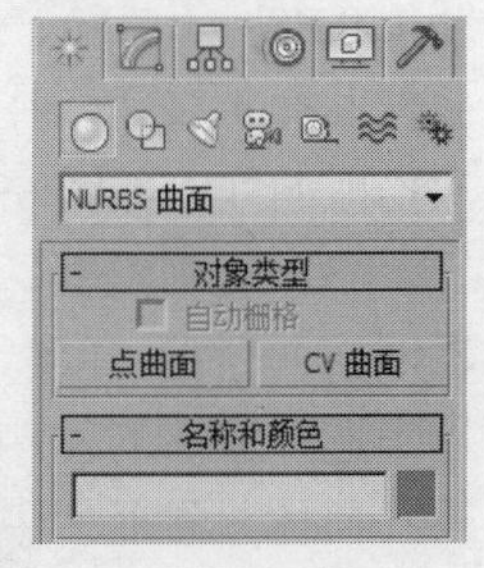

图 6-71

2. NURBS 曲面的创建和修改

NURBS 曲面的创建方法与标准几何体中平面的创建方法相同。

单击“点曲面”按钮，在“顶”视图中创建一个点曲面，单击（修改）按钮，将选择集定义为“点”，如图 6-72 所示，选择曲面上的一个控制点，使用（选择并移动）工具移动节点位置，曲面会改变形态，但这个节点始终依附在曲面上，如图 6-73 所示。

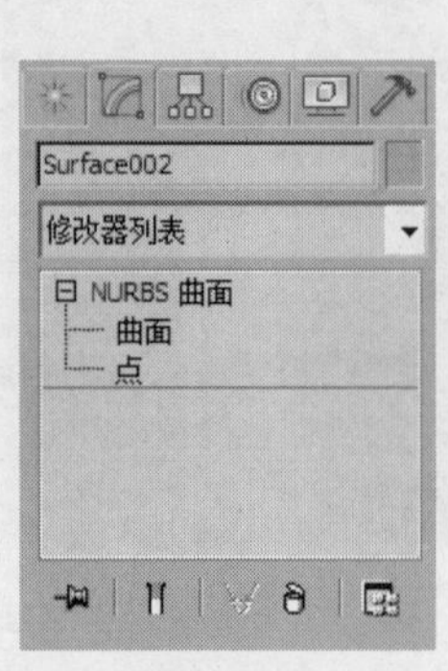

图 6-72

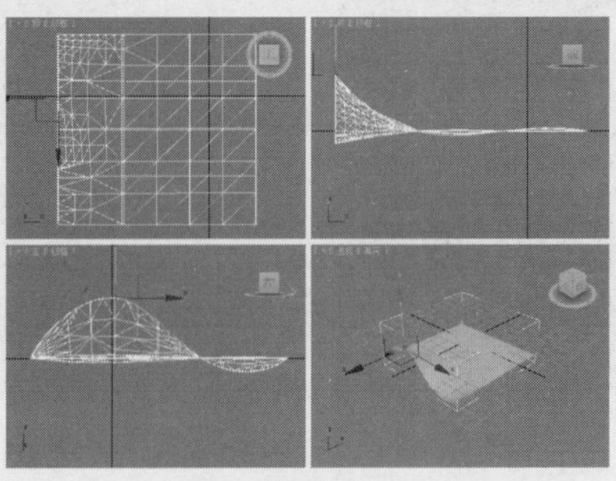

图 6-73

单击“CV 曲面”按钮，在“顶”视图中创建一个可控点曲面，单击（修改）按钮，将选择集定义为“曲面 CV”，如图 6-74 所示，选择曲面上的一个控制点，使用（选择并移动）工具移动节点位置，曲面会改变形态，但节点不依附在曲面上，如图 6-75 所示。

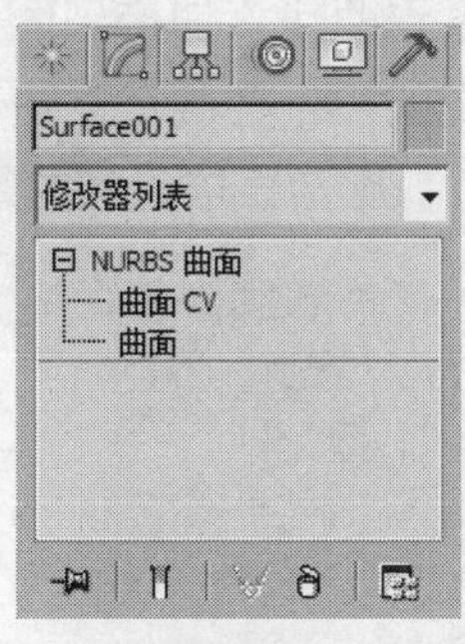

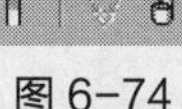
图 6-74

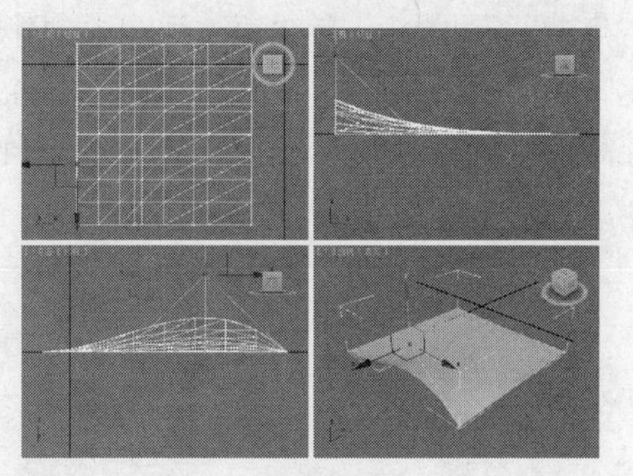
图 6-75

6.3.3　NURBS 曲线

NURBS 曲线包括“点曲线”和“CV 曲线”两种，如图 6-76 所示。

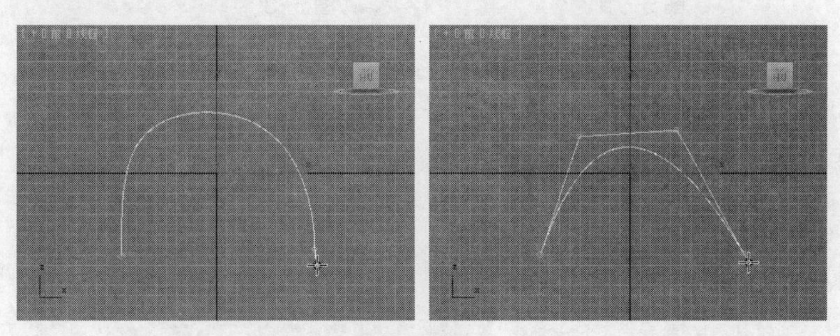
图 6-76

- 点曲线：显示为绿色的点弯曲构成的曲线。
- CV 曲线：由可控制点弯曲构成的曲线。

这两种类型的曲线上控制点的性质与前面介绍的 NURBS 曲面上控制点的性质相同。点曲线的控制点都依附在曲线上，CV 曲线的控制点不依附在曲线上，但控制着曲线的形状。

1．NURBS 曲线的选择

首先单击“（创建）>（图形）”按钮，然后单击下拉列表框样条线，从中选择“NURBS 曲线”选项，如图 6-77 所示，即可进入 NURBS 曲线的创建命令面板，如图 6-78 所示。

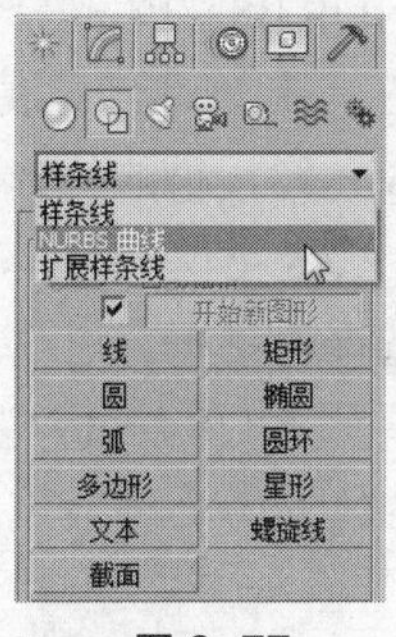

图 6-77

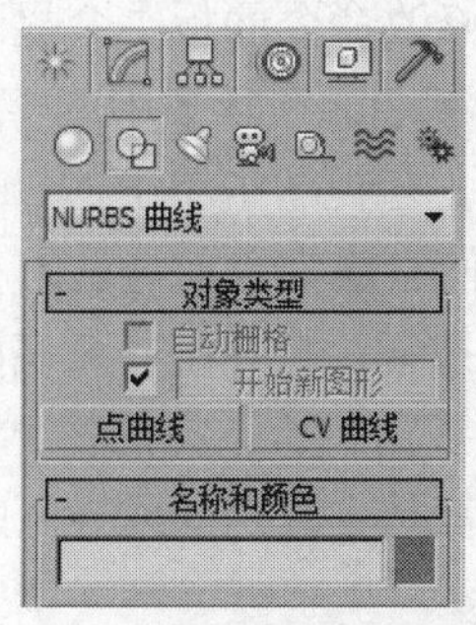

图 6-78

2．NURBS 曲线的创建和修改

NURBS 曲线的创建方法与二维线型的创建方法相同，但 NURBS 曲线可以直接生成圆滑的曲线。两种类型的 NURBS 曲线上的点对曲线形状的影响方式也是不同的。

首先单击“点曲线”按钮，在“顶”视图中创建一条点曲线，切换到（修改）命令面板，将选择集定义为“点”，如图 6-79 所示，选择曲线上的一个控制点，使用（选择并移动）工具移动控制点位置，曲线会改变形态，被选择的控制点始终依附在曲线上，如图 6-80 所示。

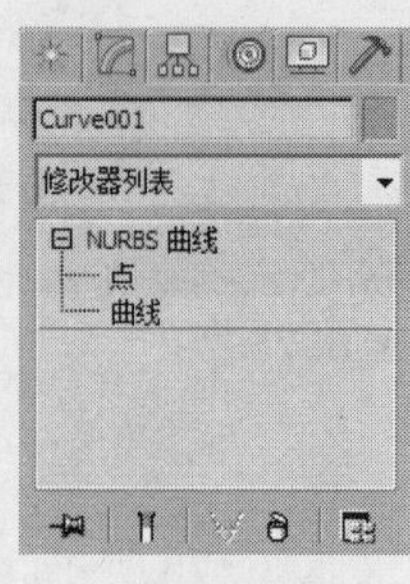

图 6-79

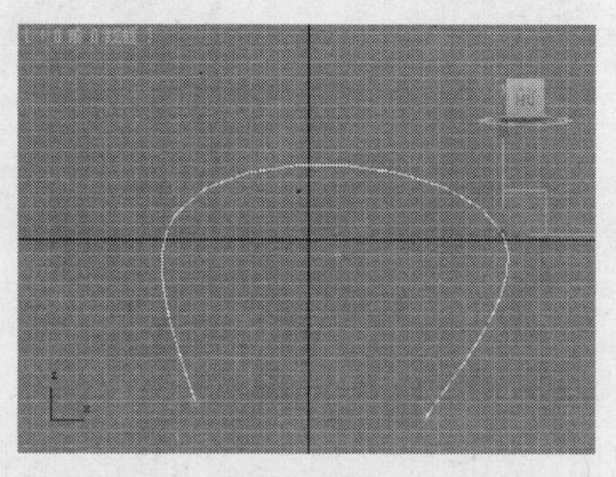
图 6-80

首先单击“CV 曲线”按钮，在“顶”视图创建一条控制点曲线，切换到（修改）命令面板，将选择集定义为“曲面 CV”，如图 6-81 所示，选择曲线上的一个控制点，使用（选择并移动）工具移动控制点位置，曲线会改变形态，选择的控制点不会依附在曲线上，如图 6-82 所示。

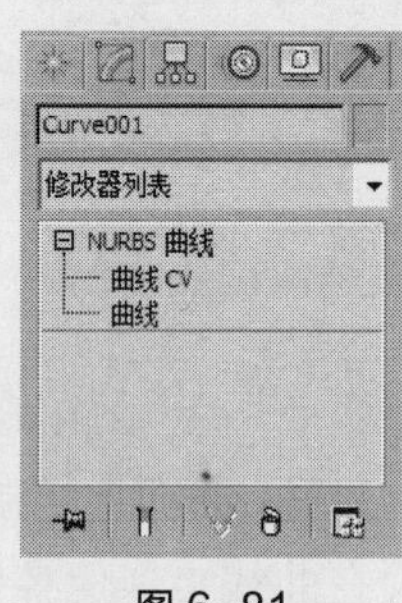

图 6-81

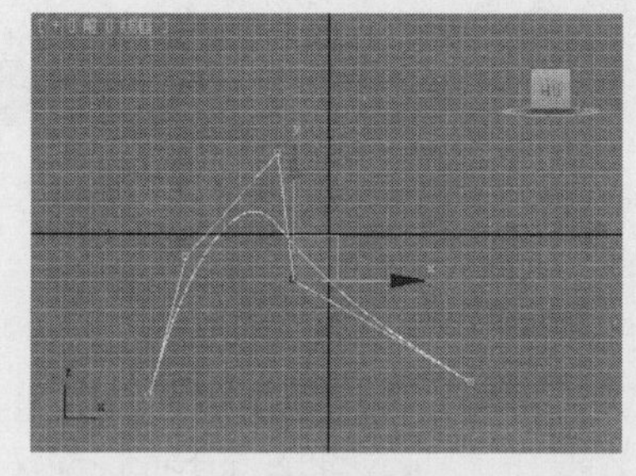
图 6-82

6.3.4 NURBS 工具面板

NURBS 系统具有自己独立的参数命令。在视图中创建 NURBS 曲线物体和曲面物体，参数面板中会显示 NURBS 物体的创建参数，用来设置创建的 NURBS 物体的基本参数。创建完成后单击（修改），在修改命令面板中会显示 NURBS 物体的修改参数，如图 6-83 所示。

“常规”卷展栏用来控制曲面在场景中的整体性，下面对该卷展栏的参数进行介绍。

- 附加：单击该按钮，在视图中单击 NURBS 允许接纳的物体，可以将它结合到当前的 NURBS 造型中，使之成为当前造型的一个次级物体。
- 附加多个：单击该按钮，将弹出一个名称选择对话框，可以通过名称一次选择多个物体，单击“附加”按钮将所选择的物体合并到 NURBS 造型中。
- 重新定向：选中该复选框，合并或导入的物体的中心将会重新定位到 NURBS 造型的中心。
- 导入：单击该按钮，在视图中单击 NURBS 允许接纳的物体，可以将它转化为 NURBS 造型，并且作为一个导入造型合并到当前 NURBS 造型中。
- 导入多个：单击该按钮，会弹出一个名称选择对话框，其工作方式与“附加多个”相似。

- “显示”选项组：用来控制 NURBS 造型在视图中的显示情况。
  - ◆ 晶格：选中该复选框，将以黄色的线条显示出控制线。
  - ◆ 曲线：选中该复选框，将显示出曲线。
  - ◆ 曲面：选中该复选框，将显示出曲面。
  - ◆ 从属对象：选中该复选框，将显示出从属的子物体。
  - ◆ 曲面修剪：选中该复选框，将显示出被修剪的表面，若未选中，即使表面已被修剪，仍将在视图中显示出整个表面，而不会显示出剪切的结果。
  - ◆ 变换降级：选中该复选框，NURBS 曲面会降级显示，在视图里显示为黄色的虚线，以提高显示速度。当未选中时，曲面不降级显示，始终以实体方式显示。
- “曲面显示”选项组中的参数只用于显示，不影响建模效果，一般保持系统默认设置即可。

“常规”卷展栏中还包括一个 NURBS 工具面板，工具面板中包含所有 NURBS 操作命令，NURBS 参数中其他卷展栏的命令在工具面板中都可以找到。单击“常规”卷展栏右侧的（NURBS 创建工具箱），弹出工具面板，如图 6-84 所示。

NURBS 工具面板包括 3 组命令参数：“点”工具命令、“曲线”工具命令和“曲面”工具命令。进行 NURBS 建模主要使用工具面板中的命令完成。后面的章节将对工具面板中常用的命令进行介绍。

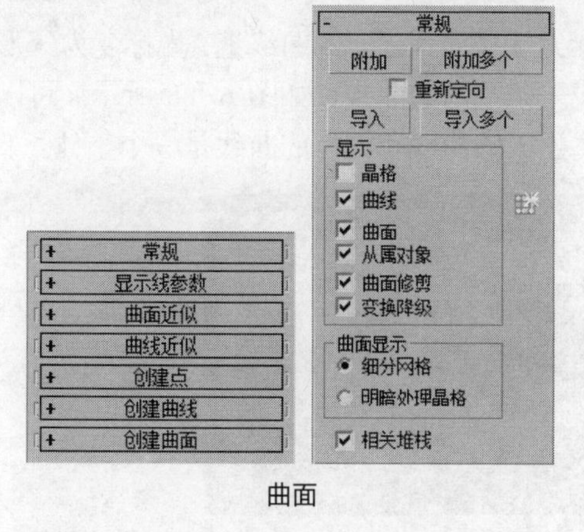

曲面

图 6-83

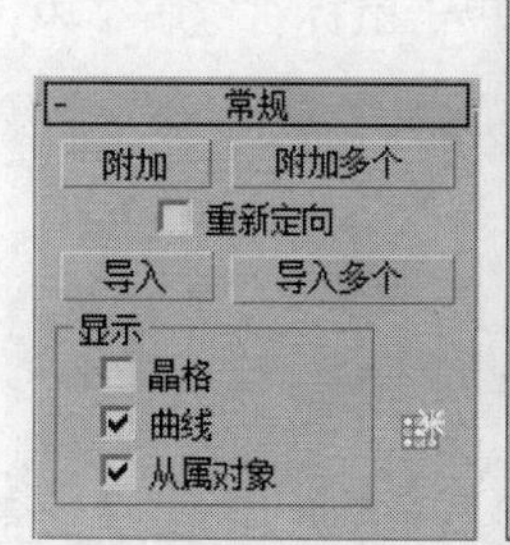

曲线

NURBS
点
曲线
曲面

图 6-84

1. NURBS“点”工具

“点”工具中包括 6 种点命令，用于创建各种不同性质的点，如图 6-85 所示。

- （创建点）：单击该按钮，可以在视图中创建一个独立的曲线点。
- （创建偏移点）：单击该按钮，可以在视图中的任意位置创建点物体的一个偏移点。
- （创建曲线点）：单击该按钮，可以在视图中的任意位置创建曲线物体的一个附属点。
- （创建曲线-曲线点）：单击该按钮，可以在两条相交曲线的交点处创建一个点。
- （创建曲面点）：单击该按钮，可以在曲面上创建一个点。
- （创建曲面-曲线点）：单击该按钮，可以在曲线平面和曲线的交点位置创建一个点。

2. NURBS“曲线”工具

“曲线”工具中共有 18 种曲线命令，用来对 NURBS 曲线进行修改编辑，如图 6-86 所示。

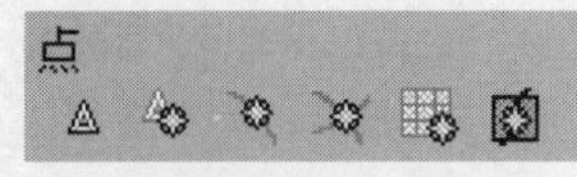

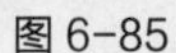

图 6-85

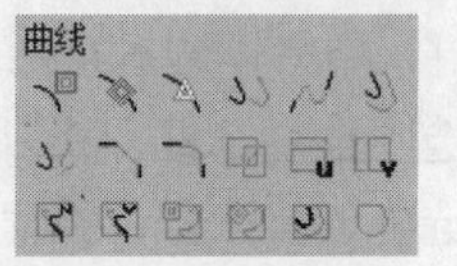

图 6-86

- （创建 CV 曲线）：单击该按钮后，鼠标光标变为形状，可以在视图中创建可控制点曲线。
- （创建点曲线）：单击该按钮后，鼠标光标变为形状，可以在视图中创建点曲线。
- （创建拟合曲线）：单击该按钮后，鼠标光标变为形状，可以在视图中选择已有的节点来创建一条曲线，如图 6-87 所示。

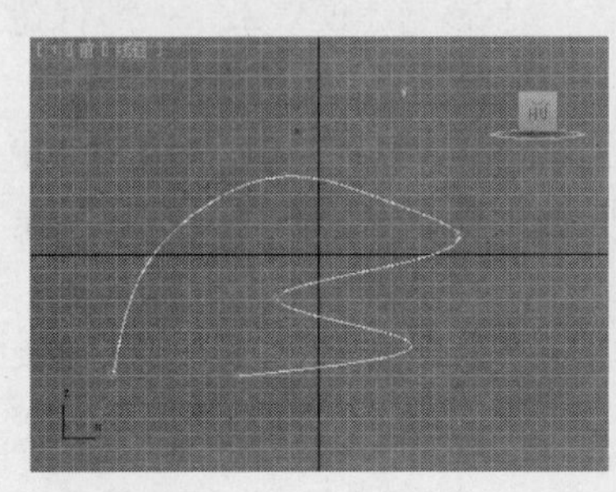

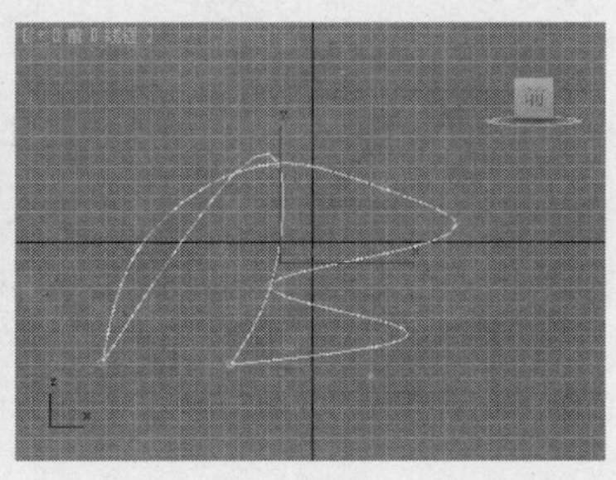

图 6-87

- （创建变换曲线）：单击该按钮后，将鼠标光标移动到已有的曲线上，光标变为形状，此时按住鼠标左键不放并拖曳，会生成一条相同的曲线，如图 6-88 所示。可以创建多条曲线，单击鼠标右键后结束创建，生成的曲线和已有的曲线是一个整体。

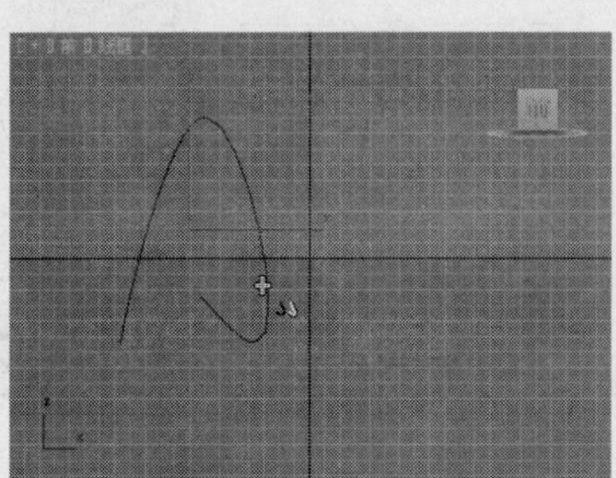

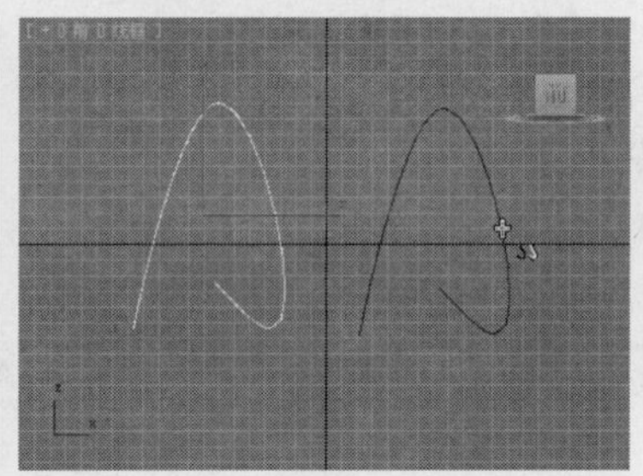

图 6-88

- （创建混合曲线）：该工具命令可以将两条曲线首尾相连，连接的部分会延伸原来曲线的曲率。

操作时应先利用（创建 CV 曲线）或（创建点曲线）在视图中创建曲线，单击（创建混合曲线）按钮，在视图中依次单击创建的曲线即可完成连接，如图 6-89 所示。

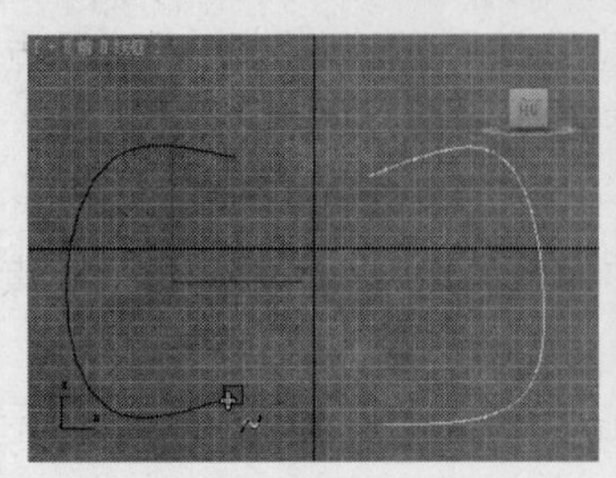

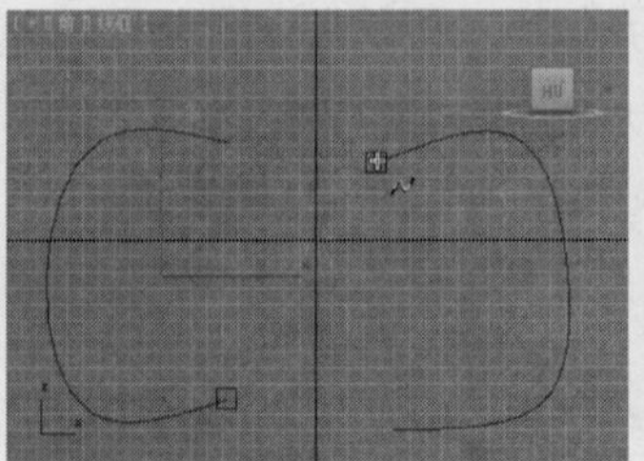

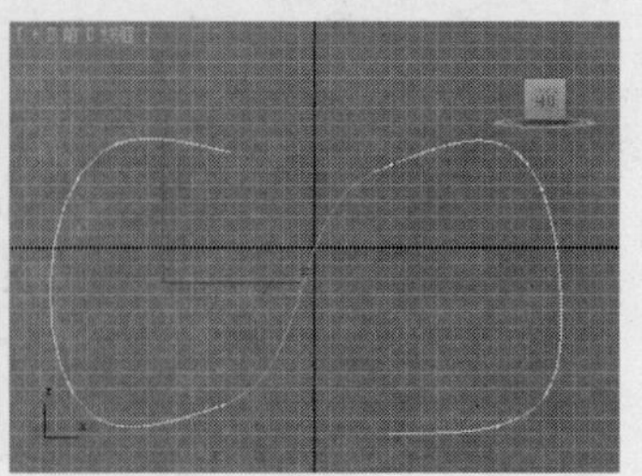

图 6-89

- (创建偏离曲线)：该工具命令可以在原来曲线的基础上创建出曲率不同的新曲线。

单击(创建偏离曲线)按钮，将光标移到已有的曲线上，光标变为形状，按住鼠标左键不放并拖曳，即可生成另一条放大或缩小的新曲线，但曲率会有所变化，如图 6-90 所示。

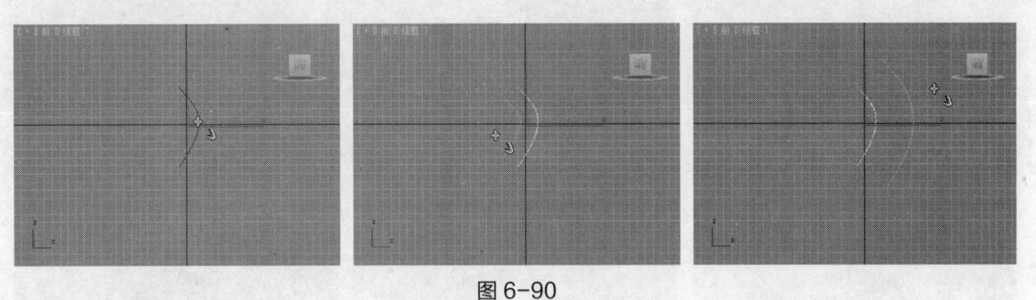

图 6-90

- (创建镜像曲线)：该工具命令可以创建出与原曲线呈镜像关系的新曲线。该工具命令类似于工具栏中的镜像复制命令。

单击(创建镜像曲线)按钮，将光标移到已有的曲线上，光标变为形状，按住左键不放并上下拖曳光标，即会产生镜像曲线，可以选择镜像的方向，松开鼠标左键后创建结束，如图 6-91 所示。

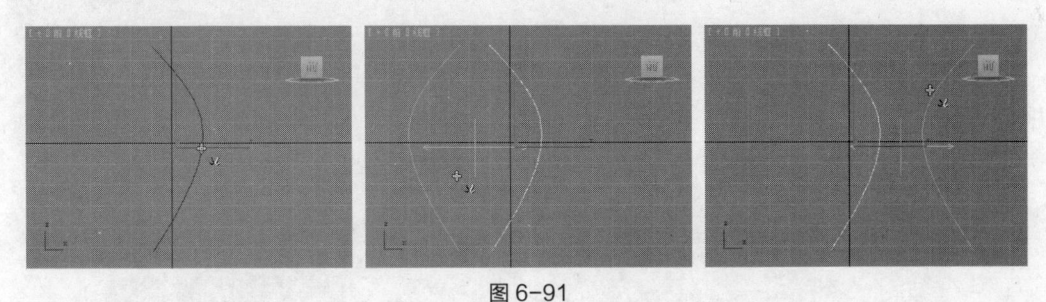

图 6-91

- (创建切角曲线)：该工具命令可以在两条曲线之间连接一条带直角角度的曲线线段。

操作时应先利用(创建 CV 曲线)或(创建点曲线)在视图中创建曲线，单击(创建切角曲线)按钮，将光标移到曲线上，光标变为形状，依次单击这两条曲线，会生成一条带直角角度的曲线线段，如图 6-92 所示。

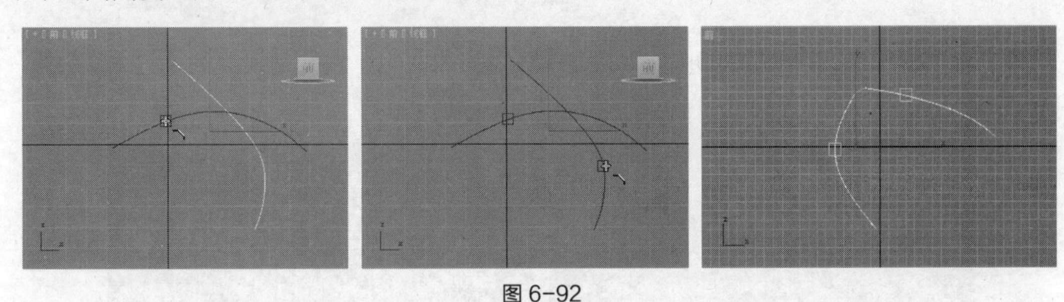

图 6-92

- (创建圆角曲线)：该工具命令可以在两条曲线之间连接一条带圆角的曲线线段。该工具命令的使用方法与(创建切角曲线)相同，如图 6-93 所示。
- (创建曲面-曲面相交曲线)：该工具命令可以在两个曲面相交的部分创建出一条曲线。

在视图中创建两个相交的曲面，利用“附加”工具将两个曲面结合为一个整体，单击(创建曲面-曲面相交曲线)按钮，在视图中依次单击两个曲面，曲面相交的部分会生成一条曲线，如图 6–94 所示。

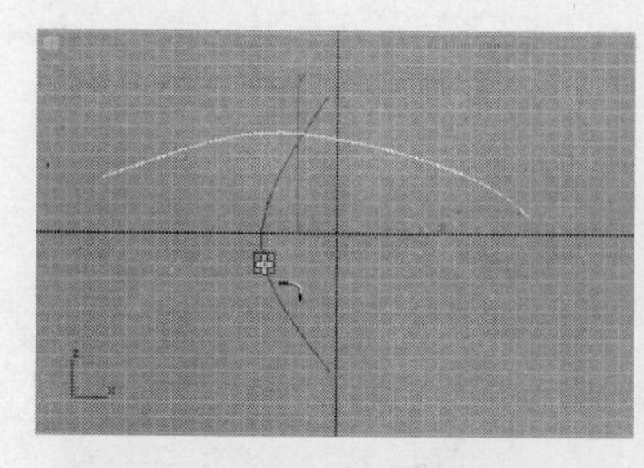
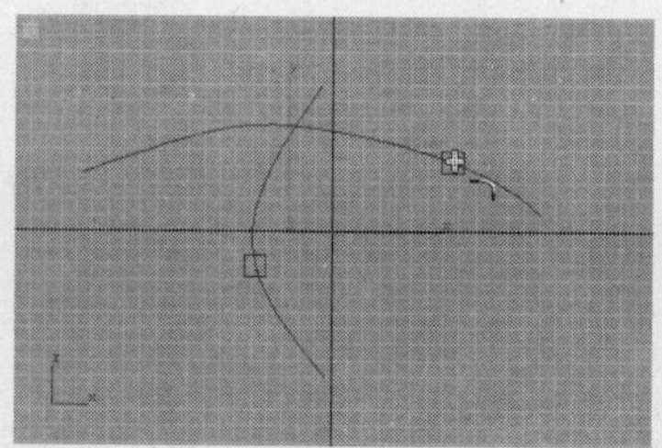
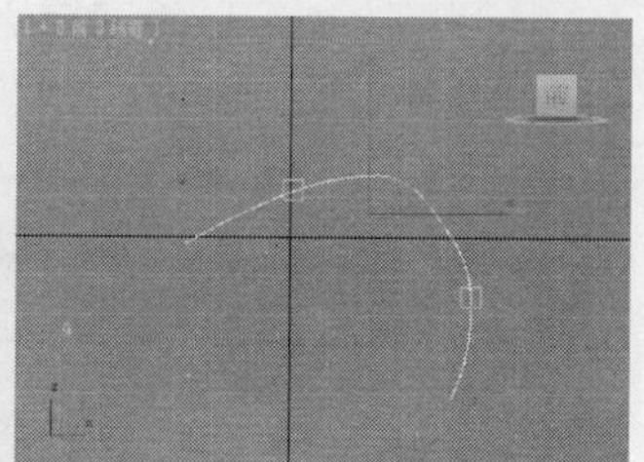

图 6–93

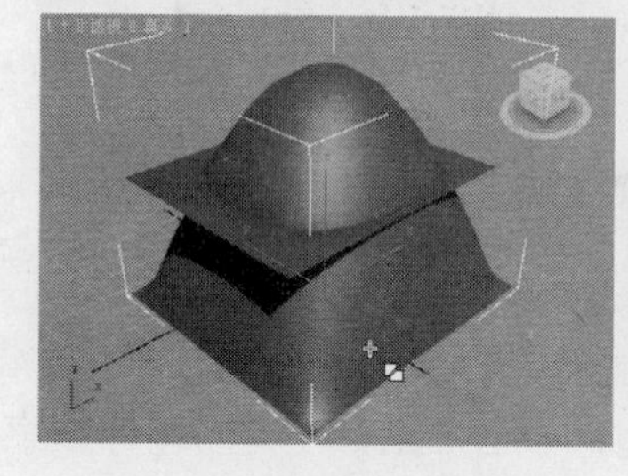
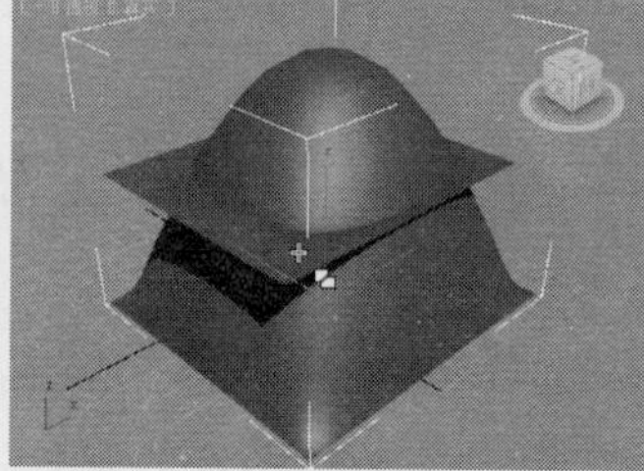
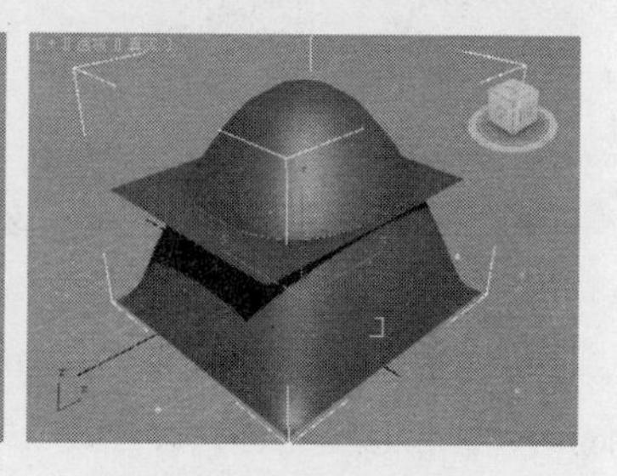

图 6–94

- （创建 U 向等参曲线）：该工具命令可以在曲面的 U 轴向创建等参数的曲线线段。

单击（创建 U 向等参曲线）按钮，在视图中的曲面上单击鼠标左键，即可创建出一条 U 轴向的曲线线段，如图 6–95 所示。

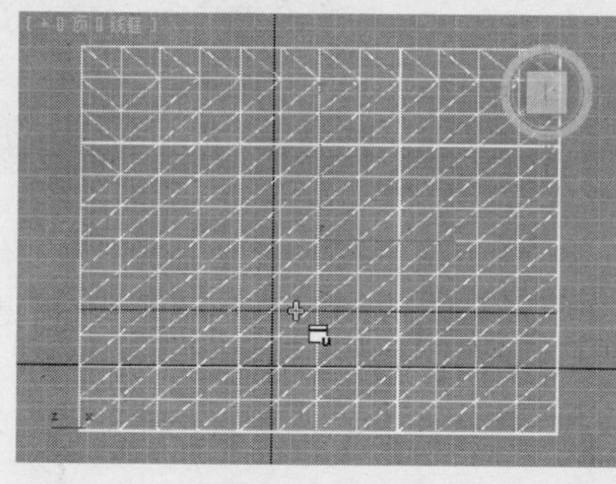
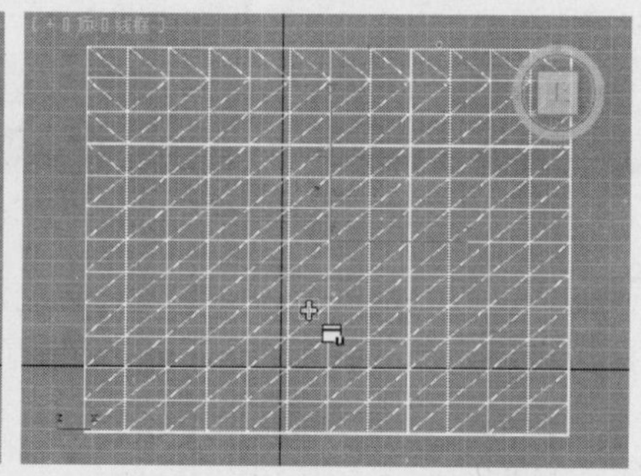

图 6–95

- （创建 V 向等参曲线）：该工具命令可以在曲面的 V 轴向创建等参数的曲线线段。操作方法与（创建 U 向等参曲线）相同，如图 6–96 所示。

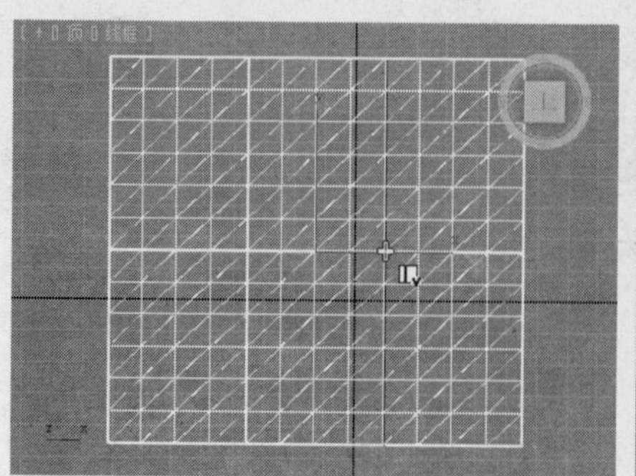
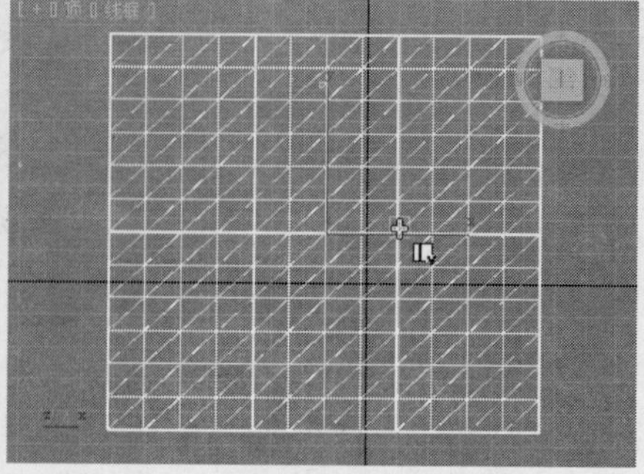

图 6–96

- （创建法向投影曲面）：该工具命令可以将一条曲线垂直映射到一个曲面上，生成一条新的曲线。

分别创建一条曲线和一个曲面，利用“附加”工具将它们结合为一个整体，单击（创建法向投影曲面）按钮，依次单击曲线和曲面，在曲面上会生成一条新的曲线，如图6-97所示。

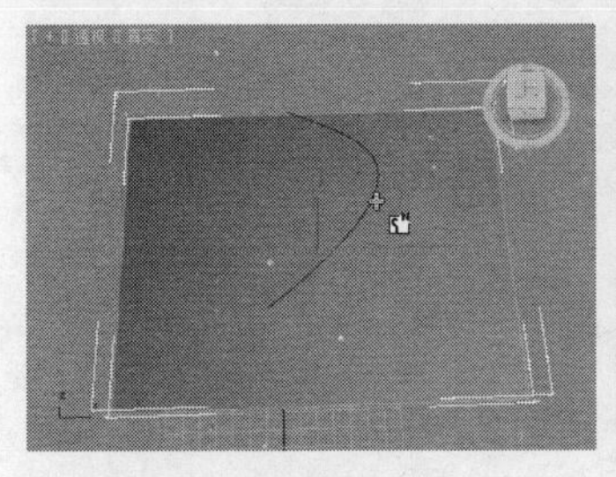
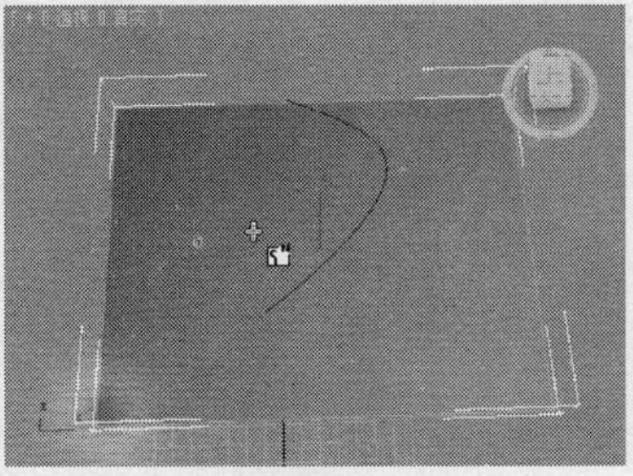
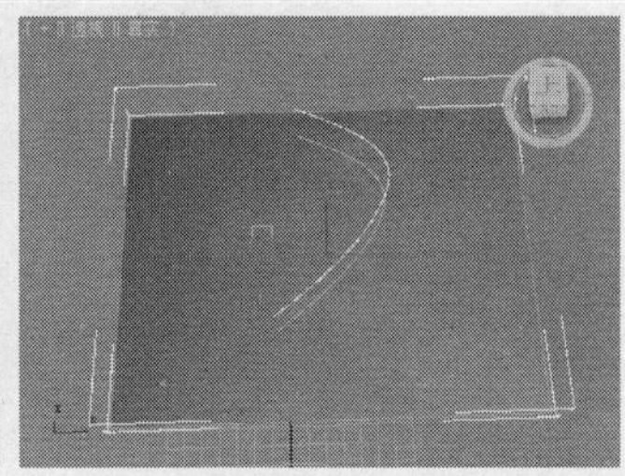

图6-97

- （创建向量投影曲线）：该命令可以将一条曲线投影到一个曲面上，生成一条新的曲线，投影的方向随视角的变化而改变。操作方法与（创建法向投影曲面）相同，如图6-98所示。

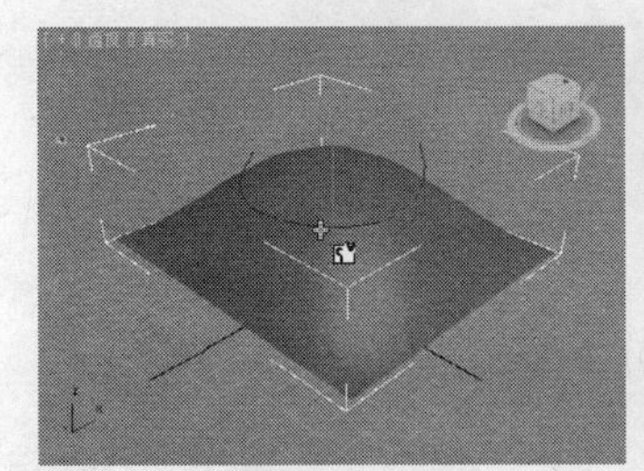
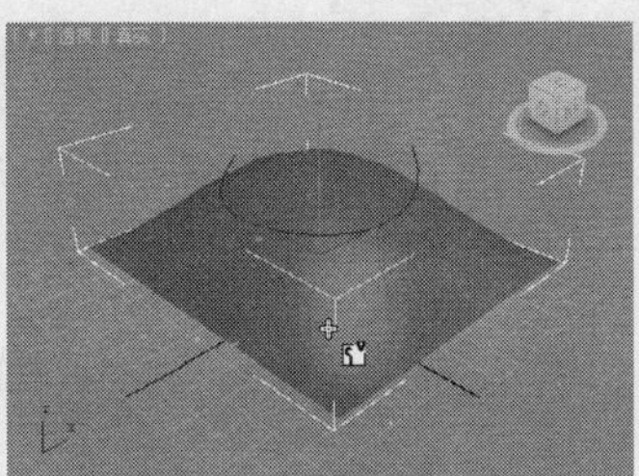
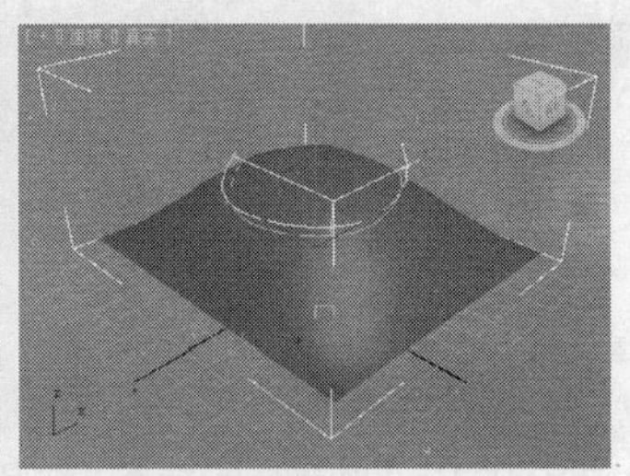

图6-98

- （创建曲面上的CV曲线）：该工具命令可以在曲面上创建可控点曲线。

单击（创建曲面上的CV曲线）按钮，将光标移到曲面上，光标变为形状，则可以在曲面上创建一条可控点曲线，如图6-99所示。

- （创建曲面上的点曲线）：该工具命令可以在曲面上创建点曲线。操作方法与（创建曲面上的CV曲线）相同，如图6-100所示。

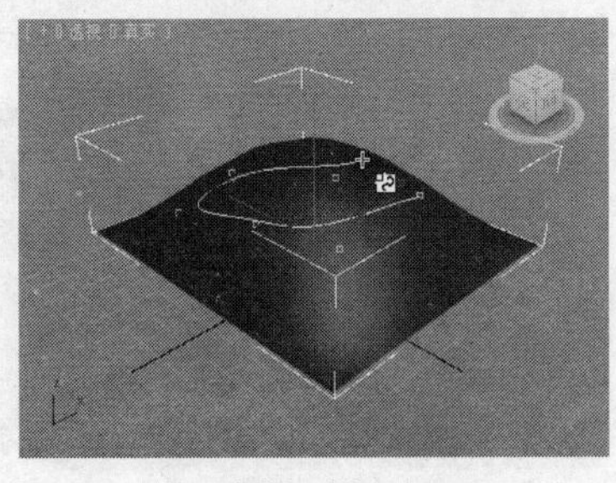
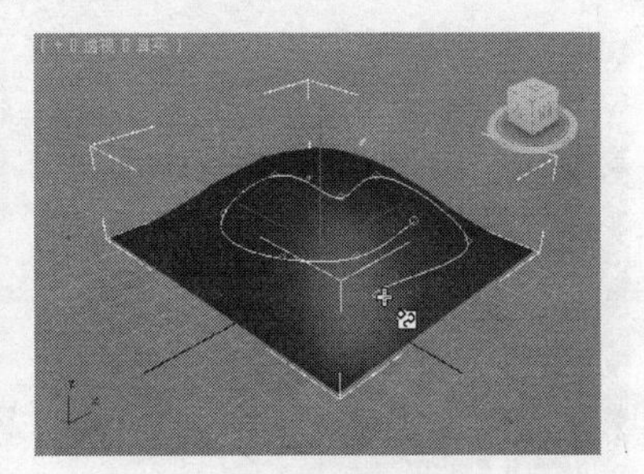

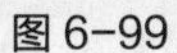

图6-99　　图6-100

- （创建曲面偏移曲线）：该工具命令可以将曲面上的一条曲线偏移复制，复制出一条参数相同的新曲线。

单击（创建曲面偏移曲线）按钮，将光标移动到曲线上，光标变为形状，按住鼠标左键不放并拖曳光标，会偏移复制出一条新的曲线，如图 6-101 所示。

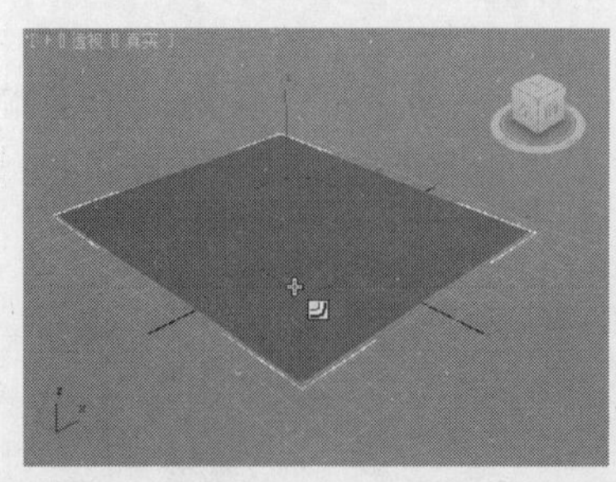
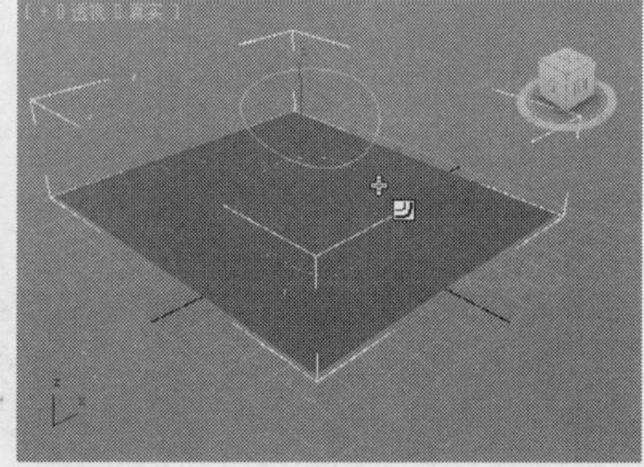

图 6-101

● （创建曲面边曲线）：该工具命令能以 NURBS 物体的边缘创建出一条曲线。

单击（创建曲面边曲线）按钮，将光标移动到 NURBS 物体上，光标变为形状，单击鼠标左键，NURBS 物体边缘即会生成一条新的曲线，如图 6-102 所示。

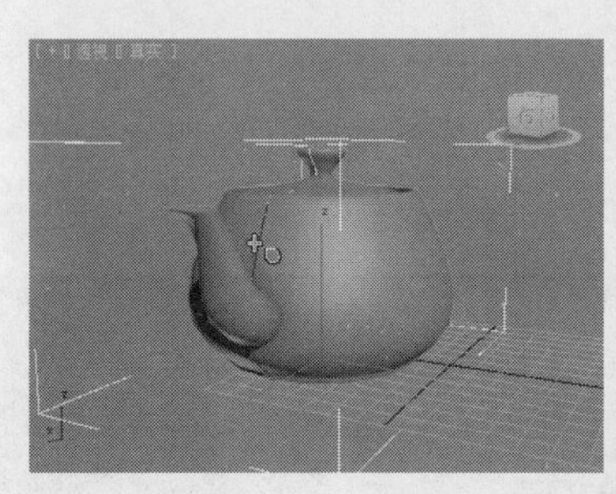
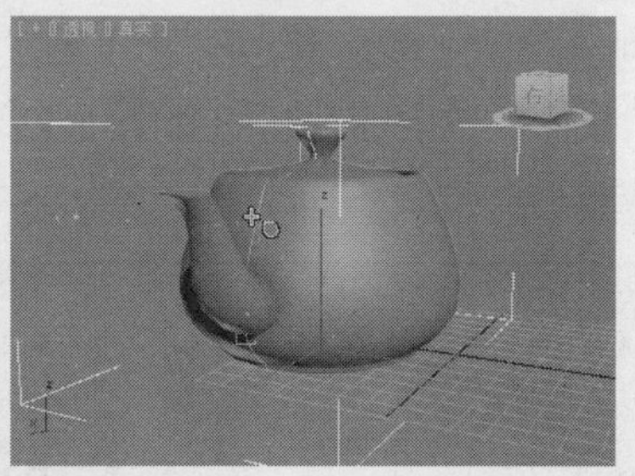

图 6-102

3．NURBS 曲面工具

NURBS 曲面工具是 NURBS 建模中经常用到的工具命令，对曲线、曲面的编辑能力非常强大，共有 17 种工具命令，如图 6-103 所示。

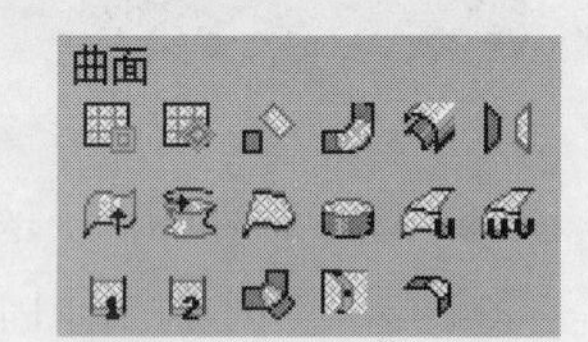

图 6-103

● （创建 CV 曲面）：单击该按钮，鼠标光标变为形状，可在视图中创建可控点曲面，如图 6-104 所示。

● （创建点曲面）：单击该按钮，鼠标光标变为形状，可在视图中创建点曲面，如图 6-105 所示。

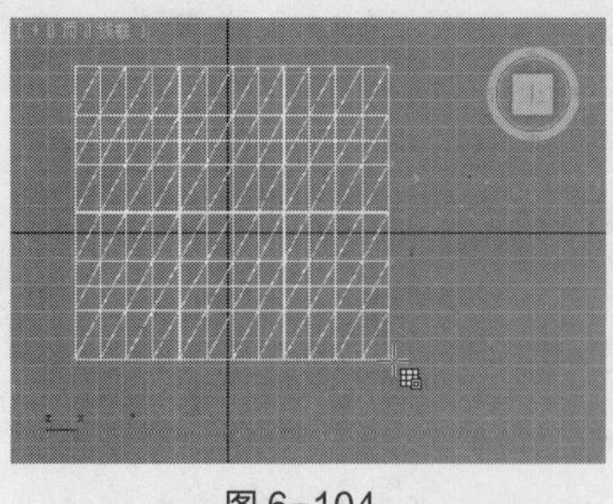

图 6-104

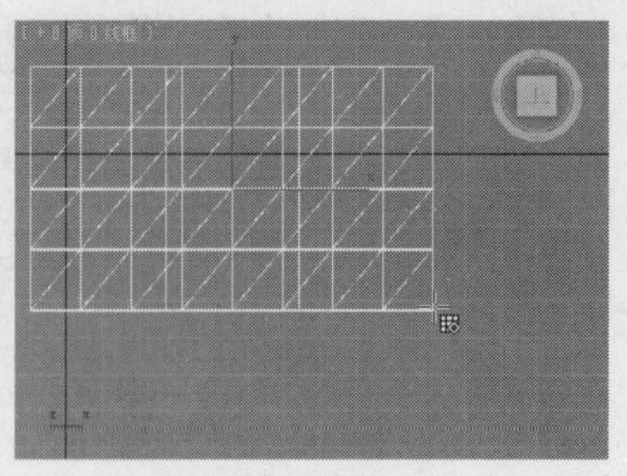

图 6-105

● （创建变换曲面）：该工具命令可以将指定的曲面在同一水平面上复制出一个新的曲面，得到的曲面与原曲面的参数相同。

单击（创建变换曲面）按钮，将鼠标光标移到已有的曲面上，光标变为形状，按住鼠标左键不放并拖曳光标，在合适的位置松开鼠标左键，即可创建出一个新的曲面，如图 6-106 所示。

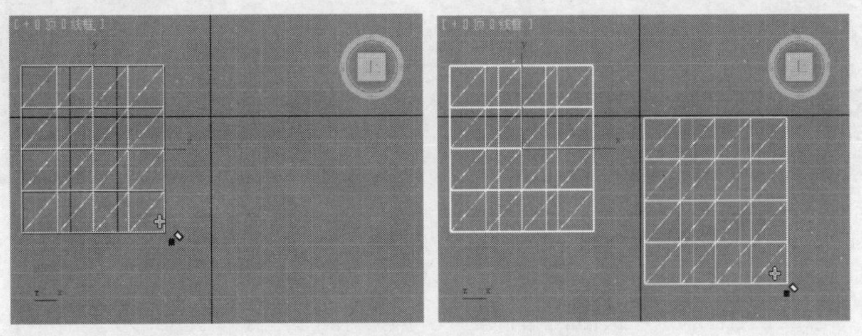

图 6-106

- （创建混合曲面）：该工具命令可以使两个曲面混合为一个曲面，连接部分延续原来曲面的曲率。

创建两个曲面，单击（创建混合曲面）按钮，鼠标光标变为形状，依次单击曲面，即可混合为一个曲面，如图 6-107 所示。操作时，光标应该靠近要连接的边，边会变成蓝色。

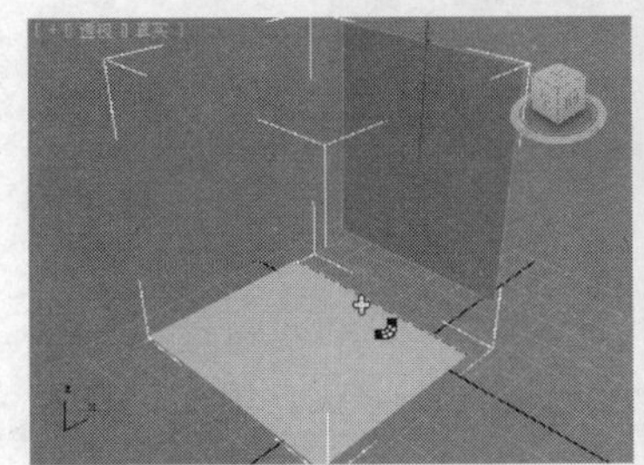
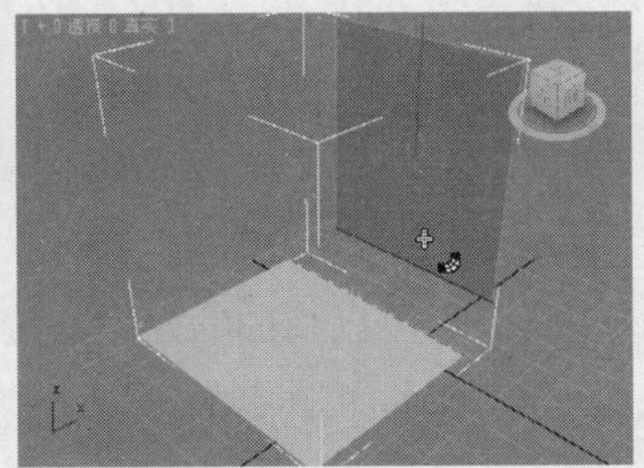
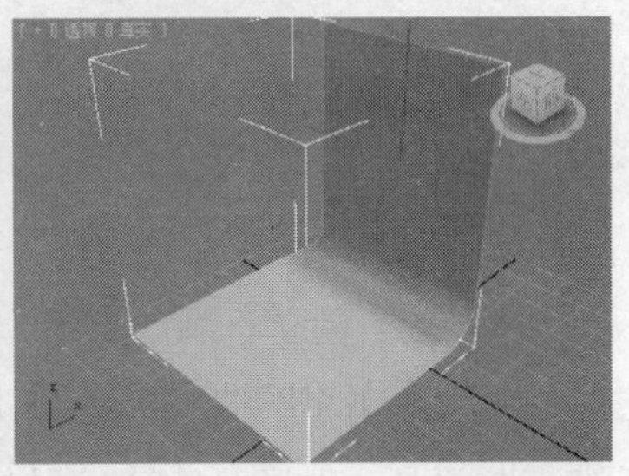

图 6-107

- （创建偏移曲面）：该工具命令可以在原来曲面的基础上创建出曲率不同的新曲面。

单击（创建偏移曲面）按钮，将鼠标光标移到曲面上，光标变为形状，按住鼠标左键不放并拖曳光标即会生成新的曲面，松开鼠标左键完成操作，如图 6-108 所示。

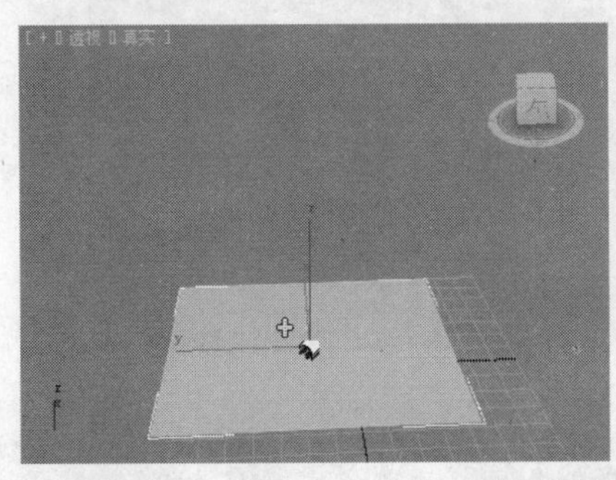
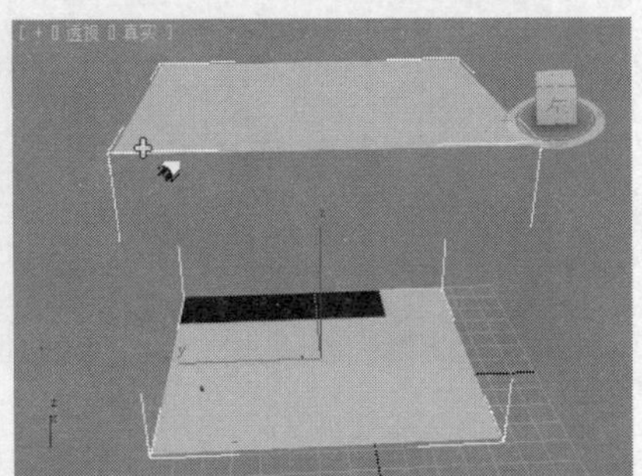

图 6-108

- （创建镜像曲面）：该工具命令可以创建出与原曲面呈镜像关系的新曲面，与前面介绍的（创建镜像曲线）相似。

单击（创建镜像曲面）按钮，将光标移到已有的曲面上，光标变为形状，按住鼠标左键不放并上下拖曳光标，可以选择镜像的方向，松开鼠标左键结束创建，如图 6-109 所示。

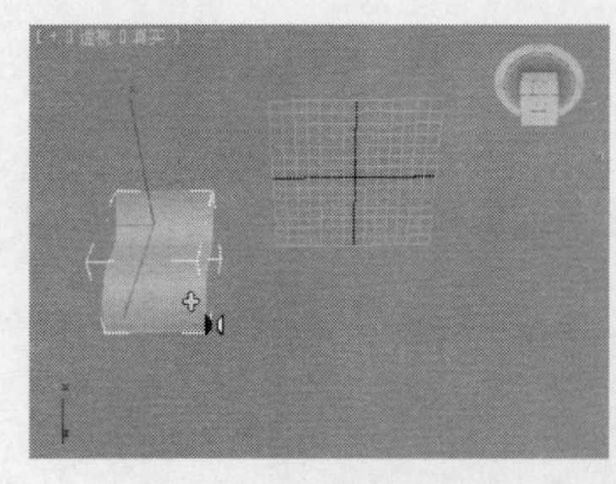
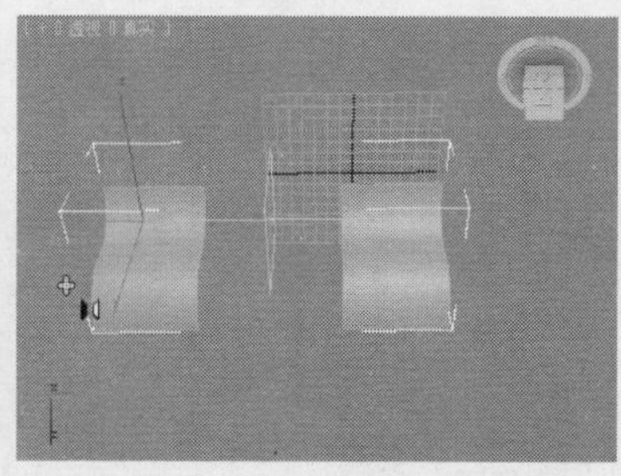
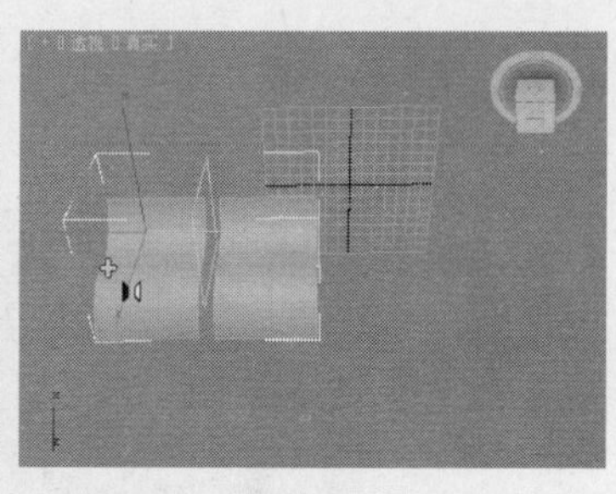

图 6-109

● （创建挤出曲面）：该工具命令可以将曲线挤压成曲面。

单击（创建挤出曲面）按钮，将鼠标光标移到曲线上，光标变为形状，按住鼠标左键不放并上下拖曳光标，曲线被挤压出高度，松开鼠标左键完成操作，如图 6-110 所示。

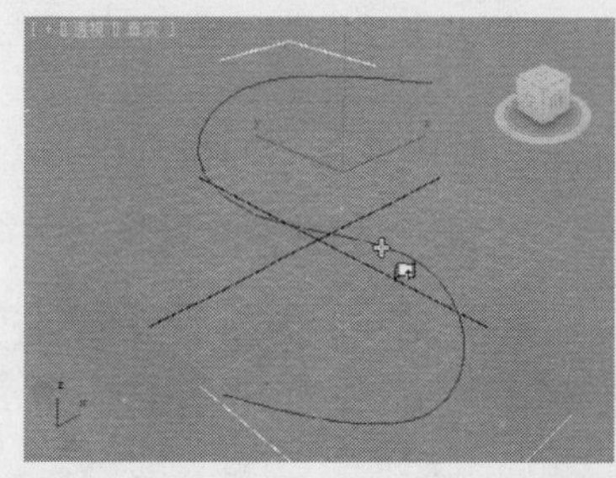
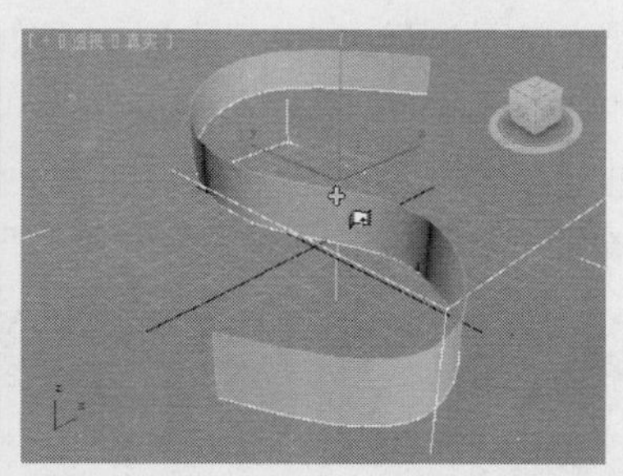

图 6-110

● （创建车削曲面）：该工具命令可以将曲线沿轴心旋转成一个完整的曲面。

单击（创建车削曲面）按钮，将鼠标光标移到曲线上，光标变为形状，单击鼠标左键，曲线发生旋转，如图 6-111 所示。

● （创建规则曲面）：该工具命令可以在两条曲线之间，根据曲线的形状创建一个曲面。

创建两条曲线，单击（创建规则曲面）按钮，鼠标光标变为形状，依次单击曲线，在两条曲线之间生成一个曲面，如图 6-112 所示。

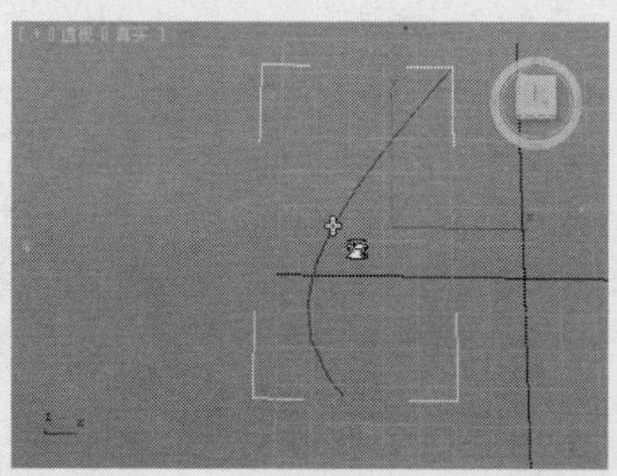

图 6-111

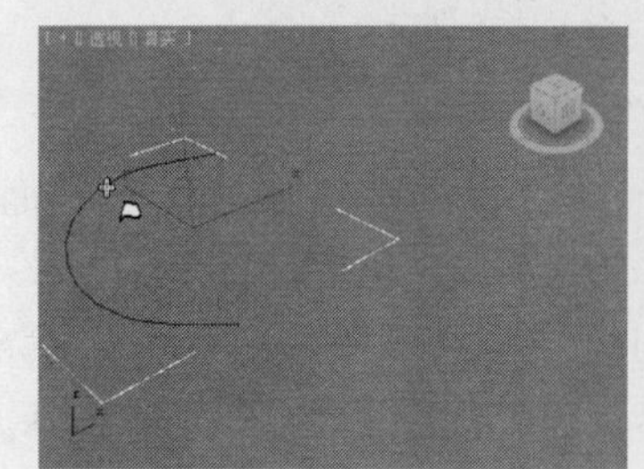
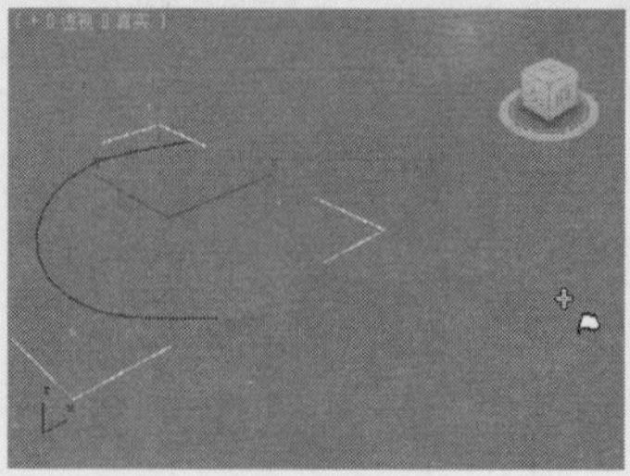
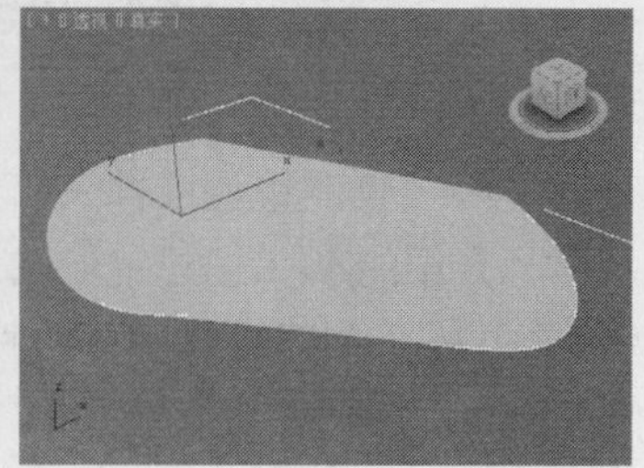

图 6-112

- （创建封口曲面）：该工具命令可以将一个未封顶的曲面物体加盖封顶。

单击（创建封口曲面）按钮，将鼠标光标移到曲面物体上，光标变为形状，单击曲面物体即可，如图 6-113 所示。

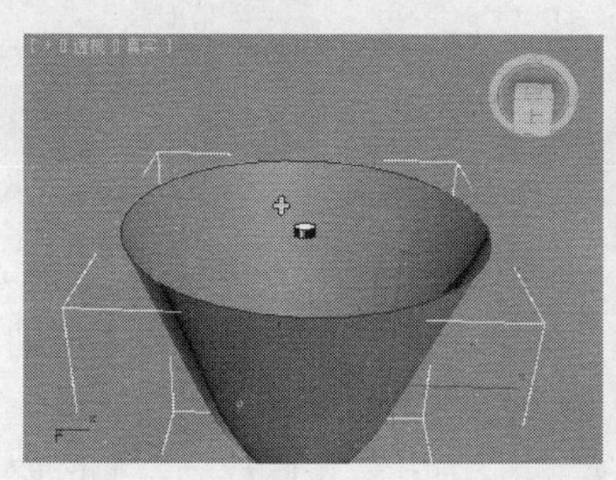
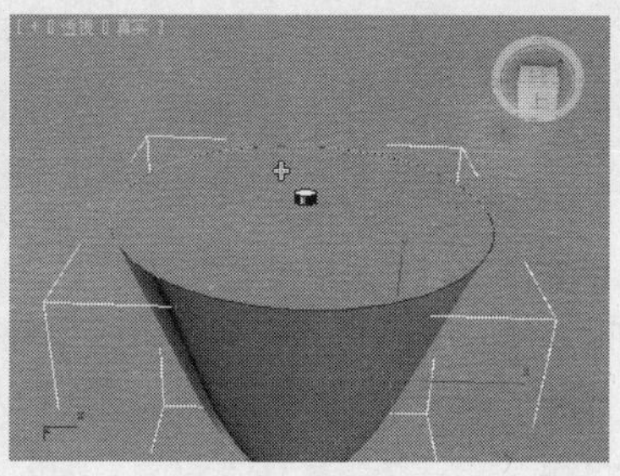

图 6-113

- （创建 U 向放样曲面）：该工具命令可以将一组曲线作为放样截面，生成一个新的曲面。

创建一组曲线，单击（创建 U 向放样曲面）按钮，将鼠标光标移到起始曲线上，光标变为形状，依次单击这组曲线，即可生成一个曲面，如图 6-114 所示。

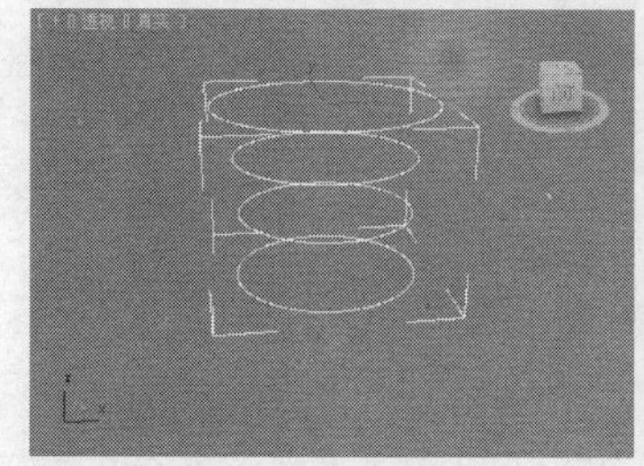
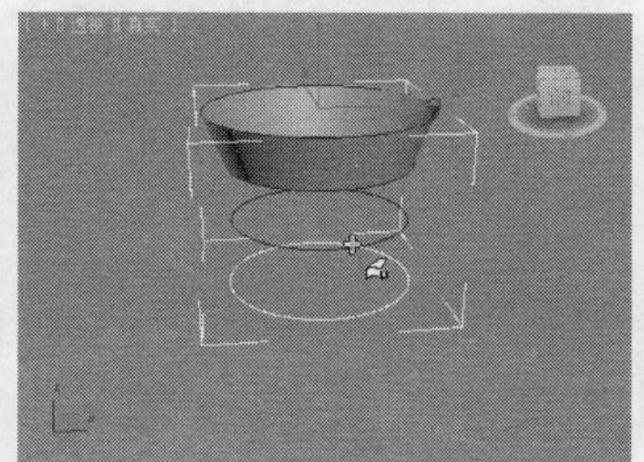
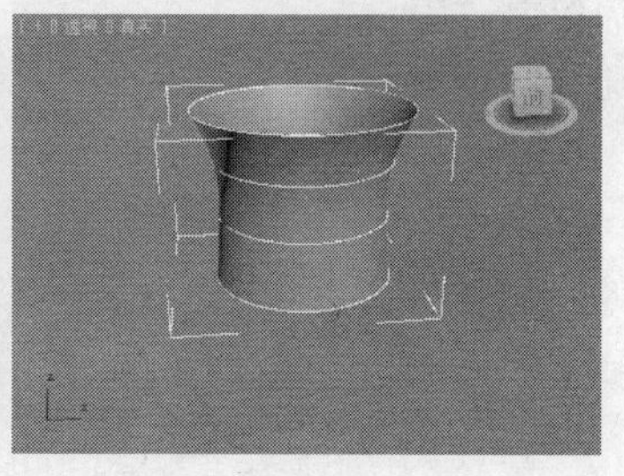

图 6-114

- （创建 UV 放样曲面）：该工具命令可以将两个方向上的曲线作为放样截面，生成一个新的曲面。

创建几条不同方向上的曲线，单击（创建 UV 放样曲面）按钮，将鼠标光标移到竖向的第一条曲线上，光标变为形状，连续单击同方向的曲线，单击鼠标右键，再连续单击横向的曲线，最后单击鼠标右键结束，生成一个新的曲面，如图 6-115 所示。

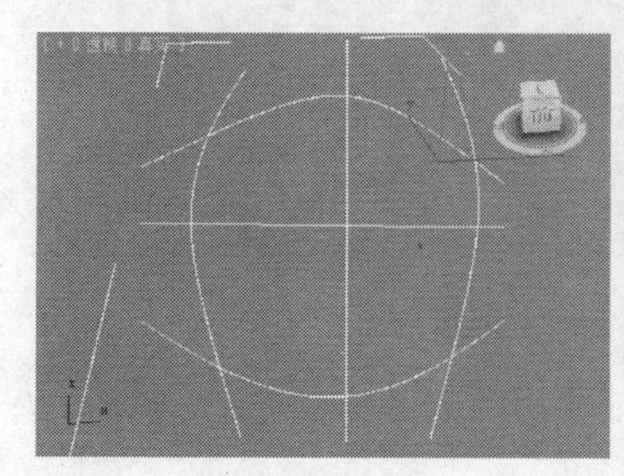
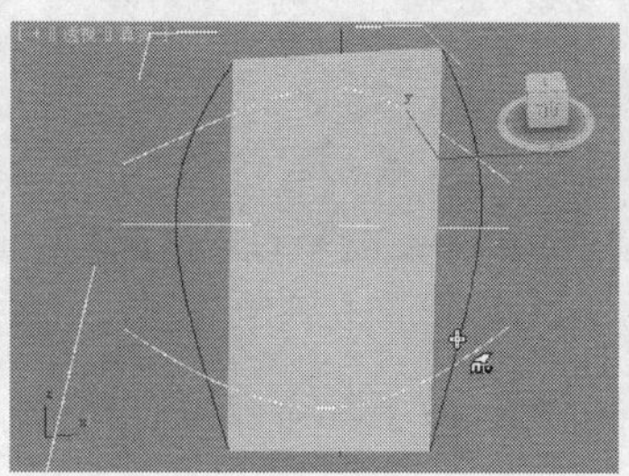
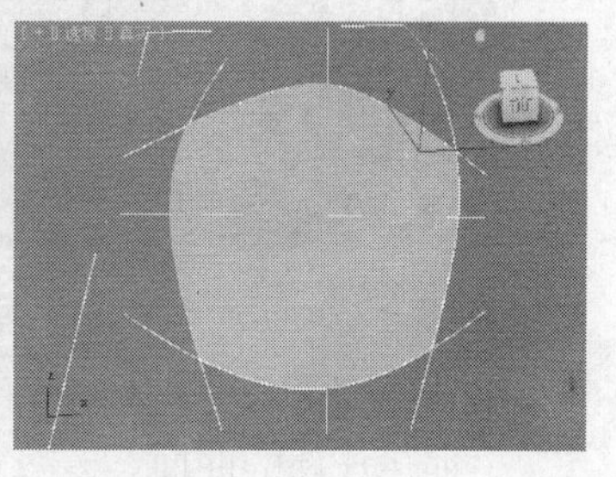

图 6-115

- （创建单轨扫描）：该工具命令与放样命令相同，创建两条曲线分别作为路径和截面，从而生成一个曲面。

创建两条曲线，单击（创建单轨扫描）按钮，将鼠标光标移到一条曲线上，光标变为形状，依次单击两条曲线，即可生成一个曲面，如图 6-116 所示。

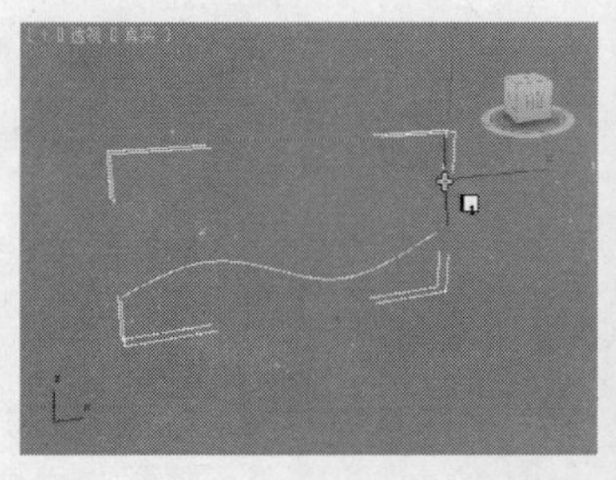
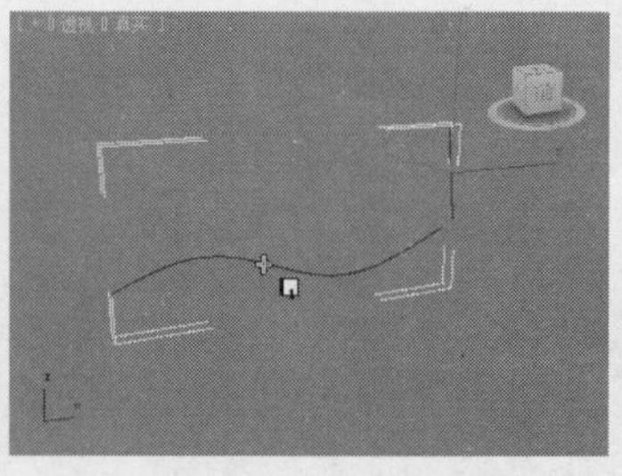
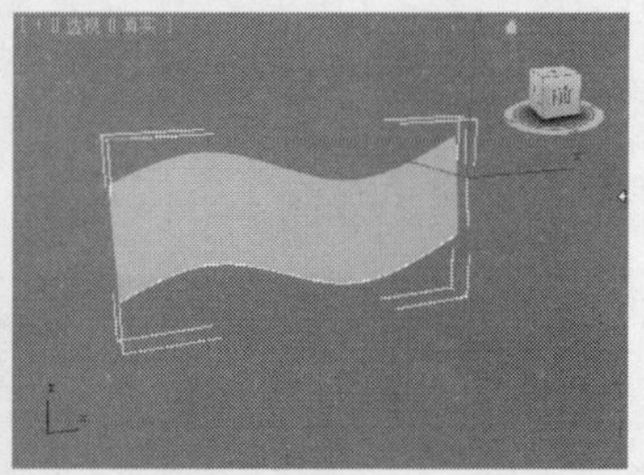

图 6-116

- （创建双轨扫描）：与（创建单轨扫描）原理相似，但需要 3 条曲线，一条作为截面，另两条作为曲面两侧的路径，从而生成一个曲面。

创建 3 条曲线，单击（创建双轨扫描）按钮，将鼠标光标移到右侧的路径上，光标变为形状，在路径上第一个路径（右侧的图形）上单击，再单击第二个路径（左侧的图形），然后再单击作为截面（中间下方的图形）的曲线，单击右键结束创建，即可生成曲面，如图 6-117 所示。

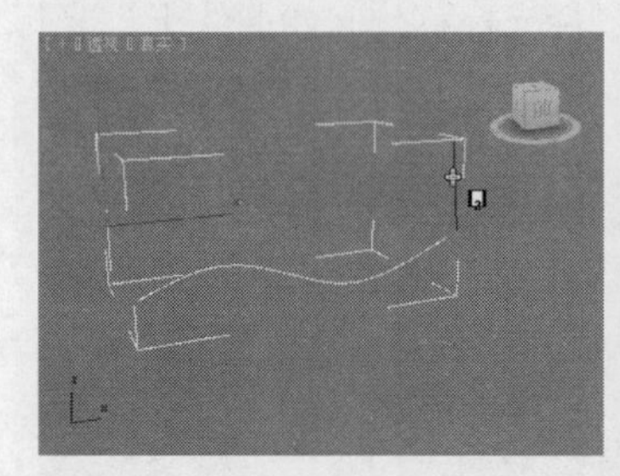
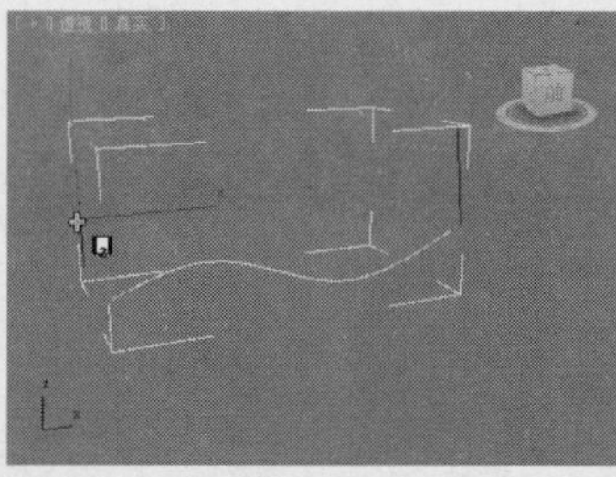
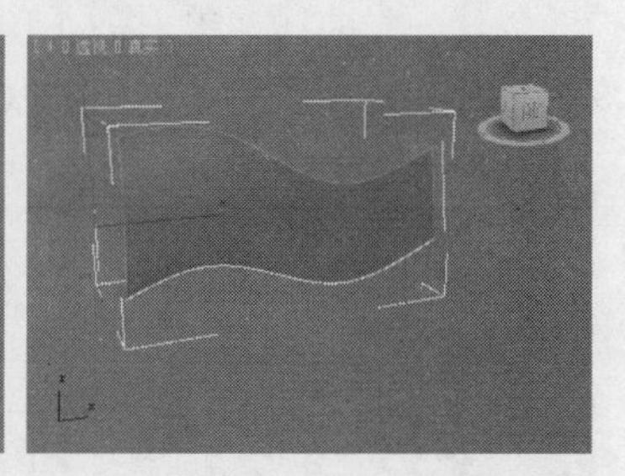

图 6-117

- （创建多边混合曲面）：该工具命令用来在 3 个以上的曲面间建立平滑的混合曲面。

先创建 3 个曲面，使用（创建混合曲面）工具命令将 3 个曲面连接，会发现 3 个曲面间有一个空洞，单击（创建多边混合曲面）按钮，将鼠标光标移到连接的曲面上，光标变为形状，依次单击 3 个连接曲面，即可生成多重混合曲面，如图 6-118 所示。

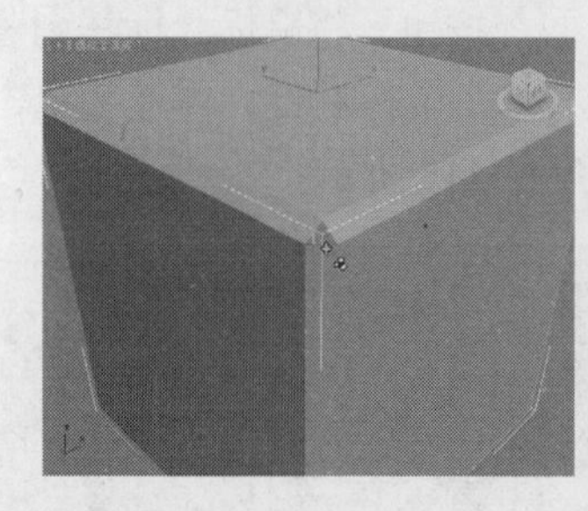
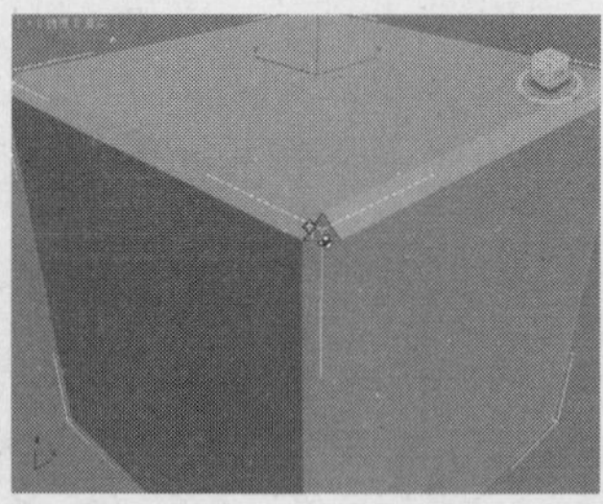
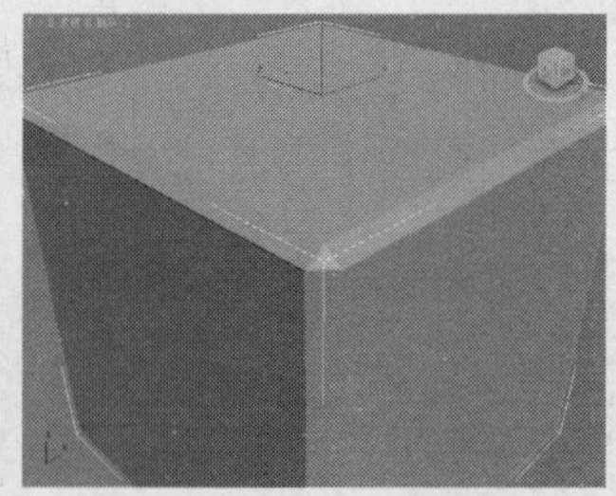

图 6-118

- （创建多重曲线修剪曲面）：该工具命令可以在依附有曲线的曲面上进行剪切，从而生成新的曲面。

单击“（创建）>（几何体）>NURBS 曲面 >点曲面”按钮，在“顶”视图中创建一个曲面，在“NURBS”工具面板中单击（创建点曲线）按钮，在“顶”视图中创建一条曲线，如图 6-119 所示。单击（创建法向投影曲线）按钮，依次单击曲线和曲面，将曲线映射到曲面上，如图 6-120 所示。

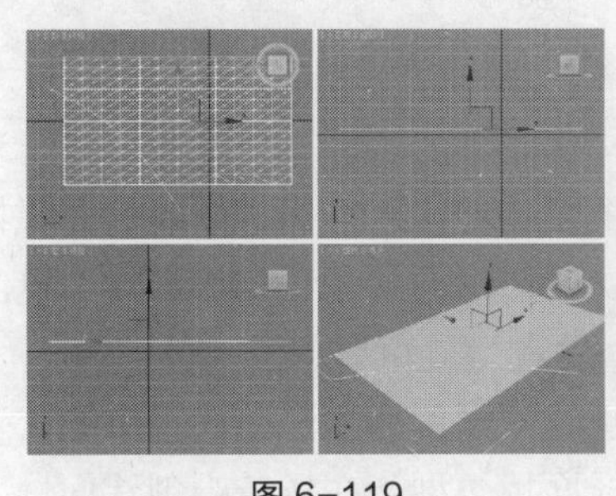
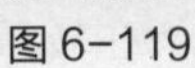

图6-119

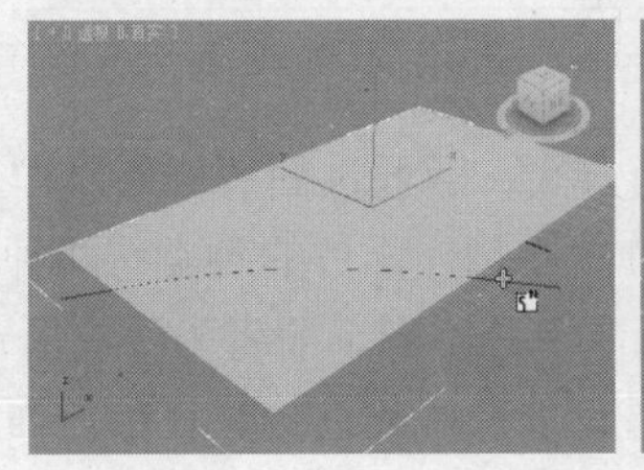

图6-120

单击（创建多重曲线修剪曲面）按钮，将鼠标光标移到曲面上，光标变为形状，单击曲面，再单击曲线，即可生成剪切的曲面，如图6-121所示。

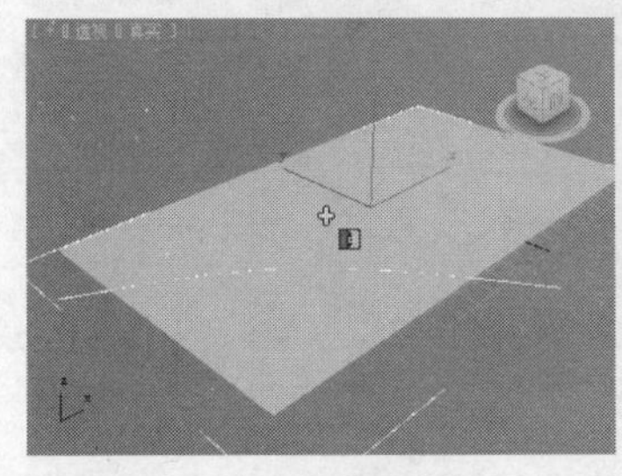
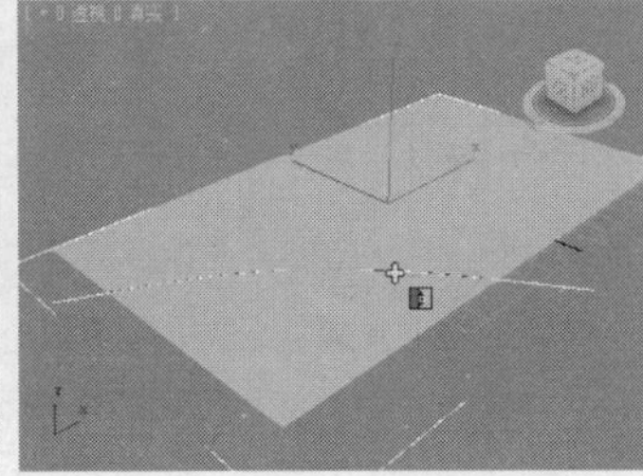

图6-121

- （创建圆角曲面）：该工具命令用于在两个相交的曲面之间创建出一个圆滑的曲面。

创建两个相交的曲面，利用“附加”工具将其结合为一个整体，单击（创建圆角曲面）按钮，将鼠标光标移到一个曲面上，光标变为形状，依次单击两个曲面，即可生成圆角曲面，如图6-122所示。

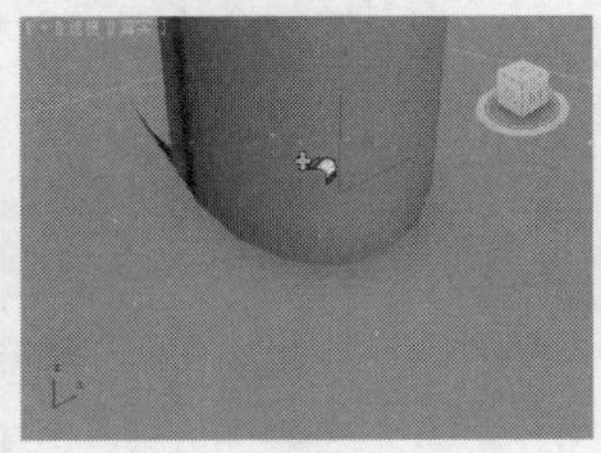
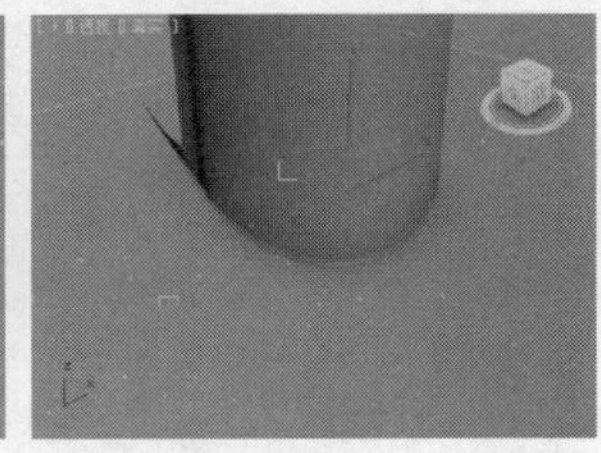

图6-122

操作结束后会发现圆角曲面很小，在命令面板中修改“起始半径”和“结束半径”的数值，圆角曲面即会增大，如图6-123所示。

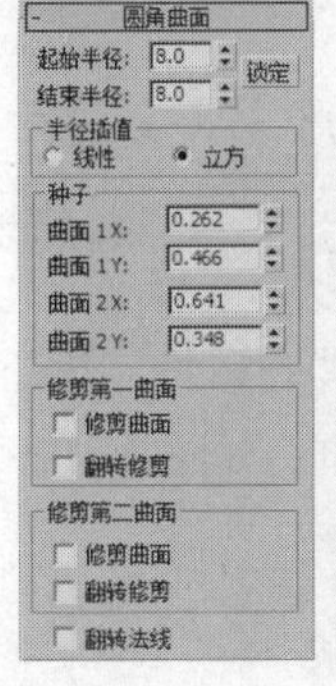

图6-123

6.4　面片建模

面片建模是一种表面建模方式，即通过面片栅格制作表面并对其进行任意修改而完成模型的创建工作。在 3ds Max 2013 中创建面片的种类有两种：四边形面片和三角形面片。这两种面片的不同之处是它们的组成单元不同，前者为四边形，后者为三角形。

3ds Max 2013 提供了两种创建面片的途径，在创建面板的“面片栅格”子面板中的“对象类型”卷展栏中选择面片的类型，如图 6-124 所示。选择面片类型，在场景中创建面片，如图 6-125 所示。

图 6-124

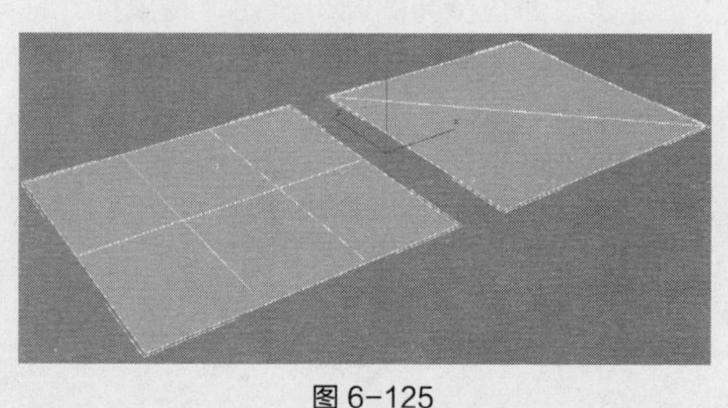
图 6-125

创建面片后切换到（修改）命令面板，在“修改器列表”中选择“编辑面片”修改器，如图 6-126 所示，对面片进行修改；或使用鼠标右击面片，在弹出的快捷菜单中选择“转换为>转化为可编辑面片”命令，如图 6-127 所示。

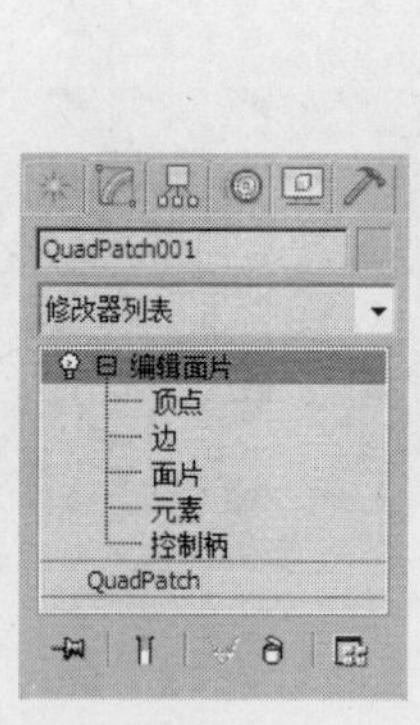

图 6-126

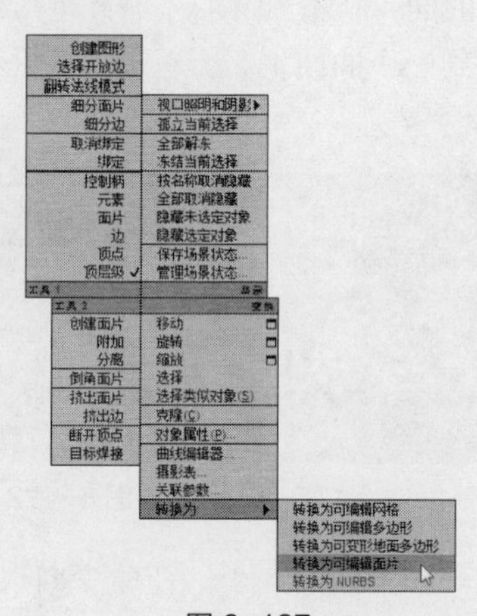

图 6-127

6.4.1　子物体层级

“编辑面片”提供了各种控件，不仅可以将对象作为面片对象进行操纵，而且可以在下面 5 个子对象层级进行操纵：“顶点”、“边”、“面片”、“元素”和“控制柄”，如图 6-128 所示。

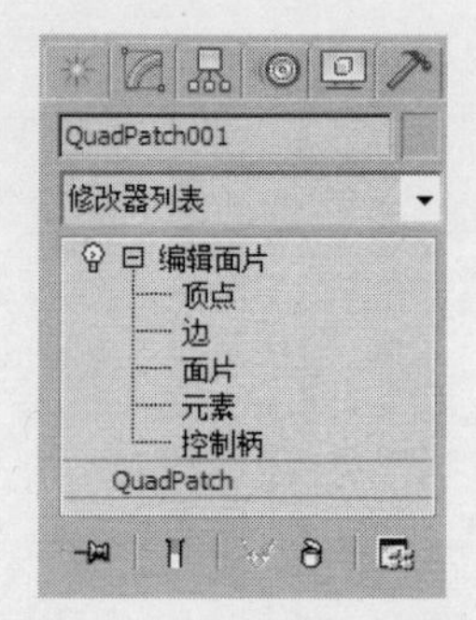

图 6-128

- “顶点”：用于选择面片对象中的顶点控制点及其向量控制柄。向量控制柄显示为围绕选定顶点的小型绿色方框，如图 6-129 所示。
- 边：用于选择面片对象的边界边。
- 面片：用于选择整个面片。

- 元素：选择和编辑整个元素。元素的面是连续的。
- 控制柄：用于选择与每个顶点关联的向量控制柄。位于该层级时，可以对控制柄进行操纵，而无须对顶点进行处理，如图 6-130 所示。

图 6-129

图 6-130

6.4.2 公共参数卷展栏

下面来介绍公共卷展栏中的各种命令和工具的应用。

“选择”卷展栏中的选项功能介绍如下（见图 6-131）。

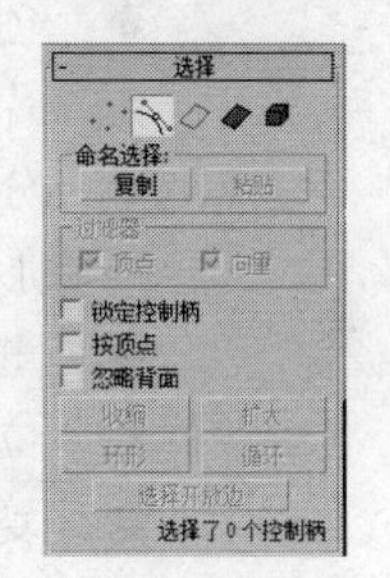

图 6-131

- 命名选择：这些功能可以与命名的子对象选择集结合使用。
  - ◆ 复制：将命名子对象选择置于复制缓冲区。单击该按钮，从弹出的“复制命名选择”对话框中选择命名的子对象选择。
  - ◆ 粘贴：从复制缓冲区中粘贴命名的子对象选择。
- 过滤器：这两个复选框只能在“顶点”子对象层级使用。
  - ◆ 顶点：启用该复选框时，可以选择和移动顶点。
  - ◆ 向量：启用该复选框时，可以选择和移动向量。
- 锁定控制柄：只能影响角点顶点。将切线向量锁定在一起，以便于在移动一个向量时，其他向量会随之移动。只有在“顶点”子对象层级时，才能使用该复选框。
- 按顶点：单击某个顶点时，将会选择使用该顶点的所有控制柄、边或面片，具体情况视当前的子对象层级而定。只有处于“控制柄”、“边”和“面片”子对象层级时，才能使用该复选框。
- 选择开放边：选择只由一个面片使用的所有边。只在“边”子对象层级下才可以使用。

“几何体”卷展栏中的选项功能介绍如下（见图 6-132）。

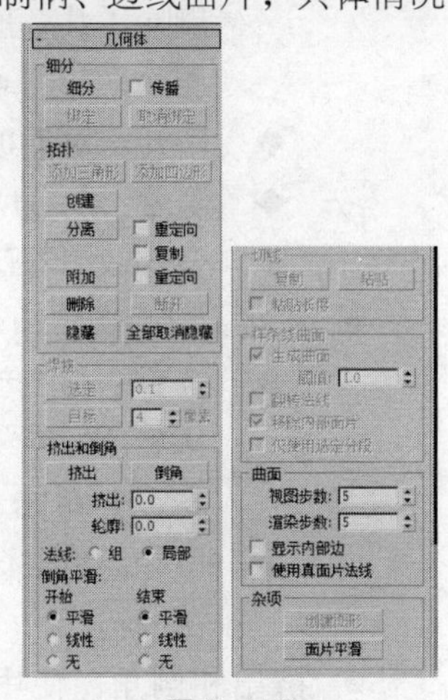

图 6-132

- 细分：仅限于顶点、边、面片和元素层级。
  - ◆ 细分：细分所选子对象。
  - ◆ 传播：启用该复选框时，将细分伸展到相邻面片。如果沿着所有连续的面片传播细分，连接面片时，可以防止面片断裂。
  - ◆ 绑定：用于在两个顶点数不同的面片之间创建无缝无间距的连接。这两个面片必须属于同一个对象，因此，不需要先选择该顶点。方法：单击“绑定”按钮，然后拖动一条从基于边的顶点（不是角顶点）到要绑定的边的直线。此时，如果光标在合法的边上，将会转变成白色的十字形状。

◆ 取消绑定：断开通过“绑定”连接到面片的顶点。方法：选择该顶点，然后单击“取消绑定”按钮。

◆ 添加三角形、添加四边形：仅限于“边”层级。用户可以为某个对象的任何开放边添加三角形和四边形。如在球体那样的闭合对象上，可以删除一个或者多个现有面片以创建开放边，然后添加新面片，如图 6-133 所示。

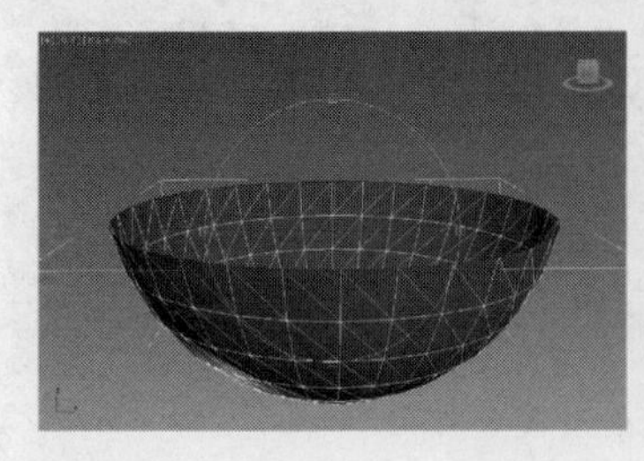 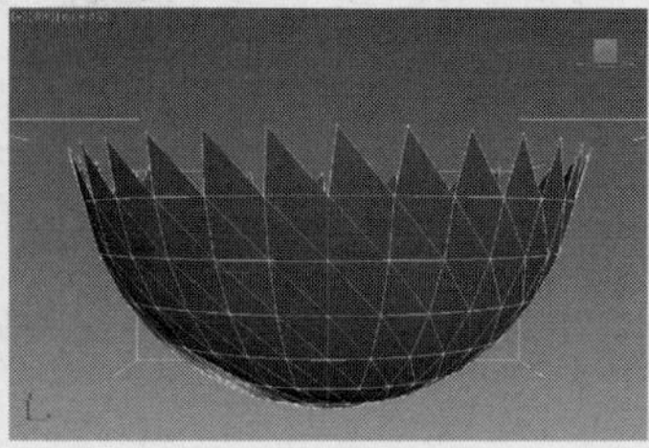 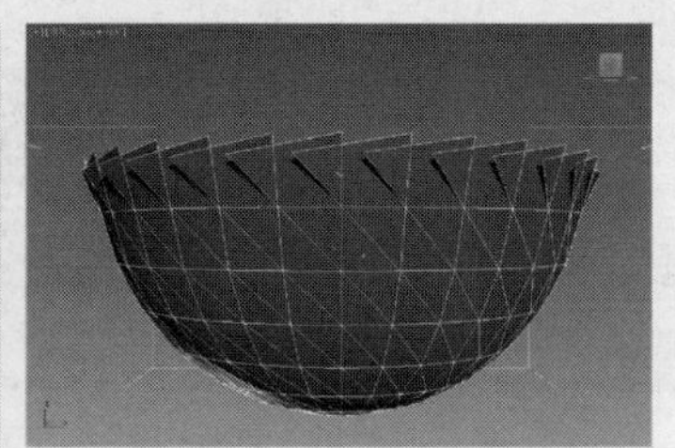

图 6-133

◆ 创建：在现有的几何体或自由空间中创建三边或四边面片。仅限于“顶点”、“面片”和“元素”子对象层级可用。

◆ 分离：用于选择当前对象内的一个或多个面片，然后使其分离（或复制面片）形成单独的面片对象。

◆ 重定向：启用该复选框时，分离的面片或元素复制原对象的创建局部坐标系的位置和方向（当创建源对象时）。

◆ 复制：启用该复选框时，分离的面片将会复制到新的面片对象，从而使原来的面片保持完好。

◆ 附加：用于将对象附加到当前选定的面片对象。

◆ 重定向：启用该复选框时，重定向附加元素，使每个面片的创建局部坐标系与选定面片的创建局部坐标系对齐。

◆ 删除：删除所选子对象。删除顶点和边时要谨慎，因为删除顶点和边的同时也删除了共享顶点和边的面片。例如，如果删除球体面片顶部的单个顶点，还会删除顶部的 4 个面片。

◆ 断开：对于顶点来说，将一个顶点分裂成多个顶点。

◆ 隐藏：隐藏所选子对象。

◆ 全部取消隐藏：还原任何隐藏子对象，使之可见。

● 焊接：仅限于“顶点”和“边”层级。

◆ 选定：“焊接”焊接阈值微调器指定的公差范围内的选定顶点。方法：选择要在两个不同面片之间焊接的顶点，然后将该微调器设置有足够的距离，并单击“选定”按钮。

◆ 目标：单击该按钮后，从一个顶点拖动到另外一个顶点，以便将这些顶点焊接在一起。

● 挤出和倒角：使用这些控件，可以对边、面片或元素执行挤出和倒角操作。

◆ 挤出：单击此按钮，然后拖动任何边、面片或元素，以便对其进行交互式地挤出操作。执行“挤出”操作时按住 Shift 键，以便创建新的元素。

◆ 倒角：单击该按钮，然后拖动任意一个面片或元素，对其执行交互式的挤出操作，再单击并释放按钮，然后重新拖动，对挤出元素执行倒角操作。

- ◆ 挤出：使用该微调器，可以向内或向外设置挤出。
- ◆ 轮廓：使用该微调器，可以放大或缩小选定的面片或元素。
- ◆ 法线：如果“法线”设置为“局部”，沿选定元素中的边、面片或单独面片的各个法线执行挤出。如果法线设置为“组”，则沿着选定的连续组的平均法线执行挤出。
- ◆ 倒角平滑：使用这些设置，可以在通过倒角创建的曲面和邻近面片之间设置相交的形状，这些形状是由相交时顶点的控制柄配置决定的。“开始”是指边和倒角面片周围的面片的相交；“结束”是指边和倒角面片或面片的相交。
- ◆ 平滑：对顶点控制柄进行设置，使新面片和邻近面片之间的角度相对小一些。
- ◆ 线性：对顶点控制柄进行设置，以便创建线性变换。
- ◆ 无：不修改顶点控制柄。

- ● 切线：使用这些控件，可以在同一个对象的控制柄之间，或在应用相同“编辑面片”修改器距离的不同对象上复制方向或有选择地复制长度。该工具不支持将一个面片对象的控制柄复制到另外一个面片对象，也不支持在样条线和面片对象之间进行复制。
  - ◆ 复制：将面片控制柄的变换设置复制到复制缓冲区。
  - ◆ 粘贴：将方向信息从复制缓冲区粘贴到顶点控制柄。
  - ◆ 粘贴长度：如果启用该复选框，并且使用“复制”功能，则控制柄的长度也将被复制。如果启用该复选框，并且使用“粘贴”功能，则将复制最初复制的控制柄的长度及其方向。
- ● 样条线曲面：应用“编辑面片”修改器的对象由样条线组成时，该组变为可用。
  - ◆ 生成曲面：现有样条线创建面片曲面可以定义面片边。默认设置为启用。
  - ◆ 阈值：确定用于焊接样条线对象顶点的总距离。
  - ◆ 翻转法线：反转面片曲面的朝向。默认设置为禁用状态。
  - ◆ 移除内部面片：移除通常看不见的对象的内部面片。
  - ◆ 仅使用选定分段：通过“曲面”修改器，仅使用在“编辑样条线”修改器或者可编辑样条线对象中选定的分段创建面片。默认设置为禁用状态。
  - ◆ 视图步数：控制面片模型曲面的栅格分辨率，如视口中所述。
  - ◆ 渲染步数：渲染时控制面片模型曲面的栅格分辨率。
  - ◆ 显示内部边：使面片对象的内部边可以在线框视图内显示。
  - ◆ 使用真面片法线：决定 3ds Max 平滑面片之间的边的方式。默认设置为禁用状态。
  - ◆ 创建图形：创建基于选定边的样条线。仅限于“边”层级。
  - ◆ 面片平滑：在子对象层级，调整所选子对象顶点的切线控制柄，以便对面片对象的曲面执行平滑操作。

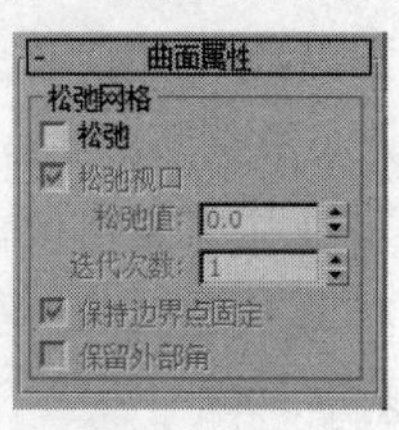

图 6-134

“曲面属性”卷展栏中的选项功能介绍如下（见图 6-134）。

- ● 松弛网格：从中设置松弛参数。其中与“松弛”修改器相类似。
  - ◆ 松弛：选择该复选框，启用“松弛”。
  - ◆ 松弛视口：启用该复选框，可以在视口中显示松弛效果。
  - ◆ 松弛值：控制移动每个迭代次数的顶点程度。
  - ◆ 迭代次数：设置重复此过程的次数。对每次迭代来说，需要重新计算平均位置，重新将“松弛值”应用到每一个顶点。

- 保持边界点固定：控制是否移动打开网格边上的顶点。默认设置为启用。
- 保留外部角：将顶点的原始位置保持为距对象中心的最远距离。选择子对象层级后，相应的面板和命令按钮将被激活，这些命令和面板与前面介绍的命令相同，下面就不重复介绍了。

6.4.3 “曲面”修改器

“曲面”修改器基于样条线网络的轮廓生成面片曲面，会在三面体或四面体的交织样条线分段的任何地方创建面片，如图 6-135 所示。

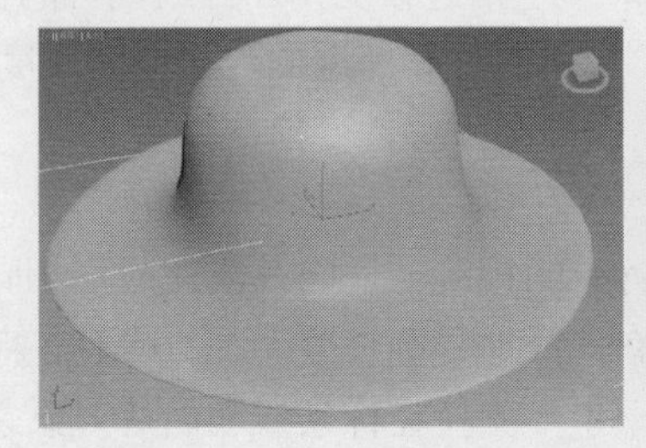
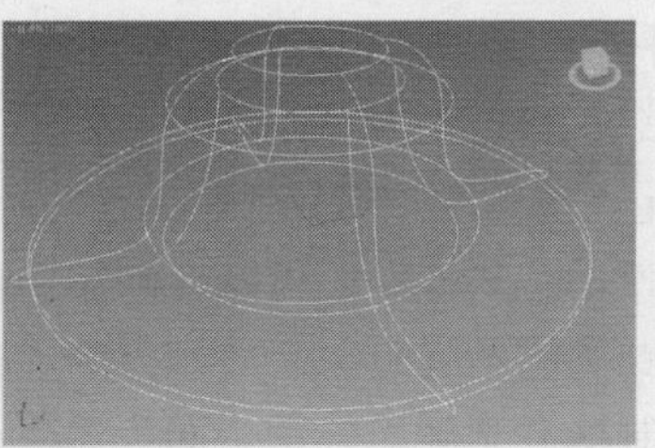

图 6-135

使用“曲面”工具进行建模所做的大量工作主要是在“可编辑样条线”修改器或“编辑样条线”修改器中创建和编辑样条线。使用样条线和“曲面”修改器来建模的一个好处就是易于编辑模型。

6.5 课堂练习——液晶显示器的制作

【练习知识要点】本例介绍使用“切角长方体、切角圆柱体”，结合使用“编辑多边形”制作液晶显示器，完成的模型效果如图 6-136 所示。

【素材文件位置】CDROM/Map/Cha06/6.4 液晶显示器。

【模型文件所在位置】CDROM/Scene/Cha06/6.4 液晶显示器.max。

【参考模型文件所在位置】CDROM/Scene/Cha06/6.4 液晶显示器.max。

图 6-136

6.6 课后习题——双人床罩的制作

【习题知识要点】本例介绍使用“点曲面”工具制作双人床罩模型，完成的模型效果如图 6-137 所示。

【素材文件位置】CDROM/Map/Cha06/6.5 双人床罩。

【模型文件所在位置】CDROM/Scene/Cha06/6.5 双人床罩.max。

【参考模型文件所在位置】CDROM/Scene/Cha06/6.5 双人床罩.max。

图 6-137

PART 7

第 7 章 材质和纹理贴图

本章介绍

本章将重点介绍 3ds Max 2013 的材质编辑器，对各种常用的材质类型进行详细讲解。通过本章的学习，希望读者可以融会贯通，对材质类型的特性会有较深入的认识和了解，能制作出具有想象力的图像效果。

学习目标

- 熟练掌握材质编辑器界面的使用
- 熟练掌握材质类型
- 熟练掌握标准材质的编辑
- 熟练掌握设置纹理贴图的使用
- 熟练掌握反射和折射贴图的使用

技能目标

- 掌握制作金属和木纹材质的方法和技巧
- 掌握制作镜面材质的方法和技巧

7.1 材质编辑器

前面几章中讲解了利用 3ds Max 2013 创建模型的方法，好的作品除了模型之外还需要材质贴图的配合，材质与贴图是三维创作中非常重要的环节，它的重要性和难度丝毫不亚于建模。通过本章的学习我们应掌握材质编辑器的参数设定，常用材质和贴图，以及结合“UVW 贴图”的使用方法。

7.2 Slate 材质编辑器

“材质编辑器”是一个浮动的对话框，用于设置不同类型和属性的材质与贴图效果，并将设置的结果赋予场景中的物体。在工具栏中单击 （材质编辑器）按钮，弹出“Slate 材质编辑器”窗口，如图 7-1 所示。

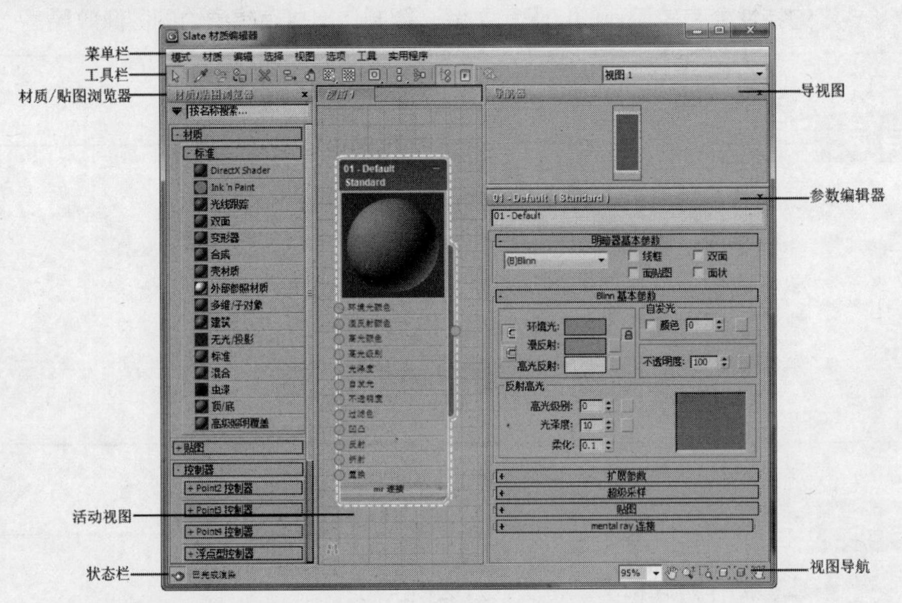

图 7-1

7.2.1 菜单栏

在菜单栏中包含带有创建和管理场景中材质的各种选项的菜单。大部分菜单选项也可以从工具栏或导航按钮中找到，下面就跟随菜单选项来介绍相应的按钮。

- “模式”菜单：可以在精简材质编辑器和 Slate 材质编辑器之间进行转换，如图 7-2 所示。
- “材质”菜单中的各命令如下（见图 7-3）。
  - ◆ （从对象选取）：选择此命令后，3ds Max 会显示一个滴管光标。单击视口中的一个对象，以在当前“视图”中显示出其材质。
  - ◆ 从选定项获取：从场景中选定的对象获取材质，并显示在活动视图中。
  - ◆ 获取所有场景材质：在当前视图中显示所有场景材质。
  - ◆ （将材质指定给选定对象）：将当前材质指定给当前选择中的所有对象。快捷键为 A。

◆ 导出为 XMSL 文件：打开一个文件对话框，将当前材质导出为“XMSL”文件。

● “编辑”菜单（见图 7-4）中的各项命令介绍如下。

图 7-2

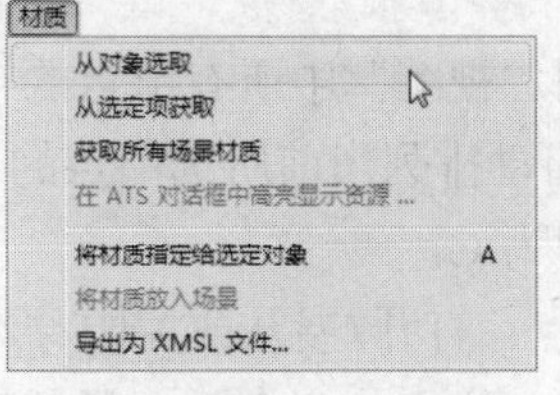

图 7-3

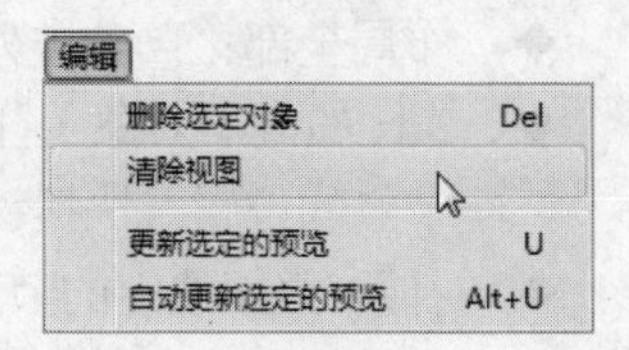

图 7-4

◆ （删除选定对象）：在活动“视图”中，删除选定的节点或关联。快捷键为 Delete。

◆ 清除视图：删除活动“视图”中的全部节点和关联。

◆ 更新选定的预览：自动更新关闭时，选择此选项可以为选定的节点更新预览窗口。快捷键为 U。

◆ 自动更新选定的预览：切换选定预览窗口的自动更新。快捷键为 Alt+U。

● “选择”菜单（见图 7-5）中的各项命令介绍如下：

◆ （选择工具）：激活“选择工具”工具。“选择工具”处于活动状态时，此菜单选项旁边会有一个复选标记。快捷键为 S。

◆ 全选：选择当前“视图”中的所有节点。快捷键为 Ctrl+A。

◆ 全部不选：取消当前“视图”中的所有节点的选择。快捷键为 Ctrl+D。

◆ 反选：反转当前选择，之前选定的节点全都取消选择，未选择的节点现在全都选择。快捷键为 Ctrl+I。

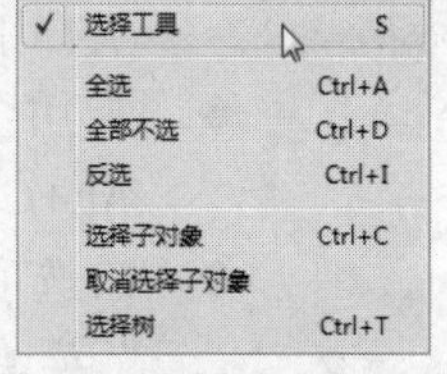

图 7-5

◆ 选择子对象：选择当前选定节点的所有子节点。快捷键为 Ctrl+C。

◆ 取消选择子对象：取消选择当前选定节点的所有子节点。

◆ 选择树：选择当前树中的所有节点 Ctrl+T 组合键。

● “视图”菜单（见图 7-6）中的各项命令介绍如下。

◆ （平移工具）：启用“平移工具”命令后，在当前“视图”中拖动就可以平移视图了。快捷键为 Ctrl+P。

◆ （平移至选定项）：将“视图”平移至当前选择的节点。快捷键为 Alt+P。

◆ （缩放工具）：启用“缩放工具”命令后，在当前“视图”中拖动就可以缩放视图了。快捷键为 Alt+Z。

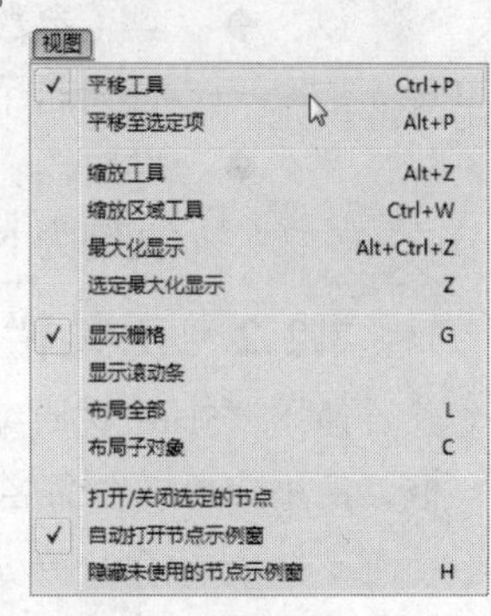

图 7-6

◆ （缩放区域工具）：启用“缩放区域工具”命令后，在“视图”中拖动一块矩形选区就可以放大该区域了。快捷键为 Ctrl+W。

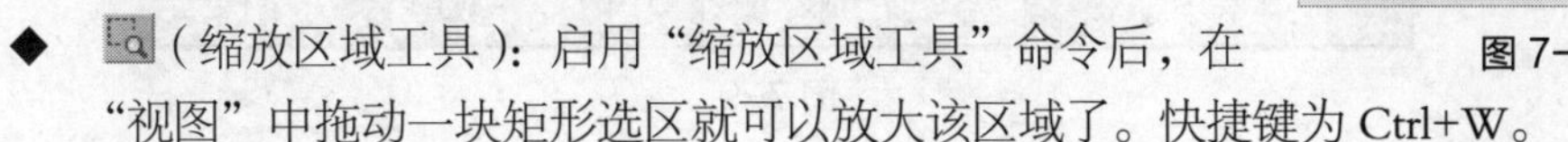

◆ （最大化显示）：缩放“视图”，从而让视图中的所有节点都可见且居中显示。快捷键为 Ctrl+Alt+Z。

◆ （选定最大化显示）：缩放“视图”，从而让视图中的所有选定节点都可见且居中显示。快捷键为 Z。

◆ 显示栅格：将一个栅格的显示切换为“视图”背景。默认设置为启用。快捷键为 G。

- ◆ 显示滚动条：根据需要，切换“视图”右侧和底部的滚动条的显示。默认设置为禁用状态。
- ◆ 布局全部：自动排列“视图”中所有节点的布局。快捷键为 L。
- ◆ （布局子对象）：自动排列当前所选节点的子对象的布局。此操作不会更改父节点的位置。快捷键为 C。
- ◆ 打开/关闭选定的节点：打开/展开或关闭/折叠选定的节点。
- ◆ 自动打开节点示例窗：启用此命令时，新创建的所有节点都会打开“展开”。
- ◆ （隐藏未使用的节点示例窗）：对于选定的节点，在节点打开的情况下切换未使用的示例窗的显示。快捷键为 H。

● “选项”菜单（见图 7-7）中的各项命令介绍如下。

图 7-7

- ◆ （移动子对象）：启用此命令时，移动父节点会移动与之相随的子节点。禁用此命令时，移动父节点不会更改子节点的位置。默认设置为禁用状态。快捷键为 Alt+C。
- ◆ 将材质传播到实例：启用此命令时，任何指定的材质将被传播到场景中对象的所有实例，包括导入的 AutoCAD 块或基于 ADT 样式的对象，它们都是 DRF 文件中常见的对象类型。
- ◆ 启用全局渲染：切换预览窗口中位图的渲染。默认设置为启用。快捷键为 Alt+Ctrl+U。
- ◆ 首选项：打开“选项”对话框，从中设置面板中的材质参数。

● “工具”菜单（见图 7-8）中的各项命令介绍如下。

- ◆ （材质/贴图浏览器）：切换“材质/贴图浏览器”的显示。默认设置为启用。快捷键为 O。

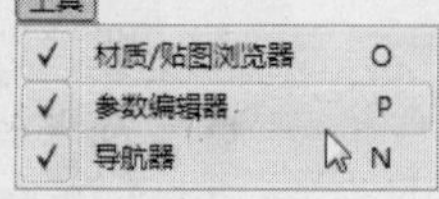

图 7-8

- ◆ （参数编辑器）：切换“参数编辑器”的显示。默认设置为启用。快捷键为 P。
- ◆ 导航器：切换“导航器”的显示。默认设置为启用。快捷键为 N。

7.2.2 工具栏

使用“Slate 材质编辑器”工具栏可以快速访问许多命令。该工具栏还包含一个下拉列表框，使用户可以在命名的视图之间进行选择，图 7-9 所示为“Slate 材质编辑器”的工具栏。

图 7-9

工具栏中各个工具的功能介绍如下（前面介绍过的工具这里就不重复介绍了）。

- ● （视口中显示明暗处理材质）：在视图中显示设置的贴图。
- ● （在预览中显示背景）：在预览窗口中显示方格背景。
- ● （布局全部-垂直）：单击此按钮将以垂直模式自动布置所有节点。
- ● （按材质选择）：仅当选定了单个材质节点时才启用此按钮。

7.2.3 材质/贴图浏览器

“材质/贴图浏览器”中的每个库和组都有一个带有打开/关闭 （+/-）图标的标题栏，该图标可用于展开或收缩列表。组可以有子组，子组有自己的标题栏，某些子组可以有更深层的子组。

“材质/贴图浏览器”（见图 7-10）中各个卷展栏介绍如下。

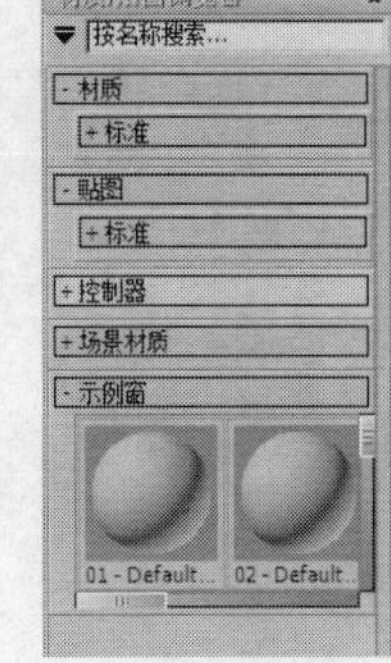

图 7-10

- 材质：该卷展栏和“贴图”卷展栏显示可用于创建新的自定义材质和贴图的基础材质和贴图类型。这些类型是“标准”类型，它们可能具有默认值，但实际上是供用户进行自定义的模板。
- 控制器：该卷展栏显示可用于为材质设置动画的动画控制器。
- 场景材质：该卷展栏列出用在场景中的材质（有时为贴图）。默认情况下，它始终保持最新，以便显示当前的场景状态。
- 示例窗：该卷展栏是由“精简材质编辑器”使用的示例窗的小版本。

7.2.4 活动视图

在“视图”中显示材质和贴图节点，用户可以在节点之间创建关联。

1．编辑节点

可以折叠节点隐藏其窗口，如图 7-11 所示；也可以展开节点显示窗口，如图 7-12 所示；还可以在水平方向调整节点大小，这样可以更易于读取窗口名称，如图 7-13 所示。

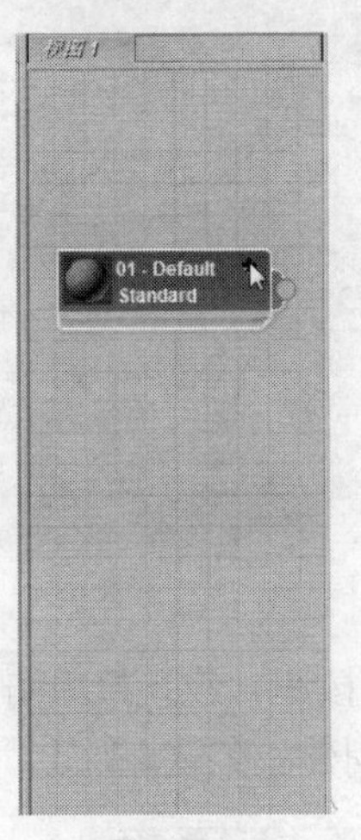

图 7-11

图 7-12

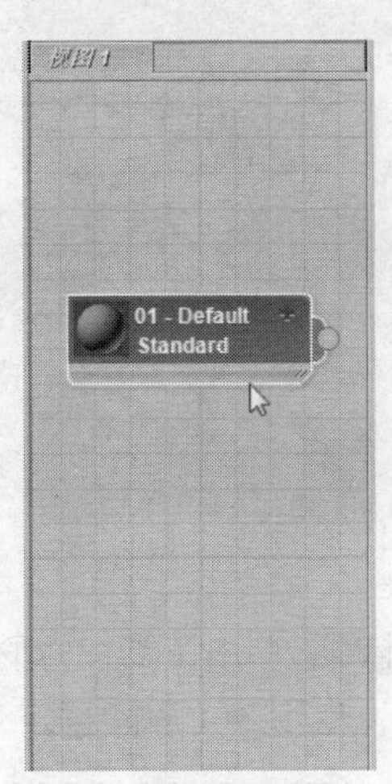

图 7-13

通过双击预览，可以放大节点标题栏中预览效果的大小。要减小预览大小，再次双击预览即可，如图 7-14 所示。

在节点的标题栏中，材质预览的拐角处表明材质是否是热材质。没有三角形则表示场景中没有使用材质，如图 7-15 左图所示；轮廓式白色三角形表示此材质是热材质，换句话说，它已经在场景中实例化，如图 7-15 中图所示；实心白色三角形表示材质不仅是热，而且已经应用到当前选定的对象上，如图 7-15 右图所示。如果材质没有应用于场景中的任何对象，就称它是冷材质。

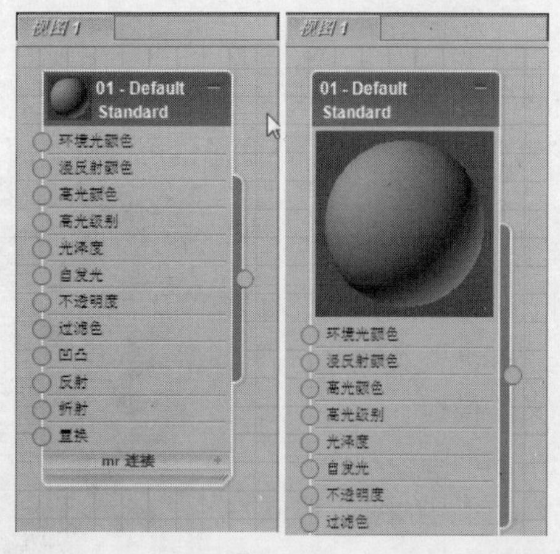

图 7-14

图 7-15

2．关联节点

要设置材质组件的贴图，需将一个贴图节点关联到该组件窗口的输入套接字，从贴图套接字拖曳到材质套接字上，图 7-16 所示为创建的关联。

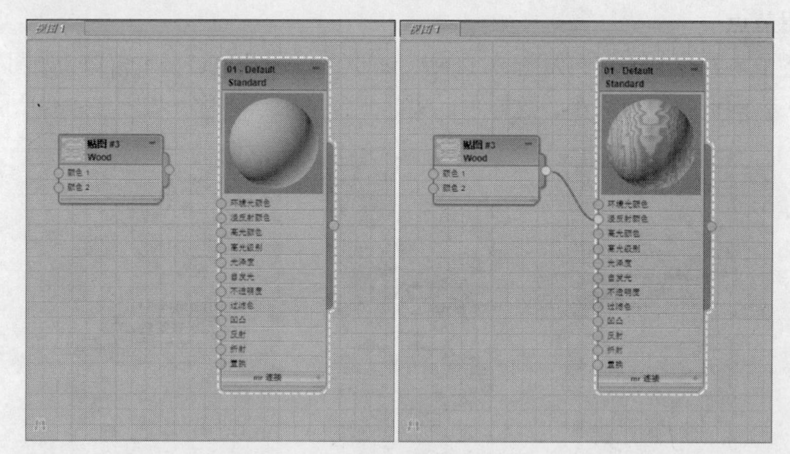

图 7-16

若要移除选定项，单击工具栏中的 （删除选定对象）按钮，或直接单击 Delete 键，如图 7-17 所示。同样，使用 （删除选定对象）按钮也可以将创建的关联删除，如图 7-18 所示。

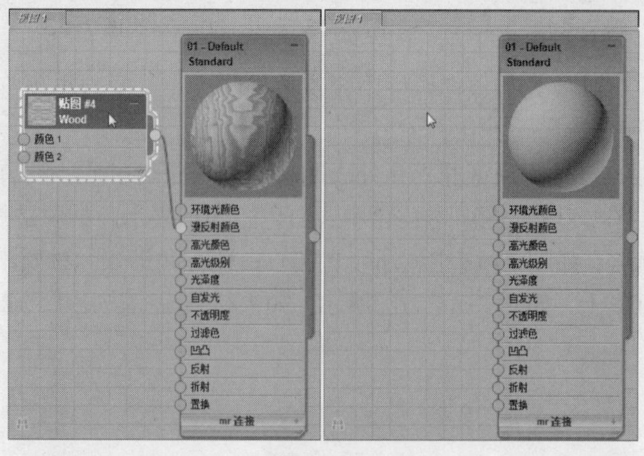

图 7-17

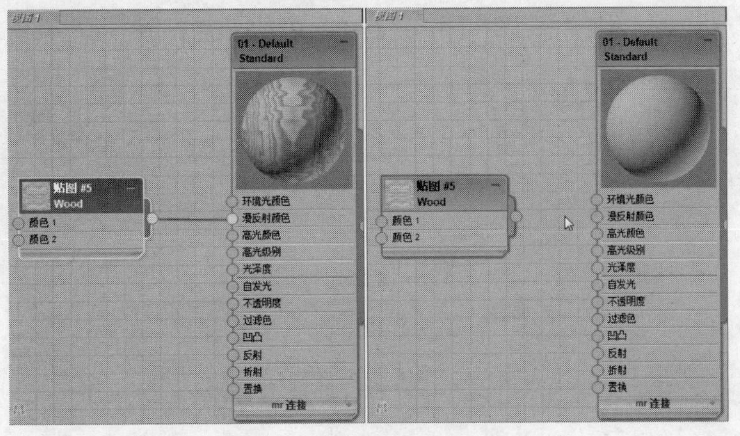

图 7-18

3. 替换关联方法

在视图中拖曳出关联，在视图的空白部分释放新关联，将打开一个用于创建新节点的菜单，如图 7-19 所示。用户可以从输入套接字向后拖曳，也可以从输出套接字向前拖曳。

如果将关联拖曳到目标节点的标题栏，则将显示一个弹出菜单，可通过它选择要关联的组件窗口，如图 7-20 所示。

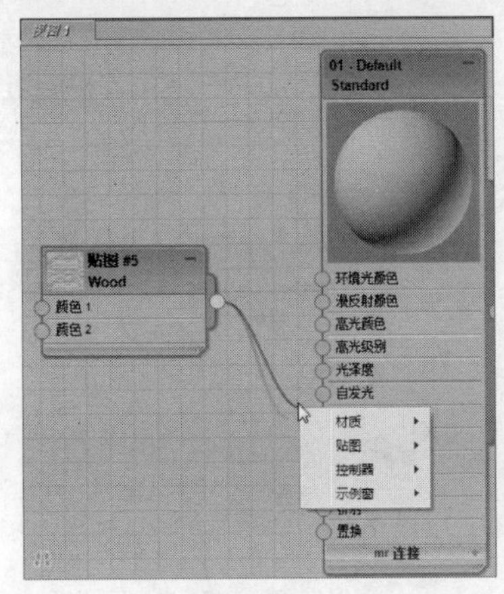

图 7-19

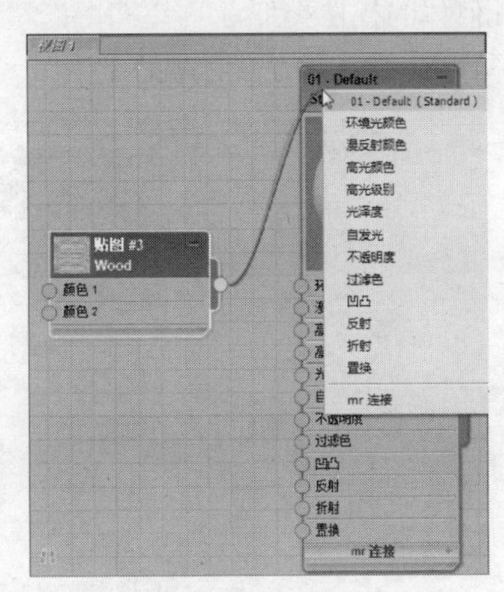

图 7-20

7.2.5 状态

显示当前是否完成预览窗口的渲染。

7.2.6 视图导航工具

视图导航工具与“视图”菜单中的各项命令相同，这里就不重复介绍了。

7.2.7 参数编辑器

材质和贴图上有各种可以调整的参数。要查看某个位图或节点的参数，双击此节点，参数就会出现在“参数编辑器”中。

参数显示在“参数编辑器”中的卷展栏上，如图 7-21 所示。左图为材质节点的控件，右图为位图节点的控件。

也可以直接在节点显示中编辑参数，如图 7-22 所示。但一般来说，“参数编辑器”界面更易于阅读和使用。默认情况下，不可用图表示的组件在节点显示中呈隐藏状态。

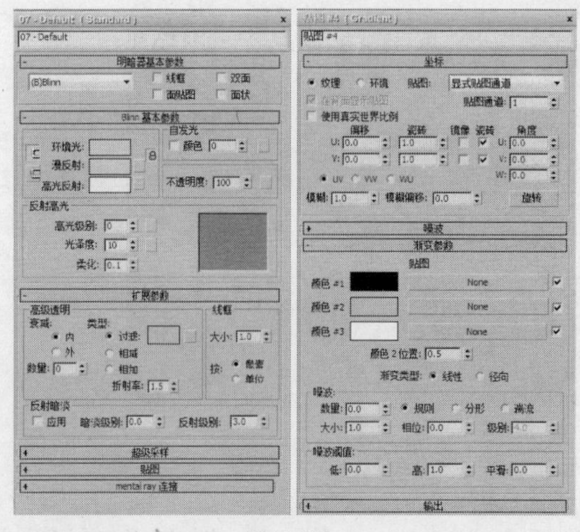

图 7-21

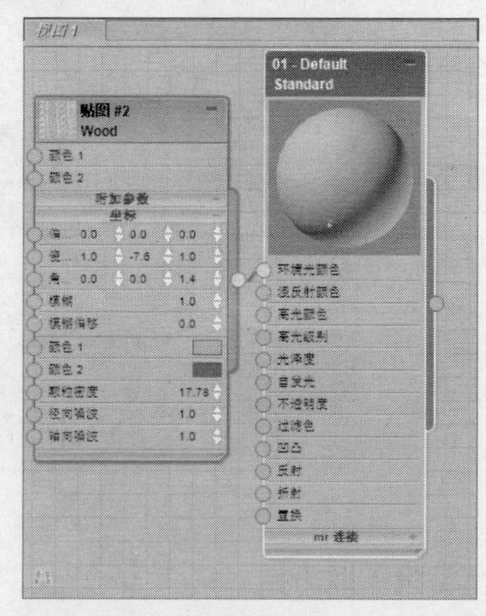

图 7-22

7.2.8 导航器

“导航器”位于“Slate 材质编辑器”中，用于浏览活动“视图”的控件，与 3ds Max 视口中用于浏览几何体的控件类似。

图 7-23 所示为导航器对应的视图控件。

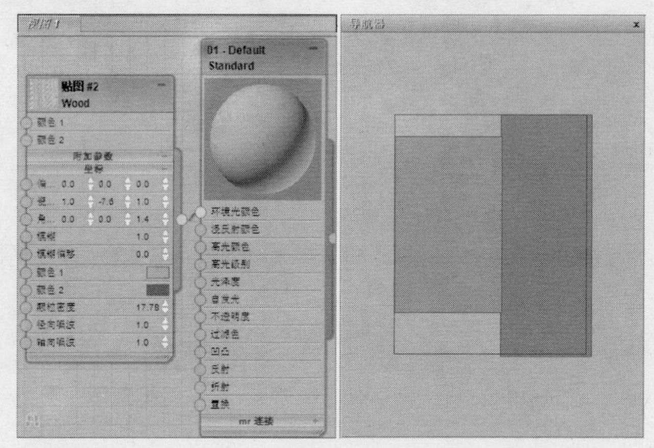

图 7-23

“导航器”中的红色矩形显示了活动“视图”的边界。在导航器中拖动矩形可以更改“视图”的布局。

7.3 材质编辑器

在工具栏中单击（材质编辑器）按钮，在弹出的按钮中单击（材质编辑器）按钮，打开精简材质窗口，如图 7-24 所示。通常“Slate 材质编辑器”在设计材质时功能更强大，而“材质编辑器”在只需应用已设计好的材质时更方便。

“材质编辑器”中与“Slate 材质编辑器”中的参数基本相同，下面将主要介绍“材质编辑器”窗口周围的工具按钮的使用。

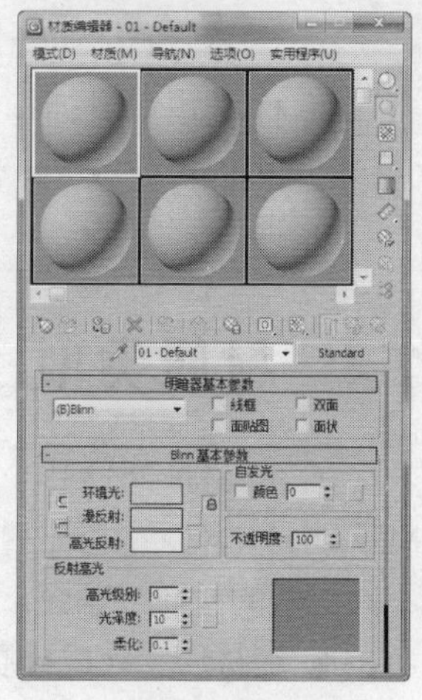

图 7-24

工具栏中各个工具的功能介绍如下。

- （将材质放入场景）：该材质在编辑材质之后更新场景中的材质。
- （生成材质副本）：通过复制自身的材质，生成材质副本，冷却当前热示例窗。
- （使唯一）：可以使贴图实例成为唯一的副本。
- （放入库）：使用该按钮可以将选定的材质添加到当前库中。
- （材质 ID 通道）：弹出按钮上的按钮将材质标记为 Video Post 效果或渲染效果，或存储以 RLA 或 RPF 文件格式保存的渲染图像的目标（以便通道值可以在后期处理应用程序中使用）。材质 ID 值等同于对象的 G 缓冲区值。范围为 1～15，表示将使用此通道 ID 的 Video Post 或渲染效果应用于该材质。
- （显示最终结果）：当此按钮处于启用状态时，示例窗将显示“显示最终结果”，即材质树中所有贴图和明暗器的组合；当此按钮处于禁用状态时，示例窗只显示材质的当前层级。
- （转到父对象）：使用该按钮，可以在当前材质中向上移动一个层级。
- （转到下一个同级项）：使用该按钮，将移动到当前材质中相同层级的下一个贴图或材质。
- （采样类型）：使用“采样类型”弹出按钮可以选择要显示在活动示例中的几何体，如图 7-25 所示。
- （背光）：启用（背光）将背光添加到活动示例窗中。默认情况下，此按钮处于启用状态。图 7-26 左图所示为启用背光后的效果，右图为未启用背光时的效果。

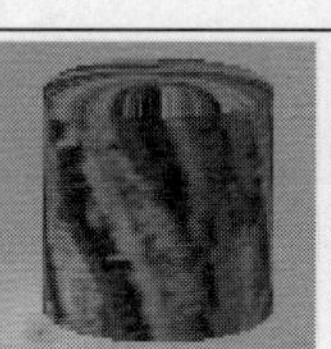

图 7-25

图 7-26

- （采样 UV 平铺）：使用该弹出按钮可以在活动示例窗中调整采样对象上的贴图图案的重复数量，如图 7-27 所示。
- （视频颜色检查）：用于检查示例对象上的材质颜色是否超过安全 NTSC 或 PAL 阈值。图 7-28 左图所示为颜色过分饱和的材质，右图所示为“视频颜色检查”超过视频阈值的黑色区域。

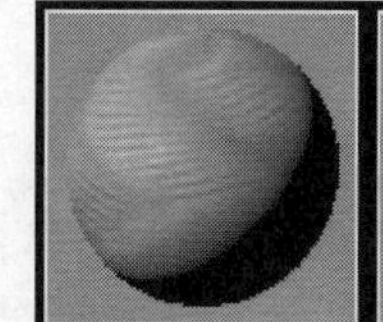
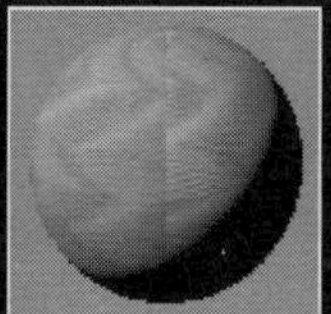

图 7-27

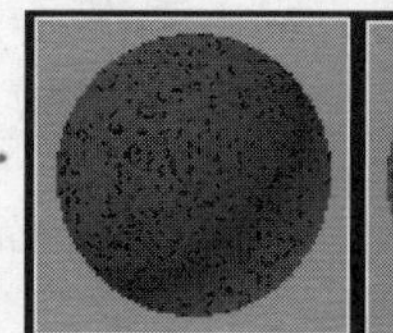

图 7-28

- （生成预览、播放预览、保存预览）：单击“生成预览”按钮，弹出创建材质预览对话框，创建动画材质的 AVI 文件；“播放预览”使用 Windows Media Player 播放.avi 预览文件；“保存预览”将.avi 预览以另一名称的 AVI 文件形式保存。

7.4 材质类型

在 3ds Max 2013 中，材质的制作占有很重要的位置，它是真实表现三维场景的关键。3ds Max 2013 的材质用于设置场景中物体的反射或光线传输的属性，可以赋予不同的物体，使用不同类型的材质或贴图。3ds Max 2013 中包括标准材质、光线追踪材质、建筑材质、虫漆材质、顶/底材质、合成材质和混合材质等，由于篇幅问题，下面只介绍默认的标准材质类型和光线跟踪材质。

7.4.1 标准材质

“标准”材质是默认的通用材质，在真实生活中，对象的外观取决于它反射光线的情况，在 3ds Max 中，标准材质用来模拟对象表面的反射属性，在不使用贴图的情况下，标准材质为对象提供了单一均匀的表面颜色效果。

1．明暗器基本参数

该卷展栏中的参数用于设置材质的明暗效果以及渲染形态，如图 7-29 所示。

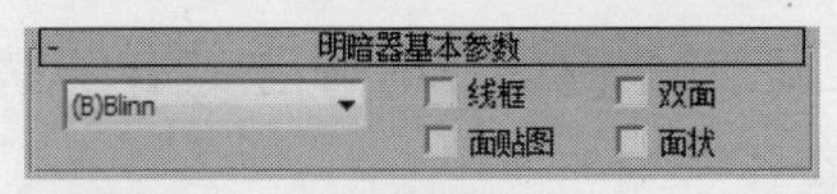

图 7-29

- 线框：选择该复选框后，将以网格线框的方式对物体进行渲染，如图 7-30 所示。

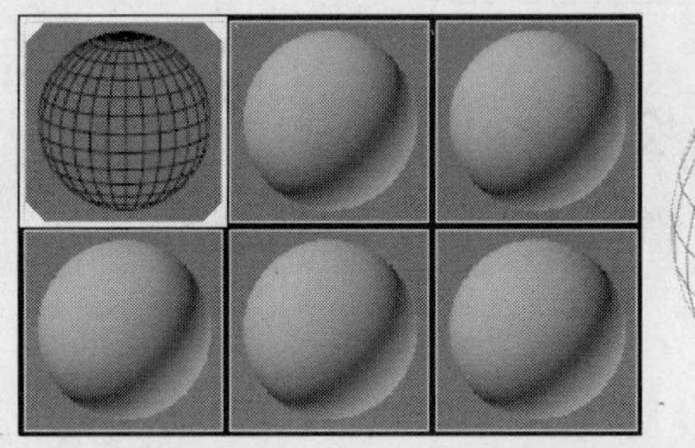

图 7-30

- 双面：选择该复选框后，将对物体的双面全部进行渲染，如图 7-31 所示。

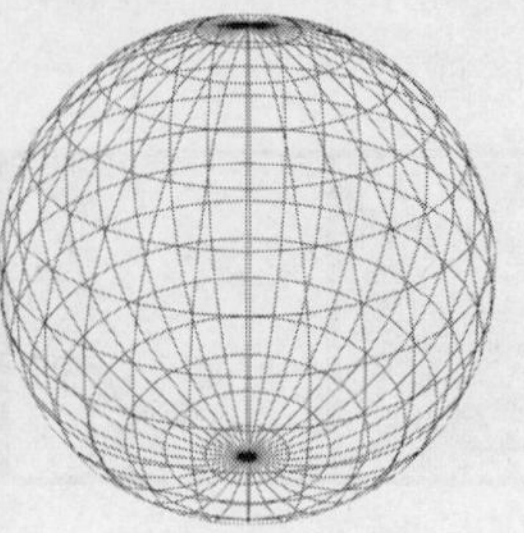

图 7-31

- 面贴图：选择该复选框后，可将材质赋予物体的所有面，如图 7-32 所示。
- 面状：选择该复选框后，物体将以面方式被渲染，如图 7-33 所示。

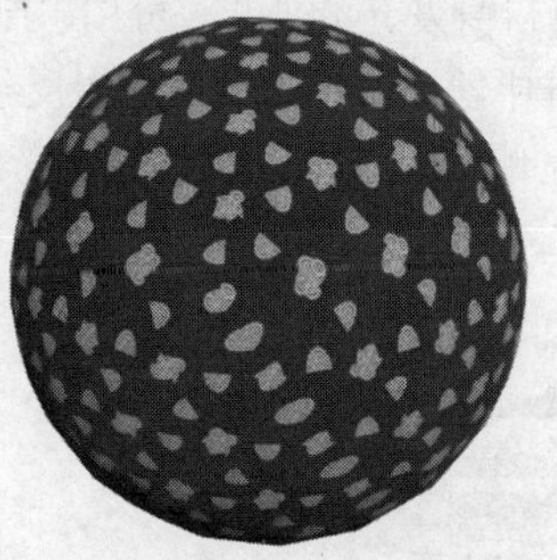

图 7-32

图 7-33

- 明暗方式下拉列表框：用于选择材质的渲染属性。3ds Max 2013 提供了 8 种渲染属性，如图 7-34 所示。其中，“Blinn”、“金属”、“各向异性”和“Phong”是比较常用的材质渲染属性。

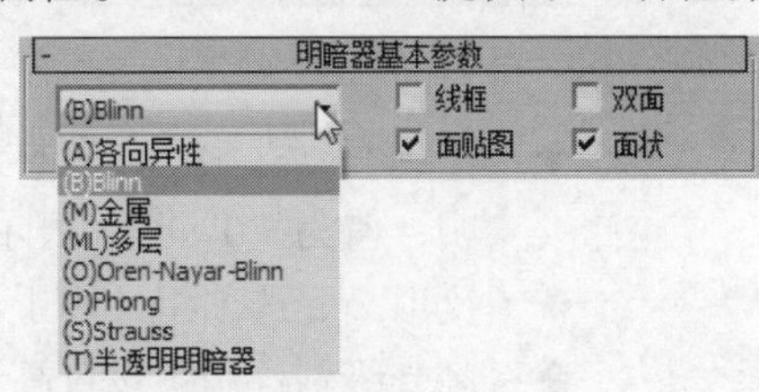

图 7-34

  - ◆ Blinn：以光滑方式进行表面渲染，易表现冷色坚硬的材质，是 3ds Max 2013 默认的渲染属性。
  - ◆ 金属：专用金属材质，可表现出金属的强烈反光效果。
  - ◆ 各向异性：多用于椭圆表面的物体，能很好地表现出毛发、玻璃、陶瓷和粗糙金属的效果。
  - ◆ Phong：以光滑方式进行表面渲染，易表现暖色柔和的材质。
  - ◆ 多层：具有两组高光控制选项，能产生更复杂、有趣的高光效果，适合做抛光的表面和特殊效果等，如缎纹、丝绸和光芒四射的油漆等效果。
  - ◆ Oren-Nayar-Blinn：是“Blinn”渲染属性的变种，但它看起来更柔和，适合表面较为粗糙的物体，如织物和地毯等效果。
  - ◆ Strauss：其属性与“金属”相似，多用于表现金属，如光泽的油漆和光亮的金属等效果。
  - ◆ 半透明明暗器：专用于设置半透明材质，多用于表现光线穿过半透明物体，如窗帘、投影屏幕或者蚀刻了图案的玻璃的效果。

2．基本参数面板

基本参数面板中的参数不是一直不变的，而是随着渲染属性的改变而改变，但大部分参数都是相同的。这里以常用的“Blinn”和“各向异性”为例来介绍参数面板中的参数。

- “Blinn 基本参数”卷展栏中显示的是 3ds Max 2013 默认的基本参数，如图 7-35 所示。
  - ◆ 环境光：用于设置物体表面阴影区域的颜色。
  - ◆ 漫反射：用于设置物体表面漫反射区域的颜色。
  - ◆ 高光反射：用于设置物体表面高光区域的颜色。

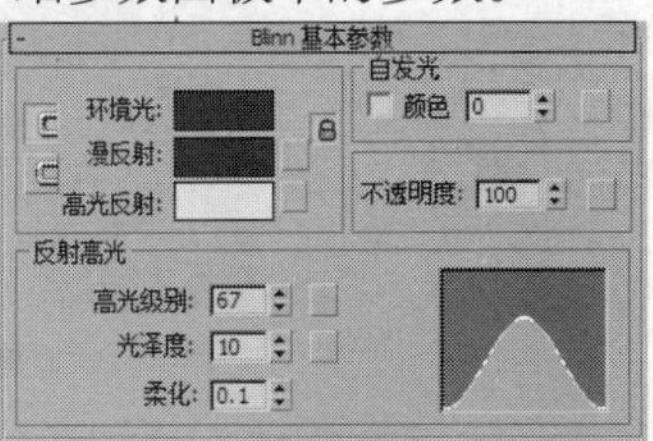

图 7-35

单击这 3 个参数右侧的颜色框，会弹出“颜色选择器”对话框，如图 7-36 所示，设置好合适的颜色后单击“确定”按钮即可。若单击“重置”按钮，设置的颜色设置将回到初始位置。对话框右侧用于设置颜色的红、绿、蓝值，可以通过数值来设置颜色。

◆ 自发光：使材质具有自身发光的效果，可用于制作灯和电视机屏幕的光源物体。该参数可以在数值框中输入数值，此时“漫反射”将作为自发光色，如图 7-37 所示。也可以选择左侧的复选框，使数值框变为颜色框，然后单击颜色框选择自发光的颜色，如图 7-38 所示。

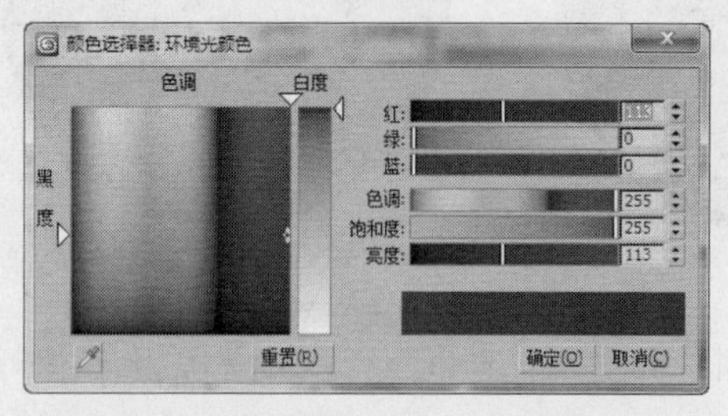

图 7-36

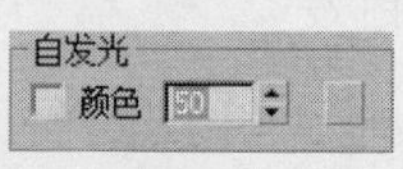

图 7-37

图 7-38

◆ 不透明度：用于设置材质的不透明百分比值，默认值为“100”，表示完全不透明；值为“0”时，表示完全透明。

◆ 反射高光选项组：用于设置材质的反光强度和反光度。

◆ 高光级别：用于设置高光亮度。值越大，高光亮度就越大。

◆ 光泽度：用于设置高光区域的大小。值越大，高光区域越小。

◆ 柔化：具有柔化高光的效果，取值在 0~1.0。

● “各向异性基本参数”卷展栏：在明暗方式下拉列表框中选择“各向异性”方式，基本参数面板中的参数发生变化，如图 7-39 所示。

◆ 漫反射级别：用于控制材质的“环境光”颜色的亮度，改变参数值不会影响高光。取值范围为 0 ~ 400，默认值为 100。

◆ 各向异性：控制高光的形状。

◆ 方向：设置高光的方向。

● “贴图”卷展栏：贴图是制作材质的关键环节，3ds Max 2013 在标准材质的贴图设置面板中提供了多种贴图通道，如图 7-40 所示。每一种都有其独特之处，通过贴图通道进行材质的赋予和编辑，能使模型具有真实的效果。

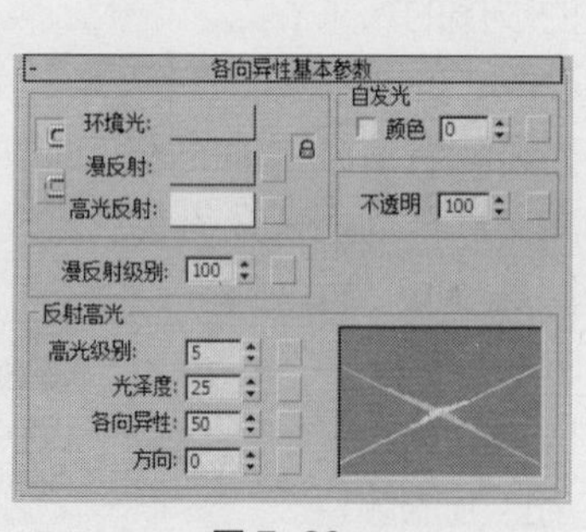

图 7-39

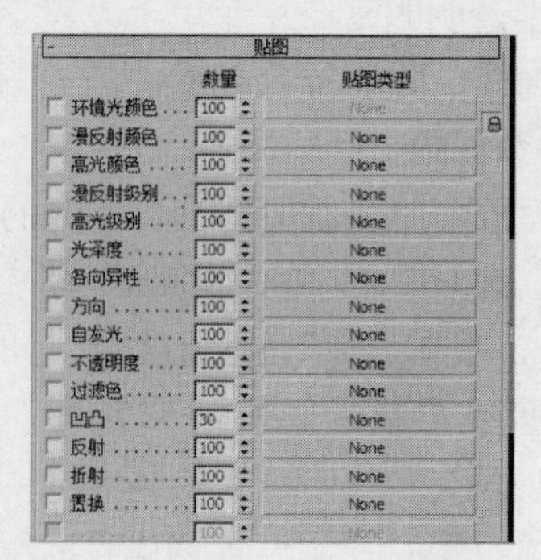

图 7-40

在“贴图”卷展栏中有部分贴图通道与前面“基本参数”卷展栏中的参数对应。在“基本参数”卷展栏中可以看到有些参数的右侧都有一个 按钮，这和贴图通道中的“None”按钮的作用相同，单击后都会弹出“材质/贴图浏览器”窗口，如图 7-41 所示。在“材质/贴图浏览器”窗口中可以选择贴图类型。下面先对部分贴图通道进行介绍。

- 环境光颜色：将贴图应用于材质的阴影区，默认状态下，该通道被禁用。
- 漫反射颜色：用于表现材质的纹理效果，是最常用的一种贴图，如图 7-42 所示。
- 高光颜色：将材质应用于材质的高光区。
- 高光级别：与高光区贴图相似，但强度取决于高光强度的设置。
- 光泽度：贴图应用于物体的高光区域，控制物体高光区域贴图的光泽度。
- 自发光：将贴图以一种自发光的形式应用于物体表面，颜色浅的部分会产生发光效果。
- 不透明度：根据贴图的明暗部分在物体表面上产生透明的效果，颜色深的地方透明，颜色浅的地方不透明。

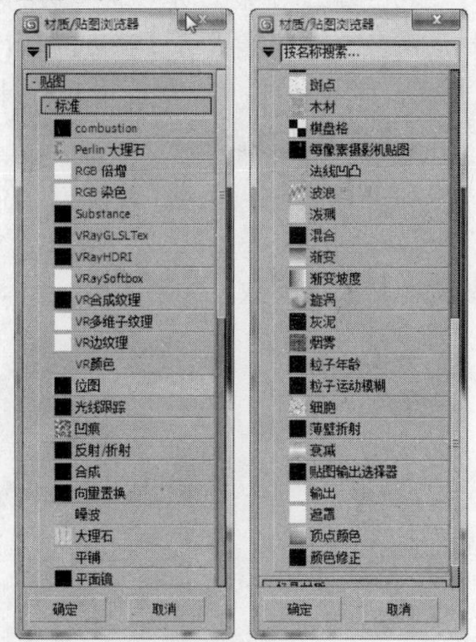

图 7-41

- 过滤色：根据贴图图像像素的深浅程度产生透明的颜色效果。
- 凹凸：根据贴图的颜色产生凹凸的效果，颜色深的区域产生凹下效果，颜色浅的区域产生凸起效果，如图 7-43 所示。

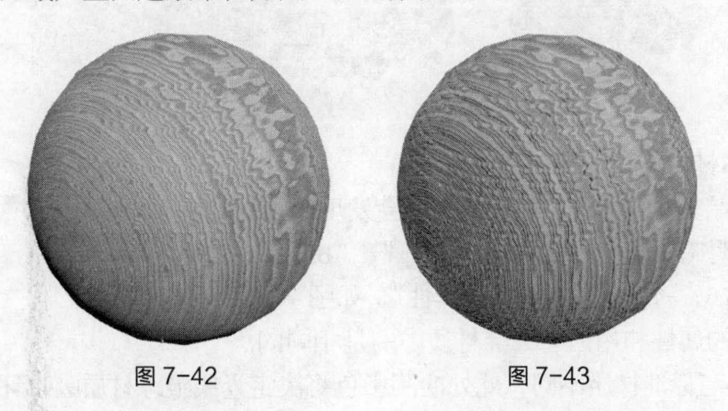

图 7-42　　图 7-43

- 反射：用于表现材质的反射效果，是一个在建模中重要的材质编辑参数，如图 7-44 所示。
- 折射：用于表现材质的折射效果，常用于表现水和玻璃的折射效果，如图 7-45 所示。

图 7-44

图 7-45

7.4.2 “光线跟踪”材质类型

“光线跟踪”材质是一种高级的材质类型。当光线在场景中移动时，通过跟踪对象来计算材质颜色，这些光线可以穿过透明对象，在光亮的材质上反射，得到逼真的效果。

光线跟踪材质产生的反射和折射的效果要比光线追踪贴图更逼真，但渲染速度会变得更慢。

1. 选择光线跟踪材质

在工具栏中单击（材质编辑器）按钮，打开材质编辑器，单击“Standard”按钮，弹出“材质/贴图浏览器”窗口，如图 7-46 所示。双击“光线跟踪”选项，材质编辑器中会显示光线追踪材质的参数，如图 7-47 所示。

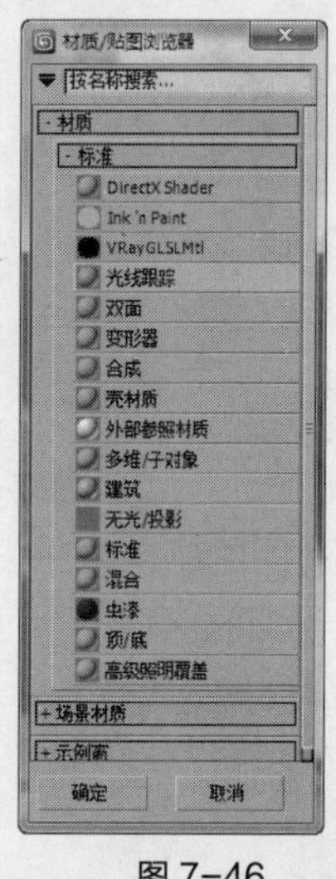

图 7-46

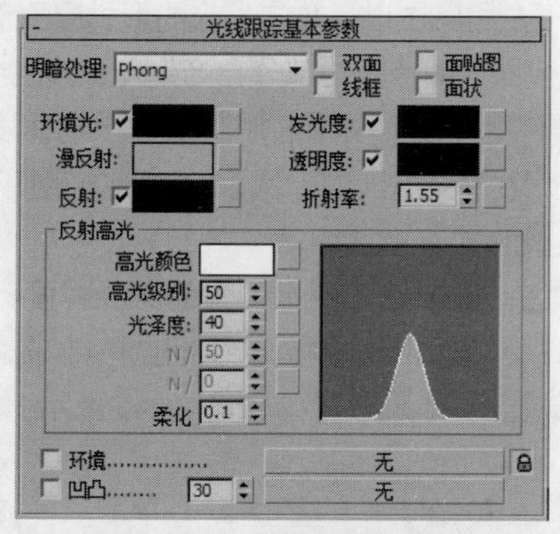

图 7-47

2. 光线跟踪材质的基本参数

- 单击“明暗处理”方式下拉列表框，会发现光线跟踪材质只有 5 种明暗方式，分别是“Phong”、“Blinn”、“金属”、“Oren-Nayar-Blinn”和“各向异性”，如图 7-48 所示，这 5 种方式的属性和用法与标准材质中的是相同的。

图 7-48

- 环境光：与标准材质不同，此处的阴影色将决定光线跟踪材质吸收环境光的多少。
- 漫反射：决定物体高光反射的颜色。
- 发光度：依据自身颜色来规定发光的颜色。同标准材质中的自发光相似。
- 透明度：光线追踪材质通过颜色过滤表现出的颜色。黑色为完全不透明，白色为完全透明。
- 折射率：决定材质折射率的强度。准确调节该数值能真实反映物体对光线折射的不同折射率。值为 1 时，是空气的折射率；值为 1.5 时，是玻璃的折射率；值小于 1 时，对象沿着它的边界进行折射。
- “反射高光”组用于设置物体反射区的颜色和范围。
    - ◆ 高光颜色：用于设置高光反射的颜色。
    - ◆ 高光级别：用于设置反射光区域的范围。
    - ◆ 光泽度：用于决定发光强度，数值在 0~200。
    - ◆ 柔化：用于对反光区域进行柔化处理。

● 环境：选中时，将使用场景中设置的环境贴图；未选中时，将为场景中的物体指定一个虚拟的环境贴图，这会忽略掉在环境和效果对话框中设置的环境贴图。
● 凹凸：设置材质的凹凸贴图，与标准类型材质中“贴图”卷展栏中的“凹凸”贴图相同。

3．光线跟踪材质的扩展参数

“扩展参数”卷展栏中的参数用于对光线跟踪材质类型的特殊效果进行设置，参数如图 7-49 所示。

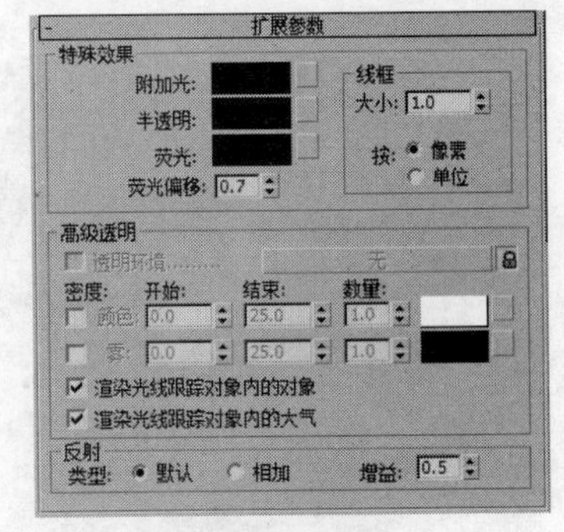

图 7-49

● “特殊效果”选项组。
  ◆ 附加光：这项功能像环境光一样，能用于模拟从一个对象放射到另一个对象上的光。
  ◆ 半透明：可用于制作薄对象的表面效果，有阴影投在薄对象的表面。当用在厚对象上时，可以用于制作类似于蜡烛或有雾的玻璃效果。
  ◆ 荧光和荧光偏移：“荧光”使材质发出类似黑色灯光下的荧光颜色，它将引起材质被照亮，就像被白光照亮，而不管场景中光的颜色。而“荧光偏移”决定亮度的程度，1.0 表示最亮，0 表示不起作用。
● “高级透明”选项组。
  ◆ 密度和颜色：可以使用颜色密度创建彩色玻璃效果，其颜色的程度取决于对象的厚度和“数量”参数设置，“开始”参数用于设置颜色开始的位置，“结束”参数用于设置颜色达到最大值的距离。
● “反射”选项组决定反射时漫反射颜色的发光效果。选择“默认”单选按钮时，反射被分层，把反射放在当前漫反射颜色的顶端；选择“相加”单选按钮时，给漫反射颜色添加反射颜色。
  ◆ 增益：用于控制反射的亮度，取值范围为 0~1。

7.5 纹理贴图

对于纹理较为复杂的材质，用户一般都会采用贴图来实现。贴图能在不增加物体复杂程度的基础上增加物体的细节，提高材质的真实性。

7.5.1 课堂案例——金属和木纹材质的设置

【案例学习目标】如何使用和设置明暗器和使用贴图。

【案例知识要点】使用明暗器基本类型设置金属材质，通过为“反射”指定贴图来表现金属反射；为“漫反射颜色”指定“位图”表现木纹材质，如图 7-50 所示。

【素材文件位置】CDROM/Map/Cha07/7.5.1 金属和木纹材质的设置。

【模型文件所在位置】CDROM/Scene/Cha07/7.5.1 金属和木纹材质的设置 ok.max。

【原始模型文件所在位置】CDROM/Scene/Cha07/7.5.1 金属和木纹材质的设置 o.max。

（1）运行 3ds max2013，打开随书附带光盘中“CDROM > Scene > Cha07 > 7.5.1 金属和木纹材质的设置 o.max”场景文件，该场景是没有设置材质的场景文件。

（2）打开材质编辑器，切换到精简材质面板，选择一个新的材质样本球，将其命名为“金属”。

在“明暗器基本参数”卷展栏中选择明暗器类型为“金属”。

在“金属基本参数”卷展栏中取消“环境光”和“漫反射”的关联，设置“环境光”的颜色为黑色，设置“漫反射”的颜色为白色；在“反射高光”组中设置“高光级别”为 100、“光泽度”为 85，如图 7-51 所示。

图 7-50

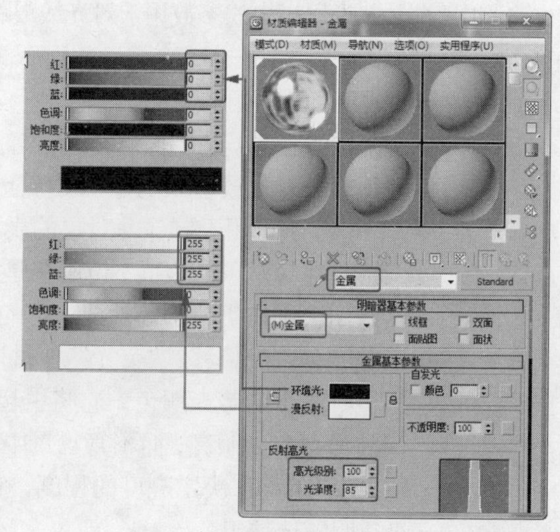

图 7-51

（3）在“贴图”卷展栏中单击“反射”后的 None 按钮，在弹出的“材质/贴图浏览器”中选择“位图”单击“确定”按钮，再在弹出的对话框中选择随书附带光盘 Cha07/Map/金属和木纹材质设置/金属 08.jpg 文件，单击“打开”按钮，如图 7-52 所示。

（4）进入“反射”贴图层级面板，在“坐标”卷展栏中设置“模糊偏移”为 0.05，如图 7-53 所示，将金属材质指定给场景中的“金属”模型组。

（5）选择一个新的材质样本球，设置木纹材质。在“贴图”卷展栏中为“漫反射颜色”指定位图贴图，贴图位于随书附带光盘 Cha07/Map/金属和木纹材质设置/wood06.jpg 文件，如图 7-54 所示。

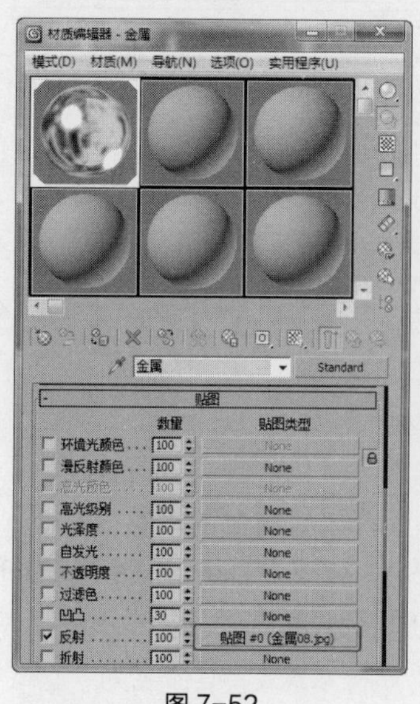

图 7-52

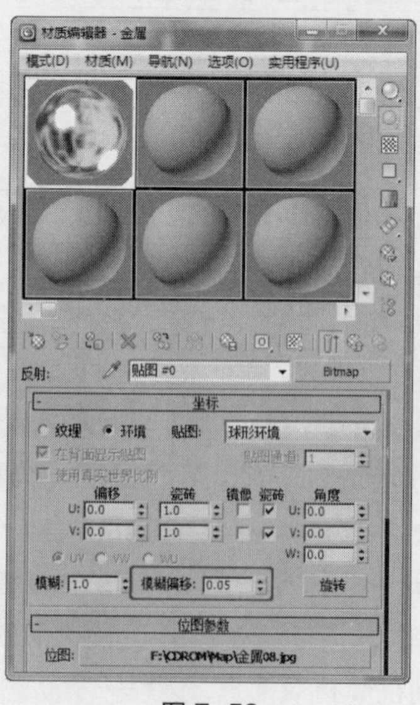

图 7-53

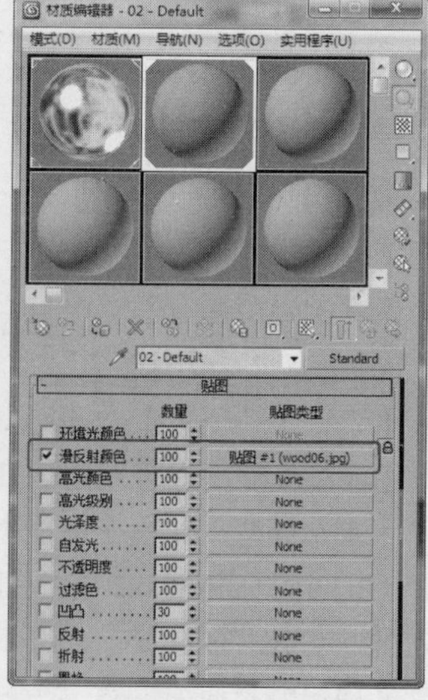

图 7-54

（6）将设置完成的木纹材质指定给场景中的“木纹”组模型，在场景中选择“木纹”组模型，在“修改器列表”中为其施加“UVW 贴图”修改器，在“参数”卷展栏中选择“长方体”，并设置“长度”、“宽度”和“高度”的参数，合适即可，如图 7-55 所示。

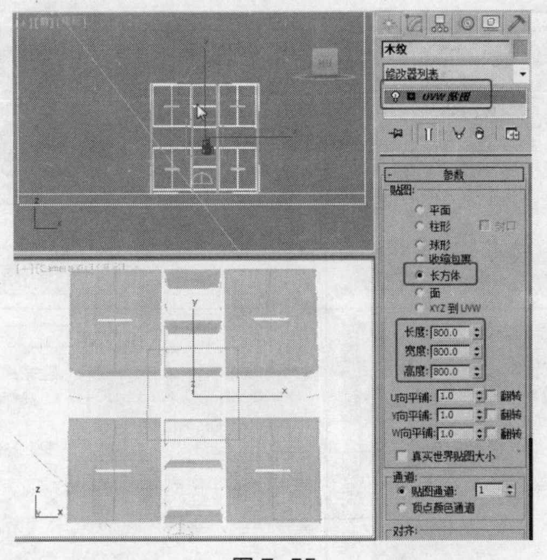

图 7-55

7.5.2 贴图坐标

贴图在空间上是有方向的，当为对象指定一个二维贴图材质时，对象必须使用贴图坐标。贴图坐标指明了贴图投射到材质上的方向，以及是否被重复平铺或镜像等，它使用 UVW 坐标轴的方式来指明对象的方向。

在贴图通道中选择纹理贴图后，材质编辑器会进入纹理贴图的编辑参数，二维贴图与三维贴图的参数窗口非常相似，大部分参数都相同，如图 7-56 所示。下图分别是“位图”和“噪波”贴图的编辑参数。

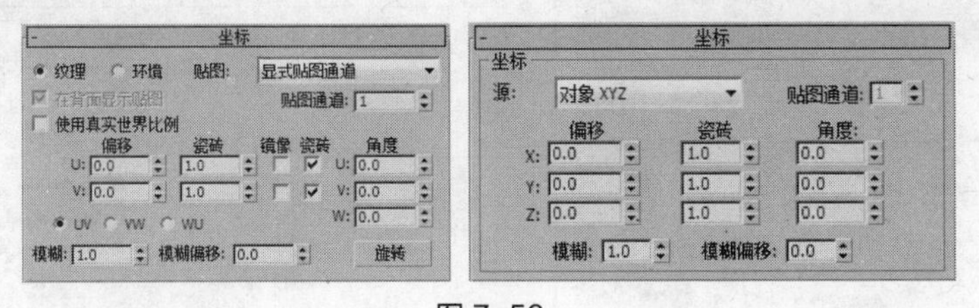

图 7-56

- 偏移：用于在选择的坐标平面中移动贴图的位置。
- 瓷砖：用于设置沿着所选坐标方向贴图被平铺的次数。
- 镜像：用于设置是否沿着所选坐标轴镜像贴图。
- 瓷砖复选框：激活时表示禁用贴图平铺。
- 角度：用于设置贴图沿着各个坐标轴方向旋转的角度。
- UV > VW > WU：用于选择 2D 贴图的坐标平面，默认为 UV 平面，VW 和 WU 平面都与对象表面垂直。
- 模糊：根据贴图与视图的距离来模糊贴图。
- 模糊偏移：用于对贴图增加模糊效果，但是它与距离视图远近没有关系。

● 旋转：单击此按钮，打开一个“旋转贴图”对话框，可以对贴图的旋转进行控制。

通过贴图坐标参数的修改，可以使贴图在形态上发生改变，如表 7-1 所示。

表 7-1

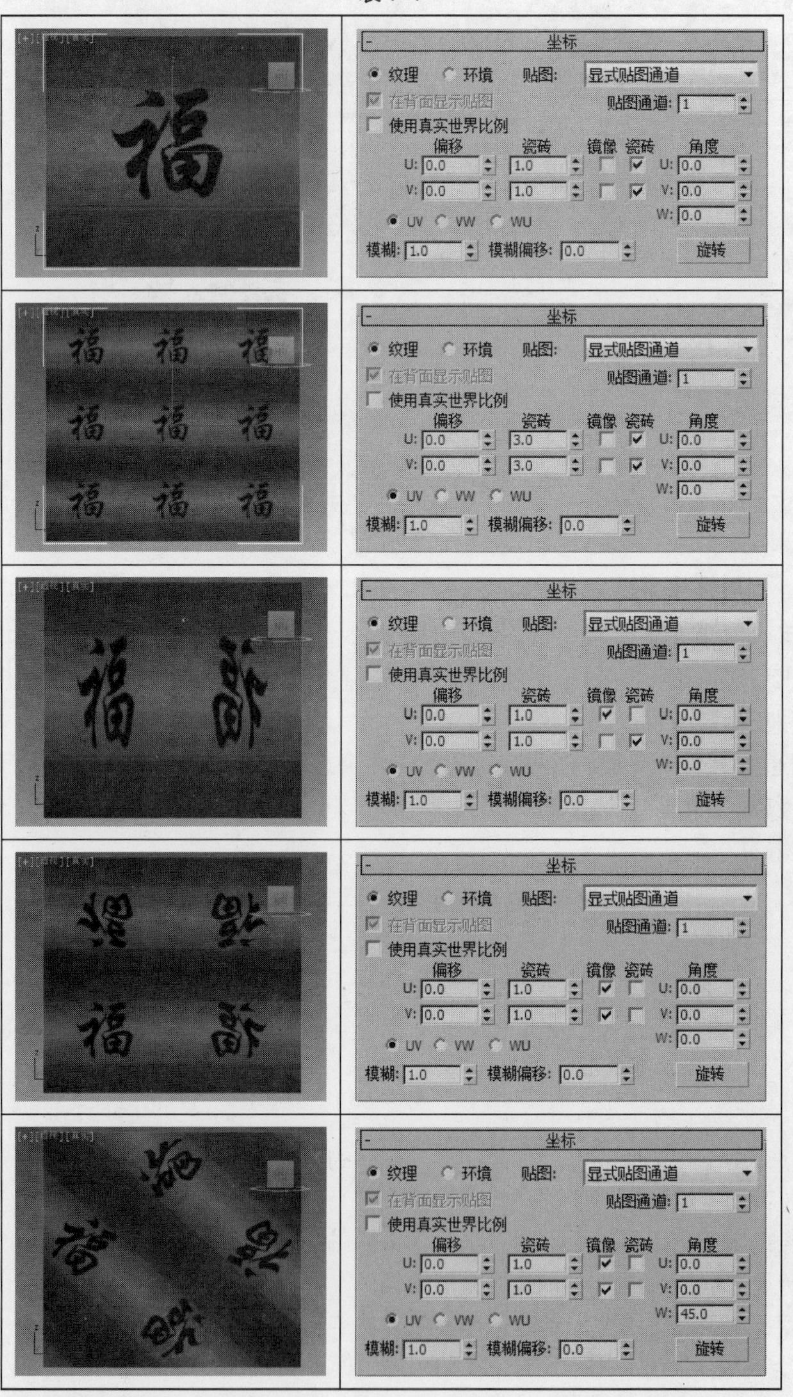

7.5.3 二维贴图

二维贴图是使用二维的图像贴在物体表面或使用环境贴图为场景创建背景图像的，其他二维贴图都属于程序贴图。程序贴图是由计算机生成的贴图图像效果。

1．“位图”贴图

“位图”贴图是最简单，也是最常用的二维贴图。它是在物体表面形成一个平面的图案。位图支持包括JPG、TIF、TGA、BMP的静帧图像以及AVI、FLC、FLI等动画文件。

单击（材质编辑器）按钮，打开材质编辑器，在“贴图”卷展栏中单击“漫反射颜色”右侧的“None”按钮，在弹出的“材质/贴图浏览器”窗口中选择“位图”贴图，弹出“选择位图图像文件”窗口，从中查找贴图，打开后进入“位图”的参数控制面板，如图7-57所示。

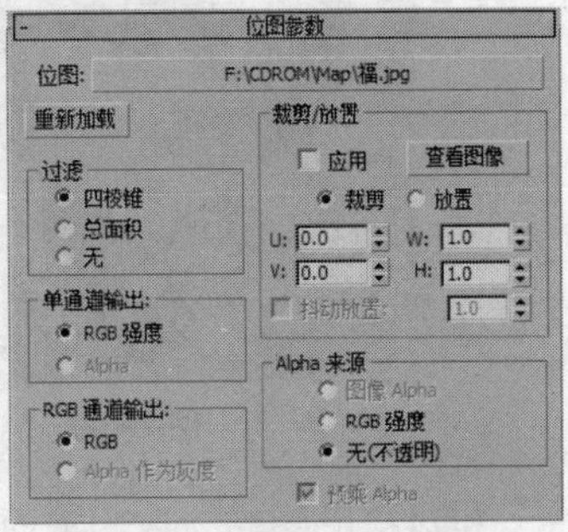

图7-57

- “位图”按钮：用于设定一个位图，选择的位图文件名称将出现在按钮上面。需要改变位图文件也可单击该按钮重新选择。
- 重新加载：单击此按钮，将重新载入所选的位图文件。
- “过滤”选项组用于选择对位图应用反走样的计算方法。有“四棱锥”、“总面积”和“无”可以选择。“总面积”选项要求更多的内存，但是会产生更好的效果。
- “RGB通道输出”选项组使位图贴图的RGB通道是彩色的。Alpha作为灰度选项基于Alpha通道显示灰度级色调。
- “Alpha来源”选项组用于控制在输出Alpha通道组中的Alpha通道的来源。
    - ◆ 图像Alpha：以位图自带的Alpha通道作为来源。
    - ◆ RGB强度：将位图中的颜色转换为灰度色调值，并将它们用于透明度。黑色为透明，白色为不透明。
    - ◆ 无（不透明）：不适用不透明度。
- “裁剪/放置”选项组用于裁剪或放置图像的尺寸。裁剪也就是选择图像的一部分区域，它不会改变图像的缩放。放置是在保持图像完整的同时进行缩放。裁剪和放置只对贴图有效，并不会影响图像本身。
    - ◆ 应用：用于启用/禁用裁剪或放置设置。
    - ◆ 查看图像：单击此按钮，将打开一个虚拟缓冲器，用于显示和编辑要裁剪或放置的图像，如图7-58所示。
    - ◆ 裁剪：选中时，表示对图像进行裁剪操作。
    - ◆ 放置：选中时，表示对图像进行放置操作。
    - ◆ U/V：用于调节图像的坐标位置。
    - ◆ W/H：用于调节图像或裁剪区的宽度和高度。
    - ◆ 抖动放置：当选中放置时，它使用一个随机值来设定放置图像的位置，在虚拟缓冲器窗口中设置的值将被忽略。

图7-58

2．“棋盘格”贴图

该贴图类型是一种程序贴图，可以生成两种颜色的方格图像，如果使用了重复平铺，则与棋盘相似，如图7-59所示。

打开材质编辑器，在“漫反射颜色”贴图通道中选择“棋盘格”贴图，进入参数面板，如图7-60所示。

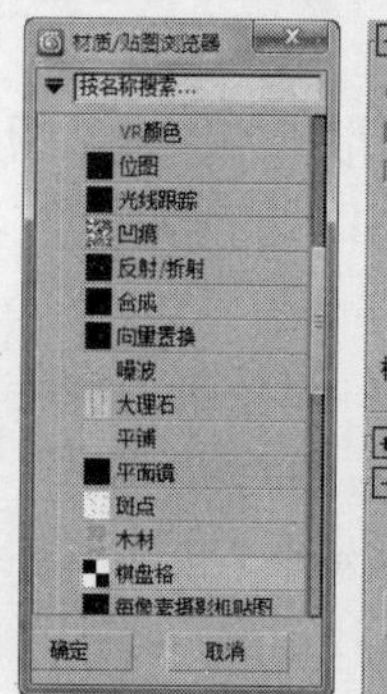

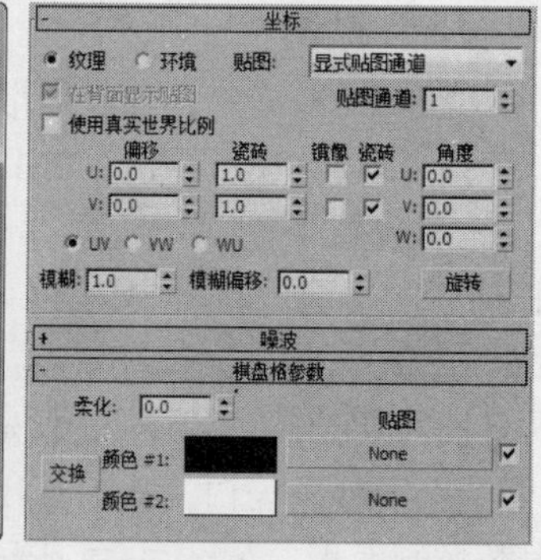

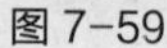
图 7-59

图 7-60

棋盘格贴图的参数非常简单，可以自定义颜色和贴图。

- 柔化：用于模糊柔和方格之间的边界。
- 交换：用于交换两种方格的颜色。使用后面的颜色样本可以为方格设置颜色，还可以单击后面的按钮来为每个方格指定贴图。

3. “渐变”贴图

该贴图类型可以混合 3 种颜色以形成渐变效果，如图 7-61 所示。

打开材质编辑器，在“漫反射颜色”贴图通道中选择“渐变”贴图，进入渐变参数面板，如图 7-62 所示。

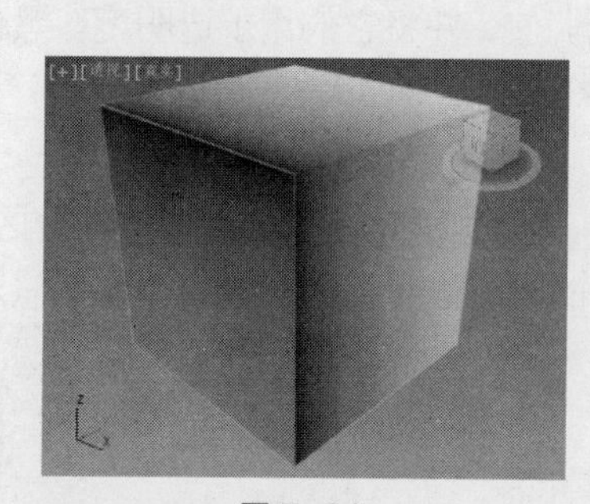

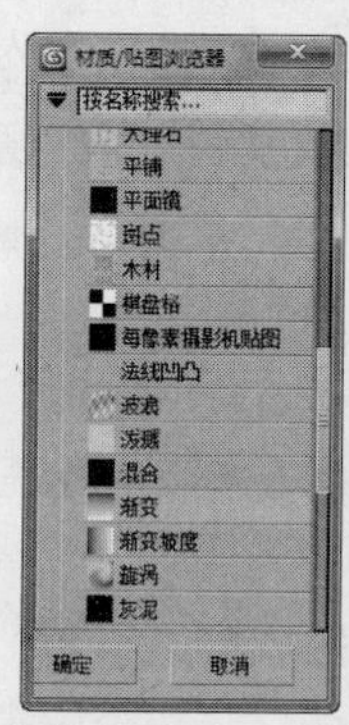

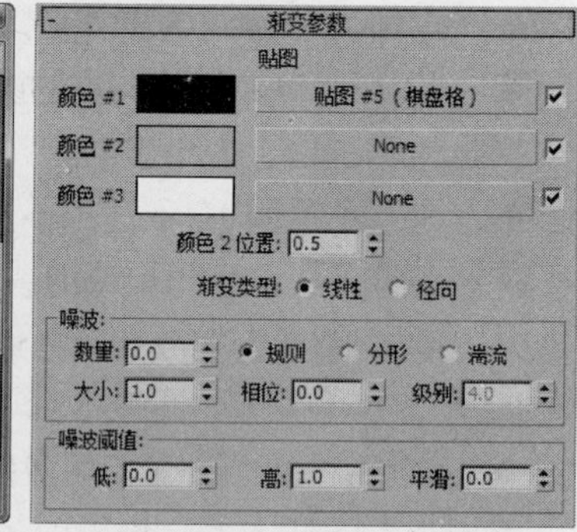

图 7-61

图 7-62

- 颜色#1~3：用于设置渐变所需的 3 种颜色，也可以为它们指定一个贴图。颜色#2 用于设置两种颜色之间的过渡色。
- 颜色 2 位置：用于设定颜色 2（中间颜色）的位置，取值范围为 0 ~ 1.0。当值为 0 时，颜色 2 取代颜色 3；当值为 1 时，颜色 2 取代颜色 1。
- 渐变类型：用于设定渐变是线性方式还是从中心向外的放射方式。
- “噪波”选项组：用于应用噪波效果。
  - ◆ 数量：当值大于 0 时，给渐变添加一个噪波效果。有规则、分形和湍流 3 种类型可以选择。
  - ◆ 大小：用于缩放噪波的效果。“相位”控制设置动画时噪波变化的速度，“级别”设定噪波函数应用的次数。
- “噪波阈值”选项组用于在高与低中设置噪波函数值的界限，平滑参数使噪波变化更光滑，值为“0”表示没有使用光滑。

7.5.4 三维贴图

三维贴图属于三维程序贴图，它是由数学算法生成的，属于这一类的贴图类型最多，在三维空间中贴图时使用最频繁。当投影共线时，它们紧贴对象并且不会像二维贴图那样发生褶皱，而是均匀覆盖一个表面。如果对象被切掉一部分，贴图会沿着剪切的边对齐。

下面就来介绍几种常用的三维贴图。

1．“衰减”贴图

该贴图类型用于表现颜色的衰减效果。“衰减”贴图定义了一个灰度值，是以被赋予材质的对象表面的法线角度为起点渐变的。通常把“衰减”贴图用在“不透明度”贴图通道，用于对对象的不透明程度进行控制，如图7-63所示。

选择“衰减”贴图后，材质编辑器中会显示衰减贴图的参数卷展栏，如图7-64所示。

图7-63

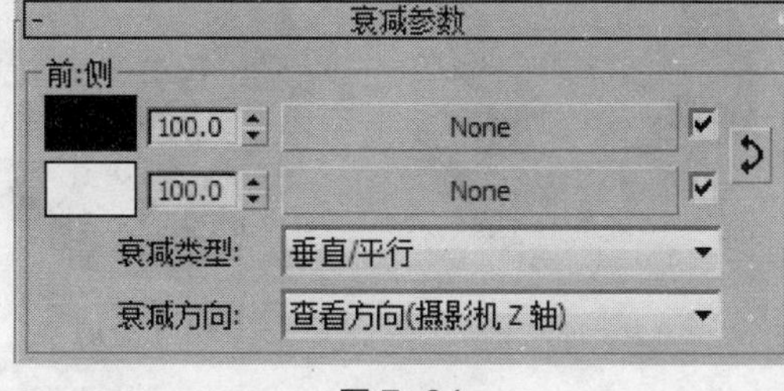

图7-64

- “衰减参数”卷展栏：两个颜色样本用于设置进行衰减的两种颜色，当选择不同的衰减类型时，其代表的意思也不同。在后面的数值框中可设定颜色的强度，还可以为每种颜色指定纹理贴图。
  - ◆ 衰减类型：用于选择衰减类型，包括朝向/背离、垂直/平行、Fresnel（基于折射率）、阴影/灯光和距离混合，如图7-65所示。
  - ◆ 衰减方向：用于选择衰减的方向，包括查看方向（摄影机*Z*轴）、摄像机*X*/*Y*轴、对象、局部*X*/*Y*/*Z*轴和世界*X*/*Y*/*Z*轴等，如图7-66所示。
- “混合曲线”卷展栏用于精确地控制衰减所产生的渐变，如图7-67所示。

在混合曲线控制器中可以为渐变曲线增加控制点和移动控制点位置等，与其他曲线控制器的操作方法相同。

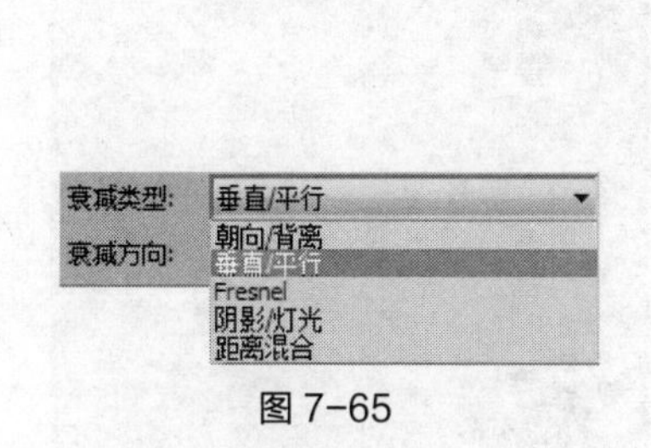

图7-65

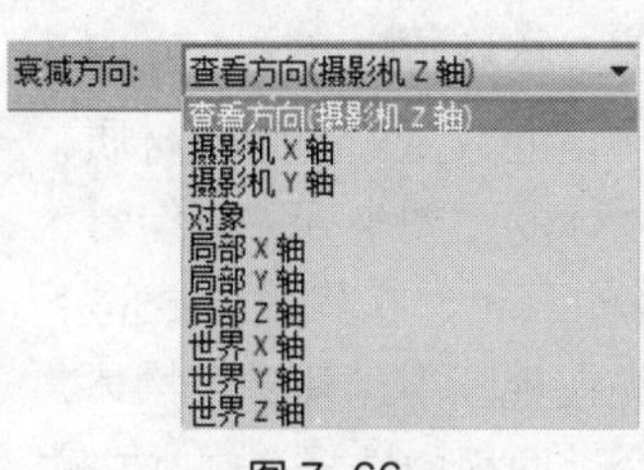

图7-66

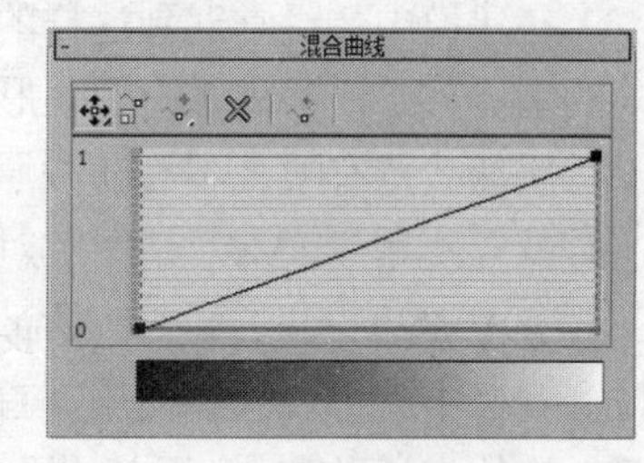

图7-67

2．“噪波”贴图

该贴图类型可以使物体表面产生起伏而不规则的噪波效果，在建模中经常会在“凹凸”贴图通道中使用，如图7-68所示。

在贴图通道中选择“噪波”贴图后，材质编辑器中会显示噪波的参数卷展栏，如图7-69所示。

图 7-68

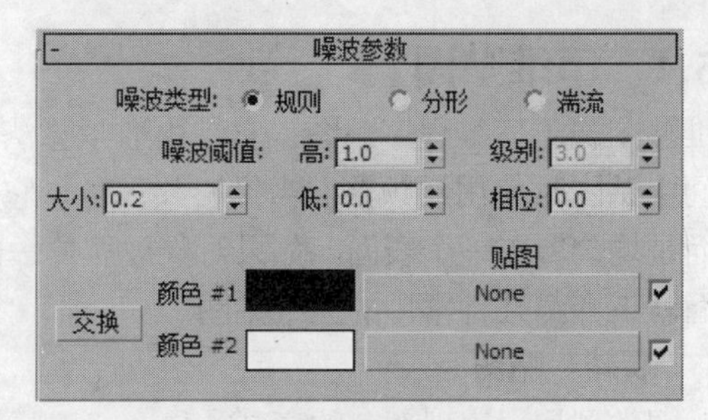

图 7-69

- 噪波类型：分为规则、分形和湍流 3 种类型，如图 7-70 所示。

（a）规则　　（b）分形　　（c）湍流

图 7-70

- 噪波阈值：通过高/低值来控制两种颜色的限制。
- 大小：用于控制噪波的大小。
- 级别：用于控制分形运算时迭代的次数，数值越大，噪波越复杂。
- 颜色#1/2：用于分别设置噪波的两种颜色，也可以指定为两个纹理贴图。

在其他纹理贴图的参数卷展栏中都会有噪波的参数。可见，噪波是一种非常重要的贴图类型。

7.5.5　UVW 贴图

对纹理贴图的坐标进行编辑，还有一个更快捷、直观的方法——“UVW 贴图”命令，这个命令可以为贴图坐标的设定带来更多的灵活性。

在建模中会经常遇到这样的问题：同一种材质要赋予不同的物体，要根据物体的不同形态调整材质的贴图坐标。由于材质球数量有限，不可能按照物体的数量分别编辑材质，这时就要使用“UVW 贴图”对物体的贴图坐标进行编辑。

“UVW 贴图”属于修改命令的一种，在修改命令的下拉列表框中就可以选择使用。首先在视图中创建一个物体，赋予物体材质贴图，然后在修改命令面板中选择“UVW 贴图”，其参数如图 7-71 所示。

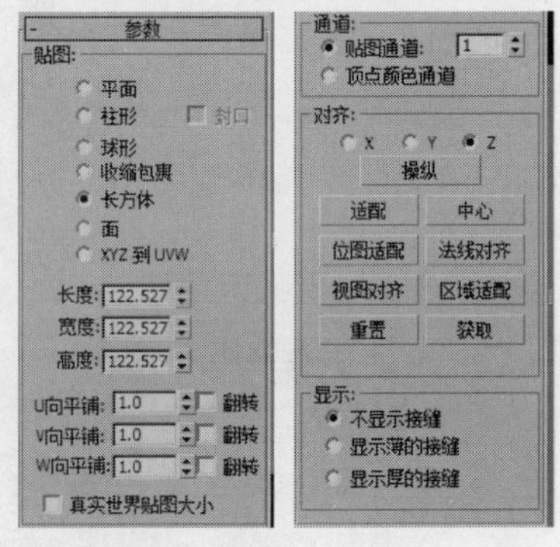

图 7-71

1．“贴图”选项组

贴图类型用于确定如何给对象应用 UVW 坐标，共有 7 个选项。

- 平面：该贴图类型以平面投影方式向对象上贴图。它适合于平面的表面，如纸和墙等。
- 柱形：此贴图类型使用圆柱投影方式向对象上贴图，如螺丝钉、钢笔、电话筒和药瓶等都适于圆柱贴图。选择“封口”复选框，圆柱的顶面和底面放置的是平面贴图投影。

- 球形：该类型围绕对象以球形投影方式贴图，会产生接缝。在接缝处，贴图的边汇合在一起。
- 收缩包裹：像球形贴图一样，它使用球形方式向对象投影贴图，但是收缩包裹将贴图所有的角拉到一个点，消除了接缝，只产生一个奇异点。
- 长方体：以 6 个面的方式向对象投影。每个面是一个“平面”贴图。面法线决定不规则表面上贴图的偏移。
- 面：该类型为对象的每一个面应用一个平面贴图。其贴图效果与几何体面的多少有很大关系。
- XYZ 到 UVW：此类贴图设计用于三维贴图，可以使三维贴图“粘贴”在对象的表面上。此种贴图方式的作用是使纹理和表面相配合，表面拉长，贴图也会随之拉长。
- 长度、宽度、高度：分别指定代表贴图坐标的 Gizmo 物体的尺寸。
- U/V/W 向平铺：用于分别设置 3 个方向上贴图的重复次数。
- 翻转：将贴图方向进行前后翻转。

2. “通道”选项组

系统为每个物体提供了 99 个贴图通道，默认使用通道 1。使用此选项组，可将贴图发送到任意一个通道中。通过通道，用户可以为一个表面设置多个不同的贴图。

- 贴图通道：设置使用的贴图通道。
- 顶点颜色通道：指定点使用的通道。

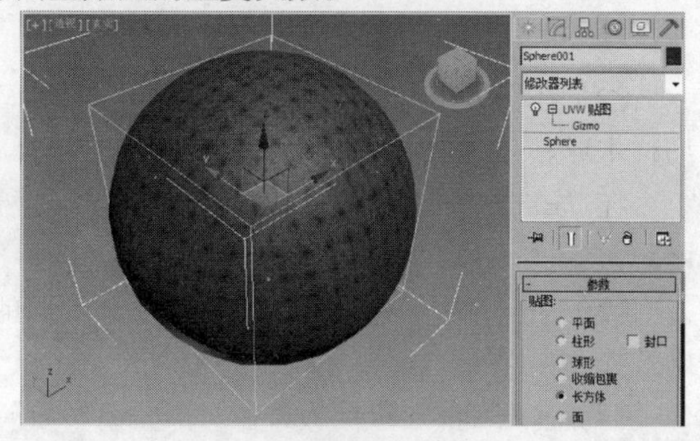

图 7-72

单击修改命令堆栈中“UVW 贴图”命令左侧的加号图标⊞，可以选择“UVW 贴图”命令的子层级命令，如图 7-72 所示。

“Gizmo”套框命令可以在视图中对贴图坐标进行调节，将纹理贴图的接缝处的贴图坐标对齐。启用该子命令后，物体上会显示黄色的套框。

利用移动、旋转和缩放工具都可以对贴图坐标进行调整，套框也会随之改变，如图 7-73 所示。

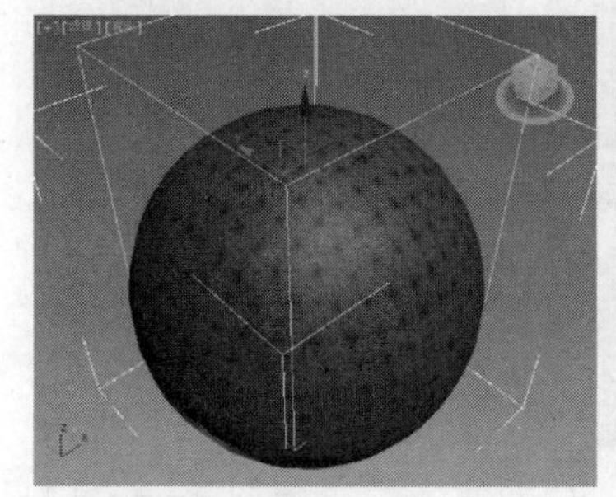
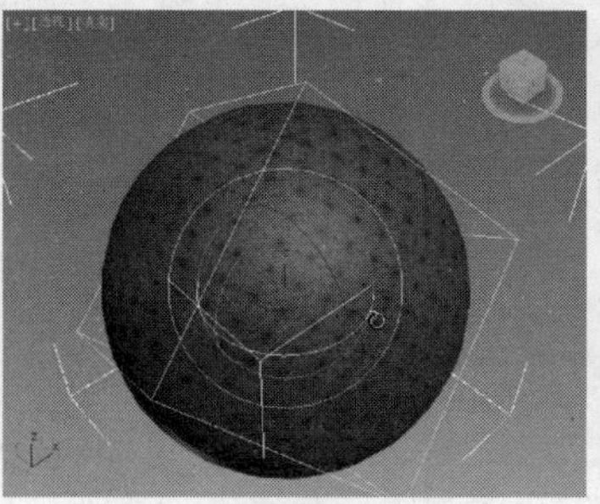
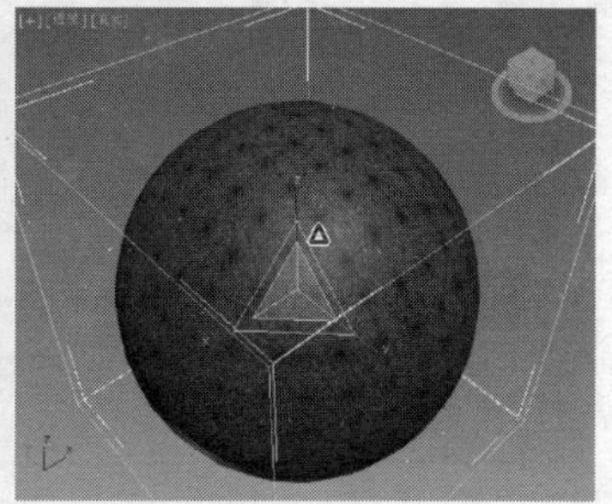

图 7-73

7.5.6 课堂案例——镜面材质的设置

【案例学习目标】如何使用平面镜贴图。

【案例知识要点】使用平面镜贴图设置镜面反射效果，如图 7-74 所示。

【素材文件位置】CDROM/Map/Cha07/7.5.6 镜面材质的设置。

【模型文件所在位置】CDROM/Scene/Cha07/7.5.6 镜面材质的设置 ok.max。

【原始模型文件所在位置】CDROM/Scene/Cha07/7.5.6 镜面材质的设置 o.max。

（1）运行 3ds Max 2013，打开随书附带光盘中“CDROM > Scene > Cha07 > 7.5.6 镜面材质的设置 o.max”场景文件，该场景中镜面模型没有设置材质，如图 7–75 所示。

图 7–74

图 7–75

（2）在场景中选择镜面模型，打开材质编辑器，切换到精简材质面板，选择一个新的材质样本球。

在“Blinn 基本参数”卷展栏中设置“环境光”和“漫反射”的红绿蓝均为 0，如图 7–76 所示。

（3）在“贴图”卷展栏中单击“反射”后的 None 按钮，在弹出的“材质/贴图浏览器”中选择“平面镜”贴图，如图 7–77 所示。

（4）进入贴图层级面板，在“平面镜参数”卷展栏中勾选“应用于带 ID 的面”选项，如图 7–78 所示。

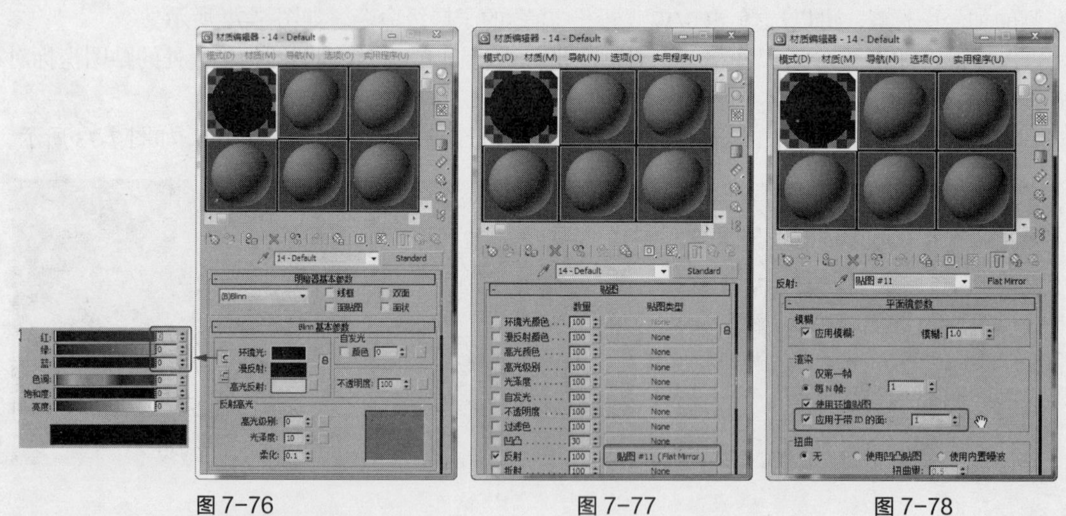

图 7–76　　图 7–77　　图 7–78

7.5.7 “反射和折射”贴图

该贴图类型用于处理反射和折射效果，包括平面镜贴图、光线追踪贴图、反射 / 折射贴图和薄壁折射贴图等。每一种贴图都有其明确的用途。

下面介绍几种常用的反射和折射贴图。

1. “光线追踪”贴图

该贴图类型可以创建出很好的光线反射和折射效果，其原理与光线跟踪材质相似，渲染速度要比光线跟踪材质快，但相对于其他材质贴图来说，速度还是比较慢的。

使用光线追踪贴图，可以比较准确地模拟出真实世界中的反射和折射效果，如图 7-79 所示。

在建模中，为了模拟反射和折射效果，通常会在“反射”贴图通道或“折射”贴图通道中使用光线追踪贴图。选择光线追踪贴图后，材质编辑器中会显示光线追踪贴图的参数卷展栏，如图 7-80 所示。

图 7-79

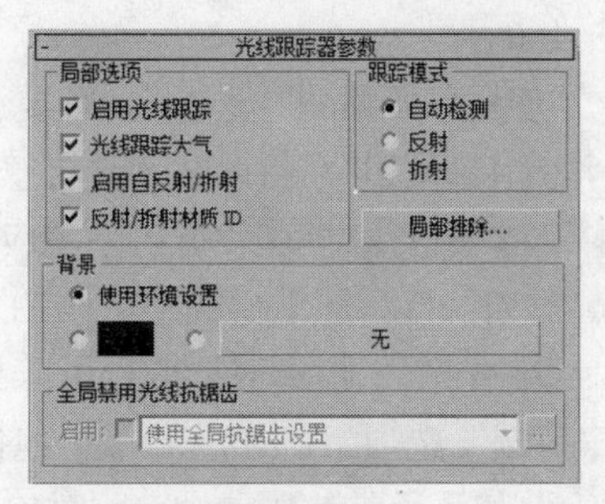

图 7-80

- “局部选项”选项组。
  - ◆ 启用光线跟踪：打开或关闭光线追踪。
  - ◆ 光线跟踪大气：设置是否打开大气的光线追踪效果。
  - ◆ 启用自反射/折射：是否打开对象自身反射和折射。
  - ◆ 反射/折射材质 ID：选中时，此反射折射效果被指定到材质 ID 号上。
- “跟踪模式”选项组。
  - ◆ 自动检测：如果贴图指定到材质的反射贴图通道，光线追踪器将反射光线。如果贴图指定到材质的折射贴图通道，光线追踪器将折射光线；如果贴图指定到材质的其他贴图通道，则需要手动选择是反射光线还是折射光线。
  - ◆ 反射：从对象的表面投射反射光线。
  - ◆ 折射：从对象的表面向里投射折射光线。
- “背景”选项组。
  - ◆ 使用环境设置：选中时，在当前场景中考虑环境的设置。也可以使用下面的颜色样本和贴图按钮来设置一种颜色或一个贴图来替代环境设置。

2. “反射/折射”贴图

该贴图能够创建在对象上反射和折射另一个对象影子的效果。它从对象的每个轴产生渲染图像，就像立方体的一个表面上的图像，然后把这些被称为立方体贴图的渲染图像投影到对象上，如图 7-81 所示。

图 7-81

在建模中，要创建反射效果，可以在“反射”贴图通道中选择“反射/折射”贴图，要创建折射效果，可以在“折射”贴图通道中选择“反射/折射”贴图。

在贴图通道中选择“反射/折射”贴图后，材质编辑器中会显示“反射/折射”的参数卷展栏，如图 7-82 所示。

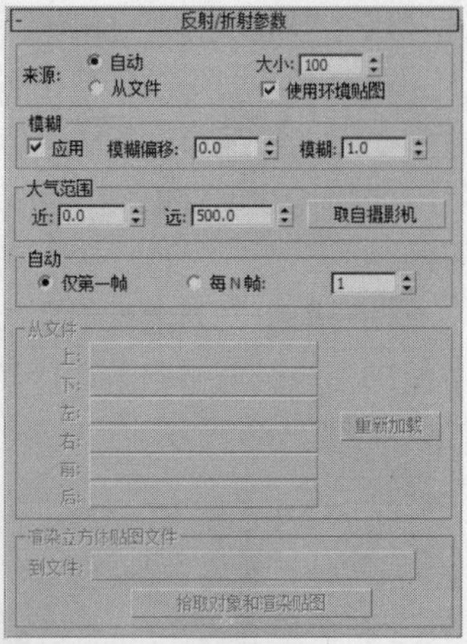

- “来源”选项组：选择立方体贴图的来源。
  - ◆ 自动选项：可以自动生成这些从 6 个对象轴渲染的图像。
  - ◆ 从文件选项：可以从 6 个文件中载入渲染的图像，这将激活“从文件”选项组中的按钮，可以使用它们载入相应方向的渲染图像。
  - ◆ 大小：设置反射/折射贴图的尺寸，默认值为 100。
  - ◆ “使用环境贴图”复选框：该复选框未被选中时，在渲染反射 / 折射贴图时将忽略背景贴图。

图 7-82

- “模糊”选项组：对反射/折射贴图应用模糊效果。
  - ◆ 模糊偏移：用于模糊整个贴图效果。
  - ◆ 模糊：基于距离对象的远近来模糊贴图。
- “大气范围”选项组：如果场景中包括环境雾，为了正确地渲染出雾效果，必须指定在“近”和“远”参数中设定距对象近范围和远范围，还可以单击“取自摄影机”按钮来使用一个摄影机中设定的远近大气范围设置。
- “自动”选项组：只有在来源选项组中选择“自动”单选按钮时，才处于可用状态。
  - ◆ 仅第一帧：使渲染器自动生成在第一帧的反射/折射贴图。
  - ◆ 每 *N* 帧：使渲染器每隔几帧自动渲染反射/折射贴图。

7.6 课堂练习——金属材质的设置

【练习知识要点】金属材质主要是设置明暗器类型为“金属”，并设置“反射”的贴图，制作出金属材质的效果，如图 7-83 所示。

【素材文件位置】CDROM/Map/Cha07/7.6 金属材质的设置。

【模型文件所在位置】CDROM/Scene/Cha07/7.6 金属材质的设置 ok.max。

【原始模型文件所在位置】CDROM/Scene/Cha07/7.6 金属材质的设置 o.max。

图 7-83

7.7 课后习题——瓷器材质的设置

【习题知识要点】瓷器材质的设置比较简单，需要有很高的高光及光泽度，还有一定的反射效果，如图 7-84 所示。

【素材文件位置】CDROM/Map/Cha07/7.7 瓷器材质的设置。

【模型文件所在位置】CDROM/Scene/Cha07/7.7 瓷器材质的设置 ok.max。

【原始模型文件所在位置】CDROM/Scene/Cha07/7.7 瓷器材质的设置 o.max。

图 7-84

PART 8

第 8 章 灯光和摄影机及环境特效的使用

本章介绍

本章将重点介绍 3ds Max 2013 的灯光系统，并重点介绍标准灯光的使用方法和参数设置，以及对灯光特效的设置方法。读者通过学习本章的内容，要掌握标准灯光的使用方法，能够根据场景的实际情况进行灯光设置。

学习目标

- 熟练掌握标准灯光的创建
- 熟练掌握标准灯光的参数设置
- 熟练掌握天光的特效设置方法
- 熟练掌握灯光的特效设置方法
- 熟练掌握摄影机的使用及特效的设置方法

技能目标

- 掌握制作室内场景布光的方法和技巧
- 掌握制作全局光照明的方法和技巧
- 掌握制作体积光效果的方法和技巧

8.1 灯光的使用和特效

灯光的重要作用是为了配合场景营造气氛，所以应该和所照射的物体一起渲染来体现效果。如果将暖色的光照射在冷色调的场景中，就让人感到不舒服了。

8.1.1 课堂案例——室内场景布光

【案例学习目标】了解灯光各参数的用途，学会室内场景布光的基本方法。

【案例知识要点】通过在场景中设置泛光灯、聚光灯来完成室内场景的布光，完成的效果如图 8-1 所示。

图 8-1

【素材文件位置】CDROM/Map/Cha08/8.1.1 室内场景布光。

【模型文件所在位置】CDROM/Scene/Cha08/8.1.1 室内场景布光 ok.max。

【原始模型文件所在位置】CDROM/Scene/Cha08/8.1.1 室内场景布光 o.max。

（1）单击（应用程序）按钮，在弹出的菜单中选择“打开”命令，打开随书附带光盘目录中的“Scene > Cha08 > 8.1.1 室内场景布光 o.max”文件，如图 8-2 所示。

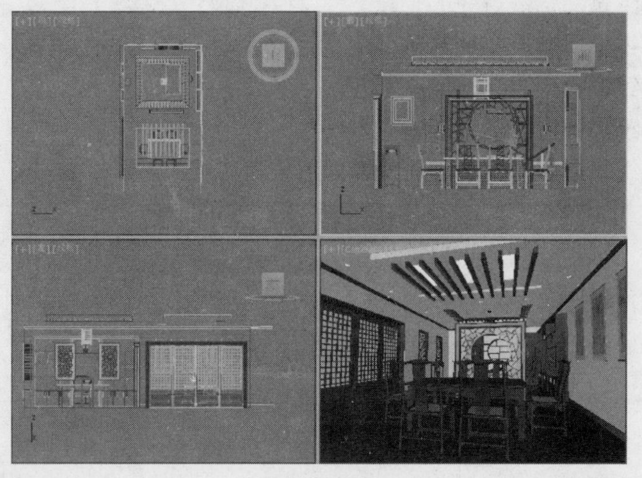

图 8-2

（2）单击“（创建） > （灯光） > 标准 > 目标聚光灯”按钮，在“前”视图中创建目标聚光灯，调整灯光至合适的位置，在“常规参数”卷展栏中勾选“阴影”组中的“启用”选项；在“强度/颜色/衰减”卷展栏中设置“倍增”为 1.1，设置灯光颜色的红绿蓝值均为 255；在“聚光灯参数”卷展栏中设置“聚光区/光束”为 5、“衰减区/区域”为 47.3；在“高级效果”卷展栏中设置“柔化漫反射边”为 50，如图 8-3 所示。

（3）渲染当前场景后的效果如图 8-4 所示，发现顶部阴影遮盖了灯光照射。

（4）切换到（显示）命令面板，选择灯光和没有遮挡光射的底部模型，并将模型隐藏，选择剩余的顶部模型，在菜单栏中选择“组 > 成组”命令，将其命名为“顶”，如图 8-5 所示，在“隐藏”卷展栏中单击“全部取消隐藏”按钮，使所有模型可见。

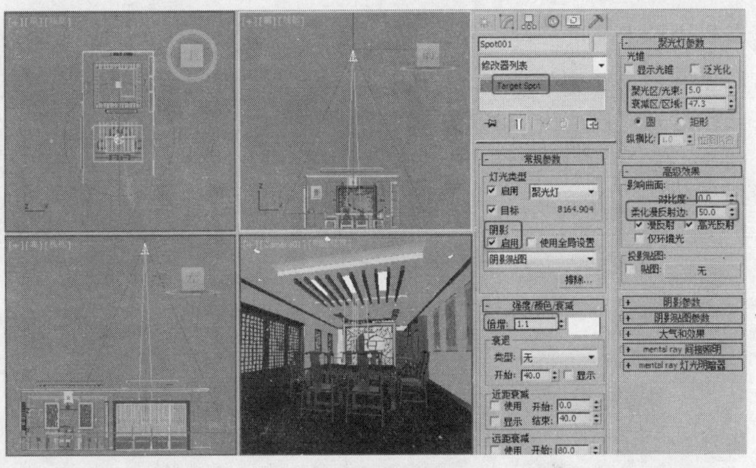

图 8-3

图 8-4

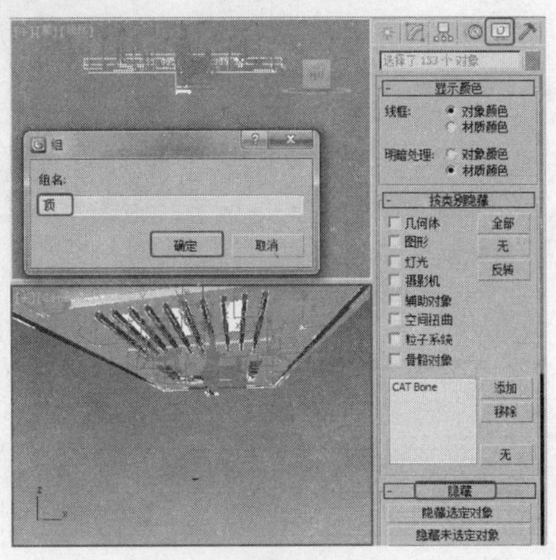

图 8-5

（5）选择目标聚光灯，切换到（修改）命令面板，在“常规参数”卷展栏中单击“排除”按钮，弹出“排除/包含”对话框，选择类型为“排除”，在“场景对象”列表中选择“顶”，单击 >> （添加至右侧）按钮，将“顶”添加至“排除”列表中，单击“确定”按钮，如图 8-6 所示。

（6）渲染当前场景后的效果如图 8-7 所示。

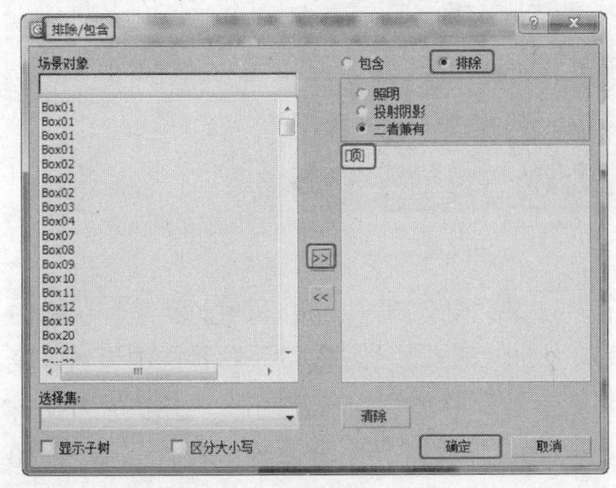

图 8-6

图 8-7

（7）在工具栏中单击“选择过滤器”下拉列表框，从中选择“L-灯光”命令，在“顶”视图中框选目标聚光灯，使用移动复制法复制灯光，调整灯光至合适的位置。选择复制出的目标聚光灯并修改灯光参数，在“聚光灯参数”卷展栏中设置“聚光区/光束”为 15；“衰减区/区域”为 42.5；在“阴影贴图参数”卷展栏中设置“采样范围”为 10；在“强度/颜色/衰减”卷展栏中设置“倍增”为 1.2，设置灯光颜色的红绿蓝值均为 211，如图 8-8 所示。

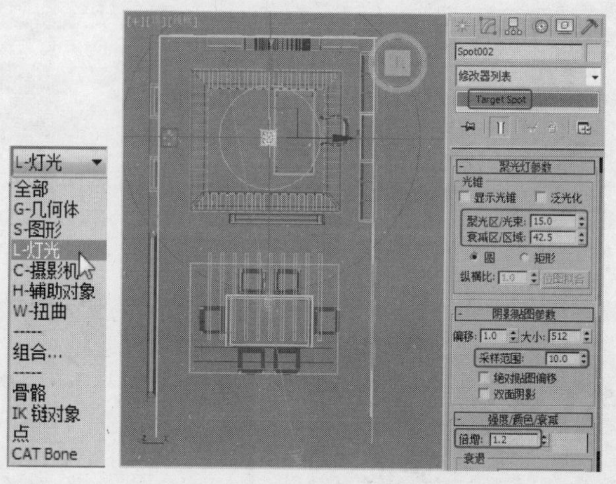

图 8-8

（8）在“前”视图中由下向上创建一个目标聚光灯，在“强度/颜色/衰减”卷展栏中设置“倍增”为 1，设置灯光颜色的红绿蓝值分别为 78、67、23；在“聚光灯参数”卷展栏中设置“聚光区/光束”为 20、“衰减区/区域”为 95；在“阴影参数”卷展栏中设置阴影“密度”为 0.73；在“阴影贴图参数”卷展栏中设置“采样范围”为 10，调整灯光至合适的位置，如图 8-9 所示。

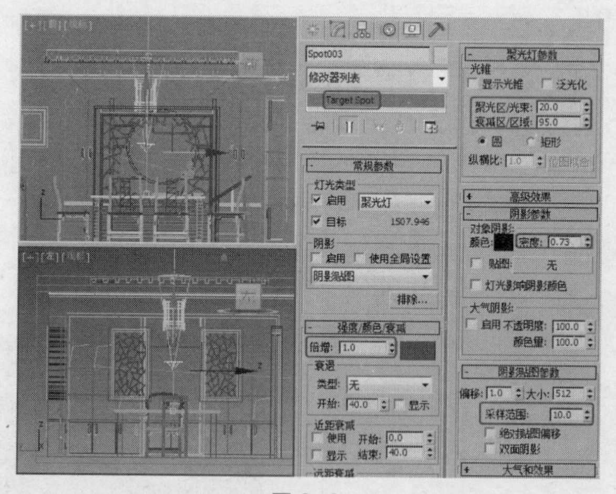

图 8-9

（9）继续在“前”视图中由下向上创建一个目标聚光灯，在“强度/颜色/衰减”卷展栏中设置“倍增”为 1.2，设置灯光颜色的红绿蓝值均为 50；在“聚光灯参数”卷展栏中设置“聚光区/光束”为 5、“衰减区/区域”为 47；在“阴影参数”卷展栏中设置阴影“密度”为 0.5；在“阴影贴图参数”卷展栏中设置“采样范围”为 20，调整灯光至合适的位置，如图 8-10 所示。

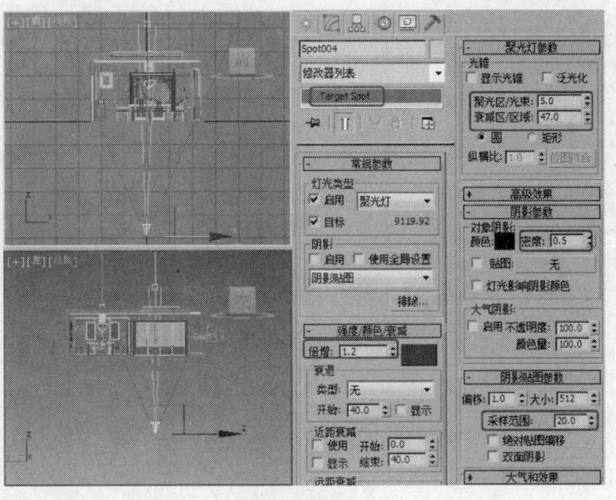

图 8-10

（10）渲染当前场景后的效果如图 8-11 所示。

（11）在“前”视图中创建一个目标聚光灯，在“常规参数”卷展栏中勾选“阴影”组中的“启用”选项；在“强度/颜色/衰减”卷展栏中设置“倍增”为 1，设置灯光颜色的红绿蓝值均为 150，在“远距衰减”组中勾选“使用”选项，设置“开始”为 950、“结束”为 2700；在“聚光灯参数”卷展栏中设置“聚光区/光束”为 5、“衰减区/区域”为 90；在“阴影参数”卷展栏中设置阴影“密度”为 0.5；在“阴影贴图参数”卷展栏中设置“采样范围”为 20，调整灯光至合适的位置，如图 8-12 所示。

图 8-11

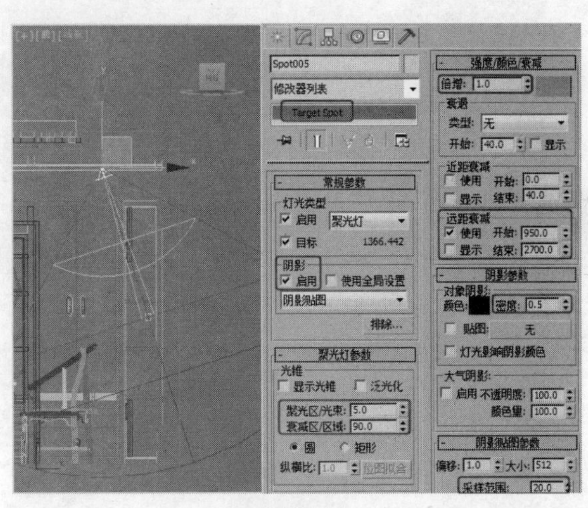

图 8-12

（12）复制目标聚光灯，并调整灯光至合适的位置和角度，如图 8-13 所示。

（13）在“左”视图中创建目标聚光灯，在“常规参数”卷展栏中勾选“阴影”组中的“启用”选项；在“强度/颜色/衰减”卷展栏中设置“倍增”为 1，设置灯光颜色的红绿蓝值均为 150，在“远距衰减”组中勾选“使用”选项，设置“开始”为 950、“结束”为 2700；在“聚光灯参数”卷展栏中设置“聚光区/光束”为 5、“衰减区/区域”为 90；在“阴影参数”卷展栏中设置阴影“密度”为 0.5；在“阴影贴图参数”卷展栏中设置“采样范围”为 10，调整灯光至合适的位置，如图 8-14 所示。

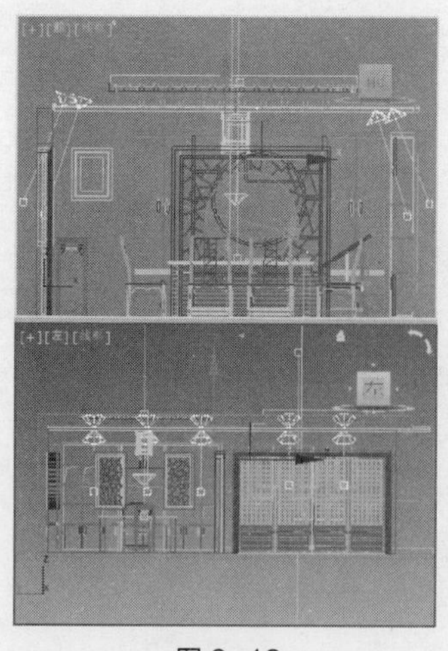
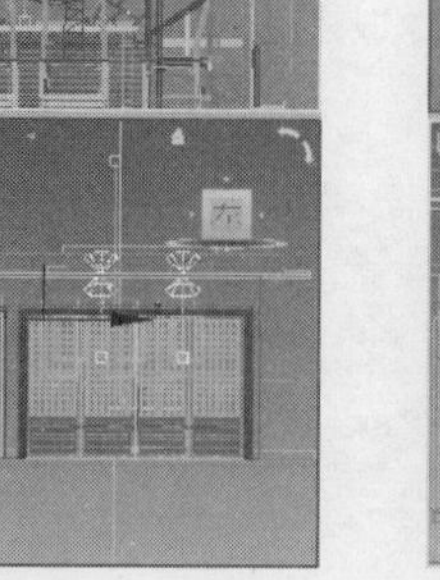

图 8-13

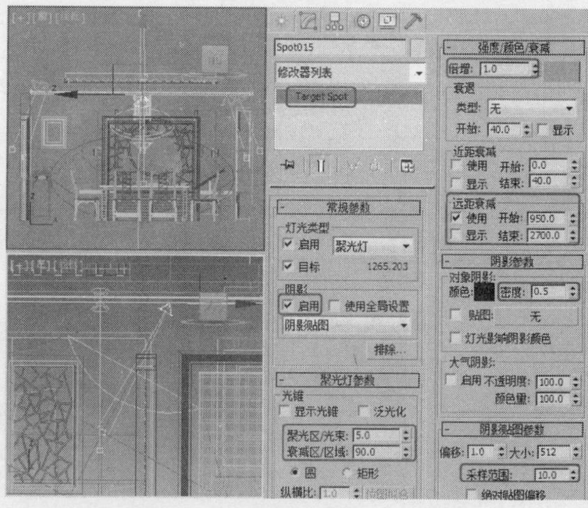

图 8-14

（14）在“前”视图中创建泛光灯，在“常规参数”卷展栏中勾选“阴影”组中的“启用”选项；在“强度/颜色/衰减”卷展栏中设置“倍增”为 1，设置灯光颜色的红绿蓝值均为 149，在“远距衰减”组中勾选“使用”选项，设置“开始”为 2380、“结束”为 6300；在“阴影参数”卷展栏中设置阴影“密度”为 0.73；在“阴影贴图参数”卷展栏中设置“采样范围”为 10，调整灯光至合适的位置，如图 8-15 所示。

（15）使用（选择并均匀缩放）工具在“顶”视图中均匀缩放泛光灯，如图 8-16 所示。

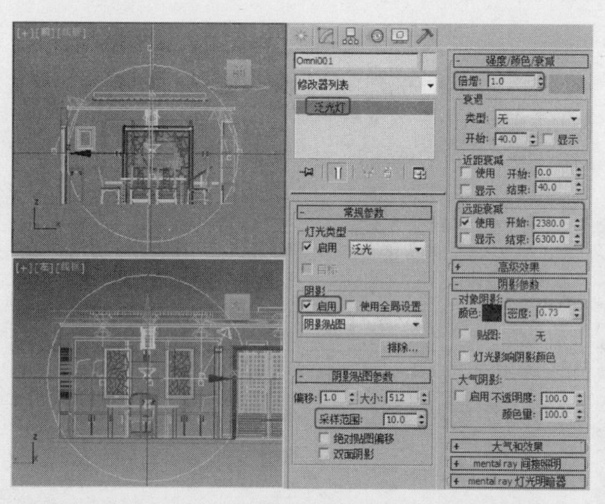

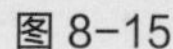

图 8-15

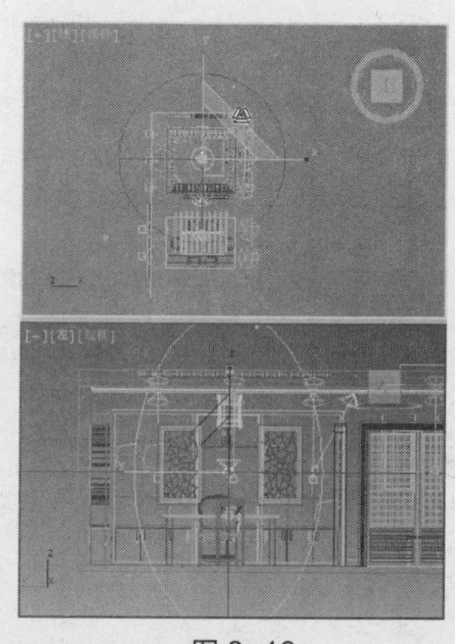

图 8-16

（16）移动复制泛光灯，修改灯光参数，在“强度/颜色/衰减”卷展栏中设置“倍增”为 1，设置灯光颜色的红绿蓝值均为 187，在“远距衰减”组中勾选“使用”选项，设置“开始”为 2560、“结束”为 6500；在“阴影参数”卷展栏中设置阴影“密度”为 0.5；在“阴影贴图参数”卷展栏中设置“采样范围”为 20，调整灯光至合适的位置，如图 8-17 所示。

（17）渲染当前场景后的效果如图 8-18 所示。

（18）在“左”视图中创建泛光灯，在“强度/颜色/衰减”卷展栏中设置“倍增”为 1.5，设置灯光颜色的红绿蓝值均为 150，在“远距衰减”组中勾选“使用”选项，设置“开始”为 2280、“结束”为 6200；在“阴影参数”卷展栏中设置阴影“密度”为 0.5；在“阴影贴图参数”卷展栏中设置“采样范围”为 20，调整灯光至合适的位置，如图 8-19 所示。

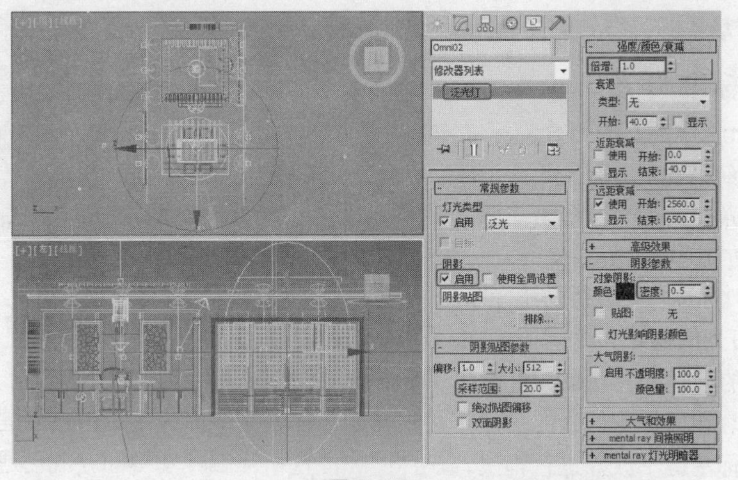

图 8-17

图 8-18

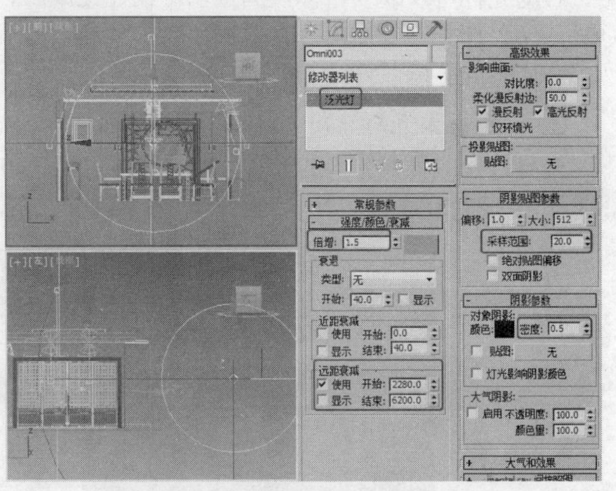

图 8-19

（19）在“前”视图中创建泛光灯，在“强度/颜色/衰减”卷展栏中设置“倍增”为 0.2，设置灯光颜色的红绿蓝值均为 255；在“阴影参数”卷展栏中设置阴影“密度”为 0.73；在“阴影贴图参数”卷展栏中设置“采样范围”为 10，调整灯光至合适的位置，如图 8-20 所示。

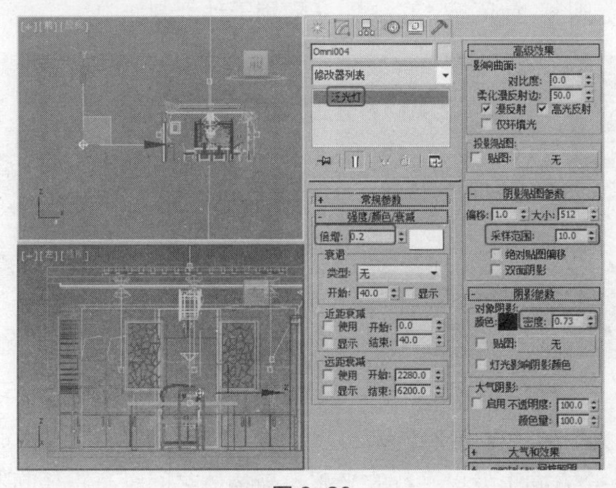

图 8-20

（20）选择场景即可得到如图 8-1 所示的效果。

8.1.2 标准灯光

3ds Max 2013 中的灯光可分为标准和光度学两种类型。标准灯光是 3ds Max 2013 的传统灯光。系统提供了 8 种标准灯光，分别是目标聚光灯、Free Spot（自由聚光灯）、目标平行光、自由平行光、泛光、天光、mr Area Omni（mr 区域泛光灯）和 mr Area Spot（mr 区域聚光灯），如图 8-21 所示。

图 8-21

下面分别对标准灯光进行简单介绍。

1. 标准灯光的创建

标准灯光的创建比较简单，直接在视图中拖曳、单击就可完成创建。

目标聚光灯和目标平行光的创建方法相同，在创建命令面板中单击“创建”按钮后，在视图中按住鼠标左键不放并进行拖曳，在合适的位置松开鼠标左键即完成创建。在创建过程中，移动光标可以改变目标点的位置。创建完成后，还可以单独选择光源和目标点，利用移动和旋转工具改变位置和角度。

其他类型的标准灯光只需单击“创建”按钮后，在视图中单击鼠标左键即可完成创建。

2. “目标聚光灯”和“Free Spot”

聚光灯是一种有方向的光源，类似于舞台上的强光灯。它可以准确控制光束的大小、焦点、角度，是建模中经常使用的光源，如图 8-22 所示。

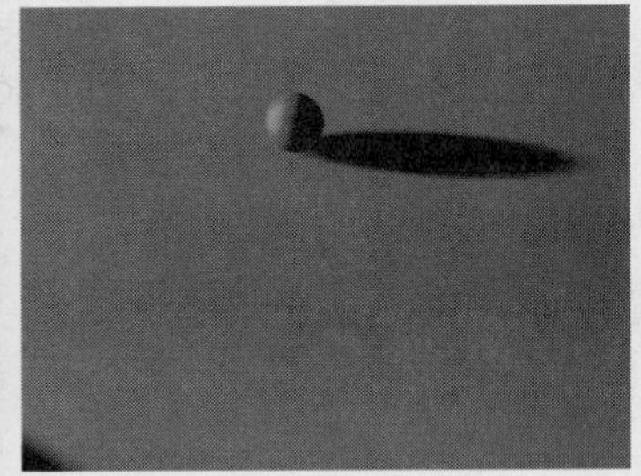

图 8-22

- 目标聚光灯：可以向移动目标点投射光，具有照射焦点和方向性，如图 8-23 所示。
- Free Spot：功能和目标聚光灯一样，只是没有定位的目标点，光是沿着一个固定的方向照射的，如图 8-24 所示。Free Spot 常用于动画制作中。

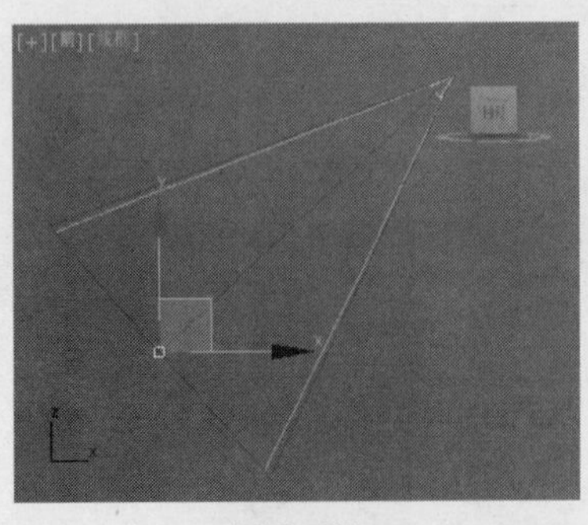

图 8-23

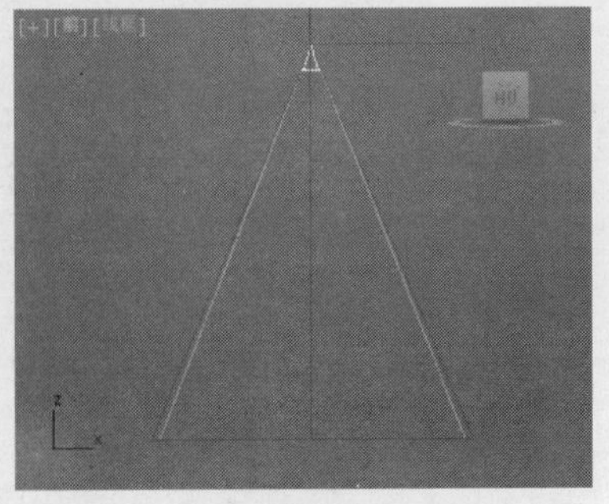

图 8-24

3. “目标平行光”和“自由平行光”

平行光可以在一个方向上发射平行的光源，与物体之间没有距离的限制，主要用于模拟太阳光。用户可以调整光的颜色、角度和位置的参数。

目标平行光和自由平行光没有太大的区别，当需要光线沿路径移动时，应该使用目标平行光；当光源位置不固定时，应该使用自由平行光。两种灯光的形态如图 8-25 所示。

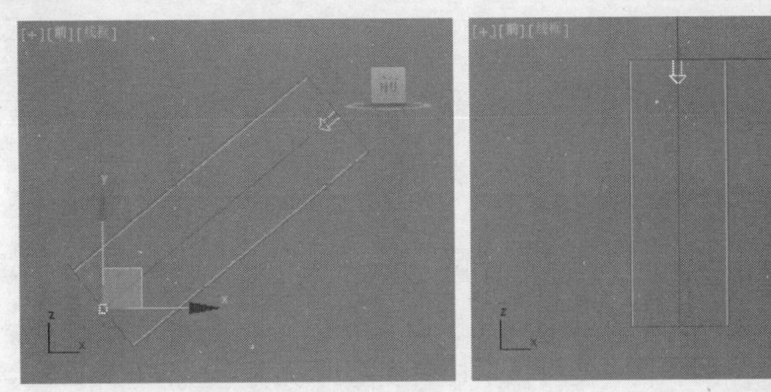

图 8-25

4．泛光

泛光灯是一种点光源，向各个方向发射光线，能照亮所有面向它的对象，如图 8-26 所示。通常，泛光灯用于模拟点光源或者作为辅助光在场景中添加充足的光照效果。

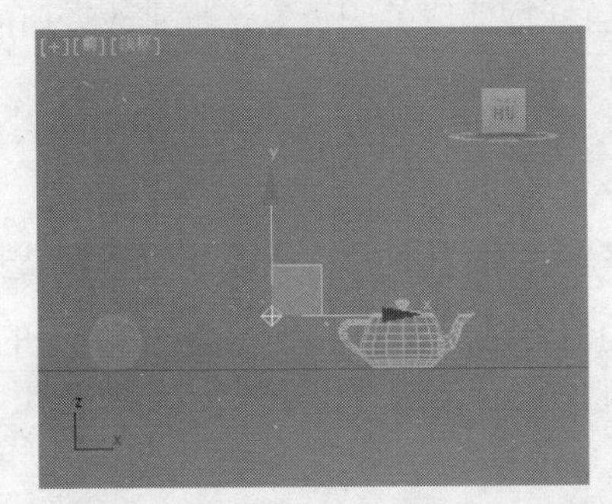

图 8-26

5．天光

天光能够创建出一种全局光照效果，配合光能传递渲染功能，可以创建出非常自然、柔和的渲染效果。天光没有明确的方向，就好像一个覆盖整个场景的、很大的半球发出的光，能从各个角度照射场景中的物体，如图 8-27 所示。

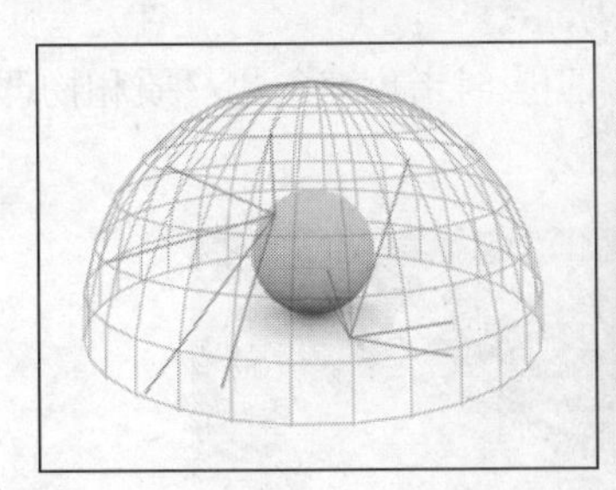

图 8-27

8.1.3 标准灯光的参数

标准灯光的参数大部分都是相同或相似的，只有天光具有自身的修改参数，但比较简单。下面就以目标聚光灯的参数为例，介绍标准灯光的参数。

在创建命令面板中单击“（创建）>（灯光）> 标准 > 目标聚光灯”按钮，在视图中创建一盏目标聚光灯，单击（修改）按钮切换到修改命令面板，修改命令面板中会显示出目标聚光灯的修改参数，如图 8-28 所示。

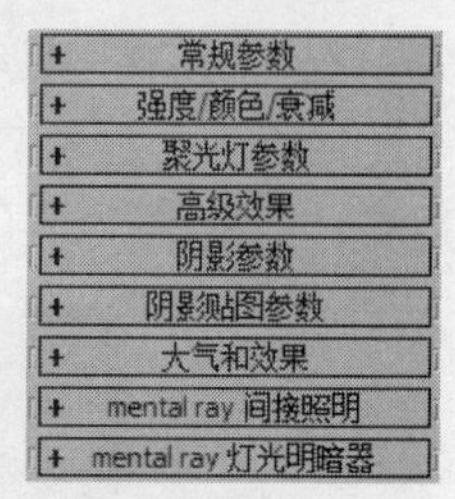

图 8-28

1．“常规参数”卷展栏

该卷展栏是所有类型的灯光共有的，用于设定灯光的开启和关闭、灯光的阴影、包含或排除对象以及灯光阴影的类型等，如图 8-29 所示。

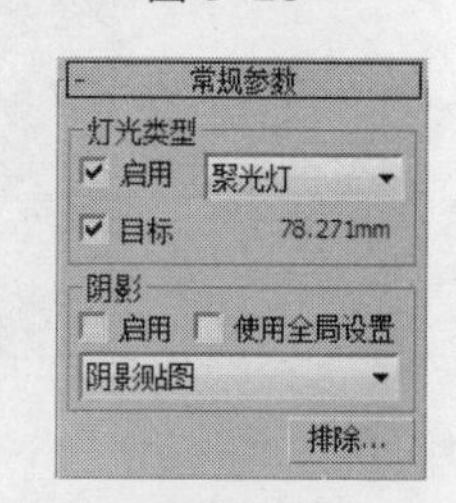

图 8-29

- “灯光类型”选项组。
  - ◆ 启用：勾选该复选框，灯光被打开；未选定时，灯光被关闭。被关闭的灯光的图标在场景中用黑色表示。
  - ◆ 灯光类型下拉列表框：使用该下拉列表框可以改变当前选择灯光的类型，包括“聚光灯”、“平行光”和“泛光”3 种类型。改变灯光类型后，灯光所特有的参数也将随之改变。
  - ◆ 目标：勾选该复选框，则为灯光设定目标。灯光及其目标之间的距离显示在复选框的右侧。对于自由光，可以自行设定该值；而对于目标光，则可通过移动灯光、灯光的目标物体或关闭该复选框来改变值的大小。
- “阴影”选项组。
  - ◆ 启用：用于开启和关闭灯光产生的阴影。在渲染时，可以决定是否对阴影进行渲染。
  - ◆ 使用全局设置：该复选框用于指定阴影是使用局部参数还是全局参数。开启该复选框，则其他有关阴影的设置的值将采用场景中默认的全局统一的参数设置，如果修改了其中一个使用该设置的灯光，则场景中所有使用该设置的灯光都会相应地改变。
  - ◆ 阴影类型下拉列表框：在 3ds Max 2013 中产生的阴影类型 5 种，分别是高级光线跟踪、mental ray 阴影贴图、区域阴影、阴影贴图和光线跟踪阴影，如图 8-30 所示。

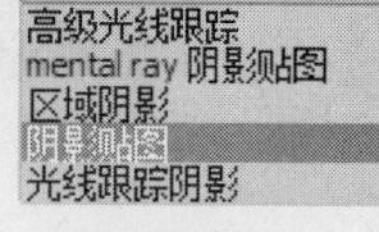

图 8-30

  - ◆ 阴影贴图：产生一个假的阴影，它从灯光的角度计算产生阴影对象的投影，然后将它投影到后面的对象上。优点是渲染速度较快，阴影的边界较柔和；缺点是阴影不真实，不能反映透明效果，如图 8-31 所示。
  - ◆ 光线跟踪阴影：可以产生真实的阴影。它在计算阴影时考虑对象的材质和物理属性，缺点是计算量较大。效果如图 8-32 所示。

图 8-31

图 8-32

以上介绍的参数基本上都是建模中比较常用的。灯光亮度的调节、阴影的设置、灯光物体摆放的位置等设置技巧需要多加练习，才能熟练掌握。

◆ 高级光线跟踪：是光线跟踪阴影的改进，拥有更多详细的参数调节。
◆ mental ray 阴影贴图：是由 mental ray 渲染器生成的位图阴影，这种阴影没有高级光线跟踪阴影精确，但计算时间较短。
◆ 区域阴影：可以模拟面积光或体积光所产生的阴影，是模拟真实光照效果的必备功能。
◆ 排除：该按钮用于设置灯光是否照射某个对象，或者是否使某个对象产生阴影。单击该按钮，会弹出“排除/包含”对话框，如图 8-33 所示。

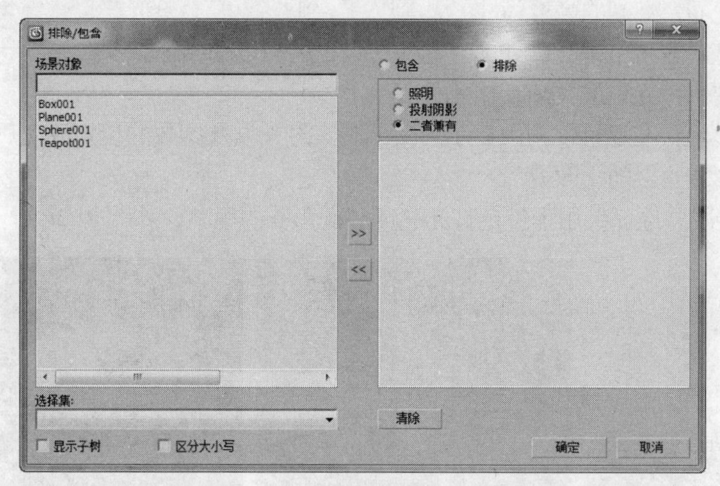

图 8-33

在“排除/包含”对话框左边窗口中选择要排除的物体后，单击>>按钮即可，如果要撤销对物体的排除，则在右边的窗口中选择物体，单击<<按钮即可。

2. “强度/颜色/衰减”卷展栏

该卷展栏用于设定灯光的强弱、颜色以及灯光的衰减参数，参数面板如图 8-34 所示。

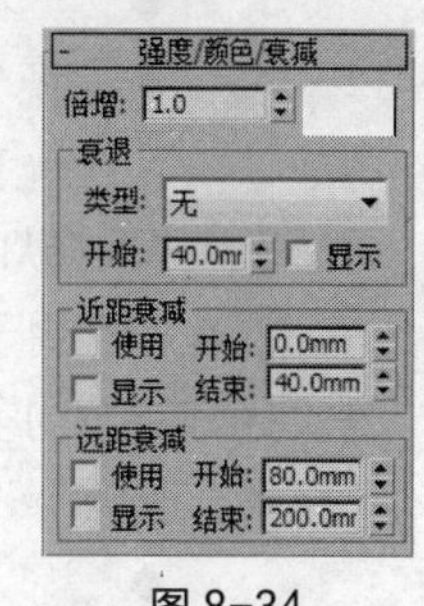

图 8-34

● 倍增：类似于灯的调光器。倍增器的值小于“1”时减小光的亮度，大于“1”时增加光的亮度。当倍增器为负值时，可以从场景中减去亮度。
● 颜色选择器：位于倍增的右侧，可以从中设置灯光的颜色。
● “衰退”选项组用于设置灯光的衰减方法。
  ◆ 类型：用于设置灯光的衰减类型，共包括 3 种衰减类型：无、倒数和平方反比。默认为无，不会产生衰减；倒数类型使光从光源处开始线性衰减，距离越远，光的强度越弱；平方反比类型按照离光源距离的平方比倒数进行衰减，这种类型最接近真实世界的光照特性。
  ◆ 开始：用于设置距离光源多远开始进行衰减。
  ◆ 显示：在视图中显示衰减开始的位置，它在光锥中用绿色圆弧来表示。
● “近距衰减”选项组用于设定灯光亮度开始减弱的距离，如图 8-35 所示。

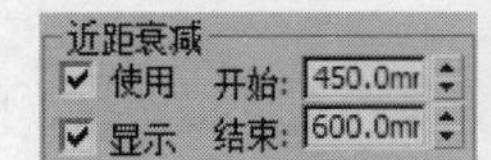

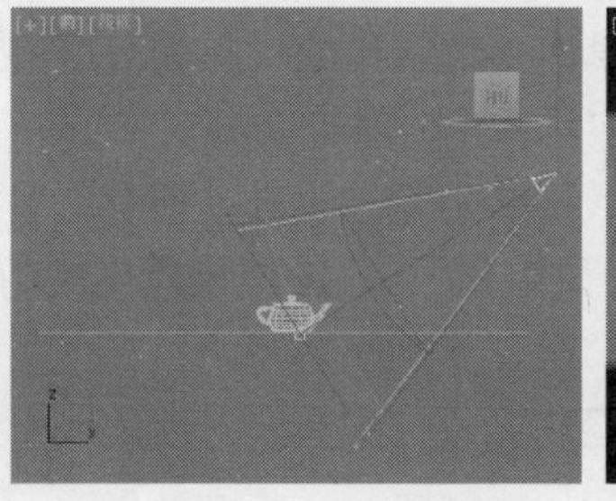
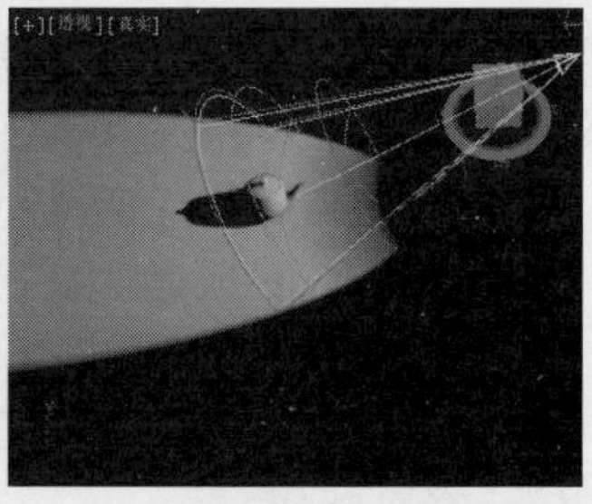

图 8-35

◆ 开始和结束："开始"设定灯光从亮度为 0 开始逐渐显示的位置，在光源到开始之间，灯光的亮度为 0。从"开始"到"结束"，灯光亮度逐渐增强到设定的亮度。在"结束"以外，灯光保持设定的亮度和颜色。

◆ 使用：开启或关闭衰减效果。

◆ 显示：在场景视图中显示衰减范围。灯光以及参数的设定改变后，衰减范围的形状也会随之改变。

● "远距衰减"选项组用于设定灯光亮度减弱为 0 的距离，如图 8-36 所示。

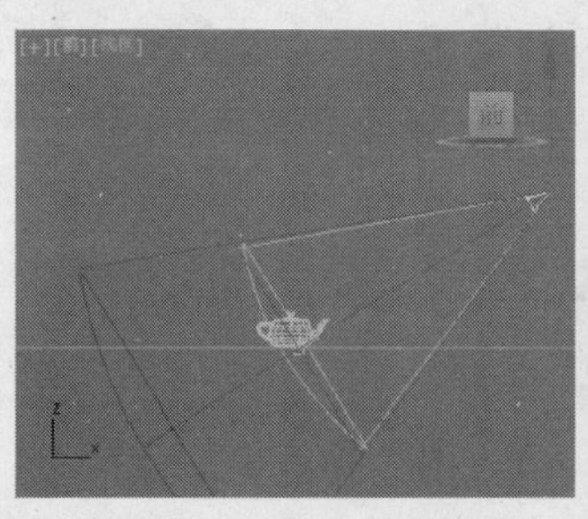

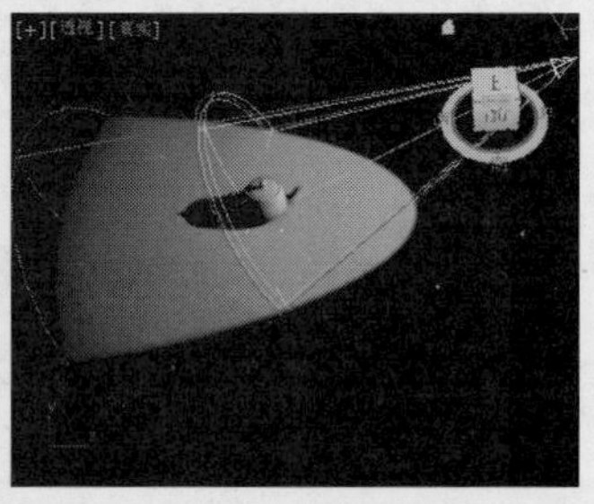

图 8-36

◆ 开始和结束："开始"设定灯光开始从亮度为初始设定值逐渐减弱的位置，在光源到开始之间，灯光的亮度设定为初始亮度和颜色。从"开始"到"结束"，灯光亮度逐渐减弱到 0。在"结束"以外，灯光亮度为 0。

3. "聚光灯参数"卷展栏

该卷展栏用于控制聚光灯的"聚光区/光束"和"衰减区/区域"等，是聚光灯特有的参数卷展栏，如图 8-37 所示。

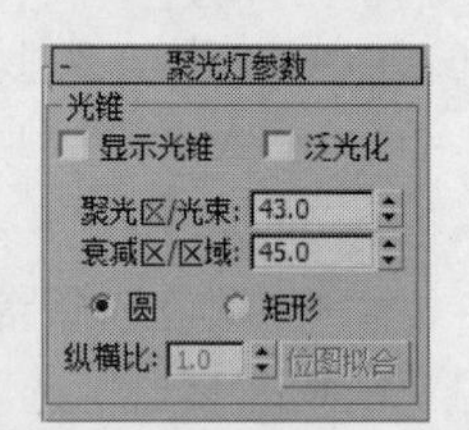

图 8-37

● "光锥"选项组用于对聚光灯照明的锥形区域进行设定。

◆ 显示光锥：该复选框用于控制是否显示灯光的范围框。选择该复选框后，即使聚光灯未被选择，也会显示灯光的范围框。

◆ 泛光化：选择该复选框后，聚光灯能作为泛光灯使用，但阴影和阴影贴图仍然被限制在聚光灯范围内。

◆ 聚光区/光束：调整灯光聚光区光锥的角度大小。它是以角度为测量单位的，默认值是 43，光锥以亮蓝色的锥线显示。

◆ 衰减区/区域：调整灯光散光区光锥的角度大小，默认值是 45。

聚光区/光束和衰减区/区域两个参数可以理解为调节灯光的内外衰减，如图 8-38 所示。

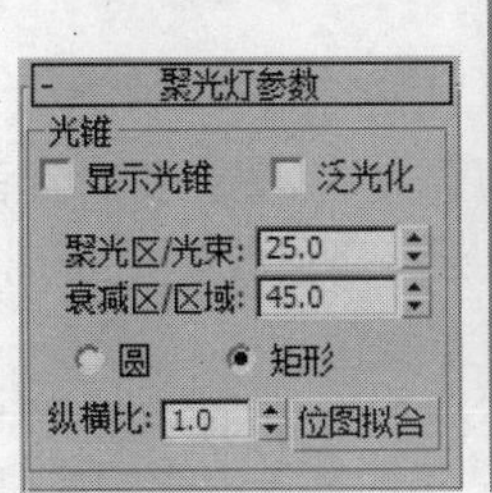

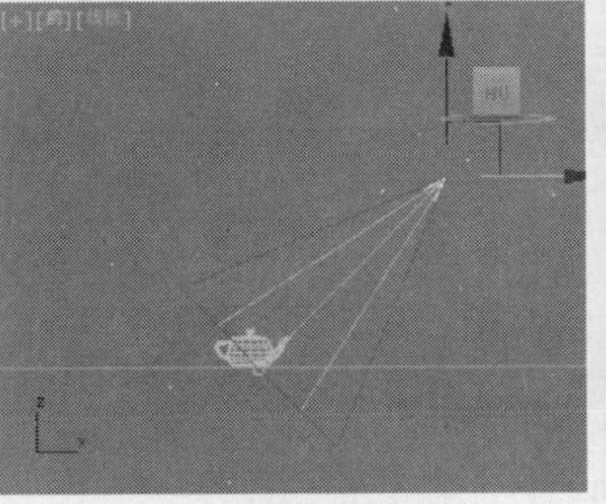

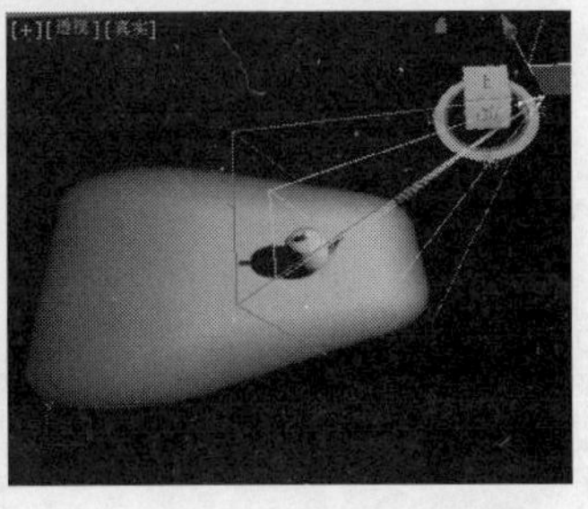

图 8-38

- ◆ “圆”和“矩形”单选项：决定聚光区和散光区是圆形还是矩形。默认为圆形，当用户要模拟光从窗户中照射进来时，可以设置为矩形的照射区域。
- ◆ “纵横比”和“位图拟合”：当设定为矩形照射区域时，使用纵横比来调整方形照射区域的长宽比，或者使用“位图拟合”按钮为照射区域指定一个位图，使灯光的照射区域同位图的长宽比相匹配。

4. “高级效果”卷展栏

该卷展栏用于控制灯光影响表面区域的方式，并提供了对投影灯光的调整和设置，如图 8-39 所示。

- “影响曲面”选项组用于设置灯光在场景中的工作方式。
  - ◆ 对比度：该参数用于调整最亮区域和最暗区域的对比度，取值范围为 0~100。默认值为 0，是正常的对比度。
  - ◆ 柔化漫反射边：取值范围为 0~100；数值越小，边界越柔和；默认值为 50。
  - ◆ 漫反射：该复选框用于控制打开或者关闭灯光的漫反射效果。
  - ◆ 高光反射：该复选框用于控制打开或者关闭灯光的高光部分。
  - ◆ 仅环境光：该复选框用于控制打开或者关闭对象表面的环境光部分。当选中该复选框时，灯光照明只对环境光产生效果，而漫反射、高光反射、对比度和柔化漫反射选项将不能使用。
- “投影贴图”选项组能够将图像投射在物体表面，可以用于模拟投影仪和放映机等效果，如图 8-40 所示。

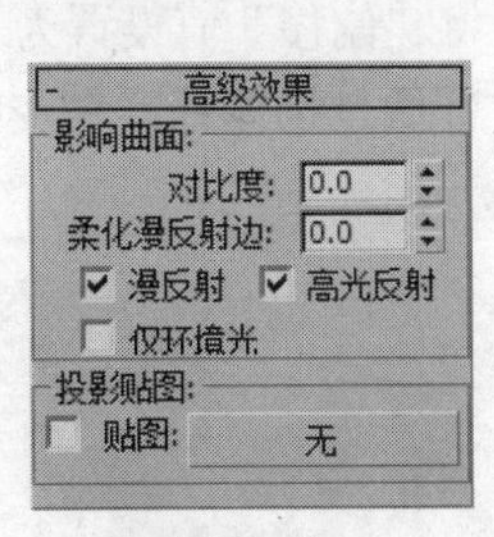

图 8-39

图 8-40

  - ◆ 贴图：开启或关闭所选图像的投影。
  - ◆ 无：单击该按钮，将弹出“材质/贴图浏览器”窗口，用于指定进行投影的贴图。

5. “阴影参数”卷展栏

该卷展栏用于选择阴影方式，设置阴影的效果，如图 8-41 所示。

- “对象阴影”选项组用于调整阴影的颜色和密度以及增加阴影贴图等，是阴影参数卷展栏中主要的参数选项组。

◆ 颜色：阴影颜色，色块用于设定阴影的颜色，默认为黑色。

◆ 密度：通过调整投射阴影的百分比来调整阴影的密度，从而使它变黑或者变亮。取值范围为-1.0~1.0，当该值等于 0 时，不产生阴影；当该值等于 1 时，产生最深颜色的阴影。负值产生阴影的颜色与设置的阴影颜色相反。

◆ 贴图：可以将物体产生的阴影变成所选择的图像，如图 8-42 所示。

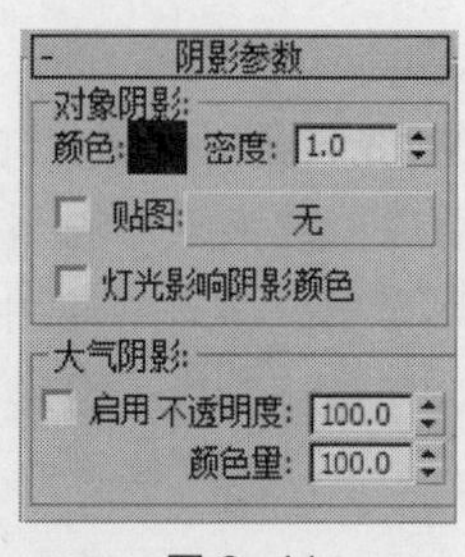

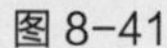
图 8-41

图 8-42

◆ 灯光影响阴影颜色：选中该复选框，灯光的颜色将会影响阴影的颜色，阴影的颜色为灯光的颜色与阴影的颜色相混合后的颜色。

● “大气阴影”选项组用于控制大气效果是否产生阴影，一般大气效果是不产生阴影的。

◆ 启用：开启或关闭大气阴影。

◆ 不透明度：调整大气阴影的透明度。当该参数为 0 时，大气效果没有阴影；当该参数为 100 时，产生完全的阴影。

◆ 颜色量：调整大气阴影颜色和阴影颜色的混合度。当采用大气阴影时，在某些区域产生的阴影是由阴影本身颜色与大气阴影颜色混合生成的。当该参数为 100 时，阴影的颜色完全饱和。

6. “阴影贴图参数”卷展栏

选择阴影类型为“阴影贴图”后，将出现“阴影贴图参数”卷展栏，如图 8-43 所示。这些参数用于控制灯光投射阴影的质量。

● 偏移：该数值框用于调整物体与产生的阴影图像之间的距离。数值越大，阴影与物体之间的距离就越大。如图 8-44 所示，左图为将“偏移”值设置为 1 后的效果，右图为将“偏移”值设置为 10 后的效果。看上去好像是物体悬浮在空中，实际上是影子与物体之间有距离。

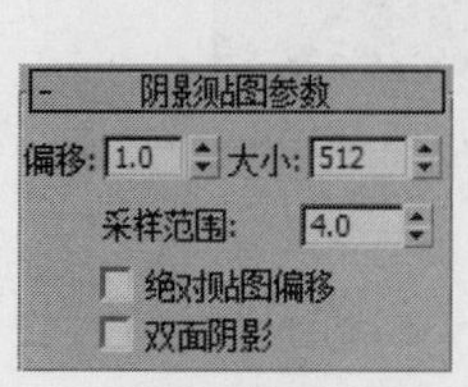

图 8-43

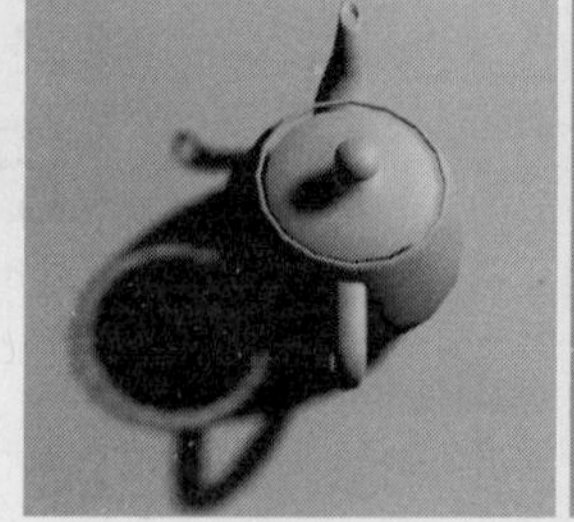
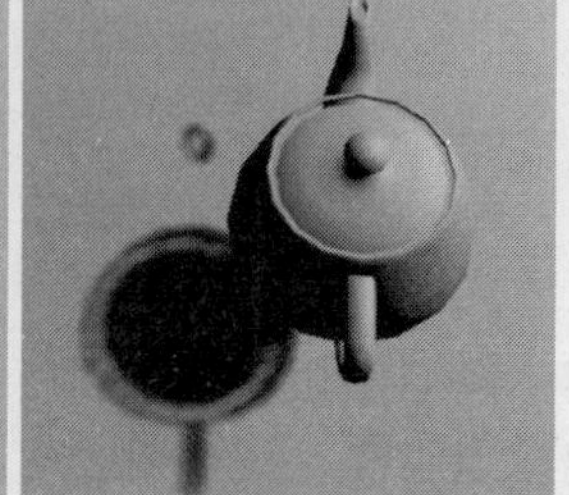

图 8-44

● 大小：用于控制阴影贴图的大小，值越大，阴影的质量越高，但也会占用更多内存。

- 采样范围：用于控制阴影的模糊程度。数值越小，阴影越清晰；数值越大，阴影越柔和；取样范围为 0~20，推荐使用 2~5，默认值是 4。
- 绝对贴图偏移：选中该复选框时，为场景中的所有对象设置偏移范围。未选中该复选框时，只在场景中相对于对象偏移。
- 双面阴影：选中该复选框时，在计算阴影时同时考虑背面阴影，此时对象内部并不被外部灯光照亮。未选中该复选框时，将忽略背面阴影，外部灯光也可照亮对象内部。

8.1.4　课堂案例——全局光照明效果

【案例学习目标】掌握天光的特性。

【案例知识要点】通过在场景中设置天光、目标聚光灯来完成全局光照明效果的制作，完成的效果如图 8-45 所示。

【素材文件位置】CDROM/Map/Cha08/8.1.4 全局光照明效果。

【模型文件所在位置】CDROM/Scene/Cha08/8.1.4 全局光照明效果 ok.max。

【原始模型文件所在位置】CDROM/Scene/Cha08/8.1.4 全局光照明效果 o.max。

（1）单击（应用程序）按钮，在弹出的菜单中选择“打开”命令，打开光盘目录中的“CDROM > Scene > Cha08 > 8.1.4 全局光照明效果 o.max”文件，如图 8-46 所示。

图 8-45

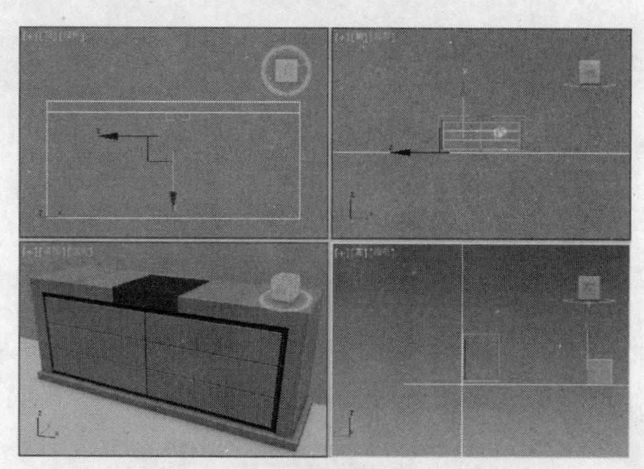

图 8-46

（2）在场景中调整“透视”图的角度，按 Ctrl+C 组合键，将在透视图中当前角度的挤出上创建摄影机，并将视图转换为摄影机视图，如图 8-47 所示。

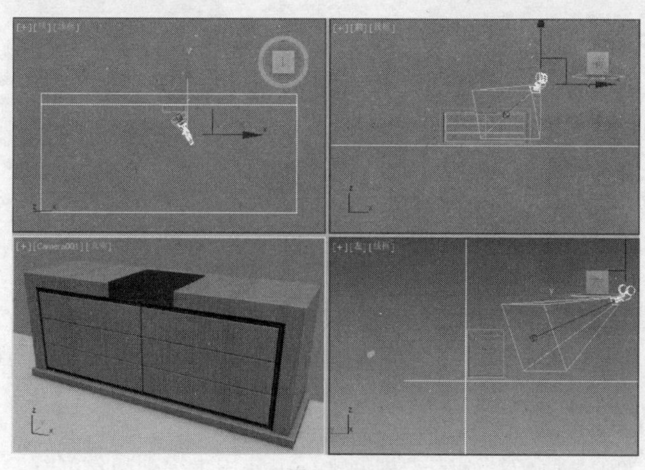

图 8-47

（3）单击“（创建）> （灯光）> 标准 > 目标聚光灯”按钮，在“前”视图中创建目标聚光灯，在“常规参数”卷展栏中勾选“阴影”组中的“启用”，将阴影类型设置为“区域阴影”；在“聚光灯参数”卷展栏中设置“聚光区/光束”和“衰减区/区域”分别为 0.5 和 100；在“强度/颜色/衰减”卷展栏中设置“倍增”为 0.3；在“区域阴影”组中设置“区域灯光尺寸”的“长度”和“宽度”均为 100，如图 8-48 所示。

（4）在“顶”视图和“左”视图中调整灯光照射的角度，如图 8-49 所示。

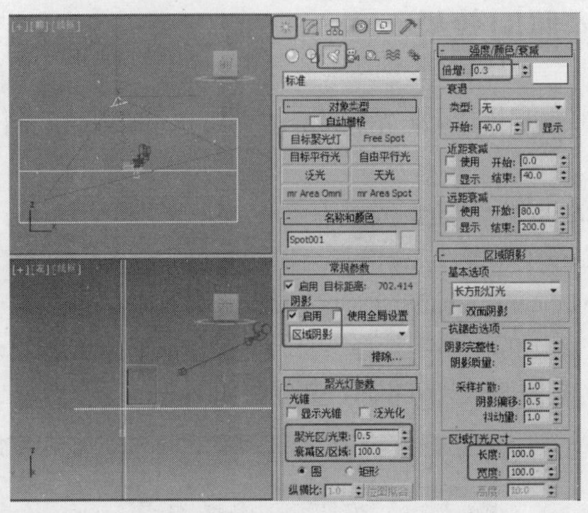

图 8-48

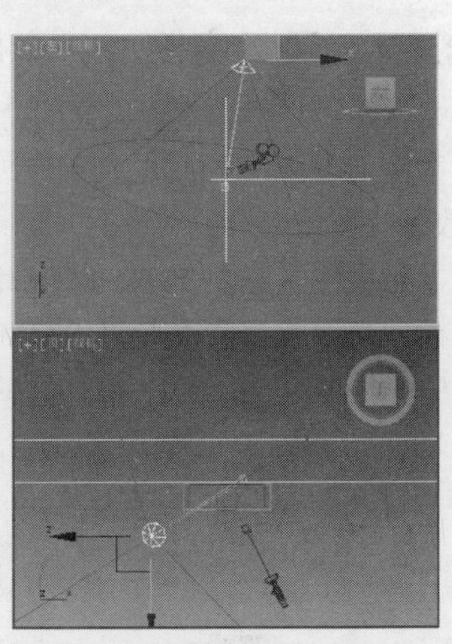

图 8-49

（5）单击“（创建）> （灯光）> 标准 > 天光”按钮，在“顶”视图中创建天光，如图 8-50 所示。

（6）在工具栏中单击（渲染设置）按钮，打开“渲染设置”面板，切换到“高级照明”选项卡，在“选择高级照明”卷展栏中选择高级照明为“光跟踪器”，如图 8-51 所示。

（7）渲染场景得到如图 8-45 所示的效果。

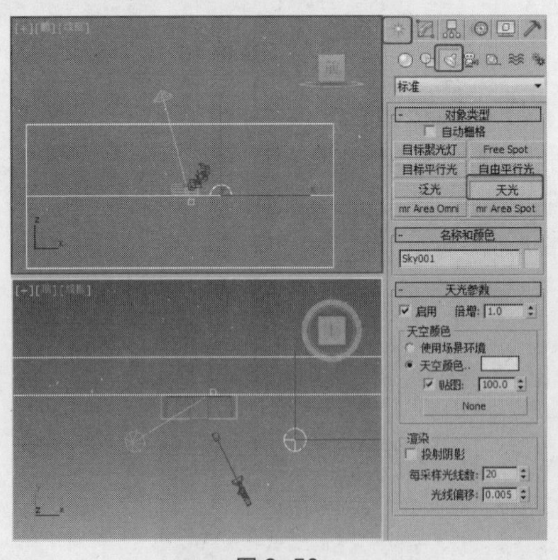

图 8-50

图 8-51

8.1.5 天光的特效

天光在标准灯光中是比较特殊的一种灯光，主要用于模拟自然光线，能表现全局光照的效果。在真实世界中，由于空气中的灰尘等介质，即使阳光照不到的地方也不会觉得暗，也能够看到物体。但在 3ds Max 2013 中，光线就好像在真空中一样，光照不到的地方是黑暗的，所以，在创建灯光时，一定要让光照射在物体上。

天光可以不考虑位置和角度，在视图中的任意位置创建，都会有自然光的效果。下面先来介绍天光的参数。

单击“（创建）>（灯光）> 标准 > 天光”按，在任意视图中单击鼠标左键，即可创建一盏天光。参数面板中会显示出天光的参数，如图 8-52 所示。

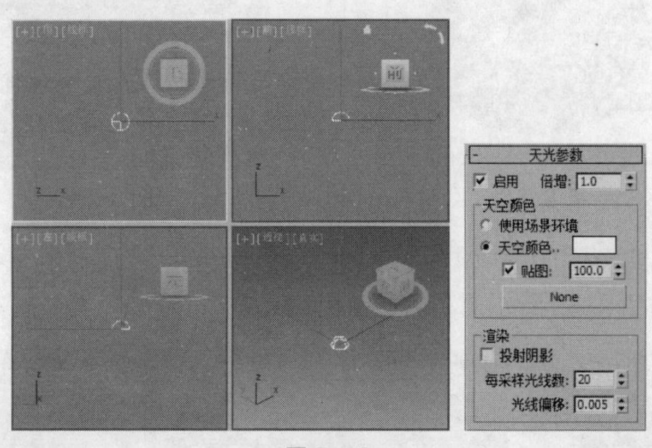

图 8-52

- 启用：用于打开或关闭天光。选中该复选框，将在阴影和渲染计算的过程中利用天光来照亮场景。
- 倍增：通过设置倍增的数值调整灯光的强度。

1．“天空颜色”选项组

- 使用场景环境：选中该选项，将利用“环境和效果”对话框中的环境设置来设定灯光的颜色。只有当光线跟踪处于激活状态时，该设置才有效。
- 天空颜色：选中该选项，可通过单击颜色样本框显示“颜色选择器”对话框，并从中选择天光的颜色。一般使用天光，保持默认的颜色即可。
- 贴图：可利用贴图来影响天光的颜色，复选框用于控制是否激活贴图，右侧的微调器用于设置使用贴图的百分比，小于 100%时，贴图颜色将与天空颜色混合，None 按钮用于指定一个贴图。只有当光线跟踪处于激活状态时，贴图才有效。

2．“渲染”选项组

- 投射阴影：选中复选框时，天光可以投射阴影，默认是关闭的。
- 每采样光线数：设置用于计算照射到场景中给定点上的天光的光线数量，默认值为 20。
- 光线偏移：设置对象可以在场景中给定点上投射阴影的最小距离。

使用天光一定要注意，天光必须配合高级灯光使用才能起作用，否则，即使创建了天光，也不会有自然光的效果。下面先来介绍如何使用天光表现全局光照效果。操作步骤如下。

（1）单击“（创建）>（几何体）> 茶壶”按钮，在“顶”视图中创建一个茶壶。单击“（创建）>（灯光）> 标准 > 天光”按钮，在视图中创建一盏天光。在工具栏中单击（渲染产品）按钮，渲染效果如图 8-53 所示。可以看出，渲染后的效果并不是真正的天光效果。

（2）在工具栏中单击（渲染设置）按钮，弹出“渲染设置”窗口，如图 8-54 所示。

图 8-53

图 8-54

（3）切换到“高级照明”选项卡，在“选择高级照明”卷展栏的下拉列表框中选择“光跟踪器”渲染器，如图 8-55 所示。

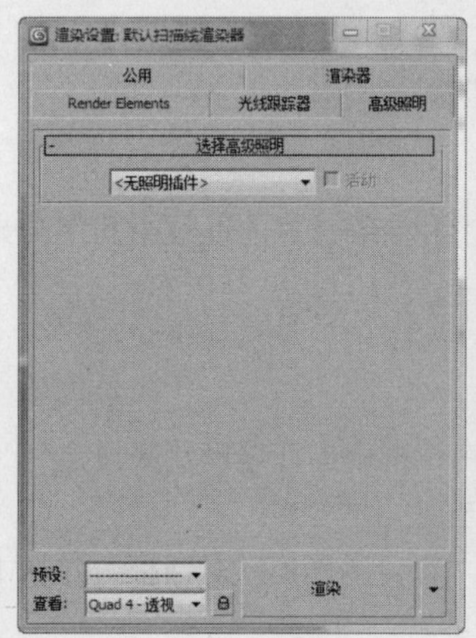

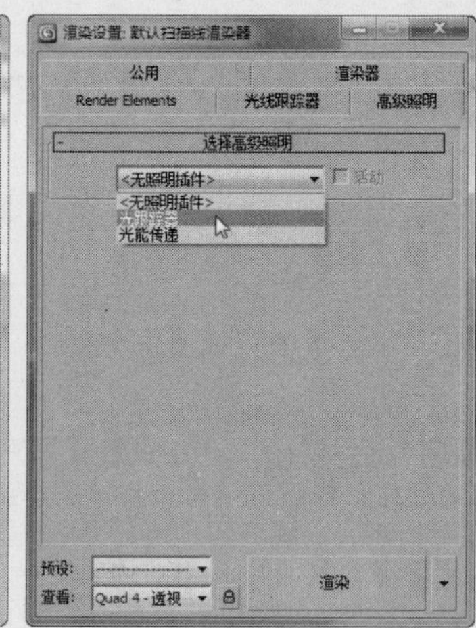

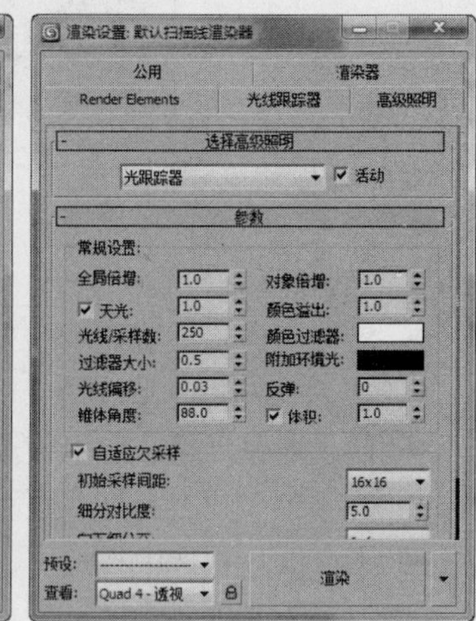

图 8-55

（4）单击“渲染”按钮，对视图中的茶壶再次进行渲染，得到天光的效果如图 8-56 所示。

图 8-56

8.1.6 课堂案例——体积光效果

【案例学习目标】了解灯光特效的基本知识。

【案例知识要点】通过在场景中设置目标聚光灯和泛光灯来完成体积光效果的制作，完成的效果如图 8-57 所示。

【模型文件所在位置】CDROM/Scene/Cha08/8.1.6 体积光效果 ok.max。

【原始模型文件所在位置】CDROM/Scene/Cha08/8.1.6 体积光效果 o.max。

（1）单击 （应用程序）按钮，在弹出的菜单中选择“打开”命令，打开光盘目录中的“Scene > Ch08 > 8.1.6 体积光 o.max”文件。

（2）单击“ （创建） > （灯光） > 标准 > 目标聚光灯”按钮，在“前”视图中创建目标聚光灯，调整灯光的位置，切换到（修改）命令面板，在“常规参数”卷展栏中勾选“阴影”组中的“启用”选项，选择阴影类型为“阴影贴图”；在“聚光灯参数”卷展栏中设置“聚光区/光束”和“衰减区/区域”分别为37.1和72,；在“强度/颜色/衰减”卷展栏中设置“倍增”为5，设置灯光的颜色红绿蓝值分别为220、242、255，在“远距衰减”组中勾选“使用”选项，设置合适的“开始”和“结束”参数；在“阴影贴图参数”卷展栏中设置“大小”为1000；在“高级效果”卷展栏中设置“柔化漫反射边”为50，如图8-58所示。

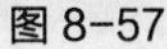

图8-57

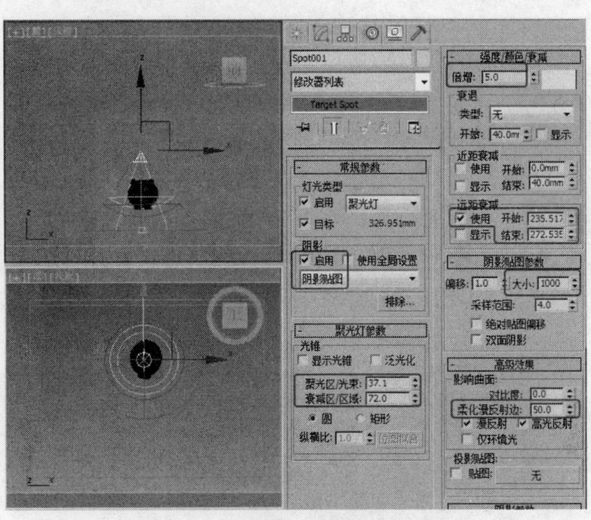

图8-58

（3）确定输入法状态为英文输出法，按8键，打开环境和效果面板，在“大气”卷展栏中单击“添加”按钮，在弹出的对话框中选择“体积光”，单击“确定”按钮，如图8-59所示。

（4）在“体积光参数”卷展栏中单击“拾取灯光”按钮，在场景中拾取其中一个目标聚光灯，在“体积光参数”卷展栏中设置“体积”组中的“密度”为0.3、“衰减倍增”为2，选择“使用灯光采样范围”选项，在“噪波”组中勾选“启用噪波”选项，选择“分形”选项，设置“高”为0.22、“级别”为3、“大小”为6.6，如图8-60所示。

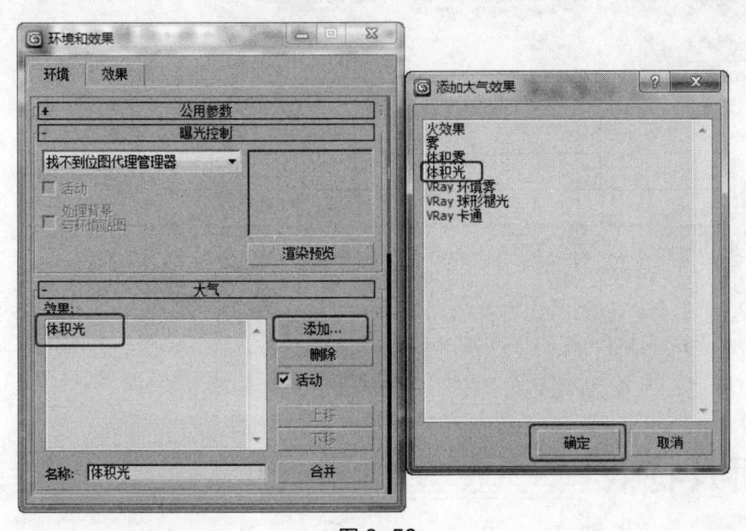

图8-59

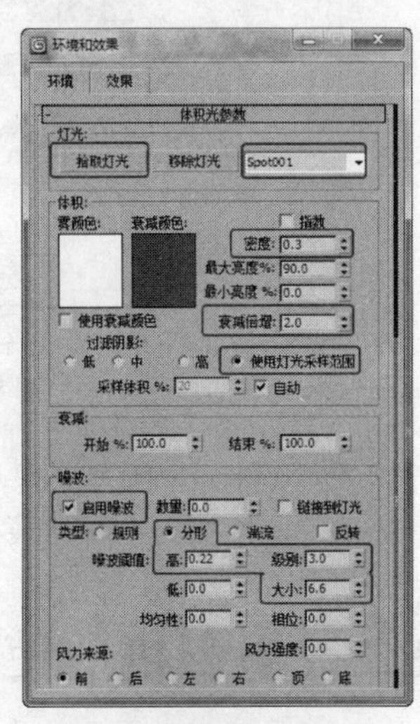

图8-60

（5）继续创建目标聚光灯，在场景中调整灯光的照射角度，在“常规参数”卷展栏中勾选“阴影”组中的“启用”选项，选择阴影类型为“阴影贴图”；在“聚光灯参数”卷展栏中设置“聚光区/光束”为 47.2、“衰减区/区域”为 124.7；在“强度/颜色/衰减”卷展栏中设置“倍增”为 0.5，勾选“远距衰减”组中的“使用”选项，设置“开始”和“结束”合适的参数；在“阴影贴图参数”卷展栏中设置“大小”为 1000；在“高级效果”卷展栏中设置“柔化漫反射边”为 50，如图 8-61 所示。

（6）渲染场景得到如图 8-62 所示的效果。

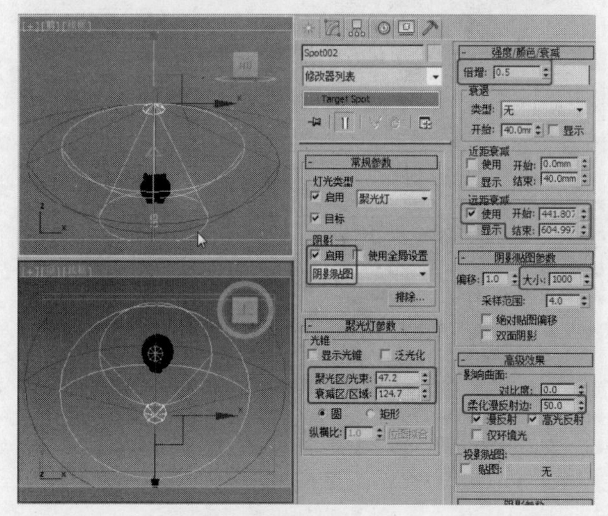

图 8-61

图 8-62

8.1.7 灯光的特效

在标准灯光参数中的“大气和效果”卷展栏用于制作灯光特效，如图 8-63 所示。

- 添加：用于添加特效。单击该按钮后，会弹出“添加大气或效果”对话框，可以从中选择“体积光”和“镜头效果”，如图 8-64 所示。

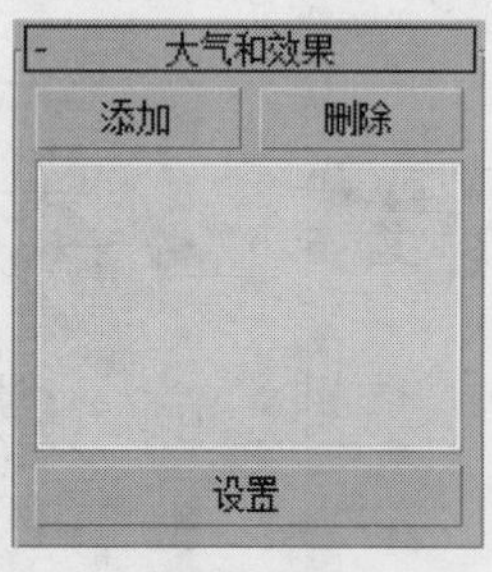

图 8-63

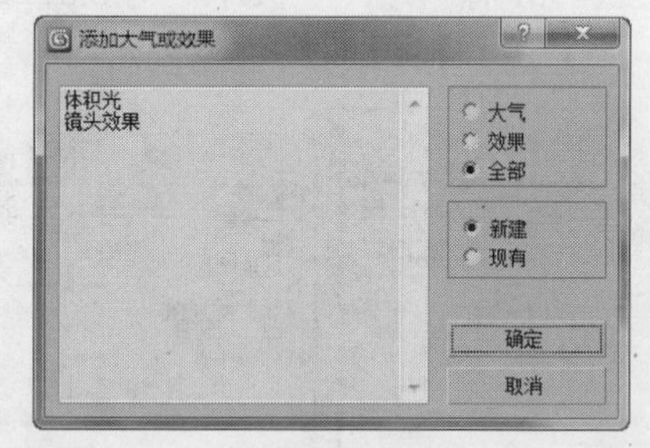

图 8-64

- 删除：删除列表框中所选定的大气效果。
- 设置：用于对列表框中选定的大气或环境效果进行参数设定。

8.2 摄影机的使用及特效

摄影机是制作三维场景不可缺少的重要工具，就像场景中不能没有灯光一样。3ds Max 2013 中的摄影机与现实生活中使用的摄影机十分相似。可以自由调整摄影机的视角和位置，还可以利用摄影机的移动制作浏览动画。系统还提供了景深和运动模糊等特殊效果的制作。

8.2.1 摄影机的创建

3ds Max 2013 中提供了两种摄影机，即“目标”摄影机和“自由”摄影机。与前面章节中介绍的灯光相似，下面对这两种摄影机进行介绍。

1．目标摄影机

目标摄影机会查看在创建该摄影机时所放置的目标图标周围的区域。目标摄影机比自由摄影机更容易定向，因为只需将目标点定位在所需位置的中心。

目标摄影机的创建方法与目标聚光灯相同，单击“（创建）>（摄影机）> 标准 > 目标”按钮，在视图中按住鼠标左键不放并拖曳光标，在合适的位置松开鼠标左键即完成创建，如图 8-65 所示。

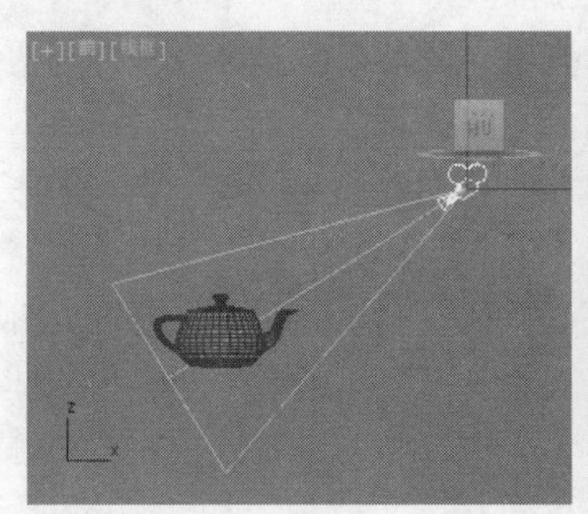

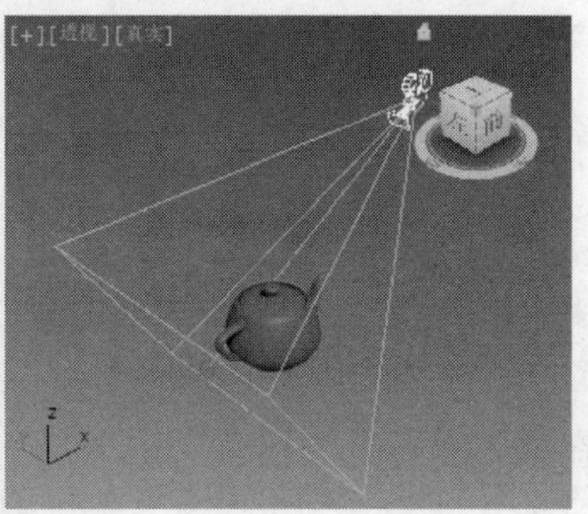

图 8-65

2．自由摄影机

自由摄影机在摄影机指向的方向查看区域。与目标摄影机不同，它有两个用于目标和摄影机的独立图标，自由摄影机由单个图标表示，为的是更轻松地设置动画。自由摄影机可以绑定在运动目标上，随目标在运动轨迹上一起运动，还可以进行跟随和倾斜。自由摄影机适合处理游走拍摄、基于路径的动画。

自由摄影机的创建方法与自由聚光灯相同，单击“（创建）>（摄影机）> 标准 > 自由”按钮，直接在视图中单击鼠标左键即可完成创建，如图 8-66 所示，在创建时应该选择合适的视图。

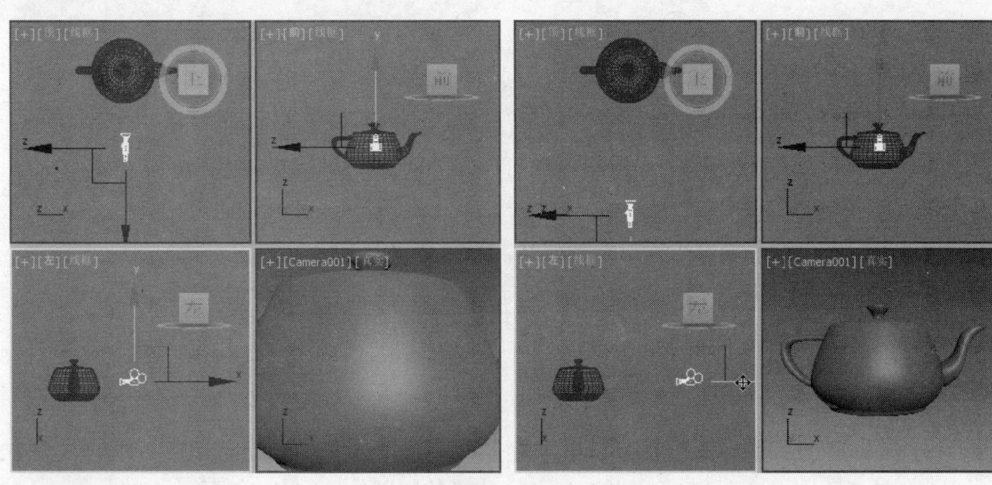

图 8-66

3. 视图控制工具

图 8-67

创建摄影机后，在任意一个视图中按 C 键，即可将该视图转换为当前摄影机视图，此时视图控制区的视图控制工具也会转换为摄影机视图控制工具，如图 8-67 所示。这些视图控制工具是专用于摄影机视图的，如果激活其他视图，控制工具就会转换为标准工具。

- （推拉摄影机）：只将摄影机移向或移离其目标。如果移过目标，摄影机将翻转 180° 并且移离其目标。
- （透视）：移动摄影机使其靠近目标点，同时改变摄影机的透视效果，从而导致镜头长度的变化。
- （侧滚摄影机）：激活该按钮可以使目标摄影机围绕其视线旋转目标摄影机，可以自由摄影机围绕其局部 Z 轴旋转自由摄影机。
- （视野）：调整视口中可见的场景数量和透视张角量。更改视野与更改摄影机上的镜头的效果相似。视野越大，就可以看到更多的场景，而透视会扭曲，这与使用广角镜头相似；视野越小，看到的场景就越少，而透视会展平，这与使用长焦镜头类似。摄影机的位置不发生改变。
- （平移摄影机）：使用“平移摄影机”可以沿着平行于视图平面的方向移动摄影机。
- （穿行）：使用“穿行”可通过按下包括箭头方向键在内的一组快捷键，在视口中移动。在进入穿行导航模式之后，指针将改变为中空圆环，并在按下某个方向键（前、后、左或右）时显示方向箭头。这一特性可用于“透视”和“摄影机”视图。
- （环游摄影机）：使目标摄影机围绕其目标旋转。自由摄影机使用不可见的目标，其设置为在摄影机“参数”卷展栏中指定的目标距离。
- （摇移摄影机）：使目标围绕其目标摄影机旋转。对于自由摄影机，将围绕局部轴旋转摄影机。

8.2.2 摄影机的参数

目标摄影机和自由摄影机的参数相同，摄影机创建后就被指定了默认的参数，但是在实际工作中经常需要改变这些参数。摄影机的参数面板如图 8-68 所示。

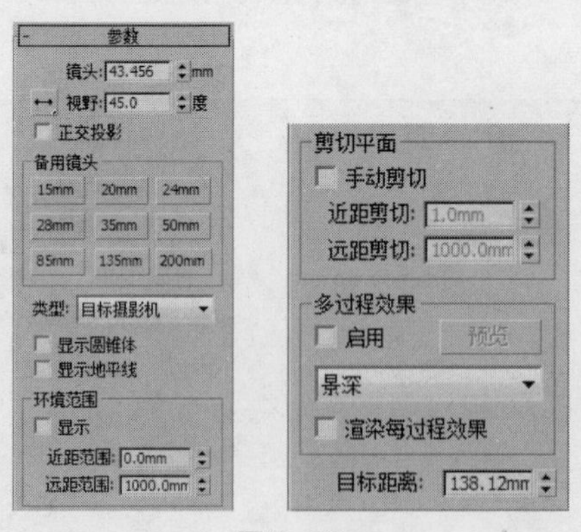

图 8-68

1. “参数”卷展栏

- 镜头：以毫米为单位设置摄影机的焦距。使用“镜头”微调器来指定焦距值，而不是指定在“备用镜头”组框中按钮上的预设“备用”值。

- ↔和视野：设定摄影机的视野角度。系统的默认值为 45°，是摄影机视锥的水平角，接近人眼的聚焦角度。↔按钮中还有另外的隐藏按钮：↕垂直和⤢对角，用于控制视野角度值的显示方式。
- 正交投影：选中该复选框后，摄影机会以正面投影的角度面对物体进行拍摄。
- “备用镜头”选项组提供了 9 种常用镜头供快速选择，只要单击它们，就可以选择要使用的镜头。
- 类型：可以自由转换摄影机的类型，将目标摄影机转换成自由摄影机，也可以将自由摄影机转换成目标摄影机。
    - ◆ 显示圆锥体：选中该复选框，即使取消了这个摄影机的选定，在视图中也能够显示摄影机视野的锥形区域。
    - ◆ 显示地平线：选中该复选框，在摄影机视图中会显示一条黑色的线来表示地平线，它只在摄影机视图中显示。
- “剪切平面”选项组。剪切平面是平行于摄影机镜头的矩形平面，以红色带交叉的矩形表示。它用于设置 3ds Max 2013 中渲染对象的范围，在范围外的对象不会被渲染。
    - ◆ 手动剪切：选中该复选框，将使用下面的数值控制水平面的剪切。未选中该复选框，距离摄影机 3 个单位内的对象将不被渲染和显示。
    - ◆ 近/远距剪切：分别用于设置近距离剪切平面和远距离剪切平面到摄影机的距离。
- “多过程效果”选项组参数可以对同一帧进行多次渲染。这样可以准确地渲染景深和运动模糊效果。
    - ◆ 启用：选中该复选框，将激活多过程渲染效果和“预览”按钮。
    - ◆ 预览：将在摄影机视图中预览多过程效果。
    - ◆ 景深效果下拉列表框：有景深（mental ray/iray）、景深和运动模糊 3 种选择，默认使用景深效果。
    - ◆ 渲染每过程效果：如果选中该复选框，则每边都渲染如辉光等特殊效果。该选项适用于景深和运动模糊效果。
- 目标距离：指定摄影机到目标点的距离。可以通过改变这个距离，使目标点靠近或者远离摄影机。

2．“景深参数”卷展栏

该卷展栏中的参数用于调整摄影机镜头的景深效果。景深是摄影机中一个非常有用的工具，可以在渲染时突出某个物体。参数面板如图 8-69 所示。

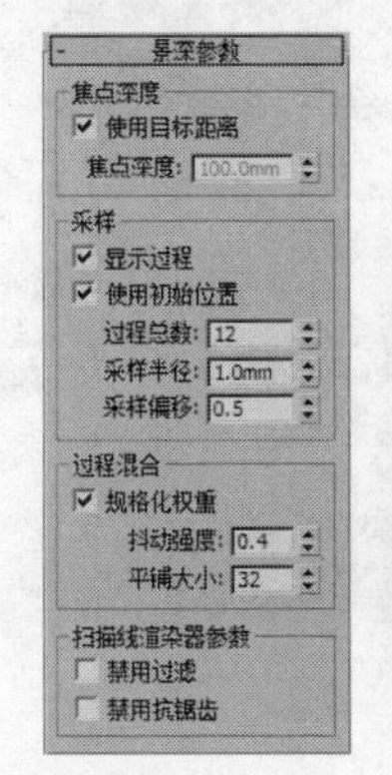

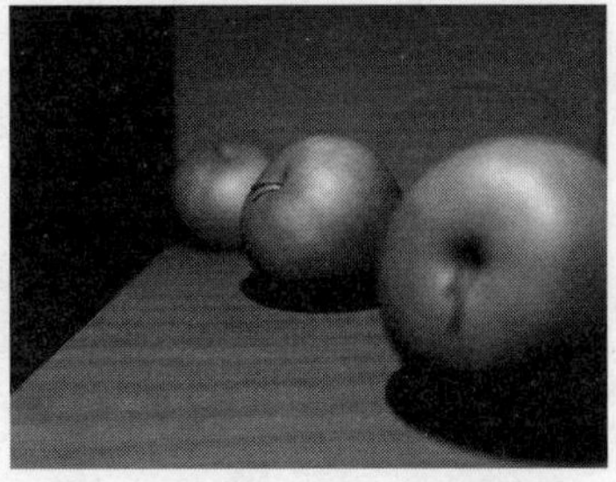

图 8-69

- “采样”选项组用于设置图像的最后质量。
  - ◆ 显示过程：启用此选项后，渲染帧窗口显示多个渲染通道；禁用此选项后，该帧窗口只显示最终结果。此控件对于在摄影机视口中预览景深无效。默认设置为启用。
  - ◆ 使用初始位置：选中该复选框，多次渲染中的第一次渲染将从摄影机的当前位置开始。
  - ◆ 过程总数：设置多次渲染的总次数。数值越大，渲染次数越多，渲染时间就越长，最后得到的图像质量就越高，默认值为 12。
  - ◆ 采样半径：设置摄影机从原始半径移动的距离。每次渲染时稍微移动摄影机，就可以获得景深的效果。数值越大，摄影机移动越大，创建的景深就越明显。
  - ◆ 采样偏移：决定如何在每次渲染中移动摄影机。该数值越小，摄影机偏离原始点就越少；该数值越大，摄影机偏离原始点就越多。默认值为 0.5。
- “过程混合”选项组。当渲染多次摄影机效果时，渲染器将轻微抖动每次的渲染结果，以便混合每次的渲染。
  - ◆ 规格化权重：选中该复选框，每次混合都使用规格化的权重，景深效果比较平滑。
  - ◆ 抖动强度：抖动是通过混合不同颜色和像素来模拟颜色或者混合图像的方法。
  - ◆ 平铺大小：设置在每次渲染中抖动图案的大小，它是一个百分比值，默认值为 32。
- “扫描线渲染器参数”选项组的参数可以取消多次渲染的过滤和反走样，从而加快渲染的时间。
  - ◆ 禁用过滤：选中该复选框，将取消多次渲染时的过滤。
  - ◆ 禁用抗锯齿：选中该复选框，将取消多次渲染时的反走样。

8.2.3 景深特效

摄影机不但可用于设置观察物体的视角，还可以产生景深特效。景深特效是运用多通道渲染效果产生的。

多通道渲染效果是指多次渲染相同的帧，每次渲染都有很小的差别，将每次渲染的效果合成一幅图，就形成了景深的效果。下面通过一个简单的例子介绍景深效果的制作，操作步骤如下。

（1）单击“（创建）>（几何体）> 平面”按钮，在顶视图中创建一个平面，单击茶壶按钮，在“顶”视图中创建一个茶壶。使用（选择并移动）工具对茶壶进行移动复制，如图 8-70 所示。

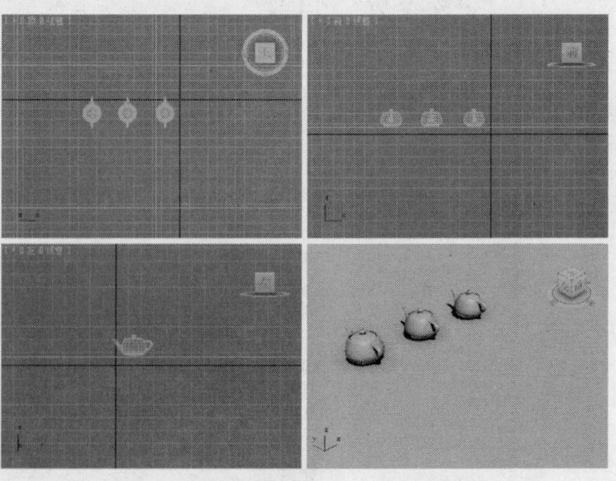

图 8-70

（2）单击“（创建）>（摄影机）> 标准 >目标”按钮，在“顶”视图中按住鼠标左键不放并拖曳光标，创建一个目标摄影机。使用（选择并移动）工具调整摄影机的位置和视角，并将目标点移动到第一个茶壶上，如图 8-71 所示。激活“透视”视图，按 C 键将“透视”视图转换为“摄影机”视图，单击（渲染产品）按钮，对视图进行渲染，如图 8-72 所示。渲染后的茶壶全部是清晰的。

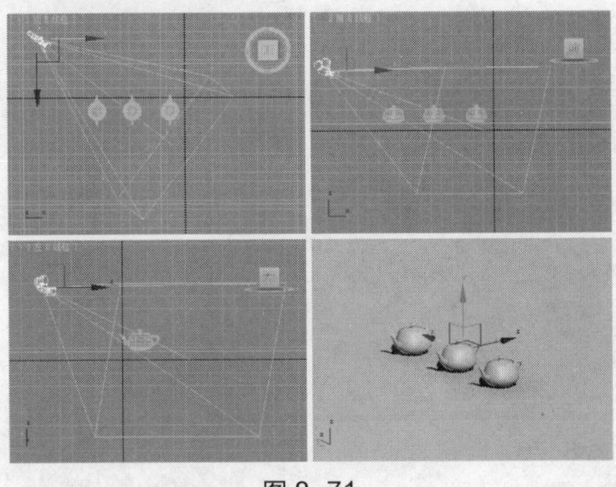
图 8-71

图 8-72

（3）在摄影机参数面板的“参数”卷展栏中选择“多过程效果”选项组中的“启用”复选框，如图 8-73 所示。单击（渲染产品）按钮，对“摄影机”视图进行渲染，渲染画面会由暗变亮，渲染效果如图 8-74 所示。后面的茶壶变得模糊了，而前面的茶壶很清晰，这只因为摄影机的目标点在前面的茶壶上。

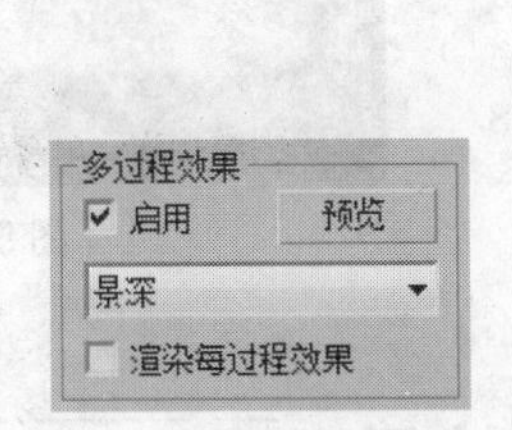

图 8-73

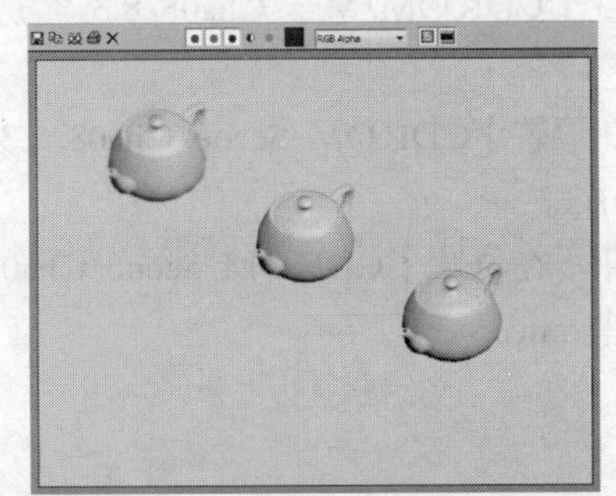
图 8-74

（4）单击摄影机的目标点将其选中，使用（选择并移动）工具将其移到最后一个茶壶上，单击（渲染产品）按钮，对“摄影机”视图进行渲染，效果如图 8-75 所示，前面的茶壶变得模糊了。

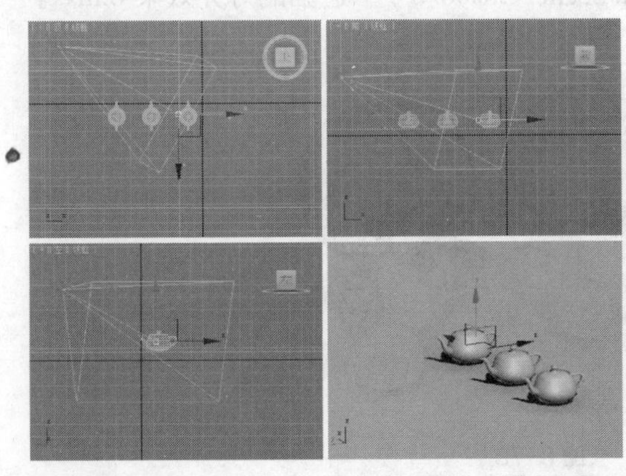
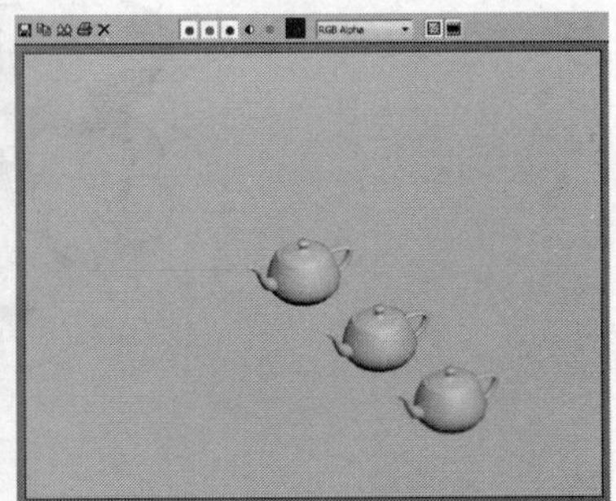
图 8-75

（5）如果觉得景深效果不够明显，可以将“景深参数”卷展栏中的“采样半径”的数值变大。单击“参数”卷展栏中的“预览”按钮，摄影机视图会发生抖动并产生景深效果。单击（渲染产品）按钮，对“摄影机”视图进行渲染，效果如图 8-76 所示。

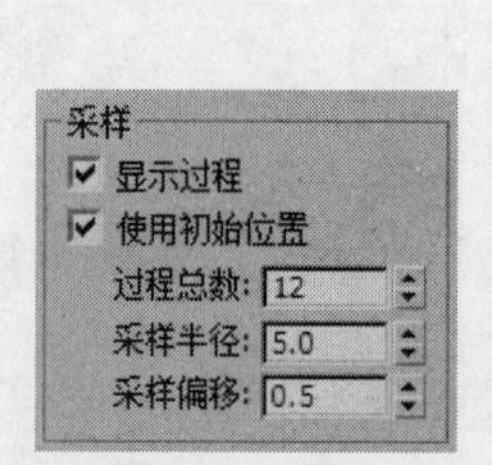

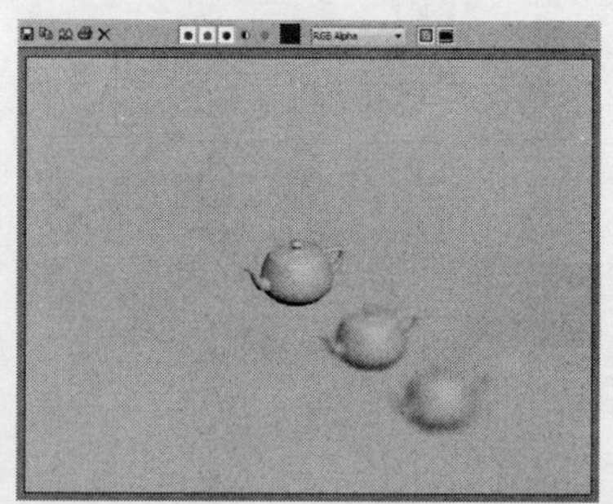

图 8-76

8.3 课堂练习——客房灯光的创建

【练习知识要点】通过对各种灯光的灵活应用完成客厅灯光的创建，完成的效果如图 8-77 所示。

【素材文件位置】CDROM/Map/Cha08/8.3 客房灯光的创建。

【模型文件所在位置】CDROM/Scene/Cha08/8.3 客房灯光的创建 ok.max。

【原始模型文件所在位置】CDROM/Scene/Cha08/8.3 客房灯光的创建 o.max。

图 8-77

8.4 课后习题——卡通猫的灯光效果

【习题知识要点】通过创建天光和泛光灯完成场景灯光的效果，完成的效果如图 8-78 所示。

【模型文件所在位置】CDROM/Scene/Cha08/8.4 卡通猫的灯光效果 ok.max。

【原始模型文件所在位置】CDROM/Scene/Cha08/8.4 卡通猫的灯光效果 o.max。

图 8-78

PART 9

第 9 章 渲染与特效

本章介绍

渲染是 3ds Max 的一个重要组成部分，我们建立的模型或动画最终都要通过渲染来制作成效果图或视频。本章将对渲染工具和渲染参数的设置进行详细介绍，并通过实例对渲染特效进行细致的讲解。通过本章的学习，希望读者可以融会贯通，掌握对场景及模型进行渲染的方法和技巧，能制作出具有想象力的图像效果。

学习目标

- 熟练掌握渲染输出的设置
- 熟练掌握渲染参数的设定
- 熟练掌握渲染特效和环境特效的设置
- 熟练掌握渲染的相关知识

技能目标

- 掌握制作蜡烛火苗效果的方法和技巧
- 能够运用所学知识发挥想象，设置并渲染出理想的场景效果

9.1 渲染输出

渲染场景可以将场景中物体的形态、受光照效果、材质的质感以及环境特效完美地表现出来。所以，在渲染前进行渲染输出的参数设置是必要的。

在工具栏中单击（渲染产品）按钮，即可对当前的场景进行渲染，这是 3ds Max 2013 提供的一种产品快速渲染工具，按住该按钮不放，在弹出的按钮中可以选择（渲染迭代）和（ActiveShade）工具。3ds Max 2013 还提供了另一种渲染类型（渲染帧窗口）工具。下面分别对这几种渲染工具进行介绍。

- （渲染产品）：最常用的一种渲染类型，提供产品级的渲染质量。执行该渲染命令时不需要对渲染参数进行设置，而是根据前一次的渲染设置进行渲染。
- （渲染迭代）：该命令可在迭代模式下渲染场景，而无需打开“渲染设置”对话框。迭代渲染会忽略文件输出、网络渲染、多帧渲染、导出到 MI 文件和电子邮件通知。同时，在迭代模式下进行渲染时，渲染选定或区域会使渲染帧窗口的其余部分保留完好。
- （ActiveShade）：ActiveShade 提供预览渲染，可查看场景中更改照明或材质的效果。调整灯光和材质时，ActiveShade 窗口交互地更新渲染效果。
- （渲染帧窗口）：该渲染工具能与渲染参数的设置实时显示，但提供的渲染质量较低。

这几种渲染工具都用来渲染静态图像，可以通过渲染参数对渲染视图进行设置。

9.2 渲染参数设置

在工具栏中单击（渲染设置）按钮，会弹出“渲染设置”参数控制面板，如图 9-1 所示。

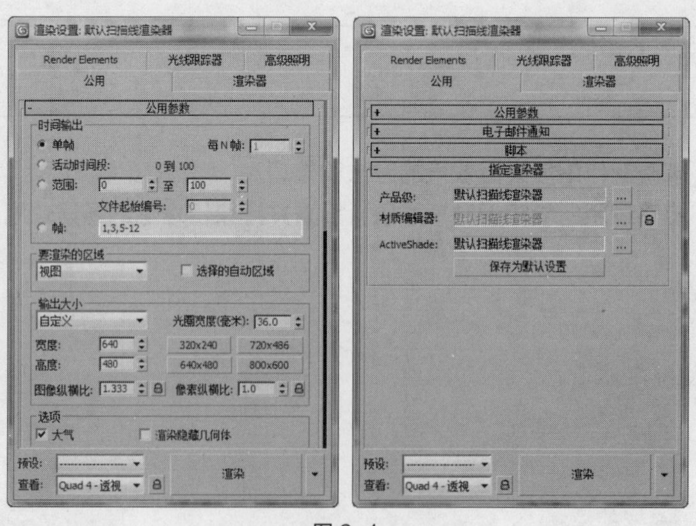

图 9-1

1. “公用参数”卷展栏

该卷展栏中的参数是所有渲染器共有的参数，如图 9-2 所示。

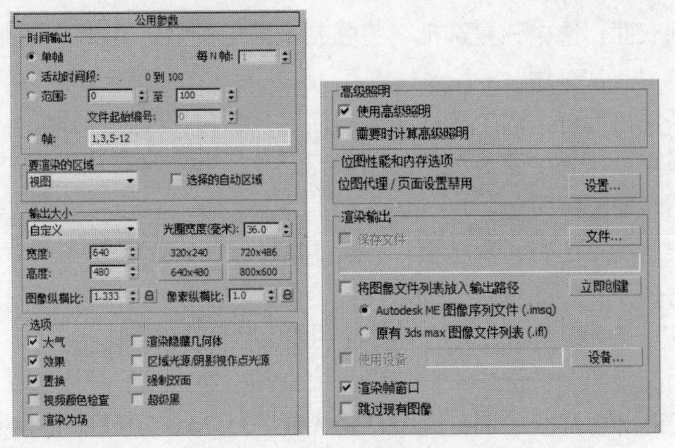

图 9-2

- “时间输出”选项组用于设置渲染的时间。
  - ◆ 单帧：仅当前帧。
  - ◆ 活动时间段：渲染轨迹栏中指定的帧的当前范围。
  - ◆ 范围：指定两个数字（包括这两个数）之间的所有帧。
  - ◆ 帧：指定渲染一些不连续的帧，帧与帧之间用逗号隔开。
  - ◆ 每 *N* 帧：使渲染器按设定的间隔渲染帧。
- “输出大小”选项组用于控制最后渲染图像的大小和比例，该选项组中的参数是渲染输出时比较常用的参数。
  - ◆ 自定义：可以在下拉列表框中直接选取预先设置的工业标准，也可以直接指定图像的宽度和高度，这些设置将影响渲染图像的纵横比。
  - ◆ 宽度和高度：以像素为单位指定图像的宽度和高度，从而设置输出图像的分辨率。如果锁定了“图像纵横比”选项，那么其中一个数值改变将影响另外一个数值。最大宽度和高度为 32768 × 32768 像素。
  - ◆ 预设的分辨率按钮：单击其中任何一个按钮，将把渲染图像的尺寸改变成按钮指定的大小。
  - ◆ 图像纵横比：这个设置决定渲染图像的长宽比。可以通过设置图像的高度和宽度自动决定长宽比，也可以通过设置图像的长宽比和高度或者宽度中的一个数值自动决定另外一个数值，还可以锁定图像的长宽比。长宽比不同，得到的图像也不同。
  - ◆ 像素纵横比：该项设置决定图像像素本身的长宽比。如果锁定了“像素纵横比”选项，那么将不能够改变该数值。
- “选项”选项组包含 9 个复选框，用来激活或者不激活不同的渲染选项。
  - ◆ 大气：启用此选项后，渲染任何应用的大气效果，如体积光、雾等。
  - ◆ 渲染隐藏几何体：启用此选项后，渲染场景中所有的几何体对象，包括隐藏的对象。
  - ◆ 效果：启用此选项后，渲染任何应用的渲染效果，如模糊。
  - ◆ 区域光源/阴影视作点光源：将所有的区域光源或阴影当作从点对象发出的进行渲染，这样可以加速渲染过程。设置了光能传递的场景不会被这一选项影响。
  - ◆ 置换：该复选框用于控制是否渲染置换贴图。

- ◆ 强制双面：选中该复选框，将强制渲染场景中所有面的背面。这对法线有问题的模型非常有用。
- ◆ 视频颜色检查：这个选项用来扫描渲染图像，寻找视频颜色之外的颜色。
- ◆ 超级黑：如果要合成渲染的图像，该复选框非常有用。选中该复选框，将使背景图像变成纯黑色。
- ◆ 渲染为场：选中该复选框，将使 3ds Max 2013 渲染到视频场，而不是视频帧。在为视频渲染图像时，经常需要这个选项。

- “高级照明”选项组用于设置渲染时使用的高级光照属性。
  - ◆ 使用高级照明：选中该复选框，渲染时将使用光追踪器或光能传递。
  - ◆ 需要时计算高级照明：选中该复选框，3ds Max 2013 将根据需要计算光能传递。
- “渲染输出”选项组用于设置渲染输出文件的位置。
  - ◆ “保存文件”和“文件”：选中“保存文件”复选框，渲染的图像就被保存在硬盘上。“文件”按钮用来指定保存文件的位置。
  - ◆ 使用设备：只有当选择了支持的视频设备时，该复选框才可用。使用该选项可以直接渲染到视频设备上，而不生成静态图像。
  - ◆ 渲染帧窗口：这个选项在渲染帧窗口中显示渲染的图像。
  - ◆ 跳过现有图像：这将使 3ds Max 2013 不渲染保存文件中已经存在的帧。

2. “指定渲染器”卷展栏

该卷展栏中显示了“产品级”、“材质编辑器”和“ActiveShade”及当前使用的渲染器，如图 9-3 所示。单击 ... （选择渲染器）按钮，在弹出的“选择渲染器”窗口中可以改变当前的渲染器设置。有 3 种渲染器可以使用：NVIDIA iray、V-Ray Adv 2.30.01 和 VUE 文件渲染器，如图 9-4 所示，一般情况下都采用“默认扫描线渲染器”。

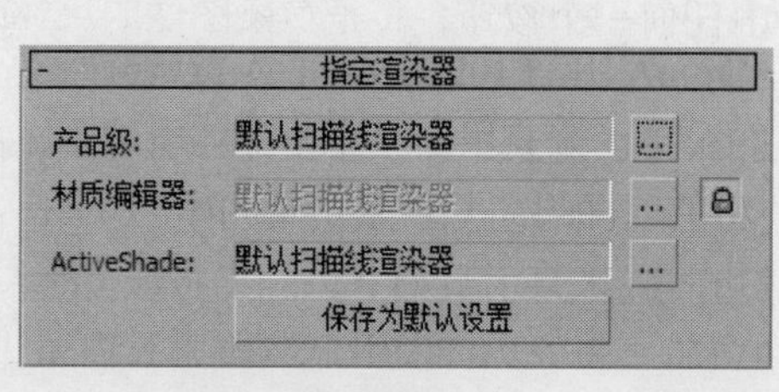

图 9-3

图 9-4

9.3 渲染特效和环境特效

3ds Max 2013 提供的渲染特效是在渲染中为场景添加最终产品级的特殊效果，第 8 章中介绍的景深特效就属于渲染特效。此外，还有模糊、运动模糊和镜头等特效。

环境特效与渲染特效相似，在第 8 章中介绍的体积光效果就属于环境特效，如设置背景图、大气效果、雾效、烟雾和火焰等都属于环境效果。

9.3.1 课堂案例——蜡烛火苗效果的制作

【案例学习目标】了解环境特效的制作方法。

【案例知识要点】通过大气效果中的火焰特效和泛光灯的配合使用来完成蜡烛火苗效果的制作，完成的效果如图 9-5 所示。

图 9-5

【素材文件位置】CDROM/Map/Cha09/蜡烛火苗。

【模型文件所在位置】CDROM/Scene/Cha09/9.3.1 蜡烛火苗 ok.max。

【原始模型文件所在位置】CDROM/Scene/Cha09/9.3.1 蜡烛火苗 o.max。

（1）单击（应用程序）按钮，在弹出的菜单中选择“打开”命令，打开光盘目录中的“Scene > Cha09 > 蜡烛火苗 o.max”文件，如图 9-6 所示。

（2）渲染场景，得到如图 9-7 所示的效果，在此场景的基础上为蜡烛设置火苗的效果。

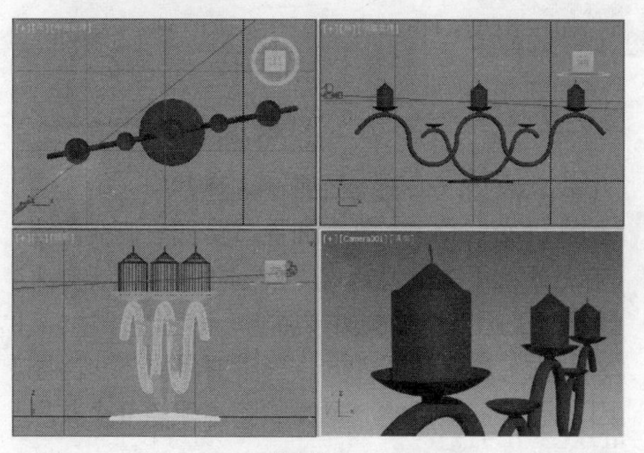

图 9-6

图 9-7

（3）单击“（创建）>（辅助对象）”按钮，选择下拉列表框中的“大气装置”选项，从中选择“球体 Gizmo”按钮，在场景中拖动创建球体 Gizmo，如图 9-8 所示。

（4）在场景中缩放并调整球体 Gizmo，如图 9-9 所示。

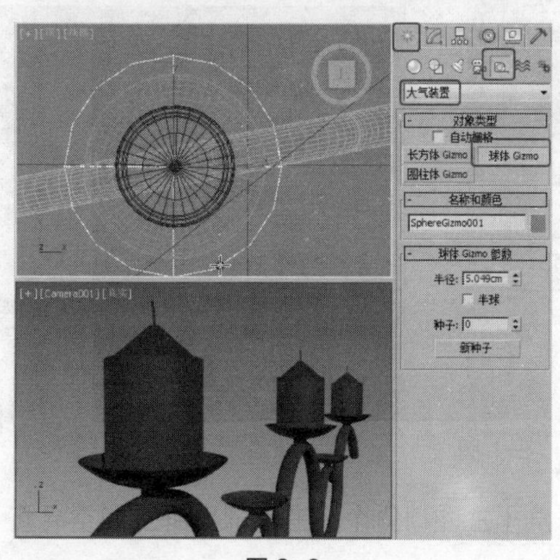

图 9-8

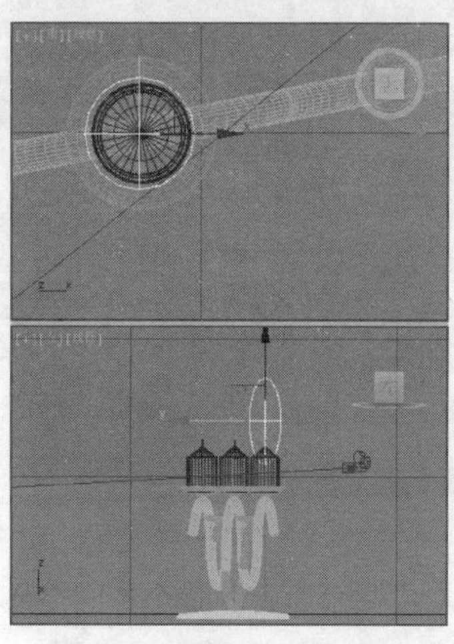

图 9-9

（5）按 8 键，打开环境和效果面板，在“大气”卷展栏中单击“添加”按钮，在弹出的对话框中选择“火效果”，单击“确定”按钮，如图 9-10 所示。

（6）在“火效果参数”卷展栏中单击“拾取 Gizmo”按钮，在场景中拾取球体 Gizmo，如图 9-11 所示。

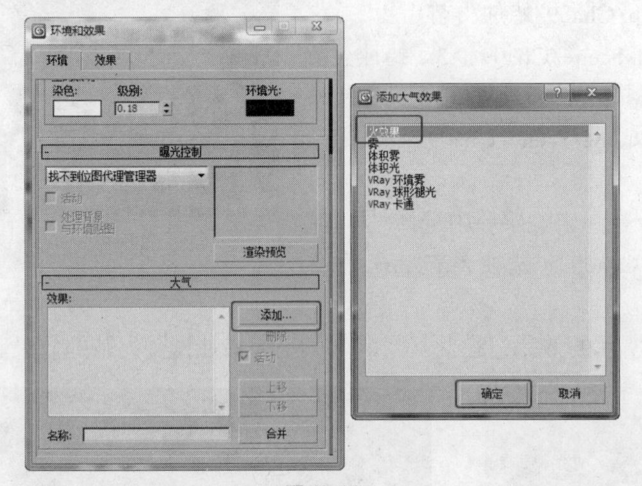

图 9-10

图 9-11

（7）在“火效果参数”卷展栏中设置“颜色”组中的第 1 个色块的红、绿、蓝分别为 225、100、0，设置第 2 个色块的红、绿、蓝为 252、202、0，设置第 3 个色块的红、绿、蓝为 26、26、26；在“图形”组中选择“火舌”选项，设置“拉伸”为 1.5、“规则性”为 0.3；在“特性”组中设置“火焰大小”为 2、“密度”为 300、“火焰细节”为 5、“采样数”为 15，如图 9-12 所示。

（8）渲染场景可以看到如图 9-13 所示的效果，需要注意的是不同的场景设置的火参数不同。

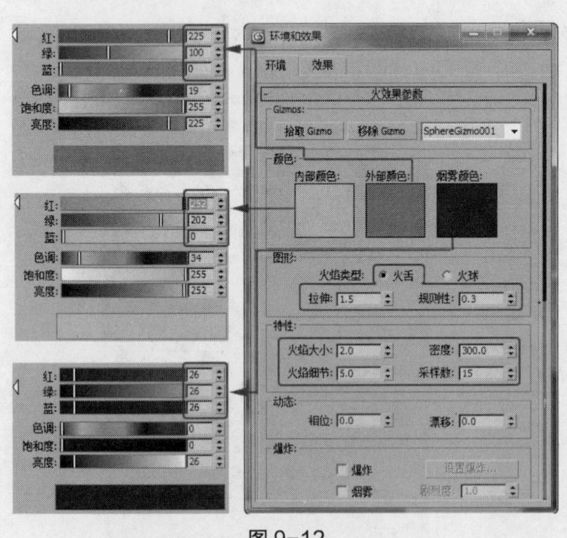

图 9-12

图 9-13

（9）在场景中复制球体 Gizmo 到其他的蜡烛芯位置，如图 9-14 所示。

（10）在火苗的位置创建“泛光灯”，调整灯光的位置，在“常规参数”卷展栏中勾选“阴影”组中的启用，选择阴影为“阴影贴图”，在“强度/颜色/衰减”卷展栏中设置“倍增”为 1，设置灯光的红、绿、蓝值分别为 255、203、44，勾选“远距衰减”组中的“使用”选项，并设置“开始”为0、“结束”为4，如图 9-15 所示，对灯光的衰减区域进行缩放。

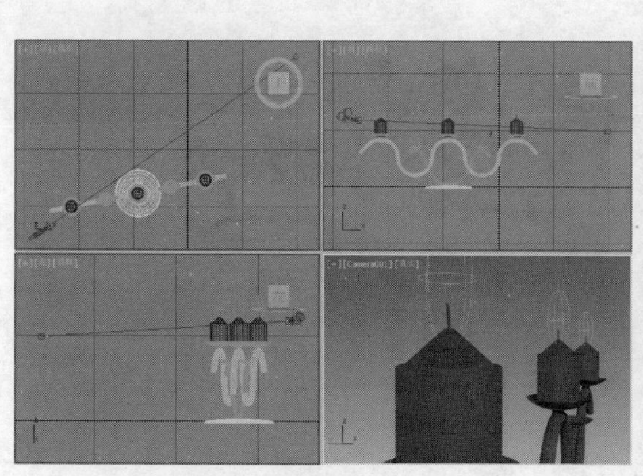

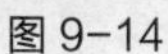

图 9-14

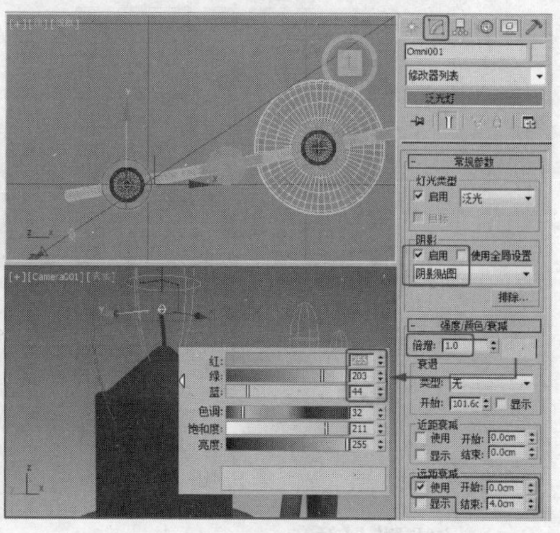

图 9-15

（11）打开“环境和效果”面板，在“大气”卷展栏中单击“添加”按钮，在弹出的对话框中选择“体积光”，单击“确定”按钮，如图 9-16 所示。

（12）在“体积光参数”卷展栏中单击“拾取灯光”按钮，在场景中拾取泛光灯，在“体积”组中勾选“指数”选项，设置“密度”为 500，在“噪波”组中勾选“启用噪波”选项，选择“分形”，如图 9-17 所示。

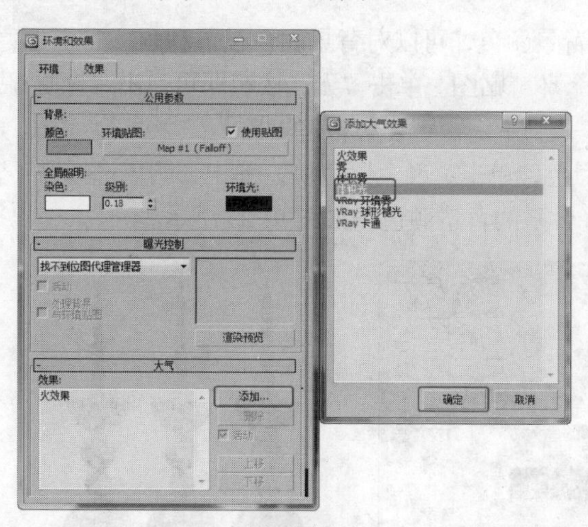

图 9-16

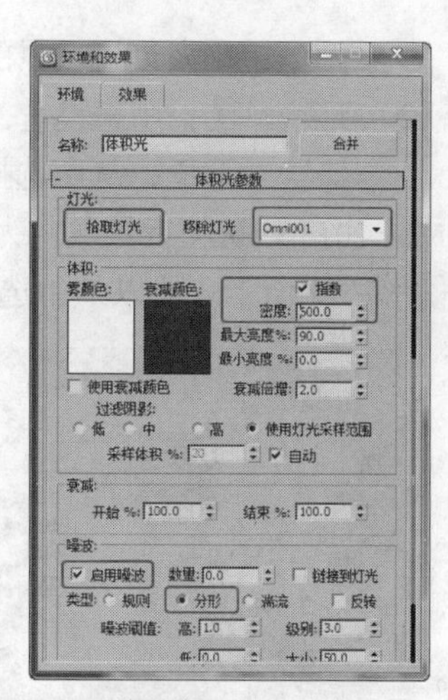

图 9-17

（13）渲染场景得到如图 9-18 所示场景，可以在场景中创建其他灯光作为照明使用，这里就不详细介绍了。

图 9-18

9.3.2 环境特效

由于真实性和一些特殊效果的制作要求，有些三维作品通常需要添加环境设置。在菜单栏中选择“渲染 > 环境”命令（或按 8 键），弹出“环境和效果”对话框，如图 9-19 所示。“环境和效果”对话框的功能十分强大，能够创建各种增加场景真实感的气氛效果，如在场景中增加标准雾、体雾和体积光等效果，如图 9-20 所示。

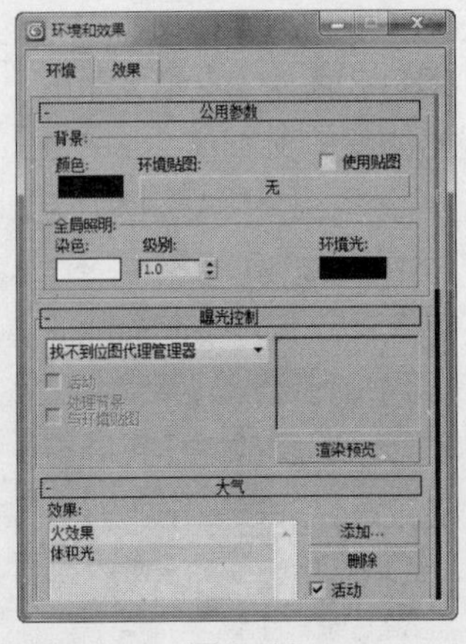

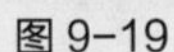

图 9-19

图 9-20

1．设置背景颜色

- “背景”选项组可以为场景设置背景颜色，还可以将图像文件作为背景设置在场景中。背景选项组中的参数很简单，如图 9-21 所示。

图 9-21

  - ◆ 颜色：用来设置场景的背景颜色，可以对背景颜色设置动画。
  - ◆ 环境贴图：用来设置一个环境贴图。单击“无”按钮即可弹出“材质/贴图浏览器”对话框，从中选择一种贴图作为场景环境的背景。

3ds Max 2013 默认的背景颜色为黑色，单击“颜色”色块，弹出“颜色选择器：背景色”窗口，如图 9-22 所示，可以从中选择合适的背景颜色，如图 9-23 所示。

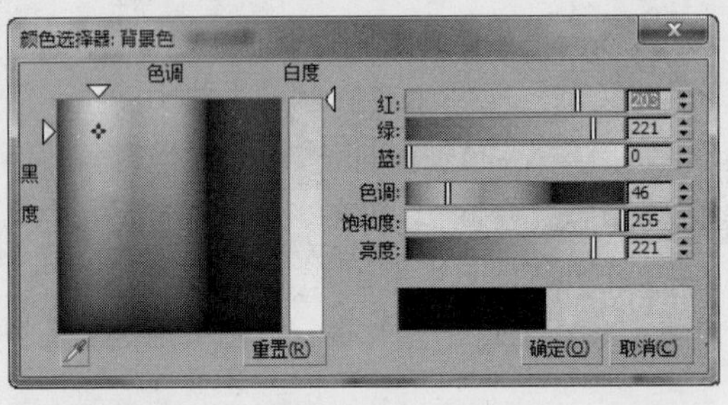

图 9-22

图 9-23

2．设置环境特效

“大气”卷展栏用于选择和设置环境特效的种类和参数，如图 9-24 所示。

- 效果：显示增加的大气效果名称。当增加了一个大气效果后，在卷展栏中会出现相应的参数卷展栏。
- 名称：用来对选中的大气效果重新命名，可以为场景增加多个同类型的效果。
- 添加：用来为场景增加一个大气效果。
- 删除：用于删除列表中选中的大气效果。

● 活动：当未选中该复选框时，列表中选中的大气效果将暂时失效。

● 上移、下移：用来改变列表框中大气效果的顺序。当渲染时，系统按照列表中大气效果的顺序进行计算，大气效果将按照它们在列表中的先后顺序被使用，下面的效果将叠加在上面的效果上。

● 合并：用来把其他 3ds Max 2013 文件场景中的效果合并到当前场景中。

单击“添加”按钮，弹出“添加大气效果”窗口，可以从中选择环境特效类型，如图 9-25 所示。3ds Max 2013 中提供了 4 种可选择的环境特效类型：火效果、雾、体积雾和体积光，选择效果后单击“确定”按钮即可。

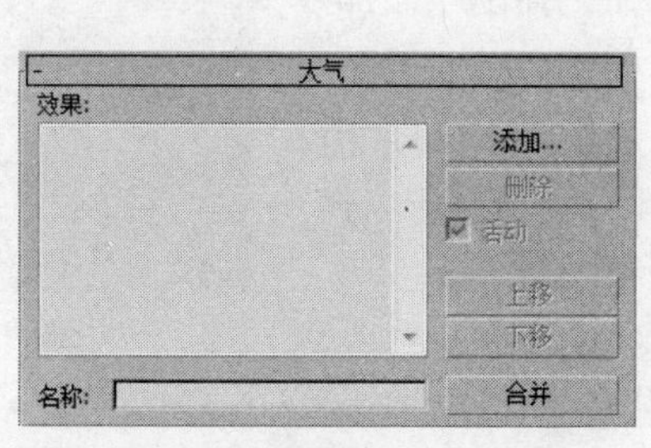

图 9-24

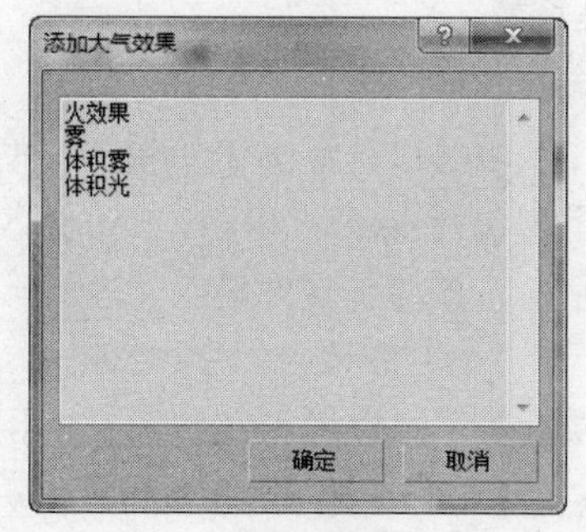

图 9-25

9.3.3 渲染特效

3ds Max 2013 的渲染特效功能允许用户快速地以交互式形式添加最终产品级的特殊效果，而不必通过渲染也能看到最终效果。

在菜单栏中选择“渲染 > 效果”命令，弹出“环境和效果”窗口，切换到“效果”选项卡，可以为场景添加或删除特效，如图 9-26 所示。

图 9-26

● 效果列表框：用来显示场景中所使用的渲染特效。使用渲染特效的顺序很重要，渲染特效将按照它们在列表框中的先后顺序来被系统计算使用，列表框下部的效果将叠加在上部的效果之上。

● 名称：显示选中效果的名称，可以对默认的渲染效果名称重新命名。

● 添加：显示一个列出所有可用渲染效果的对话框。选择要添加到窗口列表的效果，然后单击“确定”按钮。

● 删除：将选中的效果从效果列表和场景中移除。

● 活动：指定在场景中是否激活所选效果。默认设置为启用；可以通过在窗口中选择某个效果，禁用“活动”，从而取消激活该效果，而不必真正移除。

● 上移：将选中的效果在窗口列表中上移。

● 下移：将选中的效果在窗口列表中下移。

● 合并：用来把其他 3ds Max 2013 文件中的渲染特效合并到当前场景中，限制效果的灯光或线框也会合并到当前场景中来。

1. “预览”选项组

● 效果：当选择“全部”单选项时，所有处于活动状态的渲染效果都在预览的虚拟帧缓冲器中显示；当选择“当前”单选项时，只有效果列表框中高亮显示的渲染效果在预览的虚拟帧缓冲器中显示。

- 交互：选中该复选框，当调整渲染特效的参数时，虚拟缓冲器中的预览将交互地得到更新。未选中该复选框，可以使用下面的更新按钮来更新虚拟缓冲器中的预览。
- 显示原状态：单击此按钮，在虚拟缓冲器中显示没有添加效果的场景。
- 更新场景：单击此按钮，在虚拟帧缓冲器中的场景和特效都将得到更新。
- 更新效果：当“交互”复选框没有选中时单击此按钮，将更新虚拟缓冲器中修改后的渲染特效，而场景本身的修改不会更新。

2．渲染特效

在“环境和效果”窗口中单击“添加”按钮，弹出“添加效果”对话框，从中可以选择渲染特效的类型，如图 9-27 所示。渲染特效的类型包括：Hair 和 Fur、镜头效果、模糊、亮度和对比度、色彩平衡、景深、文件输出、胶片颗粒和运动模糊 9 种特效类型。

添加效果
Hair 和 Fur
镜头效果
模糊
亮度和对比度
色彩平衡
景深
文件输出
胶片颗粒
运动模糊
确定　取消

图 9-27

- “镜头效果”可以模拟那些通过使用真实的摄像机镜头或滤镜而得到的灯光效果，包括 Glow（发光）、Ring（光环）、Ray（闪烁）、Auto Secondary（自动二次闪光）、Manual Secondary（手动二次闪光）、Star（星光）和 Streak（条纹）等，如图 9-28 所示。

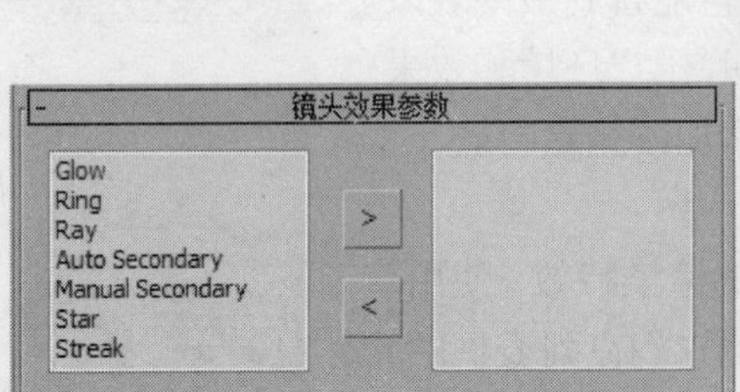

图 9-28

- “模糊特效”通过渲染对象的幻影或摄像机运动，可以使动画看起来更加真实。可以使用 3 种不同的模糊方法：均匀型、方向型和径向型，如图 9-29 所示。

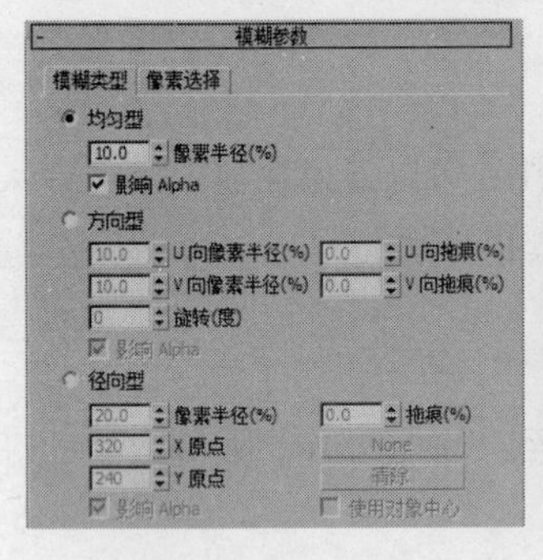

图 9-29

- “亮度和对比度”特效用于调节渲染图像的亮度值和对比度值，如图 9-30 所示。

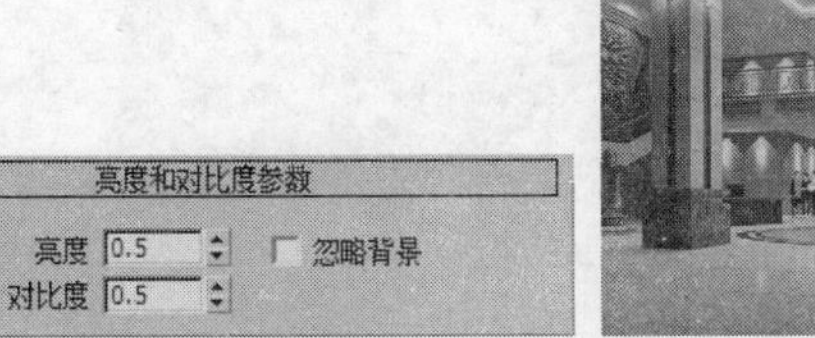

图 9-30

- “色彩平衡”特效通过单独控制 RGB（红绿蓝）颜色通道来设置图像颜色，如图 9-31 所示。

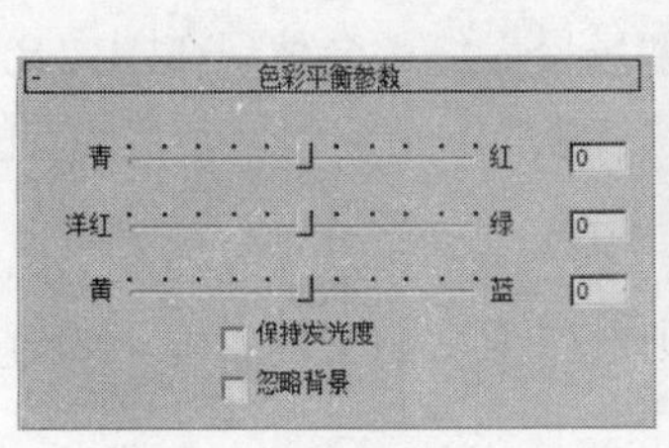

图 9-31

- “景深”特效用来模拟当通过镜头观看远景时的模糊效果。它通过模糊化摄像机近处或远处的对象来加深场景的深度感，如图 9-32 所示。
- “文件输出”渲染可以在渲染效果后期处理中的任一时刻，将渲染后的图像保存到一个文件中或输出到一个设备中。在渲染一个动画时，还可以把不同的图像通道保存到不同的文件中，如图 9-33 所示。

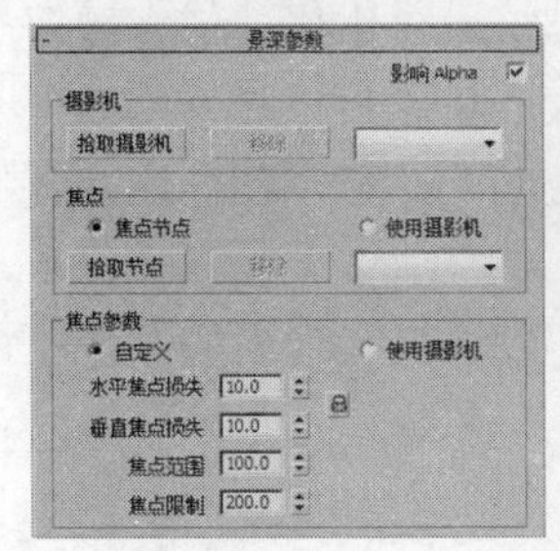

图 9-32

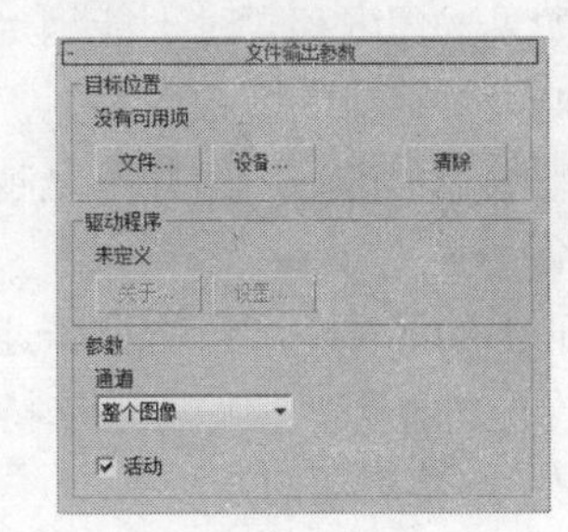

图 9-33

- “胶片颗粒”特效使渲染的图像具有胶片颗粒状的外观，如图 9-34 所示。

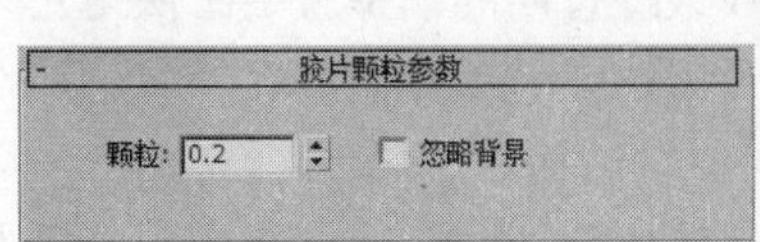

图 9-34

- “运动模糊”特效会对渲染图像应用一个图像模糊运动，能够更加真实地模拟摄像机工作，如图 9-35 所示。

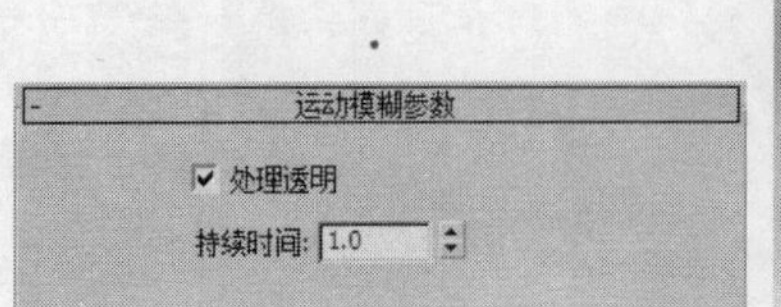

图 9-35

9.4 渲染的相关知识

渲染是制作效果图和动画的最后一道工序。创建的模型场景最终都会体现在图像文件或动画文件上。可以说，渲染是对前期建模的一个总结。掌握相关的渲染知识是非常必要的。

9.4.1 如何提高渲染速度

在建模过程中要经常用到渲染，如果渲染时间很长，则会严重影响工作效率。如何能够提高渲染速度呢？下面介绍几种比较实用的方法。

1．外部提速的方法

因为渲染是非常消耗计算机物理内存的，所以给计算机配置足够的内存是必要的。配置大容量的内存能加快渲染速度，内存越大，渲染速度越快。3ds Max 2013 的基本内存要求为 2GB，但具体还要以操作系统为准。Windows 2000 的基本内存配置为 256MB，最佳配置为 512MB，而 Windows XP 的最佳配置要在 512MB 以上，Windows 7 系统对内存要求已升级到 2GB 以上。

如果物理内存暂时不能满足渲染的需要，则可以对操作系统进行优化。优化操作系统主要是增大计算机的虚拟内存，扩大虚拟内存可以暂时解决在大的场景渲染时物理内存不足产生的影响。但虚拟内存并不是越大越好，因为它是占用硬盘空间的，长期使用还会影响硬盘的寿命。

显卡的好坏也会影响渲染速度和质量。所以，如果经常要制作较大场景的用户应该配备较为专业的显卡，硬件应该支持 Direct3D 9.1 标准和 OpenGL 1.3 标准。

2．内部提速的方法

内部提速主要是在建模过程中使用的一些技巧，从而使渲染速度加快。

- 控制模型的复杂度。如果场景中的模型过多或模型过于复杂，渲染时就会很慢。原因很简单，是由于模型的面数过多造成的。在创建模型时应该控制几何体的段数，在不影响外形的前提下尽量将其减少，在进行大场景创建时这一点尤为适用。
- 使用合适的材质。材质对于表现效果很重要，有时为了追求效果，会使用比较复杂的材质，这样也会使渲染速度变慢。例如，使用光线跟踪材质的模型就会比使用光线跟踪贴图的模型渲染速度慢。对于同类型的物体，可以赋予它们相同的材质，这样不会增加内存的占用。
- 使用合适的阴影。阴影的使用也会影响渲染速度。使用普通阴影渲染速度明显快于使用光线跟踪阴影渲染。在投射阴影时，如果使用阴影贴图，也会提高渲染速度。
- 使用合适的分辨率。在渲染前通常要设定效果图的分辨率，分辨率越高，渲染时间就会越长。如果要进行打印或还要进行较大修改的，可以设置高分辨率。

9.4.2 渲染文件的常用格式

在 3ds Max 2013 中渲染的结果可以保存为多种格式的文件，包括图像文件和动画文件。下面介绍几种比较常用的文件格式。

- AVI 格式。该格式是 Windows 系统通用的动画格式。
- BMP 格式。该格式是 Windows 系统标准位图格式，支持 8bit 256 色和 24bit 真彩色两种模式，但不能保存 Alpha 通道信息。
- EPS 或 PS 格式。该格式是一种矢量图形格式。
- JPG 格式。该格式是一种高压缩比率的真彩色图像文件格式，常用于网络传播，是一种比较常用的文件格式。
- TGA、VDA、ICB 和 VST 格式。这些格式是真彩色图像格式，有 16bit、24bit 和 32bit 等多种颜色级别，并带有 8bit 的 Alpha 通道图像，可以进行无损质量的文件压缩处理。
- MOV 格式。该格式是苹果机 OS 平台的标准动画格式。

9.5 课堂练习——亮度对比度调整

【练习知识要点】通过使用亮度/对比度效果来完成制作，如图 9-36 所示。

【素材文件位置】CDROM/Map/Cha09/9.5 亮度对比度调整。

【效果文件所在位置】CDROM/Scene/Cha09/9.5 亮度对比度调整 ok.max。

图 9-36

9.6 课后习题——色彩平衡

【习题知识要点】使用效果色彩平衡制作图像的色彩平衡，如图 9-37 所示。

【素材文件位置】CDROM/Map/Cha09/9.6 色彩平衡。

【效果文件所在位置】CDROM/Scene/Cha09/9.6 色彩平衡 ok.max。

图 9-37

PART 10

第10章 综合设计实训

本章介绍

本章的综合设计实训案例，是根据前面基础章节中的各种命令相结合来制作模型的，灵活掌握各种命令和工具的使用方法，读者将从本章中学会如何灵活地搭建一个完整的室内场景。

学习目标

- 掌握几何体的创建
- 掌握图形的创建
- 掌握各种基本修改器的使用
- 掌握复合工具的使用
- 掌握灯光、摄影机、材质和渲染

技能目标

- 家具设计——制作床头柜模型
- 灯具设计——简欧吊灯模型
- 装饰品设计——欧式装饰烛台
- 家用电器——壁挂电视机
- 室内设计——会议室效果图

10.1 家具设计——制作床头柜模型

10.1.1 【项目背景及要求】

1．客户名称

四象家具公司。

2．客户需求

该家具公司是以生产卧室家具为主的家具品牌公司，设计的床头柜图纸主要用于单独展示给客户的一个静物效果图彩页。客户要求设计需符合整体现代人的审美眼光，要求风格为大众、简约，可以大众化地搭配其他家具。

3．设计要求

（1）床头柜设计需要简约时尚，符合大众眼光。

（2）床头柜的材质要求为高密度板结合金属材质，两种进行搭配。

（3）要求效果图画面主要突出且单独显示床头柜，效果为静物彩插。

（4）图纸大小没有要求，但是必须为原稿。

10.1.2 【项目创意及制作】

1．素材资源

贴图所在位置：CDROM/Map/Cha10/床头柜。

2．作品参考

场景所在位置：CDROM/Scene/Cha10/10.1 床头柜.max，最终效果如图 10-1 所示。

图 10-1

3．制作要点

模型的制作：创建长方体作为床头柜桌面，创建长方体作为抽屉的布尔对象，使用“布尔”工具将其布尔出抽屉窟窿，然后创建其他的长方体模型，使用切角长方体作为抽屉把手，拼凑出床头柜模型效果。

材质的设置：为床头柜模型设置金属材质和木纹材质。

灯光和摄影机：调整“透视”图，按 Ctrl+C 组合键创建摄影机；创建泛光灯和天光灯光，结合使用“高级照明”完成灯光和摄影机的创建。

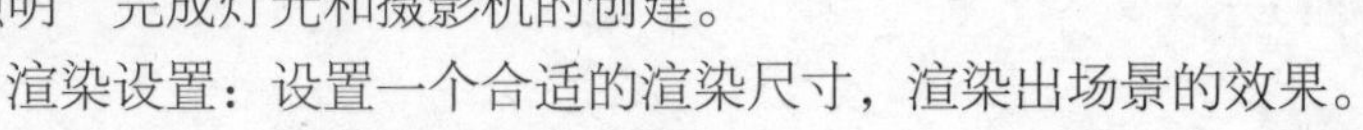

渲染设置：设置一个合适的渲染尺寸，渲染出场景的效果。

10.2 灯具设计——简欧吊灯模型

10.2.1 【项目背景及要求】

1．客户名称

飓风灯具公司。

2．客户需求

该灯具工具主要用于设计室内灯具，该灯具效果图主要用于网页中的宣传彩页，要求效果图要“干净”，主要突出该灯具即可；设计上需要有简约欧式吊灯的风格，需要有古朴的金属和花纹材质，要有现代的简约时尚元素，结合两种要求来进行设计。

3．设计要求

（1）设计的效果图主要突出简约欧式效果，要求材质为金属和碎花。

（2）设计需要简约又温馨且高端大气。

（3）设计需要画面干净整洁。

（4）图纸大小没有要求，但是必须为原稿。

10.2.2 【项目创意及制作】

1．素材资源

贴图所在位置：CDROM/Map/Cha10/简欧吊灯。

2．作品参考

场景所在位置：CDROM/Scene/Cha10/10.2简欧吊灯.max，最终效果如图 10–2 所示。

3．制作要点

模型的制作：使用可渲染的矩形制作铁链、使用可渲染的线制作灯的支架；创建圆锥体结合使用“编辑多边形”和“壳”修改器制作灯罩；创建球体模拟灯模型。

材质的设置：为简约吊灯支架设置金属材质；为灯罩设置一个透明的并指定花纹贴图的玻璃材质；为球体灯泡制作发光材质。

图 10–2

摄影机和灯光：调整“透视”图，按 Ctrl+C 组合键创建摄影机；创建泛光灯和天光灯光，结合使用“高级照明”完成灯光和摄影机的创建。

渲染设置：设置一个合适的渲染尺寸，渲染出场景的效果。

10.3 装饰品设计——欧式装饰烛台

10.3.1 【项目背景及要求】

1．客户名称

洛克模型公司。

2．客户需求

该模型公司主要制作模型库，要求制作一个欧式金属的装饰烛台，制作方面可以根据情况设计，主要体现欧式的浪漫风格即可。

3．设计要求

（1）模型效果图，突显欧式风格主题。

（2）模型使用镀金和高光金属来表现。

（3）搭配整体场景吸引消费者。

（4）设计规格不限，要求必须是原稿。

10.3.2 【项目创意及制作】

1. 素材资源

贴图所在位置：CDROM/Map/Cha10/10.3 欧式装饰烛台。

2. 作品参考

图片场景素材所在位置：CDROM/Scene/Cha10/10.3 欧式装饰烛台场景.max，最终效果如图 10-3 所示。

图 10-3

模型所在位置：CDROM/Scene/Cha10/10.3 欧式装饰烛台.max。

需将制作完成的模型导入：CDROM/Scene/Cha10/10.3 欧式装饰烛台导入场景.max。

3. 制作要点

模型制作：使用“星形和线”工具，结合使用“挤出、锥化、扭曲和车削”修改器制作烛台模型，看一下模型效果。

制作提示：结合 V-Ray 插件设置模型的金属材质，配合一个完成的布局场景模型，完成效果图。

10.4 家用电器——壁挂电视机

10.4.1 【项目背景及要求】

1. 客户名称

好故事家用电器制造商。

2. 客户需求

好故事家用电器制造商是一个专注家用电器制作的厂家，要求设计一个壁挂的液晶电视机，跟随时代主流，要求设计一款时尚、简约、符合各种风格装修的壁挂电视机。

3. 设计要求

（1）电视的美观存在与我们的生活中，所以制作得一定不要过于复杂，以免产生视疲劳。

（2）整体细节要简约、时尚。

（3）风格必须百搭。

（4）效果图尺寸不限，必须是原创。

10.4.2 【项目创意及制作】

1. 素材资源

贴图所在位置：CDROM/Map/Cha10/10.4 壁挂电视机。

2. 作品参考

图片场景素材所在位置：CDROM/Scene/Ch10/素材/10.4 壁挂电视机场景.max，最终效果如图 10-4 所示。

图 10-4

模型所在位置：CDROM/Scene/Ch10/素材/10.4 壁挂电视机.max。

需将制作完成的模型导入到：CDROM/Scene/Cha10/10.4 壁挂电视机导入场景.max。

3．制作要点

模型制作：使用“长方体”工具，结合使用“编辑网格”修改器制作电视模型。

制作提示：结合 V-Ray 插件设置模型的金属、钢化玻璃材质，配合一个完成的布局场景模型，完成效果图。

10.5 室内设计——会议室效果图

10.5.1 【项目背景及要求】

1．客户名称

潜龙室内效果图设计公司。

2．客户需求

该室内效果图设计公司主要专注于工装设计，本次设计是为一个公司设计一个会议/会客室，因为是高层会议室，所以在设计时必须体现出大气、严肃、庄重的效果。

3．设计要求

（1）会议室设计要求大气、严肃、庄重。

（2）在布局上可以使用舒适度沙发，在庄重的场合得到舒适的享受。

（3）在材质使用上不要太活跃，材质较多地使用木纹材质，可以达到肃静、清雅的效果。

（4）效果图尺寸不限，必须是原创。

10.5.2 【项目创意及制作】

1．素材资源

贴图所在位置：CDROM/Map/Cha10/10.5 会议室。

2．作品参考

图片场景素材所在位置：CDROM/Scene/Cha10/10.5 会议室场景.max，最终效果如图 10-5 所示。

图 10-5

制作场景模型所在位置：CDROM/Scene/Cha10/10.5 会议室.max。

家具模型所在位置：CDROM/Scene/Cha10/10.5 会议室导入场景.max。

3．制作要点

模型制作：使用各种标准基本体和样条线结合修改器堆砌而成。

材质的设置：为场景设置乳胶漆、木纹、铝塑、金属等材质。

摄影机和灯光：在合适的位置创建摄影机；创建目标聚光灯作为筒灯照明灯光，创建泛光灯作为整体照明灯光。

渲染设置：设置一个合适的渲染尺寸，渲染出场景的效果。

10.6 课堂练习 1——马桶的制作

10.6.1 【项目背景及要求】

1. 客户名称

魔晶卫浴专家厂家。

2. 客户需求

该厂家主要生产和设计卫浴器具，本次要求设计为马桶，马桶需要精简构造，凸显时尚元素，尽量简约，材质还是以白色瓷器为主。

3. 设计要求

（1）设计风格为时尚、简约，突显精简主题。

（2）唯美的弧度设计，彰显自然流产的视觉效果。

（3）材质为白色陶瓷。

（4）效果图大小不限，必须是原创。

10.6.2 【项目创意及制作】

1. 素材资源

贴图所在位置：CDROM/Map/Cha10/10.6 马桶。

2. 作品参考

图片场景素材所在位置：CDROM/Scene/Ch10/素材/10.6 马桶场景.max，最终效果如图10-6所示。

模型所在位置：CDROM/Scene/Ch10/素材/10.6 马桶.max。

需将制作完成的模型导入到：CDROM/Scene/Cha10/10.6 马桶导入场景.max。

3. 制作要点

模型制作：创建切角长方体结合使用"FFD4×4×4"修改器调整出马桶形状，复制模型为复制出的模型施加"编辑多边形"，删除多边形留出马桶盖模型，再使用"FFD4×4×4"修改器调整马桶盖效果，为马桶盖施加"壳"修改器完成马桶的制作。

制作提示：结合 V-Ray 插件设置模型的白色陶瓷材质，配合一个完成的布局场景模型，完成效果图。

图 10-6

10.7 课堂练习 2——蜡烛的制作

10.7.1 【项目背景及要求】

1. 客户名称

农夫效果图公司。

2. 客户需求

该效果图公司需要设计一个蜡烛模型，便于后期制作时的需要，要求制作一个短粗的蜡烛模型。

3．设计要求

（1）设计一个相对短粗的蜡烛。

（2）材质不限，只需要模型。

（3）效果图可以搭配一个完整场景供参考。

（4）尺寸不限，必须是原创。

10.7.2 【项目创意及制作】

1．素材资源

贴图所在位置：CDROM/Map/Cha10/10.7 蜡烛。

2．作品参考

图片场景素材所在位置：CDROM/Scene/Cha10/10.7 蜡烛场景.max，最终效果如图 10-7 所示。

模型所在位置：CDROM/Scene/Cha10/10.7 蜡烛.max。

需将制作完成的模型导入：CDROM/Scene/Cha10/10.7 蜡烛导入场景.max。

图 10-7

3．制作要点

模型制作：使用线创建图形施加车削修改器制作蜡烛模型，创建切角圆柱体施加 FFD（圆柱体）修改器制作烛芯模型，完成的蜡烛效果如图 10-7 所示。

制作提示：结合 V-Ray 插件，配合一个完成的布局场景模型，完成效果图。

10.8 课后习题 1——长方体晶格装饰

10.8.1 【项目背景及要求】

1．客户名称

高姿态室内装饰品工厂。

2．客户需求

高姿态室内装饰品工厂需要生产一种立方体晶格装饰构件，要求立方体模型、圆柱体支架，支架穿起一些球体珠子，根据实际数目进行设计，需要设计出材质为黑红两色的塑料装饰构件。

3．设计要求

（1）立方体晶格装饰。

（2）黑红两种颜色的塑料材质。

（3）数目根据实际要求制作。

（4）效果图尺寸不限，必须是原创。

10.8.2 【项目创意及制作】

1．作品参考

场景所在位置：CDROM/Scene/Cha10/10.8 长方体晶格装饰场景.max，最终效果如图

图 10-8

10-8 所示。

2．制作要点

模型的制作：创建立方体，设置合适的参数和分段，并为其施加“晶格”修改器。

材质的设置：为晶格装饰模型设置多维/子对象材质。

灯光和摄影机：调整“透视”图，按 Ctrl+C 组合键创建摄影机；创建泛光灯和天光灯光，结合使用“高级照明”完成灯光和摄影机的创建。

10.9 课后习题 2——枕头的制作

10.9.1 【项目背景及要求】

1．客户名称

榕树家私品牌公司。

2．客户需求

榕树家私品牌公司专注制作床上用品，该设计为抱枕，枕头是一种睡眠工具，它的舒适程度直接影响人们的健康，该设计需主要表现出枕头的舒适和枕套的丝绸即可。

3．设计要求

（1）体现枕头的舒适感。

（2）表现枕套的丝绸效果。

（3）效果图大小不限，必须是原创。

10.9.2 【项目创意及制作】

1．素材资源

贴图所在位置：CDROM/Map/Cha10/10.9 枕头。

2．作品参考

场景所在位置：CDROM/Scene/Cha10/10.9 枕头场景.max，最终效果如图 10-9 所示。

模型所在位置：CDROM/Scene/Cha10/10.9 枕头.max。

图 10-9

3．制作要点

模型的制作：常见切角长方体，通过使用 FFD 自由变换调整其大体的形状，使用置换修改器置换出枕头的纹理效果，创建平面作为地面。

材质的设置：为枕头设置丝绸材质，为地面设置木地板材质。

摄影机和灯光：调整“透视”图，按 Ctrl+C 组合键创建摄影机；创建泛光灯和天光灯光，结合使用“高级照明”完成灯光和摄影机的创建。

渲染设置：设置一个合适的渲染尺寸，渲染出场景的效果。

3ds Max 快捷键附录

应用程序菜单	
命令	快捷键
新建	Ctrl+N
打开	Ctrl+O
保存	Ctrl+S
编辑菜单	
命令	快捷键
撤销	Ctrl+Z
重做	Ctrl+Y
暂存	Ctrl+H
取回	Alt+Ctrl+F
删除	Delete
克隆	Ctrl+V
移动	W
旋转	E
变换输入	F12
全选	Ctrl+A
全部不选	Crtl+D
反选	Ctrl+I
选择类似对象	Ctrl+Q
按名称选择	H
工具菜单	
命令	快捷键
孤立当前选择	Alt+Q
对齐	Alt+A
快速对齐	Shift+A
间隔工具	Shift+I
法线对齐	Alt+N
捕捉开关	S
角度捕捉切换	A
百分比捕捉切换	Shift+Ctrl+P
使用轴约束捕捉	Alt+D\Alt+F3
视图菜单	
命令	快捷键
撤销视图更改	Shift+Z
重做视图更改	Shift+Y
从视图创建摄影机	Ctrl+C
漫游建筑轮子	Shift+Ctrl+J
显示统计	7
配置视口背景	Alt+B
动画菜单	
命令	快捷键
参数编辑器	Alt+1
参数收集器	Alt+2
关联参数	Ctrl+5
参数关联对话框	Alt+5
图形编辑器菜单	
命令	快捷键
粒子视图	6
渲染菜单	
命令	快捷键
渲染	Shift+Q
渲染设置	F10
环境	8
渲染到纹理	0
自定义菜单	
命令	快捷键
锁定 UI 布局	Alt+0
显示主工具栏	Alt+6
MAXScript 菜单	
命令	快捷键
MAXScript 侦听器	F11
帮助菜单	
命令	快捷键
帮助	F1
主界面常用快捷键	
命令	快捷键
渐进式显示	O
锁定用户界面开关	Alt+0
自动关键点	N
转至开头	Home
转至结尾	End
上一帧	,
下一帧	。

专家模式	Ctrl+X	设置关键点	‘
透视	P	播放动画	/
正交	U	声音开关	\
前	F	非活动视图	D
顶	T	灯光视图	Shift+4
底	B	选择区域模式切换	Q
左	L	旋转模式	R
显示 ViewCube	Alt+Ctrl+V	旋转模式切换	Ctrl+E
显示/隐藏栅格	G	显示/隐藏摄影机	Shift+C
显示/隐藏灯光	Shift+L	显示/隐藏几何体	Shift+G
显示/隐藏辅助物体	Shift+H	线框/明暗处理	F3
显示/隐藏粒子系统	Shift+P	视图边面显示	F4
选择锁定切换	空格键	透明显示选定模型	Alt+X
显示安全框	Shift+F	脚本记录器	F11
最大化显示选定对象	Z	材质编辑器	M
当前视图最大化显示	Alt+Ctrl+Z	子物体层级 1	1
所有视图中最大化显示	Shift+Ctrl+Z	子物体层级 2	2
缩放视口	Alt+Z	子物体层级 3	3
缩放区域	Ctrl+W	子物体层级 4	4
放大视图	[	快速渲染	Shift+Q
缩小视图	]	按上一次设置渲染	F9
最大化视口切换	Alt+W	变换 Gizmo 开关	X
平移视图	Ctrl+P	缩小变换 Gizmo 尺寸	-
依照光标的位置平移视图	I	放大变换 Gizmo 尺寸	=
主栅格	Alt+Ctrl+H	多边形统计	7
切换 SteeringWheels	Shift+W		